宮脇岑生

現代アメリカの外交と政軍関係

大統領と連邦議会の戦争権限の理論と現実

流通経済大学出版会

まえがき

本書は、私がこれまで書いた論文を中心にまとめたものである。私が国会における補佐機関である国立国会図書館の勤務の中で、兼業研究として深く関心を持って追求した課題である。それは、アメリカで長い間、学会や連邦議会で論議されてきた政治、外交、軍事政策をめぐる大統領と議会の問題である。その内容は非常に深く、広範囲である。建国期の憲法制定においても論議された戦争の開始と執行に関する戦争権限の問題から、その後の対外政策形成、今日のわが国の国会でもたびたび問題とされる文民統制（シビリアン・コントロール）問題、さらに将来の安全保障などを含んでいる。

これらの問題がとくに論議されるようになったのは、一九六〇年後半から七〇年後半に至る長期のものであった。わが国では一九七〇年の日米安保条約改定期に当たり、アメリカではヴェトナム戦争終結期に当たって、両国の議会は日夜を問わず安全保障論議の盛んな時代であった。この時期における両国の議会における課題が私の調査研究の中心テーマとなった。この問題に関して調査をする中で現実の議会の活動状況を直視し、基本的な問題を私なりに取り組むことができたことは幸いであった。

アメリカにおける外交、軍事政策をめぐる大統領と連邦議会のあり方は、論者の主張により異なる。アメリカでは、外交、軍事政策をめぐる大統領と連邦議会の権限は、振り子の運動のように繰り返しているといわれている。トーマス・M・フランク（Thomas M. Franck）とエドワード・ワイズバンド（Edward Weisband）によれば、議会が外交、軍事政策形成において支配力を握った時期は、四期ある（Thomas M. Franck & Edward

Weisband, *Foreign Policy by Congress*, Oxford University Press, 1979 pp.5-6「アメリカ社会と外交政策」佐藤紀久夫訳『トレンド』第一一巻第三号　一九八一年六月　一〇頁)。第一期はアンドルー・ジャクソン(Andrew　Jackson)の積極果敢な政権(一八二九―三七年)の直後であり、一八三七年のマーチン・バン・ビューレン(Martin Van Buren)大統領からハリソン(William Henry Harrison)、タイラー(John Tyler)、フィルモア(Millard Fillmore)、ピアス(Franklin Pierce)、そしてブキャナン(James Buchanan)まで、この第一期のゆれはほぼ二八年間続いた。

第二期は、南北戦争に臨んだリンカーン(Abraham Lincoln)政権(一八六一―六五年)の後に始まった。それはグラント(Ulysses S. Grant)大統領からヘイズ(Rutherford B. Hayes)、ガーフィールド(James A. Garfield)、アーサー(Chester A. Arthur)、ベンジャミン・ハリソン(Benjamin Harrison)の各政権を経て、一八九七年のクリーブランド(Grover Cleveland)大統領の任期が終わるまで続いた。この期間も二八年であった。

第三番目の議会優位の時期は、ウッドロー・ウィルソン(Woodrow　Wilson)の第二期(一九一七―二一年)に始まり、ハーディング(Warren G. Harding)、クーリッジ(Calvin Coolidge)、フーバー(Herbert Hoover)政権までの一八年間続いた。

第四の議会復権の時期が一九七三年ニクソン(Richard M. Nixon)政権の時代に始まる。この時期については本書の中心課題としてふれた。

本書は一九七〇年代後半から二〇〇一年の九・一一同時多発テロ事件までの時期についてアメリカの外交と政軍関係を憲法制定以来問題となっている戦争権限を中心に書きまとめたものである。この時期は、ヴェトナム戦争とウォーターゲート事件の後に、ヘンリー・A・キッシンジャー(Henry A Kissinger)が「アメリカでは一〇年の長きにわたり外交の分野で行政府の優越を巡る争いが続いていたが、この争いも終わった。議会は政治において行政府と同等な部門であるという認識は、今日のアメリカ政治の中で確固たるものとなっている。行政府は、議会が外交政策形成に加わっているという意識のみならず、実際に参加しなければならないという考え方を受け入れているのである。つまり、外交政策とは、議会と行政府とが共に携わる共同事業なのである」と、不本意ながら認めている時期である。

憲法に規定された議会が本来持っている外交、軍事政策についての権能は、歴史的に見ても長期間にわたって発動されずにいることは稀なのである。アメリカの平時の歴史で外交、軍事政策において行政府の優越が最も強かったのが冷戦期であろう。戦争の勝利と継続的にしかも明白に感じ取れる外部からの脅威によって生じたものである。さらに、基本的に閉鎖的な議会制度によって一層強くなったのである。ヴェトナム戦争とウォーターゲート事件後、特に戦争権限法の制定に見られるように外交、軍事政策に関する大統領の権限は大きく抑制された。これに象徴される議会復権はアメリカ政治史上四回目の出来事でありこの議会復権は、後退することのない一つの革命とまで言われたのである。本書はこの第四期の革命期といわれる時期を中心に、アメリカの外交、軍事政策の形成において大統領と連邦議会がいかなる活動をしたかということを、戦争権限に焦点を合わせてまとめたものである。

最後になるが、本書をまとめるに際して、その過程で実に多くの方々の指導と援助があったこと、さらに、国際問題研究所の『現代国家の軍産関係』の共同研究会においてご指導いただいた、斎藤眞東京大学名誉教授から、直接間接のご教示をいただき、特にアメリカにおける政軍関係、戦争権限に関する問題が、建国時より重要なテーマであり、私の研究課題として続けることをアドバイスいただいたことに、深く感謝し御礼申し上げたい。

二〇〇四年 竹秋

宮脇岑生

目次

図表目次

図

表

序章　アメリカの政軍関係と外交の伝統

第一節　アメリカの政軍関係の基本的思想

一　建国期の防衛思想

アメリカでは建国当初イギリス本国からの課税その他の干渉に対し衝突し、植民者は、自らの武器を持って、生命、財産を守らなければならなかった。これがやがて共同して自衛組織の誕生となり、各州における防衛兵力たる民兵（Militia）(1)として制度化されるにいたった。従ってこの民兵制度はアメリカの建国よりも、正規の国防軍（合衆国軍隊）の制度よりも古い歴史をもつ。これはアメリカ人が自ら誇りとする自主独立精神の象徴として、その伝統が今日までも国防精神の基調をなしている。(2)

防衛（defense）または今日の安全保障（security）(3)という言葉は、斎藤眞教授によればアメリカ史と共にあるといわれている。また、アメリカ建国期の防衛の問題を考えるとき、斎藤教授はいくつかの次元で考えられてきたという。

第一に、一七八七年制定の現行合衆国憲法の前文において規定されている「共同の防衛に備え」、さらに、第一条八節第一項の「共同の防衛」がある。これはアメリカ合衆国全体の防衛という意味で、連邦制のアメリカ合衆国が共同で防衛するということである。

第二は、国家全体としての防衛以外の異なった次元での防衛である。各州の防衛も含む共同社会の防衛の問題である。それは、個々人が、わが身や家族を守る、さらに町や村を守ることへと拡大する。[4]

アメリカの建国期には、防衛の主たる担い手は民兵であり、それは自然発生的に創設された。さらに独立革命戦争に際して正規軍が創設されはしたが、主力は「ミニットマン」(Minutemen)[5]に代表される民兵であった。その後も民兵制度は存続され、現在でも州兵軍として米国の軍事力に重要な役割を果たしている。

二　建国期の政軍関係

国家は、一般的に対外関係で防衛を確立し、国家の政策を実行し、国内的に秩序を維持するために国家権力が最終的に依存すべき手段として軍事力を保持する政治社会において、もっとも、古くかつ困難な問題の一つは、この軍事力をいかにコントロールするかということである。軍事力があまりにも薄弱であれば、国家にとって危険であると同じように、軍事力があまりに強大になると別の危険が生まれる。軍備を維持するのは、市民であり、国民だからである。この政治と軍事関係が一般に政軍関係(Civil-Military Relations)といわれる。この政軍関係という研究分野が登場してきたのはアメリカにおいてであり、それも比較的最近のことである。せいぜい第二次大戦以後、第二次大戦における反省と、その後の異常な兵器の進歩に伴って、政治における軍事の場が、政治学にあっても重要な課題となるに及んで、この分野が登場してきたようである。この分野が比較的新しい研究であるだけに、オーソドックスな従来の学問分野と異なり、その範囲やひろがりについても明白なものを持たず、その体系や文献についても多種多様なものがあるようである。[6]

この政軍関係が国民生活にとって重要な課題となってきたのは、一般的にいえば近代国家の形成以降のことといえよう。アダム・スミス(Adam Smith)によれば、社会の分業化、軍事技術の発展と複雑化に伴い、国家が防衛のために相当程度の準備を整えるには次のような二つの方法があると指摘している。[7]

第一に、国家はきわめて厳格な政策を用い、人民の利害・天分・性向などというい っさいの傾向を無視して軍事訓練の実習を強制し、兵役適齢の市民の全部またはその一定数を義務づけ、彼らがたまたま他のどのような生業または職業を営んでいようとも、兵士という生業に多少とも参加させるようにする方法。

第二に、市民の一定数を扶養したり雇用したりして軍事訓練を恒常的に実習させ、国家が兵士という生業を他のすべてとは別個独立の、特別の生業にする方法。すなわち、第一の方法は、軍事訓練や軍務を強制することであり、第二の方法は、兵士という生業を別個のものにすることである。言い換えれば、民兵または常備軍のいずれかを創設することである。

ここで述べられていることの本質は、防衛政策決定の責任を、防衛担当者ではなく、全般的な政策決定者が取るものであることを明確にし、防衛担当者がその所持する暴力組織を恣意的に使用することのないように保証しようとするものである。これは端的に言えば、政治と軍事とを分離し、政治が軍を統制下におき、軍事の独走を防ぐという思想・制度にほかならず、もっとも基本的な、いまや古典的ともいえるシビリアン・コントロール（Civilian Control）、いわゆる文民統制の問題である。このシビリアン・コントロールは、戦後の日本の国会においてもたびたび問題となっていることは衆知のとおりである。(8) しかし、兵器の開発が進んだ今日では、前述のアダム・スミスによる防衛形態は抽象的な観念的存在でしかないのかもしれないが、十八世紀末のアメリカの建国期においては、このような防衛思想が支配的であり、この形態を維持した防衛戦争として、前記斎藤教授は、アメリカの独立戦争を指摘している。(9)

三　建国期の防衛制度

アメリカの政治上の諸制度には、ヨーロッパ、具体的にはイギリスにより移植されたものが多く、アメリカの自然的、歴史的環境によって変質し、アメリカの制度として発展したものが多い。アメリカの軍事制度もイギリスの植民地としてのアメリカに持ち込まれたものである。(10) その基本的な考え方は、一七七六年六月のヴァージニア憲法にみられる。その第十三条に軍事制度の三つの基本原則が規定されている。

第一に、自由な国家の防衛制度として民兵制度が国家にふさわしいとしていること

第二に、平時における常備軍制度は自由にとって危険なものとして忌避すべきものとしていること

第三に、軍隊は文権（Civil）に厳正に服従し、その統制のもとにおかれなければならないとしていること

このような原則は、前記ヴァージニア憲法のみならずマサチュウセッツ憲法やペンシルヴェニア憲法など他の州の憲法にもみられ、独立当初のアメリカ人一般のコンセンサスを形成していたといわれる。

一七七六年七月四日植民地連合の独立宣言が発布され、一七八一年連合規約で植民地連合がアメリカ合衆国（United States of America）として国名を正式に決定した。その後一七八七年フィラデルフィアでの憲法制定会議が開催され、翌一七八八年九州の批准を得て、世界最古の成文憲法として合衆国憲法が成立した。連合規約ではアメリカ植民地相互の連合をはかるために制定され、とくに共同防衛（第三条、第八条）さらに国防・外交が連合会議に委託され、諸外国との協定、同盟さらに防衛、交戦（第六条）、宣戦・講和（第九条）等軍事外交について規定している。その後、一七八九年、合衆国憲法では、次章で論じる軍事外交に関する規定、いわゆる戦争権限（War Powers）が定められた。

アメリカには建国以来「平時において強大な常備軍を持たない」という軍事思想がある。これは軍隊につきものの軍規とか統制あるいは階級といったものが「自由」の維持を妨げると考えられるからであろう。建国の

精神である自由と民主主義を守るために常設の軍備に嫌悪の念を抱いてきたものであろう。このような考えは初代大統領ワシントン（George Washington）の次のような告別の辞に見ることができる。

「…軍備はいかなる形態の下においても自由にとって不幸なものであり、とりわけ共和主義的自由にとっては敵対的なものとみなされるべきものであるが、連邦は正しくこうした強大化した軍備の必要性をなくすことになるであろう」(11)。

さらに、ワシントン大統領が軍備の増強を否定する背景には、アメリカがヨーロッパの戦乱から離れ、地理的な安全保障を維持していることも述べている。

ワシントン大統領は、二期八年在任後、一七九七年辞任しているが、その後の大統領にも戦争回避の方針は継続されている。とくに注目されるのは、その三〇年後、アメリカ初の西部出身の大統領に就任して、アメリカの民主化が最も進展し、ジャクソニアン・デモクラシー（Jacksonian Democracy）の時代と呼ばれるようになったアンドリュウ・ジャクソンの演説である。同大統領は第一次就任演説でアメリカの防衛政策について次のように述べている。

「…常備軍は平時においては自由な政府にとって危険なものであると考えるがゆえに、私は、現代の軍備をこれ以上拡張することを求めるべきでないと考える。また軍事権は文権に従属せしめられるべきであるという歴史的体験に基づく有為な教訓を無視すべきではないと考える。はるか遠方の地で、航海技術の巧みさや、戦争における勇名をその旗の下で広く示したわが海軍力の激増、要塞、兵器廠、造船所の維持、陸海軍の訓練および戦術における進歩的改革の導入、これらはいずれも良識の明らかに認めるところである……。しかしアメリカの国防のとりでは、全国的な民兵部隊（national militia）である。現在のアメリカ人の聡明さと人口とをもってすれば、民兵はアメリカを不敗たらしめるものである。わが政府が、国民の福祉のために運営され、国民の意思によって規制されているかぎり、またわが政府がわれわれに人権、財産権、良心の自由、出版の自由を保障するものであるかぎり、それは防衛に値するかぎり、民兵の鉄壁の護りをもってそれを守るであろう。……国のこの自然の守りを強化しようと目論まれた正当な制度ならどんなものにでも、私は私の力の許すかぎり喜んでこれに手を貸すつもりである。…」[12]。

アメリカの独立後四十年の月日がたってなお建国期の防衛の思想が不変であることを示しているものといえよう。

その後、アメリカは西部大開発の政策がとられ、一八四〇年代には太平洋岸に向けて領土の拡張が試みられた。西方への発展と新たな領土の獲得は、アメリカ人が神から与えられた「明白な運命」(Manifest Destiny)であるとの主張もなされた[13]。

アメリカは、広大なる領土拡大とともに、豊かな資源にめぐまれ、他国を侵略することもなく、また他国からの侵略をほとんど懸念する必要もない国際的、地理的環境にあった。このようにめぐまれた状況を、イエール大学のウッドワード(Vann C. Woodward)教授は、「無料の安全保障」(free security)と指摘する[14]。したがって、アメリカでは、平常時に、軍事力を最小限にとめておくことができたのである。万一戦争という国家の緊急事態には、州兵軍や予備軍に依存し、海軍が敵の直接侵攻を防ぐ間に、必要な兵員を召集し、訓練をして、戦線に増強するという方針がとられたのである。アメリカの過去の主要な戦争における開戦前における平時の兵力と戦時中の最大動員兵力との間には驚異的な開きがみられる。そして戦争が終結すると、直ちに部隊の大部分は復員され、正規軍の兵力は最低の水準にまで引き下げられたのである。このような体制は、巻末の「アメリカ合衆国の主要事項と軍人数」に示されているように、第二次大戦まで続いたのである。このようにアメリカは、建国後しばらくは自国の安全のために多大なる努力をする必要がなく領土の拡張がなされた。そのためにアメリカの政治や対外政策において軍事的要因は少なく、外交と軍事の結びつきは大きなものではなかった。しかし、十九世紀になってアメリカは海外に島嶼を領有するようになると伝統的な民兵を中心とする陸軍の防衛から海軍中心の防衛体制に変容していった。これは常時軍備体制の方向に向かうこととなった。

四　二〇世紀の政軍関係

このような軍備に対する国民の考えは、また、厳格なシビリアン・コントロールいわゆる文民統制の観念を発展させた。これは、戦争の開始および戦争拡大など政戦画略にわたる、いわゆる大戦略の決定ならびに指導は、すべて文民の権限すなわち最終的には大統領の権限によって行うという考え方である。その結果、アメリカの軍隊はかって一度も、政府ないし議会のコントロールに反抗したこともなければ、その脅威を与えたこともなかった。また歴史上、ワシントン、グラント(Ulysses S. Grant)、アイゼンハワー(Dwight D. Eisenhower)など軍人出身の大統領は、二、三にとどまらないが、いわゆる軍部はかって一度も政治党派ないし集団を形成したことはなかった。

以上のように、アメリカの国民は伝統的に常備軍ぎらいであるが、アメリカの軍備は、米西戦争(一八九八年)を転機として一大躍進を遂げ、二〇世紀に入って急速に成長した。これはアメリカが建国以来の伝統である孤立主義的政策を捨てて、漸次国際協調主義に転じた過程を反映している。自由と民主主義を守るために軍備を嫌ったアメリカは、やがて自由と民主主義を守るために軍備を維持しなければならないと考えるに至ったのである。第二次大戦後、国際政治における勢力均衡に大きな変更を加え、いわゆる米ソ二大超大国の支配体制を確立した。大戦後アメリカは、トルーマン・ドクトリンに始まるＮＡＴＯ(北大西洋条約機構)をはじめとしてグローバルな集団安全保障体制による対ソ「封じ込め」戦略を外交政策として展開した。かくてアメリカは、冷戦体制下で軍事力を常時強化し「平常への復帰」は再度、軍備の充実へと再転換を迫られてくるのである。それを最も象徴的に示しているのは、大統領の安全保障問題について常時補佐する機関として一九四七年の国家安全保障法(National Security Act of 1947)により、「国家安全保障会議」(National Security Council)が設置されたことである。これによって、アメリカは戦時と平時の区別があいまいになった。これはアメリカの国防機構に関する歴史の上で最も注目されることとなった。

その後アメリカは、朝鮮戦争やヴェトナム戦争など全世界で軍事力を行使することとなり、大統領の戦争権限拡大により帝王的大統領(Imperial Presidency)とまでいわれるようになった。連邦議会は大統領の戦争権限阻止のために一九七三年戦争権限法(War Powers Act of 1973)を制定した。その後議会は対外政策面において多くの発言を強化し、一九七五年前後には議会復権といわれるようになった。その後アメリカは冷戦変容期をへて冷戦終焉を迎えることとなった。全世界が平和な時代の到達を夢見たが、民族紛争やテロが続発している。そのような中で、九・一一テロ事件は、アメリカをはじめ全世界の人々を恐怖のどん底に陥れた。ふたたびアメリカは国際政治における安全保障のありかたに新たな問題を投げかけられた。

第二節　アメリカ外交の伝統

アメリカ外交を通観すると、そこに強い特色の一つとして種々の主義(doctrine)と称せられるものがある。これらの主義は時代に応じ、また国際関係によりそれぞれ変遷があるが、この主義はしばしばアメリカ人の間では多くの信頼性を持ち、その内容については余り詳細な顧慮や利害関係に打算を払われることなく支持される場合が多い。これは、国家としての歴史が、新大陸に自由と平等を求めて民主主義を建国の国是として樹立されたもので、清教徒的な理想主義の反映によるものであろう。世論の国として、民衆の声が強く、外交政策に反映することもまたこの原因の一つとしてあげられよう。

アメリカの外交上とられた主義[15]には大別して、孤立主義と国際主義がある。後者には、国際法に直接関係を持つ中立主義、海洋の自由主義さらに直接関係はないが、後に国際法上の原則として主張されたモンロー主義、スティムソン主義など、そのほか外交政策に関する種々の主義と言われるものがある。アメリカ外交史の中で使用されている孤立主義およびその反意語として使われる国際主義という用語は、「必ずしも客観的認識のための学術用語というわけではなく、むしろ現実の政治の世界で論争のために使用される政治用語」である[16]。

一　建国以来の現実的路線

アメリカ外交の伝統と特徴[17]を述べるに際して、第一に指摘しなければならないのは、その国際政治に対する孤立主義の傾向である。一七九六年に行われた初代大統領ワシントンの「告別の辞」にその起源を見ることが出来る。その内容は、いかなる国とも恒久的な同盟条約を締結しないことを中心にして次のように述べている。

「外国勢力の陰謀に対して、自由な人民は絶えず警戒を怠ってはなりません。なぜなら歴史と経験に照らして外国勢力が共和政府の最も有害な敵であることは明らかです。しかし、その警戒が有効であるには、中立的でなければなりません。

諸外国に関する我々の行動の一般原則は、通商関係を拡大するにあたり、できる限り政治的結びつきをもたないようにすることであります。すでに結んでしまった約束に限り、全面的に信義をもって果たさねばなりませんが、それだけで止めておくべきであります。

隔離された我々の位置は、異なったコースをとるように向かわせ、またそれを可能にするのです。もし、我々が有能な政府のもとで、一国民として存続するなら、外部の禍からくる重大な挑戦に対抗し、…戦争か平和かを選ぶ、そうしたときが、そう遠くない時期に到来するでありましょう。

どうしてこのような外国の地に対する特殊な位置の利点を捨てるのでしょうか。どうして我々自身の立場を捨てて、外国の立場に立とうとするのでありましょうか。どうして、われわれの運命をヨーロッパのどこかの運命と織り合わせ、我々の平和と繁栄とを、ヨーロッパの野心、敵対、利害、気分、気紛れのなかに絡ませることがありましょうか」[18]。

ワシントンのこの方針は、その後アメリカ外交の伝統の源流となった。ワシントン大統領のもとで国務長官を務め後の第三代大統領となったジェファーソン（Thomas Jefferson）も「地球の一隅の破壊的戦乱から自然により大洋によって幸運にも隔てられていることを喜び、どこの国とも平和、通商、公正な友好を求め、どこの国とも面倒な同盟を結ばない」ことを基本方針として表明した。後年のモンロー・ドクトリンの基本といえるものである。

建国以来二百数十年を経たアメリカは、その人口・国土・生産力等あらゆる点で、建国期アメリカとはその国家的規模を異にし、したがってその国際的地位・役割を異にする。しかし、他面、建国当初つまり一八世紀末のアメリカと今日のアメリカとはそれぞれ厳しい国際環境に位置している点では、比較的国内状況にのみ専心しえた一九世紀のアメリカとは異なった共通性をもっているともいえよう。一九世紀のいわゆる孤立主義の伝統の上に、相対的に言えば古典的な意味での外交をあまり経験せず、外交政策の決定は、ケナン流にいえば道徳的・法律的接近法によって行われることが多かった[19]。

しかし、現実主義外交論者モーゲンソウ（Hans J.Morgenthau）も、建国期のアメリカ外交を現実主義外交の時代ととらえてこれを高く評価している。このことは、建国当初のアメリカが置かれた国際環境の故に、アメリカ外交が現実的にならざるを得なかったという状況の所産として理解されるべきであろうと前記斎藤論文は指摘する。

一国の外交を考えるに際しては、当然その国の国際的環境をはじめ種々の要因を考慮しなければならない。斎藤教授によれば、外交政策の決定に当たって考慮されるべき基本的要因として、次のような三点を指摘している。権力政治的契機（パワー・ポリティクス）、経済利益的契機、体制意識的あるいはイデオロギー的契機である。アメリカが孤立政策をとるようになった背景を考えるにあたって、まずアメリカの建国そのものが、国際環境の所産であるという面を指摘している。言いかえれば、イギリスとフランスとの権力政治上の抗争の所産として、アメリカの独立が可能となった側面を認識しなければならない。そしてその環境は、独立後もそのままアメリカを囲む国際環境であったのである。

国際政治の中心はヨーロッパの列強であり、対抗関係にある中で、独立後はそうした対抗関係に巻き込まれずに、国際政治における結び付きを避ける政策をとったのである。ヨーロッパとの隔たりは、地理的距離としてのみならず、政治的体制の隔たりとして意識されたのである。

大西洋によって、ヨーロッパと隔てられていることは、地勢的にも孤立政策を促進する要因となっている。大西洋は、アメリカにとって自然の防壁となり、前記ウッドワードの指摘する「無料の安全保障」を提供することとなった。ヨーロッパの軍事力行使は限定され、アメリカにとっては軍備を必要とさせなかったのである。そのほかに、新興国としてのナショナリズムにもとづいて旧世界とのコミットメントを避けることで孤立主義的傾向が強くなった点も指摘されている。

二　中立主義から国際主義へ

孤立主義の考え方は、アメリカ建国以来の伝統的な主義である。同盟を他国と結ばず、できるだけ他国の意思に規制されず、自国の自由な意思に基づき政治外交を行おうとする一国主義あるいは単独主義を内容とする考え方と、さらに国際政治への積極的関与を避ける考え方としての不介入主義がある。これはすでに述べたように、建国当初より主としてヨーロッパに対し自国の主権や独立を維持しようとする立場から発足したものである。この考え方は、前述のワシントンの告別演説に代表されるものであるが、それ以前すでに一七七五年の独立戦争に際し、ジョン・アダムス（John Adams）が議会で、当時フランスとの同盟に反対しヨーロッパにおける将来の一切の戦争に対し中立を維持しなければならないと述べているのに端を発し、一七八三年、アメリカはロシアの主張した海上における中立権擁護を目的とした第一次武装中立連盟に、ヨーロッパの事件に関する一切の関与はアメリカの基本政策に反するとして参加を拒否した。

これはアメリカの当時の国力が、建国浅く弱体であり、ヨーロッパ諸国と事を構える実力に乏しく、海外に対する野心など考えずとも、広大な空間が西方に残されており、また国際的な交通事情からヨーロッパと隔離された状況に基づくものであろう。さらに資源豊かな領土を開発することに主力を注ぎ、農業国として、また工業国として国内市場が形成された。さらに、一九世紀前半ヨーロッパとの貿易はアメリカ経済発展のために大きな役割を果たし、その後世界の主要国となっていくことをめざすところとなった。

この考え方は、その後のアメリカ外交における中立主義やモンロー主義に対して強い影響を与えている。この孤立主義は、アメリカのアジアや中南米に対する進出と共に影をひそめたが、第一次大戦後非常な貢献をしながらベルサイユ条約に加入せず、国際連盟の枠外に立ったのはこの思想の最も代表的な一例と言われている。

一九一四年八月、第一次大戦が勃発するやウィルソン大統領は、アメリカの中立を宣言した。当時のアメリカは、孤立主義的傾向が支配的で、積極的に参戦を主張する声はほとんどなく、ウィルソンの中立政策は単なる消極的中立ではなく、中立の大国という立場から戦争を望ましい形で終結しようとする積極的なものになっていた。しかし、ドイツは一九一五年二月、連合国および中立国を対象とした潜水艦戦を開始し、五月七日にはイギリス客船ルシタニア号が撃沈され、アメリカ人一二四名が犠牲となった。さらにドイツは、一九一七年二月無制限潜水艦作戦を開始、これに対しアメリカも対独断交を宣言した。ここに至りウィルソンも参戦を決意し、四月二日議会において、民主主義にとって安全な世界を創るためにアメリカが戦う時がきた、との演説を行い、六日議会もドイツへの宣戦を決議した。

ウィルソンは参戦国の指導者の立場から、国際秩序の再建を試みることになる。ウィルソンの国際秩序再建構想は、敵国やロシアにおける民主的政治体制の奨励、民族自決権の尊重、開放的な国際経済体制の形成、国際紛争を平和的に解決するための国際組織、すなわち国際連盟の設立等を骨子とするものであった。国際秩序の形成と維持のためにアメリカが積極的役割を果たさねばならないという思想、いわゆる国際主義を主張した。

三　世界が望むアメリカ

国際主義は孤立主義の否定ではあるが、一面では伝統的な対外意識を継承していた。国際主義と孤立主義に共通するものは、アメリカの体現する価値についての信念であり、よきアメリカ（新世界）悪しき世界（旧世界）という対比的イメージであった。孤立主義は旧世界からの孤立によってよきアメリカを保持しようとしたのに対し、国際主義はアメリカ的原則を旧世界に適用することによって、それを変革するものであると言う[20]。

しかし、第一次大戦後のアメリカ国内には孤立主義的感情が根強く残っていたために、ウィルソンによる国際主義の主張は認められず、国際連盟には加盟せず、ヨーロッパへの関わりを極力限定しようとした。さらに一九三〇年代にはいくたびかの中立法を制定し、アメリカが再び戦争に巻き込まれるのを阻止しようとする議会における孤立主義への動きがあった。

その後フランクリン・D・ローズベルト（Franklin D.Roosevelt）が大統領に就任し、国際協調重視をその政治信条としていたが、国内の孤立主義的風潮の前に思いきった措置をとれずにいた。しかし、一九三六年大統領に再選、一九四〇年の三選後は、国際主義を内外に表明した。第二次大戦が勃発し、対日独開戦後は、それに対処するためアメリカは、連合国側の主要勢力とならざるを得なかった。そのためにローズベルトは、国民を説得して参戦に導くために戦後に期待される平和な世界の構図を提示する必要があった。

それは「四つの自由」について語り、イギリス首相チャーチル（Winston Churchill）と共同で世界秩序再建の基礎とすべき諸原則「大西洋憲章」を発表した。これは平和な世界の実現と維持のために国際協力が必要であることを述べ、国際連合の基礎となった。アメリカは国民の圧倒的な支持を受けて加盟し、国際協調体制に入った。

第二次大戦後、トルーマン宣言に始まる冷戦の時代は、アメリカ人が世界について単純なイメージを抱き、自己の道徳的優越について自信をもって対外的に行動した時代であろう。その後、キューバ危機、ヴェトナム戦争の挫折やその後の複雑な国際情勢の変化は、アメリカ人が長い間抱いていた世界イメージや道徳的優越感を過去のものとした。戦争は、アメリカ人に力の限界を意識させ、対外政策の道徳的基礎についての信念を揺るがした。

かつては混沌たる悪しき世界から超然として、よきアメリカに安住するという孤立主義に戻るかと思われた。しかしアメリカは、その政策をとることはできなかった。世界がアメリカを必要とし、アメリカが世界を必要としていることを認識していたのである。

四　アメリカ外交の神話

アメリカの政治、外交、防衛を含む安全保障についてすでに建国以来の基本的な考え方を紹介してきたが、最近のアメリカ外交政策についての興味深い論文を紹介しておきたい[21]。

アメリカ外交評議会主任研究員であるウォルター・R・ミード（Walter R. Mead）氏はアメリカの外交政策に関して、三つの神話があるという。第一は、第二次大戦までアメリカは幅広い形で外交政策に関わっていなかったということである。第二は、アメリカは外交政策に関心をもたなかったことであり、第三は、アメリカは外交政策に長けていないということである。以上の諸点に関してミード氏は次のように説明している。

第一の点では、ペリー（Oliver H. Perry）提督を日本に派遣したのは、イギリスがアジア諸国の太平洋支配を防止するためである。十九世紀にはアメリカはすべての大陸に関与してきた。独立以来、軍隊をさまざまなところに派遣し、数十万人の宣教師を海外に派遣した。経済的には貿易のＧＤＰ（国内総生産）への寄与度が十九世紀の大部分において冷戦時より高かった。アメリカの経済が世界経済と大いに関係していたことを物語るものである。

第二は、アメリカは外交政策に関心を持たなかったということである。外交政策は選挙で全く役を担わないといわれている。しかし、二〇〇〇年の大統領選挙でブッシュ（George W. Bush）が、第四三代大統領になった当時、国際的問題として、キューバ人の強制移住やＷＴＯ（世界貿易機関）問題があった。さらに歴史的には、南北戦争時にイギリスとの国際関係が南北両軍で問題となった。

第三は、アメリカは外交政策に長けていないということである。建国当初は非常に弱い国であったが、超大国として存在していたスペイン、フランス、イギリスの各帝国を、一国ずつ打破してきた。それは、外交、あるいは戦争、あるいはその両方の組み合わせによって勝利した。非常にユニークなことであるが、イギリス人は「なぜアメリカが平和裡にイギリスにとってかわることができたのか。なぜアメリカだけが世界の中で超大国になっていったのか、よくわからない」と言っているという。

また、二つの世界大戦でも、最後に参戦し、犠牲者も少なく、予算も使わず、最終的に、非常に決定的な役割を果たすことになった。第二次大戦後の冷戦では、アメリカは四〇年間その優位的立場を維持し勝利した。

さらにミード氏は、アメリカの外交政策の特徴を次ぎのように述べている。

アメリカは世界の多くの国の場合と異なり大統領は一定の期間の後交替し、国務長官も変わる。世論も非常に多種多様で、議会は常に大統領を調査する。一見外交政策のプロセスは、非常に非効率的である。アメリカの外交政策に関する考え方には、政治的、また社会的な現実に基づいて、次のような四つの考え方がある。

第一は、一国主義的な「ジャクソン流」の考え方である。アメリカの国益のためには、場合によっては国際法を無視してでも国を守り、さらに国民が攻撃を受けた場合には断固として撃退し、無条件の降伏を求める。

第二は、理想主義、国際主義な「ウィルソン流」の考え方である。普遍的イデオロギーである世界平和、法の支配を求め、民主主義とか自由の価値を重視する。

第三は、アメリカ国内での自由や民主主義の価値を拡大し、守ることを提唱する「ジェファーソン流」の考え方である。

第四の考え方は、偉大な商業国家を重視する「ハミルトン流」である。イギリスのようなグランドストラテジのある経済的繁栄と技術を高める。しかし、軍事大国にならないというものである。

アメリカの外交政策を考えるうえで従来の伝統的な外交の考え方とは別の角度から考察されているのは、今後のアメリカの外交を考える上で示唆するところがあると思われる。

注

（1）平時には農業など各自の生業に従事し、非常時には武装する兵士たちによる不正規軍。アメリカでは植民地時代初期にインディアンとの衝突や飢餓のおそれなど生存上の必要から、すべての男性入植者は兵農ともに従事することを要求された。アメリカ独立戦争期には、愛国派（Patriots）が民兵組織を最大限利用して大陸軍（Continental Army）を補強し、イギリス正規軍に勝利を得ることができた。（松村赳他編『英米史辞典』研究社　二〇〇〇年　四七三－四七四頁）

（2）斎藤眞「建国期アメリカの防衛思想」小原敬士編『アメリカ軍産複合体研究』日本国際問題研究社　一九七一年　一三五頁

（3）安全保障（security）の語源的概念は、ラテン語の securitat または securitas からきており、それらはともに securas という言葉から発生しているという。se とは free from（からの自由）を意味し、curus とは care（不安、心配）を意味する。不安、心配からの自由ということがセキュリティ本来の意味とすると、このような不安や心配を分析してみることがセキュリティの実質的な意味内容を解明することともなる。

『ウエヴスターの辞典』では「安全であることの性質または状態」（the quality or state of being secure）として、「危険や恐怖や苦悩や心配などから自由であること」、すなわち不安定な状態から解放されて、少なくとも安全であることをいう。アメリカの合衆国憲法の法案の批准を推進するために執筆された『ザ・フェデラリスト』（The Federalist）の第四編、第四一編に安全保障についての論文がある。いずれも外国からの脅威に対するアメリカの安全を確保することを論じている。前者では、アメリカ人の安全は、単にアメリカ人が他国に戦争の正当な原因を与えぬよう自重することに依存しているだけでなく、他国の敵意や軽蔑を招くことのないような立場をまもることであるとしている。さらに、後者では外国からの危険に対する保障として、政府の権限を明確にし、連邦議会に宣戦布告権、および陸海軍の維持権、民兵の統制権と招集権、課税権、起債権などを与えることが必要であると主張している（斎藤眞他訳『ザ・フェデラリスト』福村出版　一九

八五年　一五頁及び一九九頁）。その後アメリカでは、安全保障という言葉は、national securityとして外交と軍事の関係を探求する分野となっている。しかし最近では安全保障という考えの中に従来の国家レベルの政治と軍事中心の安全保障だけでなく、人間一人一人が生存していく環境を中心とする安全保障が重要視されている。

（4）前掲斎藤論文「建国期アメリカの防衛思想」一三六頁

（5）アメリカ独立革命期におけるマサチュセッツの民兵の一般的名称。独立戦争の幕を切って落としたレキシントンやコンコードの戦いの主役となった。「一瞬の警報で」（at a minute's warning）緊急事態に対応するという意味で名付けられた。彼らは一七七四年に国王派（Loyalists）を排除するために正規の民兵軍から再編成された特別部隊であった（前掲『英米史辞典』四七七頁）。

（6）笹部益広「シビル・ミリタリ・リレイションズ序説」『防衛論集』第三巻第一号　一九六四年四月　一四頁

（7）Adam Smith, An Inquiry into The Nature and Causes of The Wealth of Nations, 1950　大内・松川訳『諸国民の富』岩波文庫　第四冊　岩波書店　一九八二年　一八－一九頁、

（8）わが国のシビリアン・コントロールについては、拙稿「日本の防衛政策決定機構と決定過程」『国際問題』第二四七号一九八〇年一〇月参照。さらにわが国およびアメリカと西欧諸国のシビリアン・コントロールに関する邦文文献として拙稿「シビリアン・コントロール関係文献要目」『防衛法研究』第三号　一九七九年五月参照

（9）斎藤眞「アメリカ独立戦争と政軍関係」佐藤栄一編『政治と軍事』日本国際問題研究所　一九七八年　二頁

（10）前掲斎藤論文（9）三頁

（11）アメリカ学会編『原典アメリカ史』第二巻一九五一年　四四三頁

（12）小原敬士編『アメリカ軍産複合体研究』日本国際問題研究所　一九七一年　二一二－二一三頁

（13）一八四〇年代のアメリカの領土拡張を正当化した合い言葉で、ジョン・オサリバン（John L. O. sulivan）が編集する『民

主評論』(The Democratic Review) 誌に掲載された「併合論」(Annexation) と題する論説の中で最初に用いられた。

(14) Vann C. Woodward, The Age of Reinterpretation, The American Historical Review, Vol.66 No.1 Oct. 1960, p.2

(15) アメリカ外交の諸主義については、立作太郎『米国外交上の諸主義』日本評論社　一九四二年参照

(16) 斎藤眞「国際主義と孤立主義」『国際問題』一〇九号、一九六九年四月、三頁

(17) アメリカの外交の伝統については、有賀貞「アメリカ外交の伝統と特徴」有賀貞他編『概説アメリカ外交史』有斐閣　二〇〇一年　一－二七頁参照

(18) 大下尚一他編、『史料が語るアメリカ』有斐閣　一九八九年六四頁

(19) 斎藤眞「アメリカ外交の原型」慶応義塾大学地域研究グループ編『アメリカの対外政策』鹿島出版会　一九七一年、三頁

(20) 有賀貞他編『概説アメリカ外交史』有斐閣　一九九八年一五頁

(21) この見解は、ウォールター・ミード氏が二〇〇二年三月一二日東京アメリカン・センター主催のセミナーで発表したものであり、筆者はこのセミナーに参加した。尚、同氏の見解は、すでにアメリカの外交評論誌 *Foreign Affairs* (Vol. 81, No.1, January/February 2002, pp.163 - 176) に掲載されたものであり、そのタイトルは、The American Foreign Policy Legacy である。

第一部　アメリカ合衆国における戦争権限

第一章　アメリカの連邦議会と大統領の戦争権限

第一節　戦争権限の意義

アメリカ合衆国憲法は、大統領を合衆国陸海軍及び民兵の総指揮官と定め、軍に対する統帥権を大統領に与えており、一方、宣戦布告の権利と軍隊の募集、編成と維持に関する権限を連邦議会に与えている。この議会の宣戦布告権と大統領の統帥権の関係については、アメリカの連邦議会、学界その他で長い間論争されてきた。一方、アメリカでは一七九八年から一九七二年までの間に、朝鮮戦争やヴェトナム戦争などのように連邦議会の「戦争宣言」なくして、合衆国軍隊を投入した例は一九九回あり、[1]その後の研究では一七九八年から二〇〇〇年までの間に二六三回の軍隊が投入された。とくにヴェトナム戦争においては、なしくずしの軍事介入などから大統領が勝手に軍事行動を起こすことを防ぐための措置についての討議が三年以上にも及んで続けられた。大統領の戦争権限そのものについての論議は古くからなされたところであるが、ヴェトナム戦争では、大統領が行動を推進する根源となる「対外約束決議」や軍事予算削減そのものについての論議がなされた。そして、第二次大戦後、拡大する一方であった大統領の戦争遂行権限に対して、連邦議会の発言力はアメリカの歴史上かつてなく強化されることとなり、一九七三年一一月七日、アメリカ立法史上での画期的立法ともいうべき「戦争権限法」(War Powers Resolution ; Public Law 93-148, 93rd Congress H. J Res, 542) が成立した。同法の内容については、第五章で紹介する。

この法律に関係する連邦議会の審議は、非常に多くの月日がかけられた。その中で、一九六七年八月一六日、上院の外務委員会における対外約束決議の公聴会はタフツ（Tufts）大学のバーレット（Ruhl Barlett）教授から海外における合衆国軍隊の介入に対する議会と大統領の役割の歴史的展望について説明聴取をした。そこで、この問題がいかに重要であるかを、教授は次のように結論として述べている(2)。

「外交政策の分野における行政府と立法府の地位は、一七八九年以来逆転に近い。その変化は、ある程度は徐々になされたものであるが、過去五〇年間は非常に加速度的であり、とくに最近二〇年間は危険きわまる速度である。大統領が実質的に外交政策を決定し、戦争と平和に関する政策決定をする。一方、連邦議会は黙従もしくは無視し、または承認してきたのであり、そしてこのような展開を助長してきた」。

そして、バーレット教授は「外交関係に関して行政府が立法府を侵略することは、合衆国の民主主義、国民の自由、また国民の福祉に対する最大の危機である」と述べているが、アメリカの歴史的研究に基づくこれら判断を大いに認識しなければならないことであろう。

アメリカにおける大統領と連邦議会の戦争権限について考察した著作はアメリカにおいてはかなりあるが、わが国では余り多くはないようである(3)。

戦争権限の本質的な考察をするには、憲法制定当時の環境、起草者の意思、その他の慣行、判例、専門家の学説等を十分に考慮しなければならないが、この点については今後の課題としたい。

アメリカで戦争権限（War Powers）というとき(4)、第一には、アメリカ合衆国が交戦国として敵国または中立国に対して行使し得る国際法上の権利であり、第二は、アメリカの法律辞典『*Black's Law Dictionary*』によれば、戦争権限とは連邦議会が戦争宣言をし、合衆国軍隊を維持する権限、さらに大統領が総指揮官として戦争を遂行する権限、とある。松下正寿元立教大学総長によれば、アメリカ合衆国が戦争を開始し、遂行し及び終結に際し、合衆国内の各機関の行使すべき権能を意味する。[5] 本書における戦争権限は、アメリカ合衆国の連邦議会と大統領に関するものであり、この区分によれば、第二の範囲ということになる。

合衆国憲法では、戦争に関して立法府と行政府に次のように権限を分割した。

連邦議会の権限として（第一条第八節）[6]

(a) 合衆国の……共同の防衛……のために租税、関税、間接税、消費税を賦課徴収すること（第一項）

(b) 戦争を宣言し（declare war）……陸上および海上における捕獲に関する規則を設けること（第一一項）

(c) 軍隊を募集編成し、これを維持すること。ただし、この目的のためにする歳出の予算（appropriation of money）は、二年を越える期間にわたることができない（第一二項）

(d) 海軍を建設し、これを維持すること（第一三項）

(e) 陸海軍の統制および規律に関する規則を定めること（第一四項）

(f) 連邦の法律の執行ならびに反乱の鎮圧及び侵略の撃退の目的のためにする民兵（militia）の召集に関する規定を設けること（第一五項）

(g) 民兵の編成、武装および訓練に関し規定し、合衆国の軍務に服すべき民兵の一部について、その統制を規定すること。ただし、各州は民兵に関し、将校を任命しおよび連邦議会の規定する軍律に従い、訓練を行う権限を留保する（第一六項）

(h) 要塞、武器庫、造兵廠、造船所およびその他必要な建造物の建設のために、それぞれの州の議会の同意を得て、土地を購入した場合には、これらの諸地域の上に、同様の権利を行使すること（第一七項）

一方、大統領の権限として、国防または戦争遂行に関して直接規定していることは、

(a) 「大統領は、合衆国の陸海軍および現に召集されて合衆国の軍務に服する各州の民兵の総指揮官

（Commander-in-Chief）である」[7]（第二条第二節第一項）

ということだけである。

今日では、ここに空軍と海兵隊を含め三軍総指揮官として、大統領は、諸外国との戦争で合衆国軍隊を指揮・統帥する権限を与えられた。これに基づいて大統領は、米国の国益を擁護し、また米国民の生命、財産を守るために、軍隊の投入を行ってきた。

さらに軍事に関係する権限として、憲法上次のような規定がある。

(b)「行政権は合衆国大統領に属する」（第二条第一節第一項の一）

(c)「大統領は上院の助言と同意を得て、条約を締結する権利を有する」（第二条第二節第二項前段）

(d)「大統領は全権大使、外交使節および領事、最高裁判所判事、高級官僚を上院の助言と同意を得て任命する」（第二条第二節第二項後段）

(e)「合衆国は、この連邦内の各州に共和政体を保障する。また侵略に対し各州を防護し、また州内の暴動に対し、州議会若しくは（州議会の召集が可能でないときは）州行政府の請求に応じて保護を与える（第四条四節）

(b)の行政府の長として大統領は、国防省をはじめ行政省庁の長官、副長官、次官、次官補等を任命すると共に、彼らから各省庁の職務に関する事項について、文書で意見を求めることが出来る。さらに、(c)の条約締結権に関しては上院の出席議員の三分の二以上の同意が必要である。同意が得られなかった例としては、第一次大戦後の国際連盟加入拒否のベルサイユ条約があり、最近では核実験全面禁止条約（ＣＴＢＴ）等がある。さらに(d)の官吏任命権に関しては、大統領が候補者をポストに指名する場合には、その経歴と指名理由を文書で上院の関係する常任委員会（例えば外交関係では外交委員会、国防関係派軍事委員会）に送付する。各委員会は必要があれば公聴会を開いて審議し、その結果を本会議に報告する。そこで出席議員の過半数で承認されて任命される。国防省における陸海空および海兵隊の制服組の承認は、尉官以上の将校（commissioned officers）である。この承認を必要とする官職は一般に「上級職」（superior officers）または「上院承認職」（senatorial officers）と呼ばれている。(e)は合衆国が州議会の請求若しくは州行政府の請求に応じて各州を保護する義務を規定している。この点に関して連邦最高裁判所は、「政治的な問題」を引き起こす原因となるとの見解をとっており、連邦政府の政治的な部門（立法府と行政府）が憲法第四条第四節の保障に関して下す決定は、裁判所の違憲審査の対象外にあるからである[(8)]。

以上のように憲法の規定からは戦争及び国防に関する事項はことごとく連邦議会にあるようであり、大統領については総指揮官としての権限を規定しているだけである。戦争に関する権限を二つの部門すなわち立法府と行政府に分割したのは、憲法の中心的課題ともいうべき権力の分立主義や相互抑制主義によるものである。しかし、両者の権限相互の限界があいまいであるために、両者の活動分野が重複し軍事政策や戦争遂行に関して激しい論議が生ずるところとなっている[(9)]。

アメリカのように憲法上の規定で議会が戦争宣言をし、行政権の首長にこれを許さない例は、一つの典型[(10)]をなしている。その型に属するものとして、スイス（一八七四年）、メキシコ（一九一七年）、パキスタン（一九五六年）やソ連（一九三六年）をはじめとする社会主義国家の憲法はほぼ同一のようである（ただし、ソ連の場合、武力攻撃を受け、又は相互防衛の義務履行のある場合には最高幹部会）。

これと対照的に戦争宣言を伝統的に国王に無条件に委ねている憲法の例としては、ノルウェー（一八一四年）、ベルギー、イラン（一九〇七年）、エチオピア（一九三一年）などがある。

さらに、連邦議会の議決又は同意を条件として行政府の首長が宣言する形式のものとしては、ポルトガル、アイルランド共和国などがある。

一方、統帥権または軍の総指揮官は、一般に元首ないし行政権の首長である大統領あるいは国王に属する場合が多い。

なお、世界一六六カ国の憲法における戦争宣言、講和および統帥権等の規定について、西修駒沢大学教授の貴重な調査がある。(11) そのほか憲法研究所の世界各国憲法における戦争の規定に関する研究書がある。(12)

第二節　連邦議会の戦争権限

一　共同防衛

アメリカ合衆国憲法は、すでに述べたように、共同防衛のため連邦議会に軍事と外交に関する規定をしている。国民が選出した代表者により構成される議会に、軍の規模、維持、組織および一般目的等の権限を与え、軍事力に対する文民統制を維持する重要な役割を与えている。憲法制定の父祖は、軍事機構に対する実質的な統制権を議会に与えており、この統制権は議会のほか大統領と裁判所に与えている。これは権力分立主義および相互牽制主義としてアメリカ政治の基本原理となっている。

議会が持つ軍事および外交における権限は、前節にみられるように多数の規定があり、それらの権限は絶対無制限のものではない。議会の権限を具体的にみると次のように大別できる。

第一は、議会の中心的役割である立法権である。憲法では「立法権は合衆国連邦議会に属する」（第一条第一節）と規定し、その対象については第一条第八節で一八項目が定められている。詳細は第三章第三節でふれる。

第二は、予算権である。憲法では「国庫からの支出は、法律で定める歳出予算に従う以外、一切行われてはならない」（第一条第九節第七項）と定めている。詳細は第五章第一節および第十四章でふれる。

第三は、次項でふれる連邦議会の戦争宣言の規定である。

第四は、条約締結に関する権限である。憲法は「大統領は、上院の助言及び同意を得て条約を締結する。ただし上院の出席議員の三分の二による賛成が必要である」（第二条第二節第二項）と規定している。これは、条約の締結のプロセスを二つに分け、大統領に交渉権、議会に批准権を与えたものである。

合衆国憲法が三権分立の原則に従わず外交権の一部を立法府である上院にのみ授権しているのは、憲法案を起草したフィラデルフィア会議の原案で、条約締結権は大統領に認められずに上院の専権事項にされたからである。その理由は条約の国内に対する拘束力への懸念が強かったからである。条約にも正規の立法手続きに準じる手続きが必要と考えられたのである。つまり、行政権が君主の権限を継承するものと考えられていたのに対し、立法権は市民の自由や諸権利を擁護する権限とみなされていたのであり、条約についても立法権の保護を通して締結に随伴する弊害を防止することが重視されていたのである。アメリカでは大統領と上院の二つの機関に協働行為という機能を持たせたのである。同様に批准の要件として上院の出席議員の三分の二による賛成が規定されているのは、州間の利害対立を配慮してのことであった。すなわち、合衆国憲法を制定した独立一三州は東部、中部、南部の三つのセクションに分かれ、それぞれが相異なる経済的利害を持つと考えられており、過半数の賛成だけではいずれかのセクションの利害が損なわれかねないと警戒されたのである。[13] さらに、アメリカの条約は法律と同じ形式的効力しか認められていないので、既存の条約と矛盾する法律を制定し、条約を法的に実効性のないもの（ineffective）にすることができる。[14]

固有の条約以外に、大統領は、諸外国政府と行政協定を締結する。この協定には、議会によって締結されることを授権されているか、または大統領が承認および履行のため連邦議会に提出する協定と、大統領が外交権および総指揮官としての権限のみにより締結する協定がある。これらの行政協定に対する効力については、最高裁判所の判決さらに連邦議会の審議においても重大な問題となっている。後者については第五章第一節でふれることにする。

絶対君主制の下においては条約の締結は君主の専権に属し、議会はなんらこれに関与しなかった。しかし、議会主義の発達に伴ってしだいに条約締結も議会のコントロールに服するようになり、現在では世界各国の成文憲法は、この旨を明記するのが一般である。そのコントロールは、議会の承認を要求する型、議会の承認を必要とする条約を限定列挙する型などいろいろある。[15] アメリカ合衆国憲法では、前述のように上院が条約の締結に関与することは認められているが、それがどういう形でなされるべきか(例えば、交渉の段階から上院が関与する権利を有するか否かなど)は必ずしも明確ではない。

アメリカの上院の同意または不同意の意思表示は、上院決議(Senate Resolution)の形で行われる。すなわち「条約案に対する上院の決定は、修正(amendments)を付し、または付することなく、批准の決議の形式によって行われる」(上院規則第三〇条)。この意思表示の手段としては次のようなものがある。第一に、了解(understanding)または解釈(interpretation)を付加して、条約の法的拘束力を変えずにあいまいな条項を明確にする。第二に、留保条項(reservation)をつけ加えて、法的効力を制限する。第三に、条約内容を修正し、相手国と再交渉させることである。さらに、宣言、声明の形で修正案を決議案として提出することができるとしている。[16]

ワシントン大統領は一七八九年に交渉の初期に上院に出席して条約締結に関して相談したことがあるが、その時上院のとった態度に不満を抱き、それ以後はそのような手続きを踏まず、大統領が交渉し署名した条約に対し、上院が承認を与えるという慣行が行われている。(17) 上院で条約に修正をした例として一七九四年のジェイ条約がある。この条約は一七八三年のパリ条約の懸案を解決するため、最高裁長官の職にあったジェイ(John Jay)を特使として英国の外相グレンヴィル(Baron Grenville)と交渉し、北東部要塞からの英軍撤退や、公式の通商関係の樹立の問題は解決されたが、緊急の課題であった中立貿易の問題については何の取り決めもなされず同条約に対する不満が内外から噴出していた。そのために同条約案の第一二条の適用を排除する趣旨の追加条項を加え英国が修正を受け入れて成立した。その後上院による修正を相手国が拒否した第一次ヘイ・ポウンスフオト条約（Hay-Pauncefote Treaty of 1900）、上院の修正を大統領が拒否した仲裁裁判条約(一九一一年)、第十七章でふれるベルサイユ条約（Treaty of Versailles of 1919）、さらに日米関係では対日平和条約(一九五二年)や、日米友好通商条約(一九五三年)では上院の宣言を含む訂正や、留保を追加して承認した例がある。(18)

二　戦争宣言

1　憲法制定当時における戦争宣言の論議

アメリカ憲法における戦争という国家の最も重要な事項に関して考察するには、建国の父祖たちが戦争遂行に関して、議会と大統領の役割をどのように考えていたかということを考えてみる必要がある。

戦争宣言の権限をいかなる機関に属させるかということは、一七八七年の憲法制定会議における難問の一つであった。

(イ)　連邦主義者であったアレキサンダー・ハミルトン（Alexander Hamilton）は、戦争宣言は上院に与えるべきことを主張した。ところが一七八七年八月一七日に憲法制定会議に提出された委員会案は、「戦争を行なう権限」（the "Power to Make War"）を立法府に与えるものであった。(19)

これに対してピンクニー（Charles Pinckney）は、下院は戦争に関する決定をするにはあまりに人数が多すぎ突発的な攻撃には対処しえない。しかし上院は外交問題に精通しており、適切な決定をする十分な能力を有するので戦争宣言に関する権限を上院に与えることを主張した[20]。

一方、バトラー（Pierce Butler）は、議会がそのような権限をもつことは適当でないとして、大統領に与えることを主張した[21]。

さらに、ゲリー（Elbridge Gerry）は、共和国においては、行政府だけに戦争宣言の権限を与えるべきでないとバトラーの見解に反対した。その主張を支持したメーソン（George Mason）は、そのような権限（戦争宣言）を行政府に与えることは非常に危険なことであり、それは戦争を容易にするものであるから、反対に戦争をできないように拘束し平和を容易にすることが重要であると主張した[22]。

(ロ)　以上のように制定会議では戦争宣言についていろいろ議論されたが、戦争に関して、戦争権限と講和権限を分離し、後者については、直接憲法では規定していない。しかし、これは通常、条約締結権の一部に入るものと解釈される。したがって、講和条約は上院の助言と同意を得て締結される。ただし、この場合には、上院の出席議員の三分の二の賛同（concur）が必要である（合衆国憲法第二条第二節第二項）。

また、戦争権限については、戦争を宣言する権限と戦争を遂行する権限とに分割し、前者を立法府に与え、後者を主として大統領に与えた。そこで、原案にあった〝戦争を行なう〟（Make War）は最終的に〝戦争を宣言する〟（Declare War）と修正されたのである[23]。

2　戦争宣言の意義

合衆国憲法では連邦議会のみに戦争宣言の権限を与えており、〝これほど明白な規定は憲法のなかでほかにない〟[24]とまでいわれている。これは、すでに述べたように建国の父祖たちが、軍部の意思により、あるいは総指揮官の意思により戦争をはじめてはならないと考えたことによるものである。また戦争のような重大かつ致命的な事項は、連邦議会の代表者たちが戦争宣言をしてその承認を与えないかぎり、または与えるまでは推し進めてはならないという考えのあらわれである。戦争宣言が行政機関の権限に属することによって、戦争が容易にひき起されたことは過去の歴史が示すところである。また、議会による戦争宣言が手続や実行の面で大統領の場合より困難であり、慎重であると考えられる点も見逃すことはできないであろう（そのような意味では「戦争権限法」も大統領が合衆国軍隊を使用する際の手続法ともいうべきものである）。議会は宣戦布告を求める教書を大統領から受け取り、過半数の賛成により両院の共同決議でこれを可決し、大統領の署名によって発効する。従って手続き上は総指揮官としての大統領の戦争権限は、連邦議会の戦争宣言があってはじめてその行使が認められることとなる。

しかし、実際上、連邦議会は戦争宣言までのプロセスに対する独占的な統制権を失っている。何故なら、大統領は外交交渉と、軍の指揮の権限を独占しているので、国家を戦争不可避の状態におくことができる。そして、連邦議会は、すでに戦争となった事実を確認するだけにとどまっている。

3　戦争宣言と戦争遂行

(イ)　戦争宣言は判例によれば、他国の領土を侵略したり、自国の領土を拡大するためではなく、合衆国政府及び国民の権利を擁護するためになされるものである。[25]

また、戦争宣言は、連邦議会の立法活動としてなされるものであり、それにより戦争が開始されることを意味する。従って、そのような立法は全世界に公式に通知されることが必要となる。[26]

(ロ)　すでに述べたように連邦議会が戦争宣言を行うことは明白であるが、国家を戦争に介入させる権限がどこにあるかについては不明確であり、[27] 奇襲を排除する行政の権限の範囲も不明確である。[28] それは本書でも最も重要な課題ともなるべき〝戦争〟そのものの内容に関係してくるものである。戦争に関する研究は古くから多くの学者によってなされており、その定義は学者によって異なっている。

アメリカ憲法での戦争を開始することの規定は、明らかに〝形式的な意味での戦争〟である。しかし、後に述べるように過去において大統領には国権や国益の防衛のために軍隊を使用する権限が認められ、実行されてきた。これらの多くの場合は、〝実質的な意味での戦争〟を遂行することを意味するものであった[29]。それは、総指揮官としての地位により、大統領が行なってきたものである。しかし、海外での小規模な〝敵対行為(hostility)〟は、大統領の独立した権限とされ、憲法上の〝戦争〟という意味には考えないとする解釈が一般的となってきた[30]。大統領は前述のように合衆国軍隊の総指揮官ではあるが戦争を開始したり、それを宣言する法的な権限はない[31]。しかし、判例や学説では、大統領は国家の戦争存続を認可する権限をもち、さらに、他国によって侵略された場合、大統領は武力に対して武力で対抗して国家を守る権限をもち、また、対抗しなければならない[32]との説がある。その場合、特別の法的授権なしに挑戦を受けなければならないというのが通説のようである[33]。

(ハ) 戦争に対する政策は議会よりは大統領によって策定されるようになったことはすでに述べたとおりである。クラーレンス・バーダル(Clarence Berdahl)イリノイ大学教授の言葉をかりるならば、「連邦議会よりもむしろ大統領が国内及び国外において、戦争の理由や目的に関して、国家の代弁者とみなされるようになった。そして、大統領の声明は、そのなかにもられている政策に国家を拘束するものと一般に認められるようになった」のである。かくて議会の戦争宣言は、積極的な政策を堅持する大統領により何らの権威をも発揮することができなくなってきた。事実上の戦争が開始された場合、議会による戦争宣言は単に形式的なものに過ぎず、連邦議会はもはや参戦を阻止することができないものとなっている。従って、実際問題としては、連邦議会の戦争宣言は、戦争状態を公式に、かつ法的に承認するに過ぎないものとなっているとの見解もある。[34]

ジョン・アダムズが一八一七年に「戦争宣言の権限を連邦議会に与えたのは誤りだった」とまで述べているし、モンテスキュー（Montesquieu）やルソー（Jean Jacques Rousseau）の政治理論から考えてみても戦争宣言は、厳密にいうと行政府の行為であるとする見解もある。[35]

(二)　確かに歴史的にみても連邦議会に属する戦争宣言なくして大統領は独断的に戦争を行なってきた。そして、大統領の行動を連邦議会自身が拡大することもあった。例えば、一九一七年選抜徴兵法（Selective Service Act 1917）は、徴兵により兵員を募集する権限を大統領に与えた。また、一九四一年武器貸与法（Lend Lease Act of 1941）は立法権を大統領に委任する慣行を一歩進めたものといえよう。さらにカーチス・ライト（Curtiss-Wright）事件[36]や他の多くの例にも見られるように連邦講会は、いろいろな理由から戦争に関する権限を大統領に委任することを認めている。

また、連邦最高裁判所も大統領の戦争権限を拡大して解釈することもあった。その例の一として、南北戦争をあげることができる。当時、リンカーン大統領は連邦議会の戦争宣言なくして、軍隊を行使した。そして、南北戦争に関するプライズ事件（Prize Case）の判決のなかで、次のように述べていることは注目される。

「この最も大きな内戦（Civil War）は、決して、国民の暴動や騒々しい集合、あるいは一地域における無組織の反乱によって徐々に展開されてきたものではない。受胎期間は非常に長かったが、〝戦争〟（War）という鎧で武装したミネルバ（Minerva）は両親の頭から突然飛び出してきたものであった。大統領は、連邦議会がそれに命名することを待つことなく、それが現われた形において、これに対処せねばならなかったし、また、大統領や連邦議会がそれに与えた名によって事実を変えることはできない[37]」

この判決で述べられていることは、形式的な連邦議会の戦争宣言がなくても現実の戦争状態は存在するということであり、そして、そのような戦争状態は内戦であろうと外国との戦争であろうと同じであるというものであった。

以上述べてきたように、連邦議会の宣言なくして、大統領が軍隊を投入した例は非常に多い。反面、連邦議会の宣言があったのは、次の五回だけであった。[38]

一八一二年　対イギリス戦
一八四六―四八年　対メキシコ戦
一八九八年　対スペイン戦
一九一七―一九年　第一次大戦
一九四一―四五年　第二次大戦

しかし、これらの戦争のうち、連邦議会で戦争による国家的利益について議論しているのは、一八一二年の対イギリス戦争だけである。この時の戦争への賛否の投票は上院では一九対一三、下院では七九対四九と非常に接近していた。その他の戦争はすべて連邦議会ではほとんど審議していない。[39]

一八四六年のメキシコに対する宣戦布告は、係争中の領土を占領するためにポーク(James Polk)大統領が軍隊を派遣したことが引き金となって起きた戦闘行為を追認したものである。合衆国は、一九四一年一二月日本の真珠湾攻撃によって枢軸国に宣戦布告するに至ったが、しかしローズヴェルト大統領はそれよりも前にすでに、軍隊をグリーンランドとアイスランドに派遣していた。また武器弾薬をとぎれることなくイギリスに運ぶ護送船団を守るためであるならば(ドイツ船を)「見つけたらすぐに撃て」と海軍に命令していた。つまり、財政的な援助を認めた武器貸与法が成立したのは一九四一年三月のことであった。[40]

第三節　大統領の戦争権限

一　大統領の戦争権限の意義

1　大統領の戦争権限に関する憲法上の規定は前述のように〝総指揮官〟としての権限だけであり、この〝総指揮官〟という権限がはたして〝職務〟なのか〝権能〟であるのかは、きわめてあいまいである。

また、総指揮官としての大統領の職務に関して、最初の概念と、最近のそれとの間にはかなりの相違がある。アレキサンダー・ハミルトンは、『ザ・フェデラリスト』(The Federalist)の中で、憲法草案における大統領の戦争権限すなわち総指揮官としての権能をイギリスの国王の場合と比較して次のように述べている。

「大統領は、合衆国の陸軍および海軍の総指揮官である。この点では、大統領の権限は、名目上イギリスの国王の権限と同様であるが、実質的にはそれよりも劣っている。その権限は、連邦の最高元帥および提督として、陸海軍の最高の指揮をとり、指令を下す域を出ない。イギリス国王の権限は、宣戦を布告し、陸海軍を編成し、統制する権限までにおよんでいるが、アメリカでは、これらの権限は、憲法の定めるところによれば、立法府に属しているのである[41]」。

総指揮官としての大統領の権限は、ルイス・スミス(Louis Smith)によれば、「陸海軍の最高指揮をとるにとどまらない。総指揮官としての大統領の地位は、基本的な特権の集積であって、正確な定義を下すことのできない広汎な権限をともなっていると考えられる。これらの諸権限が集積して、行政府の首長および総指揮官としての大統領の権力が強力に集約され、彼に政府の行政および軍事の両面を統制する力をあたえたのである[42]。」と述べている。

確かに総指揮官としての大統領の権限は、正確には規定することのできないものである。しかし、戦争を指導して、戦争を勝利に導くすべての責任をもっていることは否定できないであろう。とくに近代戦の危機は、致命的なものであるために、国家の総力を動員することがきわめて緊要となり、それだけに、総指揮官としての任務は広範囲となる。そして戦時においては、大統領は、好むと好まざるとにかかわらず、戦争遂行のために必要なすべての権限をますます拡大する方向に進んだのである。[43]

2　大統領の戦争権限は、軍隊の総指揮官として憲法上の地位から生じていることは明白であるが、それだけであろうか。前述のスミスによれば、大統領が政府の最高の文官（civilian）として軍を統制し、戦争計画を管理する権限は、大統領の憲法上、法令上の戦争に関する権限によってのみ発するのではなく、大統領という地位にあることによって、彼が享受する全般的な権力から生じているという。[44] そのほか、大統領の戦争権限の根拠についていろいろと述べられているが次の四点にまとめることができる。[45]

第一は、総指揮官としての責任

第二は、憲法を保全し、保護し、擁護することに対する誓約

第三は、国家を奇襲から保護する義務

第四は、行政権として一般に認められた固有の権限

憲法にもとづく大統領の権限は、権力分立主義等により相当に制限されているが、それでも異常なほどに広範である。しかし、その権限は戦時においても後に述べるように無制限ではないが、[46] 大統領の総指揮官として有する権限の内容を決定的に説明することができるものではないであろう。なぜなら、現実問題として、種々の情勢下における大統領の権限の範囲は、憲法の規定によって定義されておらず、[47] むしろ憲法の規定は、大統領の処理すべき種々の情勢の下で必要となるにしたがって定義されるからである。

したがって、大統領の権限はスミスが指摘するように「その起源において憲法以上である」[48] ということもで

きる。彼はその例として、連邦議会が大統領に与えた戦争遂行に関する権限は、実に二五〇以上にのぼることをあげている。これらのうちのいくつかは、一九四一年の日本海軍による真珠湾奇襲以前に大統領に与えたものだが、かなり強力なものであることがわかる。しかし、これらの権限は実質的にはアメリカが戦争に突入してから加えられたものである。その例としては第一次戦争権限法（First War Powers Act 1941）[49]や第二次戦争権限法（Second War Powers Act 1942）[50]があり、その他連邦議会が与えた多くの特権にもとづいて、大統領は、戦時経済および国家行政機構の再編成に関する完全な統制権を与えられた。そして、これらの権限に関して、コーニング（Louis William Koening）が次のように述べている。「大統領は、憲法上の権限をもたず、しかも、法律から独立して、彼が軍事及び外交に関する統帥権に匹敵するほど全面的に経済を支配している。[51]」

以上のように大統領の戦争権限は超憲法的であるとする説は、次のような事例によっても説明される。

3　第二次大戦中にヒラバヤシ事件[52]で連邦最高裁判所のストーン（Harlan F. Stone）首席判事は判決の中で次のように述べている。

「連邦政府の戦争権限とは、〝戦争を成功裡に遂行する権力である〟……それは、戦争の遂行と進展に実質的に関連のある、あらゆる事柄と活動におよぶ。この権力は戦場において勝利をおさめ、敵軍を撃退することだけに限定されない。それは、国防の全局面を包含するものであって、戦争資材、軍の構成員が戦争の発生、遂行および進展にともなって生ずる損害や、危険を蒙らないように保護する。憲法は、戦争の推移、状況のあらゆる面にわたる戦争権限を行政府および国会に委託しているから、それは必然的にこの両者に対して蒙るべき損害や危険の性質や程度を決定し、かつ、これらに対処する手段を選択する場合に行使される判断および裁量の範囲を広範にあたえた。」

この判決は戦争権限に関する非常に多くの意味を含んでいるといえよう。それは、戦争権限に対する定義であり、また戦争権限に対する制限の問題であり、第六章でふれる。

二　戦争遂行権限とその発展

1　大統領の戦争権限に関する範囲は前述のように、非常に広く、制限がないようである。そのなかでも、

中心となるのは大統領の戦争遂行権限であろう。それは総指揮官としての職務により遂行される。その内容について明記されたものはないようであるが、一七七五年六月一九日、連邦議会が「ワシントン将軍の総指揮官としての任務」として授けたのは〃大統領が軍務の利益と福祉のためと考えるすべての権限〃であった。[53]一七九二年以来連邦法は、通常の訴訟手続きが妨害された場合、連邦法を実施するために、大統領に軍事力の行使を認めてきた。一七九四年にワシントン大統領が四州の州兵を召集したのがその最初の例である。その目的は、蒸留酒製造所への課税に反対して立ち上がった「ウィスキー反乱」を鎮圧することにあった。一九世紀末から二〇世紀初頭にかけて時々大統領は、労働争議に端を発する暴動に対処するために、合衆国憲法第四条を楯に取り州政府当局の要請に基づいて軍隊の出動を命じることがあった。[54]しかし、これは非常に広範囲のものであり、時代とともに変化するものである。前記スミスによれば、大統領の戦争遂行権限を次のようにまとめている。[55]

第一は、合衆国の法律を施行するために軍隊を派遣することができる。例えばクリーブランド大統領が一八四九年、シカゴのプルマン（Pullman）ストライキの時に派遣した。

第二は、州官憲の要請により、いかなる州にも軍隊を派遣することができる。例えばウィルソン大統領が一九一六年に、コロラドの鉱山での使用者と鉱夫との紛争の時に派遣した。

第三は、、平時において正規部隊に対し、外国との戦争に至らない軍事行動に参加することを命令することができる。例えば、ウィルソン大統領が一九一六年ビイラ（Villa）に遠征軍を派遣した。また、ローズベルト

大統領が第二次大戦介入以前に、ドイツ潜水艦に備えるため護衛を命令した。

第四に、戦時に軍を完全に統制し、その作戦目的を定め、戦線の範囲を決定する最終的権限をもっている。

さらに、総指揮官として大統領がもつ基本的な権限として、現地の軍司令官を任命する権限や、占領地域に軍政府を樹立し、これを運営する権限などがある。しかし、これらの諸権限を詳細に列挙することはできないであろうし、また、長い間議論されてきたところであった。

2　総指揮官としての大統領の権限が強く主張されたのは、とくに戦時においてである。なかでも、その権限を広範に主張したのはリンカーン大統領とフランクリン・ローズベルト大統領であった。

リンカーン大統領は、「緊急非常の場合に、憲法上、国会がなすことのできない事項を軍事上の理由で行うことができると解する」[56]と述べているように総指揮官としての権限を飛躍的に拡張し、行使した。というのは、南北戦争中、リンカーン大統領は、連邦議会の同意を得ることなく資金を調達し、消費し、兵員を徴募し、また南部の諸港を封鎖している。[57]

合衆国は一七九八年から一八〇〇年のフランスとの開戦を皮切りに、これまでかなり頻繁に外国と戦争を繰り返してきた。しかし一九〇四年にセオドア・ローズヴェルト(Theodore Roosevelt)大統領によって発表されたモンロー・ドクトリンのローズヴェルトの系論(コロラリー)を楯に取り、合衆国の海兵隊が外国の領土に上陸したときのように、たいていの場合実際には戦闘は行われなかった。セオドア・ローズヴェルトの系論は、フランクリン・ローズヴェルト大統領によって放棄されたが、それまで合衆国はその系論を楯に取り、「文明」(投資)国の利益を守るために、ラテン・アメリカ諸国への干渉を繰り返してきた。[58]

さらに、第一次大戦当時、ウィルソン大統領は、この伝統を顧慮しないではなかったが、大体において国会を信頼し、彼が必要欠くべからざるものと認める権限については連邦議会に要請した。[59]従って、行政府の権限は、戦時中かなり拡大されたが、それは主として法律上の委任を受けたものであった。

　しかし、第二次大戦当時のフランクリン・ローズベルト大統領は、彼が必要と認め、連邦議会の空気がはっきりしないと認めた場合には、いつでも一般的な類推解釈に基づいて行動した[60]。ローズベルトは、まず行動を起こし、しかるのちに、その合法化を求めることをしばしば行っている。

　ローズベルトが、戦時に大統領の権限を驚くほど拡大したのは、一九四二年九月七日議会によせた教書であった。この中で、彼は、アメリカのいかなる行政府の首長が要求したことよりも、もっと広範な大統領の限権を要求している[61]。彼は、立法府に対して、激しい語調で、歴代大統領のとった立場とはまったく趣をことにして、彼の意思に議会が速やかに従うよう要求した[62]。しかし、戦時下にあったので、議会は大統領の要求を承認し、両者の対立は避けられたが、総指揮官としての大統領がもつ基本的な権限に関する理論が極端なまで推し進められたことは見逃すことができないであろう。

　さらに、第二次大戦後の。歴代大統領と戦争権限については次章第四節以下で扱うこととする。

注

（1）Emerson, J.T., "War Powers Legislation", 74. *West Virginia Law Review*, 53, 88-119（1972）この論文は、*Hearings on War Powers Legislation, 1973, on the Committee on Foreign Relations U.S. Senate 93 rd Congress* 1st Session, pp.126-156 に収録されている。

（2）*U.S. Senate Report*, On the National Commitment No.797, 90th Congress 1st Session., 1967, p.2（以下 *Senate Report* No.797 と引用）

（3）第二次大戦以前に書かれた松下正寿『米国戦争権論—その国内法及国際法的研究』有斐閣（昭和一五年）は、わが国では最も早くアメリカの戦争権限について研究されたものであり、この関係の論文として、最も注目されるものである。

（4）国際法学会編『国際関係法辞典』によれば、宣戦布告とは、一国が他国に対して戦争を開始する意思を表明することである。戦争宣言または開戦宣言ともいう。わが国では、かつて天皇の「宣戦講和の権」（帝国憲法一三条）によって「宣戦詔書」の形で行われていたが、現行憲法の下では、代わる規定も慣行もない。一九〇七年の「戦争ニ関スル条約」（明治四五年条約三）では、戦争の開始には、「理由を付したる開戦宣言」か、「条件付き開戦宣言を含む最後通牒」の形式による、明瞭かつ事前の通告が必要と規定する（一条）。理由を欠くもの、事後のものはもとより、文章によらないものも禁じられる趣旨と見られる。なお、中立国に対する戦争状態の通告は、電報によってなす事ができるとされる（二条）。この条件を満たさない開戦（例えば、布告に理由がついてない場合、敵対行為の後に布告がなされた場合）は、条約の違反にはなるが、別途、戦争開始の意思（戦意）が確認されるならば、戦争状態は成立し、戦時国際法の適用が開始される。慣行では、事後の布告も広く行われ（一九〇七年条約のきっかけになった日露戦争、その他日清戦争、第二次大戦のわが国の対米英開戦）、また、宣戦布告になじまない戦争の形態（復仇から発展する場合、出先機関の敵対行動から発展する場合など）のあることからも、一九〇七年条約の規定は、慣習国際法そのものとすることはできない。

一九七四年国連総会の採択した侵略の定義では、行為の実態のみを問題とし、宣戦布告のあるなしを問題にしていない（三条）。一方で事実上復権している戦時国際法の適用時期を明らかにしました、敵対行為の予告を求め、偶発的な武力衝突を避け、復仇による敵対行為、政府の命令に反する敵対行為を抑制する等の効果から、宣戦布告が今日一定の役割を持ち得ることも認めざるを得ない。（資料　筒井若水「宣戦布告」国際法学会編『国際関係法辞典』三省堂　一九九五年　四八九頁）

（5）松下　前掲書　一〇一頁

（6）宮沢俊義編『世界憲法集』岩波書店　昭和三六年　三二一―四頁

(7) 宮沢編　前掲書　三七頁

(8) アレン・M・ポッター『アメリカの政治』（松田武訳）東京創元社　一九八八年　二三九頁

(9) Louis Smith, *American Democracy and Military Power* : a Study of Civil Control of the Military Power in the United States, University of Chicago press, Chicago, 1951, p.168

(10) 福島新吾「シビリアン・コントロールの現実」『ジュリスト』五〇六号　一九七二年六月一日　五一頁

(11) 西　修「世界各国における国防・軍事・平和主義規定」『レファレンス』第三一巻第八号—第一〇号　一九八一年八月—一〇月

(12) 憲法研究所編『戦争と各国憲法』法律文化社　一九六四年

(13) 阿部齊編『世界の議会2　アメリカ合衆国』ぎょうせい　一九八四年　一三〇頁

(14) 芦辺信喜『憲法と議会制』東京大学出版会　一九七一年一八五頁(J. Hendry,Treaties and Federal Constitutions, 1995, p.92)

(15) 奥原唯弘他「世界各国憲法に於ける対外規定」『比較法政』第四号　一九七四年

(16) Standing Rules of The Senate（アメリカ合衆国連邦議会上院規則）第三〇条で条約に関する規定がある。

(17) 藤田初太郎「議会に於ける条約の修正に関する各国の立法例」『レファレンス』第一一三号　一九六〇年六月　四〇—四一頁

(18) 藤田　前掲論文　四三頁

(19) Jacob K. Javitss *Who Makes War-The Presidet Versus Congress*, New York, William, 1973, p.12

(20) *Ibid*.

(21) *Ibid*., p.13

(22) *Ibid*.

（23）　*Ibid*., p.14

（24）　Youngstwn Co.v.Sawyer, 343 U.S. 579

（25）　Flenming v.Page, 9 *How* 603

（26）　Marks v. U.S., 161 *U.S.* 297

（27）　*Hearings on War Powers Legislation S.731 Before the Senate Comm. on Foreign Relations*, 92 nd Congress 1st Session 1971, p.463（以後　1971 *Senate Hearing* として引用する）

（28）　*Ibid*., p.462

（29）　*Ibid*., p.463

（30）　Prize Case, 2 *Black* (*U.S.*) 635

（31）　Matthews v. Mcstea, 91 *U.S.* 7

（32）　Prize Case, 2 *Black* (*U.S.*) 635

（33）　Charence A. Berdahl, *War Powers of the Executive in the United States*, University of Illinois Studies in the Social Science, Vol.9´ No.1. 2 March-June, 1920, p.156

（34）　乾精末「米国大統領の外交権限」『外交時報』第九九巻第一二号　一六頁

（35）　Berdahl, *op.cit*., p.79

（36）　U.S. v. Curtiss-Wright Export Co., 299 *U.S.* 304

（37）　Prize Case, 2 *Black* 635, 668 - 9　また、ミネルバは、ギリシア神話のゼウスとメーティス（思慮）の娘であり、ウーラースとガイアが、メーティスから生れる男子によって王座を奪われると予告したため、ゼウスは彼女を嚥下し、月みちた時にヘーパイストスに斧で自分の額を割らしめ、そこからミネルバが完全武装した姿で飛び出した。（高津春繁著『ギリシア・

ローマ神話辞典』岩波書店　昭和三五年二〇頁）

（38）Louis Fisher, *President and Congress-Power and Policy*, New York, The Free Press, 1972, p.180

（39）*Ibid*.

（40）アレンM・ポッター『アメリカの政治』（松田武訳）東京創元社　一九八八年　二四〇頁

（41）Alexander Hamilton, James Madison and John Jay, *The Federalist*, ed, Benjamin Fletcher Wright, Cambridge, The Belknap Press, 1966, No.69, p.446

（42）Smith, *op. cit*., pp.57 - 58

（43）*Ibid*., p.58

（44）*Ibid*., p.38

（45）Fisher, *op. cit*. ,p.193

（46）Smith, *op. cit*., p.38

（47）*Ibid*., p.44

（48）*Ibid*., p.58

（49）*U.S. Statute at Large*, Vol.56, 1941, pp.838 - 41（Public Law 55 - 354）

この法律の第一条では、次のように規定している。

「大統領は、国家の安全保障および防衛のため戦争を有利に遂行し、陸海軍を維持し、資源および諸産業を効率的に利用し、陸海軍の総司令官としての権限をより有効に行使するため、従来の法律により、行政省、委員会、局、庁、公社、事務所、官吏に付与された権能、職務、権限を、本節の目的を実施するうえに最善と認める方法によって再分配することができる。大統領は、この目的を達成するため、必要と認める規程を制定し、命令を発することができる。これら規程は文書によることを要し、一九三五年の連邦登録法（Federal Register Act）にしたがい公布することを要する。但し本節により付与された権限は、現在の戦争を遂行するに関連する事項に関してのみ、行使しなければならない。」

(50) *U.S. Statute at Large*, Vol.56 Pt, 2, 1942, pp.176 - 187（Public Law 56 - 5C7）

(51) Smith, *op. cit.*, p.44

(52) Hirabayashi v. U.S., 320. *U.S.* 81, 93（1942）

このヒラバヤシ事件は、一九四二年三月二四日に夜間外出禁止令が発令され戦時非常措置の中で、その合憲性が問題となった事件である。当時ワシントン大学の学生であった日系市民のヒラバヤシは、この命令に違反したために、軍司令官の裁量で処罰された。これに対して彼は不服で上告した。それは重大な人権規制措置を軍指令官の裁量に一任したこと、およびこの措置がドイツ系市民やイタリア系市民には適用外で日系市民だけに適用したことは修正第五条の適法手続き条項に反するとしたが、最高裁は全員一致でこれを斥けた。この夜間外出禁止令は、憲法が大統領および蓮邦議会に与えた戦争権限の一部であるとしている。その後一九四四年にも日系アメリカ人コレマツはF・ローズベルト大統領が発した行政命令第三四号により、指定された軍事地区から全ての日系人が強制収容所へ立ち退きを命じられた後もカリフォルニアの自宅にとどまった。彼は立ち退きを拒否し、有罪判決を受けたので連邦最高裁に上告した事件である〔コレマツ対合衆国事件（Korematsu *v.* United States, 323 *U.S.* 214, 1944)〕。判決ではすべての日系人を指定された軍事地区から立ち退かせる大統領命令を支持した。裁判所は大統領を軍の総指揮官と定める憲法の規定上の権限に基づいて発せられた命令を支持したのである。ここで提起された唯一の問題は市民を立ち退かせる軍の権限である。すべての市民に適応される戒厳令ではなく戦争権限が用いられた。しかしながら、裁判所の意見は、基本的な適正手続および平等保護条項に反するとして、当初から論議の的とされた。行政命令は一九四六年にトル―マン大統領により、さらに一九七六年にはフォード大統領により正式に撤廃されたが、一九八〇年代の中頃には関係法令に対する批判は人種差別だという主張にまで高まり、連邦議会は強制収容された日系アメリカ人に損害賠償を支払うこととなった（高野幹久『アメリカ憲法綱要』信山社　二〇〇一年　一一七–九頁）。

(53) *Senate Report*, No.731, p.29

(54) アレン M・ポッター『アメリカの政治』（松田武訳）東京創元社　一九八八年　二三九頁

(55) Smith, *op. cit.*, p.47

(56) *Ibid.*, p.54

(57) Burns and Peltason, *Government By the People-The Dynamics of American National Government*, New York, Prentice Hall, 1952, p.445

(58) アレン M・ポッター『アメリカの政治』（松田武訳）東京創元社　一九八八年　二三九頁

(59) Smith, *op. cit.*, p.47

(60) *Ibid.*, p.55

(61) *Ibid.*, p.56

(62) 価格統制法の制定に際して連邦議会がとった審議の引き延ばしに憤激したローズベルト大統領は次のように警告した。
「連邦議会が行動を怠るとか適切なる行動をしないといった場合には、私がその責任を引き受けて、私が行動するであろう。……戦争が勝利に終った暁には、私の行動の根拠となる権能は自動的に国民の手に、すなわちそれが帰属するところに立ち帰る」と。大統領の戦時権能は実際上は無制限のものである。だが平時においては、大統領の現実の権威はおおむね彼の政治的実力の結果である。（Leonard W. Levy and John P. Roche ed., *The American Poltical Process*, New Yore, 1963, p.147）（邦訳　斎藤眞監訳『アメリカの政治』東京大学出版会　一九六七年　一九九頁）

第二章　戦争権限における諸問題

大統領の戦争権限についてはすでに述べてきたように、その範囲は非常にあいまいであり、拡大される一方であった。その中で、特に考察をする必要があると思われる問題として、次のような点をあげることができる。

1　海外におけるアメリカ人の身体および財産の保護に関する問題
2　防衛すべき範囲の拡大
3　平時と戦時の境界の不明確化
4　戦争宣言の妥当性
5　戦争権限に対する制限

以下、各事項について簡単にふれることにする。（ただし、5については第六章で独立に扱うこととする）。

第一節　在外アメリカ人および財産の保護

(イ)　一般に、身体および財産の保護は、その権利の存する国家の国内法によってなされる。しかし、国民は、外国にいるときは、その国の統治に服するのを原則とし、外国での不当な扱いに対しては、その国の法に従って、行政的あるいは司法的な保護、救済を求めることができる。また、同時に、その国民の本国は、かかる場合、自国民に適当な救済が与えられるよう、外交手続を通じて、相手国に要求しうる[1]（この点については国際法の分野で多く論じられているところである）。しかしながら、外国にある自国民の身体および財産の保護のために行われた外交交渉が失敗した時に、武力（海軍兵力の示威、部隊の出動、軍事占領、爆撃など）を行使するということは、従来、大国について一般的な慣行として存在していた[2]。

(ロ) アメリカが自国民の身体および財産の保護のために軍隊を使用した例がいかに多いかを、一九一二年一〇月五日のアメリカ国務省顧問の覚書は、次のように述べている。

「自国民およびかれらの財産の適切な安全性および保護を確保するため、一時的に外国の領土を占領する目的で、わが政府ほど頻繁に軍隊を使用した国は、ほかにはないようである[3]。」

アメリカの歴史上、大統領がこの目的のために合衆国軍隊を海外に派遣した回数は、人によって異なるが、ミルトン・オフット(Milton Offutt)によれば、一八一三年から一九二七年の間に七六回、ジェームズ・ロジャーズ（James G.Rogers）によれば、一九四五年までに一四八回あり、また一九七〇年の連邦議会図書館の調査によれば一六五回もある[4]。そしてこの慣習が確立されたのは一八二一年—二五年のモンロー(James Monroe)大統領時代であるといわれ、カリビア海

表－1　合衆国軍隊の行使数

期間	行使数
1798－1800	1
1801－1810	4
1811－1820	13
1821－1830	8
1831－1840	7
1841－1850	8
1851－1860	22
1861－1870	13
1871－1880	5
1881－1890	7
1891－1900	18
1901－1910	16
1911－1920	29
1921－1930	15
1931－1940	7
1941－1950	13
1951－1960	6
1961－1970	8
1971－1980	11
1981－1990	23
1991－2000	29

〈資料〉
① Harold W. Stanley, Richard G. Niemi *Vital statistic on American Politics 2001－2002*, C. Q. PRESS, 2001, p. 337

のスペイン領諸島に対して実力を行使したのに始まるといわれる。(5)

その後、大統領は中南米だけでなく、極東においても身体および財産の保護を目的として兵力を投入し、その範囲は非常に広範に解釈されるようになった。また、次項で述べるように、アメリカの防衛すべき範囲が拡大されるにつれて当然派兵地域も大きくなっていった。

第二次大戦後になっても、身体および財産の保護のために海外派兵は続けられ、すでに述べた一九五八年のレバノン、六五年のドミニカ共和国への派兵がある。そして、七〇年四月三〇日、ニクソン大統領は、「今ヴェトナムにいるアメリカ人の身体が明らかに危険にさらされている」と述べ、「彼らを保護するために」カンボジアへアメリカ軍を派遣する、と全国向け放送で発表した。(6)さらに、一九七一年二月八日、南ヴェトナム人がラオスへ侵入した際にも、ニクソン政権はこれを是認し、国務省は、〝アメリカ人の身体を保護するため〟という理由のもとに行動を正当化している。(7)
(ハ)　海外におけるアメリカ人の身体および財産に対する保護について、憲法では直接には規定していない。それは、明白な法律の授権によってなされるのではなく、「大統領の行政上の責任による固有の権利ともいうべきもの(8)」であった。また、国際法的には、「自衛権」の適用(9)により論じられるところである。
この問題は、議会および裁判所でも度々論じられている。その合憲性が最初に問題にされたのは、一八六〇年、ある巡回裁判所で行われたデュランド対ホリンズ（Durand v. Hollins）事件であった。(10)この事件で問題とされたのは派遣された海軍のある艦長の行動に対する合憲性であった。しかし、それは、市民の身体および財産を保護するための行動であり、海外における行政権の行使であるとして軍隊の派遣が合憲であることを認めている。

また、この問題は、議会でも度々とりあげられている。それは、すでに述べてきた大統領の戦争権限行使の中心的課題であり、とくに第二次大戦後問題とされるようになったところである。しかし、第二次大戦以前にも、その例をみることができ、一例として、一九二六年一二月、クーリッジ大統領によって行われたニカラグワ（Nicaragua）出兵をあげることができる。同月二四日、当時の上院外交委員長ボラー（William Edgar Borah）は、クーリッジの軍隊役入行動を、無意味な戦争の原因をつくるものとして激しく非難している。[11]

第二節　防衛範囲の拡大

(イ)　アメリカでは、〝防衛戦争〟に対して戦争宣言を要求していない（Bas v. Tingy, 4Dallas 38）。しかし、その防衛すべき範囲がいかなるものであるかは問題とされるところであった。アメリカの建国期における防衛すべき範囲は、前述の斎藤教授の「建国期アメリカ防衛思想」[12]に詳しいが、その中で「アメリカ史の現実においては防衛とは、何よりもまず各個人の、各家族の各共同社会の防衛であり、それが、各植民地の防衛となり、やがては共同の諸植民地、アメリカ連合の防衛として国防につながってゆくのである」[13]としている。さらに、その後、ヨーロッパの権力政治から隔絶し、アメリカ外交は、孤立主義の政策をとったが、米西戦争は、スペインの圧制からのキューバの解放であり、第一次大戦は、ドイツ軍国主義に対する民主主義の防衛のためであるといった形で戦争が捉えられた。ここにおいて、防衛の意味は、本来の個人、家族、地域的共同社会の防衛から国家の防衛を越え、さらに、イデオロギーの防衛へと観念的には無限に拡大されることになるのである。[14]とくに、それが問題となるのは第二次大戦後である。

(ロ)　アメリカは第二次大戦後、国際連合憲章を最初に批准して加盟国となり、従来の伝統的孤立主義から脱皮し、新たに国際主義外交へと大転換を試みた。トルーマン（Harry S. Truman）の外交政策の基調は一九四七年三月一二日に議会の合同会議で発表した演説(15)（一般にトルーマン・ドクトリンといわれるもの）に見られる。それは、ギリシャおよびトルコにたいする軍事的および経済的援助のために四億ドルの支出を行うために要求したものであった。トルーマン大統領が述べていることのなかで注目されるのは、次の点である。

ギリシャ、トルコの二カ国の保全は中東の秩序の維持のため不可欠であり、当面の事態は、アメリカの国家的安全にかかわるものである。武装した少数派もしくは外部からの圧迫によって企てられた征服に抵抗する自由な人民を支持することがアメリカの外交政策でなければならない、と主張している。そして、アメリカのみが、この絶対に必要なる援助を与えることができるとしている。

その後、この教書に基づいて提出されたギリシャ、トルコ援助法案（The Greek-Turkish Aid Bill）は、議会で可決された（上院、六七対二三、下院、二八七対一〇八）。この法律における援助は、借款もしくは贈与であり、これらの援助を効果的にするために、アメリカの民間人および軍人の顧問を派遣することを規定している。対外援助については、次章第二節で紹介する。

その後アメリカの経済的、軍事的援助をする範囲が徐々に拡大されていった。一九四七年六月には、マーシャル・プランの構想が明らかにされ、翌年四月には「経済協力法」（The Economic Cooperation Act 1948）が成立し、さらに、北大西洋条約が締結されて、アメリカはイギリス、フランス、カナダ等一一カ国との防衛条約を締結した。一九五〇年になると朝鮮戦争が勃発し、アメリカの対外政策は一段と反共的軍事的政策が強くなっていった。そして、これまで、対外援助法（Foreign Assistance Act）ならびに相互防衛援助法（Mutual Defense Assistance Act）に基づいて行われてきた経済援助ならびに軍事援助は、相互安全保障法（Mutual Security Act：M. S. A）により遂行されるようになった。かくて、アメリカは全世界の国々と防衛上の協力体制をとるところとなり、アメリカの防衛すべき範囲はますます拡大することとなった。例えば、ある国へ兵器を援助することを大統領が決定することは、実際上は、非常に大きな防衛上の約束をしたことになる。というのは兵器が高度化し、複雑化した現代では、その兵器を使用するための軍事顧問団を派遣しなければならないからである。この点に関し、ジョン・ウィリアムス（John Williams）上院議員は「顧問団を守るために数部隊を派遣する。そしてそれらの数部隊を守るためにさらに大部隊を派遣する」[16]と述べているが、このようにしてアメリカは合衆国軍隊を海外に徐々に投入していくこととなったのである。

第三節　平時と戦時の不明確化

(イ)　第三は平時と戦時の境界の問題であるが、それは戦時と平時の境界が非常に弾力的になってきたことによるものである。大統領は連邦議会の事前の承認なしに軍事行動に着手し、また、敵対行為が停止されてもその後しばらくは戦時の権限を保持しつづけることがある。とくに、戦時の権限が増大されたのは、一八一二年のメキシコとの戦争、一八六一年の南北戦争、一八九八年のスペインとの戦争であり、さらに第一次、第二次大戦であった。

戦争は、憲法上連邦議会によって戦争宣言がなされてはじめて構成されるのであり、行政府によってなされるものではない。しかし、戦争宣言がなされなくても、実質的意味での戦争は在存することはすでにのべたとおりである。[17]建国の父祖の時代と総力戦の近代、さらに核兵器の出現で、戦争は小規模な軍隊間の制限された戦闘から全世界間の致命的な戦争に変化したのである。このことは、必然的に大統領の総指揮官としての権限も本質的に変化させるものであった。

(ロ)　大統領が、連邦議会の承認なしに事実上の戦争指揮をとるようになったのは、特に、第二次大戦と冷戦の時期を経ることで戦時と平時の区別がきわめてあいまいになったことに関連していると思われる。それは、冷戦体制下で、東西ブロックの軍事力が強化され、斎藤教授によれば、「平常への復帰」は再度軍備の充実へと再転換を迫られてくるのである。[18] それを最も象徴的に示しているのは、大統領の安全保障問題について常時補佐する機関として「国家安全保障会議」(National Security Council) が設置されたことであろう。この会議の目的は「国の安全保障に関する内政外交および軍事諸政策を統合すること」[19] とし、第二次大戦後のアメリカの外交および軍事上の主要な政策を決定し、合衆国の実質上の政府ともいうべきものとなった。この点については、第十四章第二節でふれる。

前節でも述べたようにアメリカにおける防衛すべき範囲が物理的にまたイデオロギー的に拡大された第二次大戦後は、戦時と平時の区別は非常に困難となり、それにともない大統領の戦争権限の範囲も大幅に増大し、その内容においても変化してきたものといえよう。

第四節　戦争宣言の妥当性

大統領が連邦議会の戦争宣言をなくして合衆国軍隊を投入することは、すでに述べてきたように大統領の戦争権限の範囲に関係した問題であった。そして過去における大多数の例は、「行政上の措置によって、軍隊を軍事行動に投入してきた」[20] ものであった。しかし、それらの措置に対して根本的な理由が説明されたことはほとんどないといってよい。しかし、ヴェトナム戦争で、国務省が上院外交委員会の要請により準備したもので、ヴェトナム戦争における戦争宣言に関する資料は参考にすることができる。それは、次のような点である。[21]

a　戦争宣言は今日の国際情勢に新しい心理的要素を加えるようになった。というのは戦争宣言は今世紀になってから敵を完全に破壊させるために行われてきたものであり、それは、われわれと共産主義諸国との紛争における真の目的を誤解させ、それを増大するものである。

b　戦争宣言は合衆国の柔軟性（flexibility）を失わせるものである。というのは、それによって非常に複雑な要素のあるなかで合衆国の紛争解決への立場が硬直したものとなるからである。

c　現代の国際法のなかで外国との敵対行為に従事する以前に、戦争宣言を要請した規定はない。

d　公式の戦争宣言があれば必ず武力の国際的行使が合法的なものとなるという訳ではない。問題は武力行使が正当なものであるかということである。

e　武力紛争に関する国際法規は、戦争宣言の有無にかかわらず適用される。例えば、戦地にある軍隊の傷者および病者の状態の改善に関する一九四八年八月一二日のジュネーヴ条約。[22]

以上のように、公式の戦争宣言をすることにつき国際的に分析し、さらに、国内的にも分析して、それがアメリカにとって妥当でないことをあげている。これは今後連邦議会の戦争宣言をなくして軍隊を投入する可能性を明白に示した一つの例として注目すべきものであろう。

注

（1）　高野雄一『国際法概論』（上）弘文堂　昭和三六年　一二三六頁

（2）　エミール・ジロー『自衛の理論』（名島芳訳、高野雄一校閲、国立国会図書館　調立資料A九一）三二頁

（3）エミール・ジロー　前掲論文　三三頁

（4）Fisher, *op. cit.*, p.177

（5）松下　前掲書　二五四頁

（6）*U. S. Department of State Bulletin*, Vol.62 No.1612, p.617

（7）*U. S. Department of State Bulletin*, Vol.62 No.1653, p.257

（8）Fisher, *op. cit.*, p.176

（9）エミール・ジロー　前掲論文　三三頁

（10）この事件は、一八五四年（アメリカとニカラグワの関係がよくない状態）ニカラグワのグレータウン（Greytown）の現地人の暴動により、アメリカ外交官の身体に危険を及ぼし、またアメリカの会社の財産に損害を与えた。これに対する損害賠償請求のために、アメリカ海軍が派遣された。グレータウン市当局は、そのアメリカ海軍艦長に十分な賠償をすることをしなかった。そこで、艦長は、一定期間、砲撃開始することを予告し、実行した。そのために多くの居住民の財産は損害をこうむり、その一人が損害賠償請求をした。これがデュランド対ホリンス事件である。（Fisher, *op. cit.*, p.176）

（11）松下　前掲書　二五六頁

（12）小原敬士編「アメリカ軍産複合体の研究」日本国際問題研究所　昭和四六年　一四〇頁

（13）斎藤　前掲書　一三七頁

（14）斎藤　前掲書　一四二頁

（15）Recommendations on Greece and Turkey（Truman Doctrine）, *Senate Document* 123. 81st Congress 1st Session（*Decade of AmericanForeign Policy* 1941 - 49）pp.1253 - 7

（16）Fisher, *op. cit.*, p.194

（17）Bas v. Tingy 4 Dallas 38

（18）アメリカ学会訳編『原典アメリカ史　別巻—現代アメリカと世界』岩波書店　昭和三三年　二六七頁

（19）国家安全保障会議は、一九四七年国家安全保障法（National Security Act 1947）により設置され、その構成は大統領、副大統領、国務長官、国防長官等他大統領が随時任命する各省長官、行政機関の長である。（*U. S. Statute at Large* Vol.61 Part 1, 80th Congress 1st Session, p.496）

（20）*1966 Senate Hearing*, p.512

（21）Background Information Relating to Southeast Asia and Vietnam, p.253 - 4（Comm. Print 1966）

（22）この条約の第二条では、

「平時に実施すべき規定のほか、この条約は、二以上の締約国の間に生ずるすべての宣言された戦争（declared war）又はその他の武力紛争の場合について、当該締約国の一が戦争状態を承認するとしないとを問わず、適用する」とある。

第二部　冷戦下におけるアメリカの外交と政軍関係

第三章　冷戦下におけるアメリカの安全保障と戦争権限の問題

第一節　第二次大戦後におけるアメリカの対外軍事コミットメント

一　コミットメントの拡大

アメリカ合衆国の軍事外交政策の歴史的な伝統は、孤立主義であった。それはなんらかの方法で国家の完全なる自由を侵害するような外国の政治的介入に対する拒否をその本質としていた。この孤立主義はジェファソンの有名な「同盟にまき込まれるな」という言葉に象徴されている政策といえよう。アメリカは、第二次大戦の末期にいたってはじめてこの歴史的政策を転換した。すなわち、アメリカは国際連合に加入し、国際連合の一員として、国際連合が「国際的な平和と安全を維持もしくは回復する」のに必要であると決定した手段に対して、軍事力をも含める全面的な支援を与えることを約束したのである。

しかしこの集団安全保障組織も米ソという二大勢力間に真空地帯が生じ、両国は敵対関係という状況となり、戦後の冷戦時代へ突入していった。かくて、アメリカは戦後、軍事外交政策をふたたび転換することとなった。それはアメリカが自由世界のために、またアメリカ自身の安全のために、共産主義の前進封じ込めを意図した一連の政策および行動に明示されている。一九四七年トルーマン大統領は、共産主義者の侵略に脅かされている諸国に援助を与えるアメリカの責任についての原理を明らかにした。すなわち、有名なトルーマン・ドクトリンである。この新しい政策から直接的な軍事経済援助がギリシャ、トルコに与えられた。さらに、マーシャル・プランはヨーロッパの経済的復興を鼓舞するところとなり、戦後のアメリカ外交がもっとも成功をおさめたといわれる時代である。

さらに軍事面で、一九四八年の米州相互援助条約をはじめとして、北大西洋条約（NATO）、オーストラリア、ニュージランド、アメリカ合衆国三国安全保障条約（ANZUS）、米比相互防衛条約、米韓相互防衛条約、日米相互防衛協力及び安全保障条約、東南アジア集団防衛条約（SEATO）米台相互防衛条約（一九七九年一二月廃棄）、など四〇カ国以上の国々と軍事上のコミットメント（対外防衛公約）をした。このようにアメリカの自由世界防衛のための軍事コミットメントは南北アメリカをはじめ、ヨーロッパから中東、全アジアにまでその防衛線は全世界に拡大された。

アメリカの対外軍事コミットメントは前記のような正式の条約という形式ばかりではなく、協定、声明など種々の方式によってもなされている。さらに軍事コミットメントの具体的内容には、合衆国軍隊あるいは軍事顧問団などの派遣から武器供与や軍事援助などが含まれ、その範囲も広い。

一方、アメリカは戦後、朝鮮戦争をはじめ、キューバ危機、ヴェトナム戦争など多数の敵対行為に、合衆国軍隊を投入することとなった。とくに軍事コミットメントのうえから問題になったのは、アメリカの歴史上もっとも長くまた悲惨なものとなったヴェトナム戦争であった。この戦争は、アメリカ憲法で規定する連邦議会の戦争宣言がなされない「宣戦なき戦争」（undeclared war）であった。すなわち、アメリカにとってヴェトナム戦争はなしくずしの軍事介入であったという反省から、アメリカがふたたびそのような軍事介入を起すことを防ぐためいろいろな面での対策が構じられた。具体的には、軍隊投入の法制上および予算上の措置が中心であり、このような動きの頂点となったのが、前記アメリカ立法史上画期的なものといわれた一九七三年の「戦争権限法」であった。[1] このような動向は、ニクソン政権時におけるヴェトナム戦争阻止のための一時的なものではなく、その後のフォード政権から最近のブッシュ政権においても見られるごとく、連邦議会の対外軍事コミットメントに対するチェック機能の動向は継続され、今後もつづけられるものと思われる。

一方、ヴェトナム戦争で敗退したアメリカは、国内の経済的不況下にもかかわらず対外軍事コミットメントに対する各国の信頼回復への努力がなされ、そのためにフォード政権をはじめ、歴代政権は各種の布石を打ってきた。

レーガン政権下でもアメリカは政治、経済上非常に困難な状況にありながらも対外軍事コミットメントを維持することを表明している。同大統領は「わが国（アメリカ）は危険にさらされているが絶望すべきではない」と建国の父の一人であるマサチューセッツ州議会議長のジョセフ・ウォレン（Joseph Warren）博士のことばを引用し、アメリカの内外情勢が独立戦争当時にも匹敵するほど厳しいものであることの認識を示しながら、さらに次のように述べている。

「自由の理想を共有する隣人や同盟諸国に対して、われわれは歴史的な結び付きを強化し、われわれの支持と固い約束を保証するつもりである。忠誠心には忠誠心でこたえよう。われわれは相互に有益な関係の形成のために努力するだろう。(2)」

この演説で注目しなければならないのは、経済を軸とした「アメリカの再生」を前面に打ち出し、さらに同盟国との連帯については「忠誠心には忠誠心でこたえる」としている点である。基本的に同盟国の政治、経済、安全保障の各分野で〝相互主義〟に基づく公平な負担を求めるとの考えが底流にあるといえよう。このような傾向がアメリカの対外政策のなかで表明されたことは、アメリカの対外軍事コミットメントに大きな影響を与えるものと思われる。

二　国際法上の諸問題

海外におけるアメリカ人の身体および財産に対する保護について、合衆国憲法では直接には規定していない。それは、明白な法律の授権によってなされるのではなく、「大統領の行政上の責任による固有の権利ともいうべきもの」であった。また、国際法的には、「自衛権」の適用により論じられてきたのである。[3] これらの点については第二章ですでに言及しているのでここでは問題点の指摘にとどめ、海外でのアメリカ人の身体および財産の保護以外のために合衆国軍隊の投入をすること、すなわち、対外軍事コミットメントによる軍隊投入の法的な諸問題に対する連邦議会の動向を中心にふれることにする。

その第一は、国際連合との関係における問題である。第二次大戦後アメリカは軍事外交政策面で大きな方向転換をすることとなった。とくにアメリカは、国際連合加盟を契機として戦後の国連の強制行動や平和維持活動面で大きな役割を果たすようになった。その行動の一つに軍隊派遣の問題がある。いわゆる国連軍（United Nations Forces）として使用する場合である。国連憲章は、この兵力の使用については、第七章で詳しく規定しており、安全保障理事会が加盟国との間にあらかじめ締結した協定に基づき、加盟国が一定の兵力を国連の使用に委ねるために用意することになっている（憲章四三条）。このような協定が成立すれば、理事会はいつでも国連軍をただちに編成して強制措置に使用できる仕組になっている。しかし、現実には、米ソ両国間の対立などから国連憲章の予定した仕組は実際には実現されていない。ところが国連憲章第七章の下での強制行動のために、国連軍の名の下に特別に兵力が組織された。それは一九五〇年の朝鮮動乱の際にとられた軍事行動であり、安全保障理事会が「平和の破壊」と認定した北朝鮮の軍隊を韓国から撃退するために組織された。この軍事行動に参加した西側一六カ国のうち、アメリカ軍の比重が圧倒的に大きく、また国連軍の指揮権がアメリカに委ねられた。この点では、連邦議会で大いに論議された。この点については、第三章第四節でふれる。

アメリカの対外軍事コミットメントの第二の問題として（これが最も重要な問題であるが）、アメリカが多数の国々と締結した軍事条約に関する問題がある。すでにふれたように戦後の東西両陣営間の対立は、国際連合による集団安全保障体制の実効性を五大国の拒否権の行使という手段で無力化した。米ソを中心とする冷戦が世界的規模に発展するに従って各国の平和と安全に対する脅威は、主義を同じくする隣接諸国間に相互防衛援助の必要性を生ぜしめ、国際連合憲章第五一条による集団的自衛権を基調とする地域的集団安全保障体制を結成させ、実質的軍事同盟体制へと発展させるに至った。かくて、アメリカは軍事上多角的な条約網を構成し、一九八一年で実に七八カ国となんらかの二国間軍事条約を締結し、多数国条約による協力体制を維持している(4)。このようにアメリカは多数の国々と軍事コミットメントをしているが、その最大の基礎となるのは、共同防衛に関する条約を中心とする規定である。アメリカは、前述のように、相互防衛条約で四〇カ国以上の国々に軍事力を直接提供することを規定している。そのためにアメリカは世界中に合衆国軍隊を駐留させてきた。一九七〇年には全世界に一〇〇万人以上を派遣した。その後人数のうえでは減少してきているものの一九八三年度の国防報告では西ドイツだけで二五万、全世界には五〇万人以上の合衆国軍隊の構成員が派遣されている(5)。このような第二次大戦後のアメリカの対外軍事コミットメントには政治、経済上の多くの問題が含まれているが、これらの問題が最も深刻に論議されたのはヴェトナム戦争時であった。

前記相互防衛条約は、憲法上、上院の出席議員の三分の二以上の同意を必要とするものである（第二条第二節第二項）のに対し、このような正式の条約以外に批准を経ずに政府間および各省間で締結される協定がある（詳細は第五章でふれる）。アメリカの憲法慣行上認められるいわゆる行政協定（Executive Agreement）といわれるものである。コーウィン（Edward S.Corwin）によれば、これらの協定には、二種類のものがあり、まず第一に、大統領が連邦議会によって締結することを授権されているか又は大統領が承認および履行のため連邦議会に提出する協定があり、第二に大統領が単にその外交権限および総指揮官としての権限のみにより締結する協定である。[6] これらの協定は軍事上の技術的専門的行政的事項を対象とすることが多く、複雑な国際社会において重要な地位を占めている。

さらに、アメリカの対外軍事コミットメントの要因となるものに、アメリカ政府首脳の宣言（declaration）や声明（statement）などがある。これらの問題に関して、一九六九年から七〇年にかけてアメリカ上院外交委員会安全保障取極および対外コミットメント小委員会では、日米安保条約との関係でいくつかの質疑が行われている。その質疑の中で、ポール（Roland A.Poul）前記上院小委員会顧問の「政府間のコミットメントは、その指導者により行われる公の宣言（public declaration）の中に具体的に示されているか」という質問に対し、ジョンソン（Alexis U. Johnson）国務次官は「そのとおりである。そのようなことは当然ありうるであろうし、われわれも、しばしばそのような方法をとってきた」[7] と述べている。

条約文が簡潔で、場合によっては表現が不明確である場合が多いので、条約における重要な点を明確化するうえで「宣言」や「声明」は重要な意味をもつものといえよう。

そのほか、ヴェトナム戦争時にみられたように、道義的理由からのコミットメントということもあり、さらに、政治的、経済的、社会的な計画にもとづく種々の義務を構成することもあるであろう。とくにここでは、ヴェトナム戦争で注目されたアメリカ合衆国軍隊による外国人の救出行動について簡単にふれておこう。それはヴェトナム戦争の最終段階で一九七五年三月の南ヴェトナムのダナン陥落、同年四月プノンペン引き揚げ作戦、さらにサイゴン引き揚げ作戦にみられる。[8] いずれの場合にもアメリカ人の引き揚げばかりでなく、現地の南ヴェトナム人、カンボジア人の引き揚げに合衆国軍隊を投入したのである。この問題に関しては下院国際関係委員会の国際安全保障および科学問題小委員会で国務省の法律顧問であるレイ（Leigh, Monroe）は〝アメリカ人の生命および安全が外国人の生命および安全に密接に関係する場合には大統領は外国人を引き揚げる権限を有する〟ものとしている。[9] すなわち、これは道義的な立場からアメリカ人以外の外国人の引き揚げに合衆国軍隊を行使した一例であるといえよう。以上簡単にアメリカの対外軍事コミットメントの法的な諸問題に言及してきたが、さらにアメリカの軍事外交で忘れてはならない点がある。それは、重要な軍事・外交政策の決定が法律の形式で、通常の国内法と同じ手続で制定されるというアメリカ特有の現象である。対外援助法を典型として、相互安全保障法などは第二次大戦後のアメリカの対外政策を表明する重要なものといえよう。

一九七九年一二月の米台相互防衛条約の廃棄後米台関係を規定するものとして、アメリカでは、上下両院の承認を得て一九七九年四月一〇日カーター（Jimmy Carter）大統領が署名して成立した「台湾関係法」（Taiwan Resolutions Act： HR 24779）がある。すでに、在台米軍は米台防衛司令部を閉鎖し、在台米軍顧問団も撤退したが、前記「台湾関係法」では、アメリカは西太平洋地域の平和と安定をアメリカの政治上、経済上の利益に密接につながる関心事と宣言、さらに、アメリカは台湾に防禦的性格の武器を供給する（同法第二条b項）など、アメリカの台湾へのコミットメントは継続されることとなっている。「台湾関係法」は国内法であって、それ自体から直ちに国際的効果をともなうものではない。台湾という未承認政府の取扱いなどで従来の法制とは異なる点から種々の問題を含んでいるのである。本章では詳細に立ち入る余裕はないが、今後とも前記法律により台湾への武器の供給がなされることを考慮すると、アメリカの対外軍事コミットメントの問題が国内法からも関係することも無視しえないものである。

第二節　アメリカの対外援助政策

一　対外援助の起源

対外援助とは不思議な現象である。「長い人類の歴史のなかで、このような異文化間の交流のあり方はかつてなかった」、と佐藤寛氏は述べ、さらに援助問題について基本的な概念を次のようにまとめている。

われわれにとって自然な異文化交流の形は戦争と交易であり、戦争は力の交換であり、強者が弱者を支配し、植民地支配はこうしたルールに基づく異文化交流の一形態であった。交易はモノの交換であり、双方にとって有益なモノが両者の合意の基に交換される。これらに反して援助はきわめて不自然な交換の仕方であり、先進国から途上国へ金、モノ、技術、人材などが流れるだけであり、厳密には交換ではない。援助現象が発生したのは二〇世紀半ば過ぎ頃からであり、この現象に対する不慣れと戸惑いは、援助する側にもされる側にも見られる。さらに、その背景にあるのは、援助現象の両側にいる「私たち」と「彼ら」との間に共通の理解とルールが成り立っていないからであるという。[10]

援助はいったい何のために行うのであろうか。それを利他的なもの（慈善）と捉える見方や自己利益のためと捉える見方もある。しかし相互依存が進んだ国際社会では世界の安定と繁栄のために全ての国が密接不可分の関係にあり、そのためのコストを支払うことが必要となろう。これを別な言葉で表現すれば、世界の安定と繁栄を国際公共財と捉えて援助供与を国際的な負担の分担として捉えることといえよう。[11]

対外援助は歴史的に見て比較的新しい行政活動である。今日の援助が本格的に開始されたのは、一般的には戦後ヨーロッパの復興を対象としたトルーマン・ドクトリンに始まるマーシャル・プランであるといわれ、その後のケネディ（John F.Kennedy）大統領による平和部隊や国際開発局（ＵＳＡＩＤ）の発足とその事業の展開が知られている。

援助の先駆的な形態の起源をどこに求めるかは研究者によって異なっている。対外援助を法制上最初に確立したのはイギリスであるといわれ、一九二九年に、自国の植民地開発のための財政支援その他の支援に関する法律（British Colonial Development Act of 1929）である。

アメリカの対外援助の実施のルーツは大変古く、阿部英樹氏によれば独立後間もなくフランスがドミニカ共和国を占領した際（一七九五年）に発生した難民に対する救済援助に遡及する。その後一八二〇年代にはギリシャに対する援助があり、一八四〇年代にはアイルランドにおける飢餓に対して食糧および資金援助が行われている。[12] さらに一九二〇年代には第一次大戦後の復興に悩むロシアに対して、大量の食糧援助が実施されている。一九三〇年代にはヨーロッパの混乱とアジア・アフリカを中心とする植民地解放・独立運動の高まりは国際社会の不安定要因となり、この解決、平和維持は、イギリスの凋落に伴って超大国となったアメリカにとって大きな課題となった。こうした状況の中でアメリカは一九三〇年に輸出入銀行を創設すると共に、三五年には第一次中立法（The Neutrality Act of 1935）を成立させ、対外関係については貿易や投資を中心とする経済発展に関心を有し、これを疎外する紛争や戦争には中立の立場を維持する意思を内外に示した。なお第一次中立法は交戦国に対する武器の輸出を禁止していたが、第二次中立法（一九三六年）は借款の供与を、第三次中立法（一九三七年）では交戦国の船舶を利用することまでも禁止した。

しかしながら大戦中のヨーロッパの状況は、アメリカを中立的立場に置くことを不可能とした。一九三九年にはヨーロッパへの武器および関連物資の輸送を認める法案を修正し（第四次中立法）、その後武器貸与法（The Lend-Lease Act of 1941）を制定した。この法律とそれに基づくヨーロッパ支援は、国際的孤立主義という建前としての枠を破り、援助政策への途を開いた点で画期的なアメリカ外交の基調転換であった。かくて第二次大戦終結までに約四六八億ドルが支出された。

戦後のアメリカの対外援助政策の源泉を何処に求めるかについても諸説がある。[13] 一九五七年の上院特別委員会報告は、「対外援助は新しい概念ではない」とし、その起源を第一次大戦直後にまで遡及しようとするのに対して、一九五九年の下院外交委員会報告は、第二次大戦中の前記武器貸与法が戦後に発展したものが対外援助政策の源泉だとしている。チャールス・ボーレン（Charles E.Bohlen）によれば、アメリカの対外援助計画のすべての核心として持続しているのは、マーシャル（George Marshall）国務長官のハーバード演説で示された自助努力と相互援助の哲学である。さらにトルーマン・ドクトリンとマーシャル・プランの二つが、その後のアメリカの援助政策の性格を規定したものであるという説もある。この二つのプログラムに関連してアメリカ政府によって作られた計画、声明さらに行動がその後のアメリカ外交政策の論理的連続性の基を形成したと見られる。そこから生まれたのがポイント・フォアー・プログラム（Point Four Program）である。これはトルーマン大統領が一九四九年年頭教書で掲げた四項目の開発援助計画の四番目のプログラムであり、相互安全保障プログラムであり、開発借款基金（ＤＬＦ）である。さらに一九六一年対外援助法となり、「進歩のための同盟」（The Alliance for Progress）となり、これが後にヴェトナムへの介入につながっていくのである。

二　対外援助の動機、対象

アメリカの援助政策は表―2に示されているように第二次大戦後から冷戦終焉後の今日まで継続的に行われている。一九六〇年代まではかなり明確で一貫性のあるものであるといわれている。第一に援助の重要な動機は、反共主義すなわち自由と民主主義の擁護であった。第二に援助政策の対象は、アジア、アフリカおよびラテンアメリカのいわゆる第三世界であった。第三にその主要な政策手段はＯＤＡであった。第四に援助対象地域の開発モデルは〝トゥリクル・ダウン〟資本主義（社会の上部構造が援助によって潤えば、下部構造にも波及していくという発想）であった[14]。

一九七〇年代に入ってアメリカの援助政策は変質せざるをえなくなった。それは一九七三年の対外援助法に示されている「新路線」（New Directions）といわれるものである。これは、援助の内容を発展途上国の人々に欠けている基礎的な人間欲求を満たすことに重点を置いたものに改めるという点で、「基礎的人間欲求充足」(Basic Human Needs; BHN) 援助とも呼ばれる。これは別の面からみると、それまでの援助と異なり、発展途上国の有産階層を援助するのではなく、貧困者層に直接援助が届くように行うという点で「貧困者直援方式」(Poor Targetting Approach) とも称されている。

表一２　合衆国の経済・軍事援助プログラム

（1946－2000年）

期間	経済援助額	軍事援助額
1946－52	417	105
1954－61	434	193
1962－69	503	169
1970－79	880	388
1980－89	1,401	480
1990	157	490
1991	167	476
1992	156	435
1993	282	414
1994	159	393
1995	151	381
1996	136	397
1997	130	387
1998	139	359
1999	160	368
2000	169	520

単位　億ドル

〈資料〉

①合衆国商務省センサス局編『現代アメリカデータ総覧』（鳥居泰彦　監訳）1988～2002年

新路線の内容は「これまでのアメリカの対外援助計画を形成してきた条件は変化した。アメリカは他の諸国との一層の協調と互恵的関係の探究を続けなければならないが、低開発国とわれわれとの関係は、新しい現実を反映するように改変されなければならない」というもので、その具体化のために次のような七つの条件を挙げている。

「将来のアメリカの二国間開発援助は、食糧生産、農村開発と栄養摂取、人口計画と保健、教育と行政、人的資源開発のように発展途上国の大多数の人々の生活に効果を及ぼす機能分野における重要問題に焦点をあてなければならない」とし、さらに、アメリカの二国間開発援助は、被援助国政府が提示する事業で、国民の中でもっとも貧困な人々の生活と国の開発に対するそれらの人々の参加の能力を直接改善するものに、最も高い優先順位を与えなければならないとしている。

一九七〇年代の前半に、アメリカの対外援助政策の基調を「新路線」になぜ変調する必要があったのであろうか。「新路線」を支える基本的人間欲求充足援助という考え方は古くからありながら、援助政策の柱としてとりあげられなかった。一九七〇年代においてとりあげられるようになった背景として、元通産省課長（後、国立国会図書館専門調査員）川口融氏は次の五つの点をあげている。

第一に、長年にわたる開発援助実施にもかかわらず、発展途上国の経済発展が効果をあげて、貧困追放が進展しているようには見えないという事実である。

第二に、議会を無視して行われてきたアメリカの外交政策へのつのる不満がある。これは外交権をめぐる大統領府と議会の争いという形をとり、援助政策がその道具に使われたのである。

第三に、従来からあった貧困者層援助の考え方の実現を妨げていた諸要因が薄れてきたことである。

第四に、世界の資源の有限性が認識されるにともない、発展途上国の人口急増が先進国からの援助努力の効果をなくするだけでなく、地球上の世界を混乱に落とし込むのではないかとの恐れが広まってきた。

第五に、アメリカ内の雇用問題に関係することである。発展途上国の工業化を促進助長する援助が結果的にアメリカの雇用を奪うという因果関係を重視し始めたことである。アメリカ経済絶対優位の時代の終息がなせ

るものである。(15)

三　援助政策の変容

さらに、一九七〇年代における対外援助に関して注目すべきことは、人権外交との関係である。人権侵犯国への援助に関して、対外援助法を次のように修正している。

「(開発援助)に係わる援助は、これが援助を必要とする国民に直接役立つものでないかぎり、拷問または残酷で非人間的で品性を汚す処遇と刑罰、告発なきままの長期の拘禁、その他の人の生命、自由、安全に対する権利の著しい侵害を含む、国際的に認められている人権のはなはだしい侵犯を一貫して行う国の政策に対しては与えてはならない(対外援助法一一六条a項)」

「本条に特に定められている場合を除いては、国際的に認められている人権のはなはだしい侵犯を一貫して行う国の政策に対しては与えてはならない(同法五〇二B条a項2)」

このような人権外交の手段として援助政策を具体的に活用したのはカーター政権になってからといえよう。カーター大統領は、一九七七年三月一七日に議会に提出した対外援助教書で、新政権が目指す援助政策を表明し、その中で国民の人権を抑圧する政府への援助を禁止する方針を示した。とくにブラジル、アルゼンチン、ウルグアイの三カ国に対して、人権侵害の事実があるのでそれを改めない限り、アメリカの軍事援助を停止する通告を行っている。

しかし、カーター政権の人権外交を援助政策によって担保しようとした政策は、現実の場において、以下の三点から建前と実際との間の矛盾に悩まされ、不明確なものとなってしまった。

第一に、アメリカから人権侵犯であると難詰され、軍事援助の凍結を通告されたラテン・アメリカ諸国はアメリカに激しく反発し、軍事援助の返上を行うまでになった。

第二に、アメリカ自身が人権政策を貫徹することが出来ずに、矛盾する二重基準を用いざるをえなくなった。すなわち、安全保障政策の遂行という命題を前にした場合にあっては、人権援助の原則を劣後とせざるをえず、その結果、人権援助政策の迫力は減退することとなった。

第三に、カーター政権は、援助における人権基準を国際機関にも拡張しようとする議会の要求に悩まされることとなった。

以上のような問題に直面して、カーター政権の人権外交すなわち援助政策はしだいに不明確なものとなり、援助政策と人権外交との連携のあり方については慎重な態度をとらざるをえなくなった[16]。

一九八〇年代に入るとODA政策の構造的調整が進められた。レーガン政権は新冷戦状況の中で人権と援助の結びつきを弱め、発展途上国の民間部門発展を目指した健全な国内政策を被援助国に課した融資条件すなわちコンディショナリティ（conditionality）を打ち出した。ブッシュ政権はレーガン政権の政策に修正を加えアメリカ国際開発庁（USAID）の主導により民主主義的多元主義イニシアティブを採択した。当初はラテン・アメリカとカリブ海諸国がその対象になったが、その後は開発と民主化は相互補完的に行われるべきであるとの認識の下に、民主主義的多元主義が世界中に拡大することを目指した[17]。

第三節　冷戦期におけるアメリカの東アジア戦略

一　第二次大戦後のアメリカの東アジア防衛線

東アジアにおける冷戦の展開は、米ソの戦略的立場からだけで説明できるものではない。それは当該地域の政治的不安定、すなわち内部紛争とも密接に関連していたのである。朝鮮、中国およびインドシナに典型的にみられるように、第二次大戦後の東アジアには、東西間の水平的な対立とは異なる垂直的な国内対立が存在し、その両者の結合が複雑な国際的内戦を生み、冷戦を熱戦化させるうえで大きな役割を演じたのである[18]。

一九四七年秋、ヨーロッパにおけるマーシャル・プランの進展を背景に、米国の東アジア政策は全世界的な視野のもとで対ソ戦略の観点から再編成されようとしていた。その必要性に最も早く気付いたのは、おそらくジョージ・ケナン（George F.Kennan）国務省政策企画室長であろう一九四八年三月、ケナンはマーシャル国務長官に西太平洋における全般的戦略の再検討を提言したが、その内容は以下の三点に要約される。①我々の安全に寄与するようにアジア大陸の情勢に影響力を行使しようとするが、大陸内のいかなる地域も、我々にとって死活的に重要であるとは考えない。したがって、朝鮮からはできるだけ早期に撤退する。②沖縄は西太平洋における攻撃打撃力の中心とされる。それはアリューシャン、沖縄、旧日本委任統治諸島、グアム島を抱くU字型の米国安全保障地帯の中心的で最も前進した拠点となる。③日本とフィリピンはこの安全保障地帯の外側に留まり、我々はそこに基地や兵力を維持しようとはしない[19]。

その後、さらに一九五〇年一月一二日アチソン（Dean G. Acheson）国務長官は演説で、西太平洋におけるアリューシャン列島、日本、沖縄諸島およびフィリピン諸島を結ぶ大陸沿岸島嶼地域を「周辺防衛線」（defensive perimeter）と規定し、米国がその防衛に直接関与していることを宣言した[20]。しかし、この戦略にはアジアにおける冷戦のテーマに関連する重大な問題を含んでいた。それはまず第一に、明らかに日本列島が米国の安全保障地域の中心的な部分に組み込まれたことを意味しており、第二は、この時点では、台湾と朝鮮は除外されていたことである。

一九五〇年六月朝鮮戦争の開始とともに、韓国、台湾およびインドシナが軍事的な対決の舞台となった。特に、中国の参戦は「中ソ一枚岩」の神話を実証し、共産主義との軍事的対決を台湾海峡から東南アジアにまで拡大したのである。

二　同盟条約網の形成

トルーマン大統領は米比相互防衛条約（一九五一年八月）、日米安全保障条約（同年九月）、アンザス（ANZUS）条約（同年同月）などの反共軍事網を形成して対ソ封じ込め政策を推進して行った。さらに、ダレス（John F.Dulles）国務長官は、トルーマン政権が対ソ政策としてとった「封じ込め政策」（Strategy of containment）を消極的なものと批判し、アメリカが国力を適切に行使することによってソ連にその拡大政策の抑制を余儀なくさせる、より積極的な「巻き返し政策」（roll-back policy）を主唱した。これは核兵器と戦略空軍からなる大量報復力によって軍事力の維持・強化をはかり、地上兵力は反共軍事網を構成する同盟国に分担させるという「大量報復戦略」（massive retaliation strategy）一般に「ニュー・ルック政策」（new look Policy）として具体化されていった。このような政策を背景に、米韓相互防衛条約（一九五三年一〇月）、東南アジア条約機構（SEATO　一九五四年九月）、米台相互防衛条約（同年一二月、その後米中復交後は米国内法の台湾関係法として）を締結して反共軍事網の拡大をはかり、海外基地を設置し、拡充し、これらの国々に膨大な軍事援助を行った。これに対しソ連も、一九五三年八月水爆実験を行い、さらにNATOに対抗して一九五五年六月ワルシャワ条約機構（WTO）を結成し、アメリカの対ソ強硬政策に対抗していった。

冷戦下におけるアメリカの安全保障の主要な目的は、①アメリカの領土をできるだけ前方において防衛し、②ソ連を世界規模で封じ込め、③友好・同盟国を保護することであった。アメリカの軍事戦略は、太平洋を越えなければならないという距離関係が主な理由になって、恒久的な基地、それも主として日本、韓国、東南アジアにおける基地に戦力を配備することにあった。アメリカのプレゼンスを、二国間の安全保障取り決めにより補完した。

「冷戦のヨーロッパ戦線」ではアメリカとソ連がそれぞれNATOとWTOを主導することによって軍事的にはもちろん政治的、経済的に直接に対立し、対峙していた。一方、「冷戦のアジア戦線」では大陸間弾道ミサイル（ICBM）の実用化以来、米ソは軍事的には直接対立するかたちをとりつつも、政治的・経済的には中国・北朝鮮・北ヴェトナムを媒介しつつ間接的に対立した（もちろんアメリカはこれら諸国とは直接的に対立したが）。滝田賢治教授によれば、ソ連とは軍事的に、これら三カ国とは全レベルで直接対立したアメリカは、38度線―台湾海峡―17度線を最前線とする「アジア戦線」のなかの同盟国を二国間同盟条約というスポークを束ねるハブとして機能させようとした（ハブ・スポーク関係）[21]。しかるに一九六〇年前後以降、中ソ対立が深まるなかでヴェトナム戦争がアメリカ化して、米中の直接対立も激化し、「冷戦のアジア戦線」に加えて米中戦線とヴェトナム戦線が生まれた。アメリカは三重の戦線に対応するためハブ・スポーク関係を強化していった。単独主義的二国間主義の強化であった。

第四節　冷戦期におけるアメリカ外交と戦争権限問題

第二次大戦後、朝鮮戦争が勃発して二年後の一九五二年、トルーマン大統領は、鉄鋼産業ストの脅威に直面した際、「わが国の防衛を危険にする」として鉄鋼業の接収を断行し、これを大統領の広範な権限に基づく合法的な措置として社会に訴えた。その後この問題に関して、当該の鉄鋼業者はもとより、連邦裁判所をはじめ、議会、言論界で空前の論議をまきおこした。第二次大戦後のアメリカ政治における大きな特徴として、しばしば大統領権限の拡大が指摘される。これは、米ソ冷戦、朝鮮戦争などを通じてもたらされたが、いっそうの拍車をかけたのは何と言ってもヴェトナム戦争であった。この戦争は連邦議会の宣戦布告なしに始められ、その後大統領は軍事的コミットメントの拡大に際して、議会の承認を得ることなく、これを行った。アメリカでは一七九八年から一九九三年の間に、議会の宣戦布告なき戦争（undeclared war）は二三四回行われている。ヴェトナム戦争が「大統領の戦争」（presidential war）と呼ばれるようになったのはこのためである。かつてケネディ大統領の外交問題に関する特別補佐官を務め「強大な大統領」の出現と演出とを助けた歴史家アーサー・M・シュレジンジャー（Arthur M.Schlesinger Jr.）も、あえて一九七三年に「帝王的大統領制」（Imperial Presideny）と題する批判的大統領論を展開せざるを得なかったのである。

一　朝鮮戦争とトルーマン大統領

(イ)　一九五〇年六月二五日、朝鮮民主主義人民共和国と大韓民国との間に武力衝突が発生し、二日後の二七日には、トルーマン大統領はアメリカ海・空軍の韓国出動を命令し、マッカーサー（Douglas M. MacArthur）元帥に朝鮮における全作戦行動の責任を付与した。しかし、緊急事態宣言を連邦議会に要求したのは、同年六月の戦闘が開始されてから半年後の一二月一六日であった。すなわち、トルーマン大統領は議会の承認を得ずして合衆国軍隊を朝鮮戦争に投入したのである。

その当時、連邦議会では、戦争宣言なしの戦争におけるトルーマン大統領の戦争権限に対して、挑戦する者はほとんどなかった。[22]その後、西欧防衛統一軍に対するアメリカ軍の派遣問題をめぐり、上院では三カ月に及ぶ〝大論争〟（Great Debate）が行なわれた。その中で、トルーマン大統領が行なったアメリカ合衆国軍隊を朝鮮へ急派したことに対しても論議がなされ、連邦議会による授権のない状態でこうした行動をとる権能が大統領に与えられているか否かという問題に及んだ。共和党のタフト（Robert Taft）上院議員は、トルーマン大統領は連邦議会との協議ないし議会の承認なしに朝鮮へ軍隊を投入する権限はなく、不法なものである。[23]さらに、ヨーロッパでも同じような政策をとろうとしているが、このような問題は、連邦議会や国民によって論議され、決定されなければならないものであり、大統領は議会の戦争権限に対する侵害をしていると述べている。とくにヨーロッパへの派兵問題について、タフト議員は、大統領はアメリカ合衆国軍隊の総指揮官であり、かつ外交政策を指揮する者ではあるが、連邦議会は軍隊を編成し、維持し、かつ戦争を宣言する憲法上の権限を有している。したがって大統領には事前に連邦議会の承認を得ることなしに、ヨーロッパに派兵する権限はないと主張した。[24]

それに対して、政府側は、第二次大戦中に認められた緊急事態の権限を適用することを主張し、[25]さらに、国際連合憲章の批准後、立法府の承認なしで大統領による軍隊の使用を規定していることをあげる。すなわち、一九五〇年の国務省の法的覚書では、伝統的な国際法及び、国連憲章第三九条に従ってなされた決議によりアメリカ合衆国に朝鮮民主主義人民共和国の武力攻撃を排除する権限を与えているという。[26]その決議は二つあり、その一つは、一九五〇年六月二五日に採択されたもので、敵対行為の停止と三八度線まで北朝鮮の撤退を要請しただけのものであった。他は、第一の決議の二日後になされたもので、安全保障理事会は武力攻撃を排除するために軍隊を要請したものであった。[27]

しかし、第二の決議がなされる以前に、トルーマン大統領はすでに六月二五日、アメリカ人の避難指示をマッカーサ将軍に命令し、さらに仁川（Inchon）、金浦（Kimp）、京城（Seoul）の地域の陥落を防ぐため空軍及び海軍の全指揮権をマッカーサーに与えていた。[28] さらに問題となるのは、トルーマン大統領が、朝鮮に合衆国軍隊を派遣する前に国内法に基づいて連邦議会の同意を得なければならないかということであった。

アメリカは一九四五年七月に国際連合憲章を批准しており、つづいて、同年一二月二〇日には、「国際連合参加に関する法」（The United Nations Participation Act 1945）を議会で成立させている。その中で、大統領は、連邦議会の認可なくして安全保障理事会の要請に応じて軍隊の使用を供することができると規定している（同法第六条）。そして、そのために協定を取り決める権限を大統領に与えている。[29] しかし、この協定は、いまだに具体化されていない。

従って、朝鮮戦争におけるトルーマン大統領の合衆国軍隊の使用は、安全保障理事会が認定する前になされたものであり、さらに、トルーマン大統領の行動は事前に連邦議会の同意を得なければ国内法にも違反するものといえる。

(ロ)　一九五一年の〝大論争〟の結果、四月四日上院で二つの決議案が可決され一応の結論に達した。[30] その一つは、上院の一院決議（Senate Simple Resolution）である。[31] そのなかで、アメリカは、NATO諸国の共同防衛に協力すること、アイゼンハワー元帥をヨーロッパ連合軍最高司令官に任命すること、さらに、アメリカ軍をNATO諸国に配置すること、など九項目について決議した。しかし、右の決議でとくに問題とされたのは第六条であった。その中心は、次の三点である。

第一は、右第三条の実施のためにアメリカ軍を海外派遣するときは、連邦議会の承認を必要とする。第二は、上院は西欧に地上軍四個師団を増派せんとする大統領および統合参謀本部の現計画を承認する。第三は、連邦議会の承認を得ることなく、右四個師団に追加して地上軍部隊を西欧に派遣することはできない。

この上院の決議は法律的拘束力を持たない決議であったが、さらに上院はこれに引き続き、内容がほとんど同じで、法的拘束力を有する両院合同決議案を可決して、下院に回付したが否決された。従ってこれらの決議は強制力をもつにいたらなかった。[32]

この長期にわたる審議においてタフト議員は、朝鮮をはじめ、ヨーロッパ等の海外に合衆国軍隊を投入する際に大統領が連邦議会の同意を得ることを強く主張したが、トルーマン大統領はその後もヨーロッパをはじめ海外派兵を実行していった。[33]

二　台湾および中東危機とアイゼンハワー大統領

トルーマン大統領以降の大統領は一般に連邦議会との協調を重視するようになった。しかし、いくたびか戦争権限が行使されて問題となった。アイゼンハワー時代に問題となったのは、台湾及び中東における軍隊の使用に関してであった。

(イ)　最初に問題となったのは、第一次台湾海峡危機に際してである。一九五四年一二月二日、アメリカと国民政府との間に「米台相互防衛条約」[34] (Mutual Defence Treaty between the U. S. of America and the Republic of China) が調印された。

この条約の対象とする相互防衛地域としては、台湾ならびに澎湖諸島があげられており、他の地域については、相互の合意によって決定されることになっている（第六条）。この条約でアメリカは国民政府を積極的に防衛する態度をとるようになり、さらに、五五年一月には従来、不明確であった金門、馬祖などの大陸沿岸諸島の防衛が台湾防衛の一環として確認されるようになった[35]。

この米台防衛条約の批准にさきだってアイゼンハワー大統領は、五五年一月二四日議会にたいして、台湾防衛に関するアメリカ軍の使用権限を求める特別教書を送った。この教書が議会へ送付されるとすぐに、審議がなされ、その中で、とくに注目されたのは台湾防衛の範囲と大統領の軍隊使用権限であった。

防衛の範囲では、アイゼンハワー大統領は前述の金門、馬祖等の大陸沿岸諸島への攻撃は必ず台湾攻撃の第一歩とされることを認めている[36]。しかし、ハンフリー（Hubert Humphrey）上院議員やレーマン（Herbert Lehman）上院議員は、大統領の権限を台湾、澎湖島に限定しようとする決議案を提出し、その範囲をできるだけ限定しようとしたが、いずれの修正案も否決された[37]。そして、この教書に基づいて、上下両院の共同決議が最終的に次のように決議（台湾決議）されたのである（下院は一月二五日、上院は一月二八日、大統領の署名は一月二九日）。

「台湾および澎湖諸島にたいして、武力攻撃があった場合、その安全を保障し、保護するためにその必要とするアメリカ軍隊の使用権限を大統領に与える。また、この大統領の権限のなかには、現在友好国の掌中にある地域と関係のある地点や領域の安全と保護並びに台湾および澎湖諸島の防衛を確保するために必要もしくは適当であると判断するとき、大統領が適宜の措置をとることが含まれる[38]」

この台湾決議からわかるように、アメリカ軍が中国大陸沿岸諸島で使用されるか否かは、まったく大統領だけの判断によりなされるものとなった。

さらに、大統領の権限に関する審議で、アイゼンハワー大統領は、台湾での軍事行動を要求する権限は、総指揮官としての固有の権限であり、連邦議会が立法をするまで、大統領は、憲法上の権限により合衆国の権利と安全保障を守るためにいかなる緊急事態の行動もとることができるとしている（一九五五年一月二四日の上院本会議）[39]。しかし、連邦議会に対しては、適切なる連邦議会の議決は大統領の権限を明白かつ公然に確立するであろうと述べている。これは、トルーマン前大統領がとった態度とは本質的には変るものではないが、形式的には大いに異なっている。それは、アイゼンハワー大統領が軍隊の使用に関して議会の決議を求め、大統領の権限を行使したことである。

この決議で注目されるのは、「権限を与えられる（is authorized）」という語句を用いたことである。アイゼンハワー大統領は、単に、承認（approve）とか支持（support）という語句を使わずに〝権限〟を要求したのである[40]。〝権限を与えられる〟ということは、合衆国軍隊を派遣する権限を連邦議会が積極的に認めることになるのである。この点は後に述べる一九五七年の中東決議（the Middle East Resolution）、六二年のキューバ決議（the Cuba Resolution）、そして六四年のトンキン湾決議（the Gulf of Tonkin Resolution）では、議会が権限を与えるという概念が全くなくなっている。そしてそこに用いられている言葉は連邦議会による権限の認可という表現をしないで、大統領がすでにもっている軍隊を自由に使用する権限を含み、決議は連邦議会の支持と国家的統合を表現するだけのものとなっている。

また、この決議で〝権限を与えられる〟範囲は、非常に広いものであり、大統領は台湾および澎湖諸島の防衛をするために、〝必要とする〟ときは、いかなる場合にも、軍隊を使用することができるのである。この点も大いに議論されたところであった。それは、この権限付与が非常に一般的であり、あまり明確な表現でないために、連邦議会に認めている戦争権限と調和しないものであり、憲法違反ではないかという点であった。とくにモース（Wayne Morse）上院議員は、この決議案に対して、「大統領に〝略奪的権限〟（predatory authorization）を与えるものだ」とまで非難しているのである[41]。

(ロ)　次に問題となったのは中東に関してであった。一九五七年一月五日、上下両院合同会議で、アイゼンハワー大統領は、アメリカの新しい中東政策を盛った中東特別教書を発表し、その後一月七日アイゼンハワー大統領の要請にもとづく合同決議案が下院に提出され、三月五日可決され[42]、同年三月九日上院でも可決されその後大統領の署名により法律となった[43]。下院では政府原案を承認したが、上院軍事および外交委員会では、アメリカ合衆国軍隊の出動に関する大統領の権限についてとくに論議された。その結果、政府案が、「国際共産主義に支配されている国家による侵略に対抗するため援助を要求する国家または国家群の主権および政治的独立を確保し、保護するために大統領が必要と考えるときアメリカ軍を使用する権限も大統領に与える」という規定であったのに対して、最終的な決議では「アメリカは、中東諸国の独立維持と領土保全がアメリカの国家利益と世界平和にとって枢要であるとみなす。このため大統領がその必要を決定した場合アメリカの条約上の義務とアメリカ憲法に違反しないかぎり国際共産主義の支配下にあるいかなる国からの武装侵略にたいしても援助を求める国ないしは国家群を援助するため軍事力を使用する用意がある」となった。この修正は単に字句が和らげられたばかりでなく、政府原案にあった大統領の〝出兵権限〟をとくに認めていない。これは連邦議会の意思が強く反映されたためというべきであろう。

さらに、原案では、「国連憲章」という字句があったが、修正後は、「条約上の義務とアメリカ憲法にしたがう」となり、アメリカの国家的利益を重視する傾向が強くなっている。この決議でとくに問題となる点を指摘するならば、第一に決議の内容が明確に規定されていないこと、第二に、すでに述べたように、修正により連邦議会の発言、とくに上院の役割が強く主張されたことであった。これは従来の議会活動の中でも注目すべきものといえよう[44]。

(ハ)　一九五八年七月一四日、イラクで軍部クーデターがおこり、イラク共和国が樹立された。その後アイゼンハワー大統領は、アメリカ海兵隊をレバノンに上陸させたが、このときの派兵も厳密な意味では、大統領の戦争権限に基づいてなされたものといえよう。アメリカ軍のレバノン上陸後の七月一五日アイゼンハワー大統領が連邦議会に送った特別教書[45]によると、

「私は、七月一四日、レバノン共和国大統領から、ある程度のアメリカ軍部隊を駐留させるようにとの緊急要請を受けた。……私は、アメリカがこれを行う旨回答し、アメリカ海兵隊の一部はすでにレバノンに到着している。派遣部隊は必要に応じ増強するつもりである。」

と記されている。

以上からもわかるように、大統領は全く連邦議会の承認を得ることなくアメリカ軍隊を使用し、事後に連邦議会に報告しているにすぎない[46]。

そして、アメリカ軍の派兵理由として、

「アメリカ軍は現地のアメリカ人の生命を保護するためと、レバノン政府の領土保全と独立保持を援助するために派遣されている。これらのことは、アメリカの国家利益と世界平和にとっても枢要なるものである」

と述べている。

ここでは、国際共産主義によって支配されている国からの侵略に対して、中近東諸国を支援するためには、軍隊を全く大統領の自由裁量で使用することができるようになっているのである。

三　ベルリン危機およびキューバ危機とケネディ大統領

(イ)　一九六一年一月発足したケネディ政権はベルリン危機のなかで前政権に比べて通常軍備を重視する政策をとった。まず人的資源確保のために、徴兵を従来の二―三倍にし、予備役部隊と予備役にある個人の現役復

帰を命じ、その服役期間を延長する権限を連邦議会に要請した（一九六一年七月二六日）。しかし、これは、ケネディ政権が核戦力を軽視したものではなく、核戦争に到らない程度の戦争が発生することへの対策であろう。この大統領の要請は六一年八月一日共同決議で採択された。

(ロ)　さらに、ケネディ大統領時代に、大統領の戦争権限に関して大きな問題となったのは、一九六二年のキューバ危機であった。同年七月以来、ソ連によるキューバへの軍事援助の事実が公然となるに及んで、ケネディ大統領は九月四日、政府の態度を声明で発表した。[47]その中で、「ソ連は、キューバに対し防空用ミサイル、レーダー、電子装置、水雷艇を提供し、約三五〇〇人のソ連軍事技術者がキューバに到着しつつあることは事実であるが、いまのところ、ソ連戦闘部隊のキューバ駐留、ソ連への軍事基地提供、グアンタナモ・アメリカ軍基地に関する条約違反、攻撃的な地対地ミサイルの配置などの証拠はない」とし、さらに、「西半球のいかなる地域にたいしても、キューバが武力あるいは武力の脅威により侵略目的を実行しようとするならば、あらゆる手段によってこれを阻止する」というアメリカの決意を表明している。

そして、ケネディ大統領は、このアメリカの決意を具体的に裏づける措置として九月七日、一五万人の予備役を現役に復帰させる権限を議会に要請した。[48]

一方ソ連政府は九月一日に声明を発表してケネディ大統領の措置を非難し、ソ連政府のキューバ援助はまったく防衛的なもりであり、攻撃的な軍事基地を設ける意図のないことを強調した。[49]このソ連政府の発表に対し、再びケネディ大統領は、

「もしキューバにおける共産勢力の増強がアメリカの安全を脅かすにいたるならば、またもしキューバが武力あるいは武力の脅威によってその侵略目的を西半球の国に押し広めようとしたり、ソ連の軍事基地となるならば、アメリカは自国および同盟諸国の安全のために、あらゆる必要な措置をとる」[50]

という決意を表明した。

その後、この決意はさらに連邦議会でも決議案として具体化され、九月一日には、上院の外交、軍事委員会において満場一致で採択、その後上院本会議、下院本会議でも可決され、一〇月三日人統領が署名するところとなり、法的効果をもつようになった。[51] その決議のなかでは、

「キューバのマルクス・レーニン主義政権が暴力または脅迫行為を通じて、その侵略行為または破壊的活動を西半球の他の地域に拡大することを防ぐため、アメリカ合衆国は武力に訴えることを含むあらゆる必要な措置をとる」

と宣言し、連邦議会は大統領の武力行使を認めた。

つづいて六二年一〇月一〇日にも上院で、キューバ決議と同様のベルリン決議が採択され[52]、連邦議会は、アメリカが必要とする場合、武力行使をする権限を大統領に与えている。

(ハ)　ケネディ大統領は、キューバ決議を一院だけの意思表示である同意決議（Concurrent Resolution）で考えていた。[53] そして、その内容は、

「大統領は、キューバにソ連海軍の基地建設を阻止するために〝あらゆる必要な措置〟をとる権限をすでにもっている」[54]

というものであった。この決議案にたいして、ラッセル（Richard Russell）上院軍事委員長（民主党）は、「軍事委員会としては、大統領が戦争宣言をする権利をもっているとは考えていない、しかし、この決議案はそれをしている」[55] と述べて、大統領の要請に反対した。また、反対したのは内容ばかりでなく、同意決議という点にも反対したのである。このような重大な決議を一院だけでの意思表示によらず、〝合衆国は決意した〟[56]（The United States is determined……）という両院の共同決議（Joint Resolution）によるべきことを主張し、ここ

でも連邦議会の意思が強く反映されたことが指摘できる。

㈡　以上のようにキューバ決議は決定過程において後に述べるトンキン湾決議とはかなり異なっていた。それは、決定過程において連邦議会の行動が大統領により要請されるままであった後者に対し、前者はかなり連邦議会の主体性が見られるのである。たしかに、「前述のように〝あらゆる必要な措置をとる〟権限について、大統領がそのすべてを〝すでにもっている〟という表現から〝合衆国がとる〟と変えた点では大きな差異がある。〝合衆国がとる〟ということは、ケネディ大統領の指示のもとにとることであり、結果的にはあまり変らないかもしれない。しかし、この差異の意義をジャビッツ（Jacob K. Javits）上院議員は、「非常に微妙なものであるが、〝連邦議会が主張することのめざめ〟として地平線上にあらわれた〝最初の小さなきざし[57]〟」と述べるのである。これは、第二次大戦後最大の危機といわれたキューバ危機に連邦議会が何かを主張し、政策決定の一部に参加したことを物語るものであろうか。当時の大統領の行動に対して、ソレンセン（Theodore C. Sorensen）は、ケネディの伝記のなかで、「行政命令、大統領宣言、大統領自身が持つ権限によって行動しているのであって、連邦議会決議とか連邦議会の措置によって行動しているのではない。さらに連邦議会を再召集せよとか、正式の戦争宣言の承認を要請せよとの提案を拒否し、確固とした証拠がはいり、方針が確立してはじめて連邦議会指導者を集めた[58]。」と述べている。

　これは、当時、大統領が危機をのり越えるための政策決定に連邦議会がほとんど参加していないことを物語るものであろう。そして、その後、軍事力の行使にまったく非難するところなく総指揮官としての大統領にすべての権限を委任していることは、それを裏付けるようなものであった。

㈭　さらに、一〇月二二日になるとケネディ大統領は、全米向けのラジオ、テレビ放送を通じて、キューバの攻撃力増強を阻止するために海上封鎖を断行し、キューバ向けの攻撃的軍事装備を積んだ船を、その国籍のいかんを問わず追い返すとの強硬方針を宣言した。[59] そのなかでは、最初に「過去一週間以内に、明白な証拠によって、一連の攻撃用ミサイル基地が現在、あの閉鎖された島キューバに準備されているという事実が確証された。これらの基地の目的は、西半球に対する核攻撃力を確保すること以外の何ものでもありえない」[60]と述べ、さらにアメリカはこれに対処するために、七つの措置をとる決意を示している。また、その措置の根拠としては、「アメリカ自体の安全と西半球全体の安全を防衛するために、また憲法が私に与える権限、議会の決議によって裏打ちされた権限に基づいて、私は次の第一段措置を即時取るよう命じた。[61]」としている。そして、具体的措置としては、

第一は、この攻撃力増強を阻止するため、キューバ向け輸送途上にあるいっさいの攻撃的軍事装備に対し、厳重な隔離（quarantine）措置をとり始めた。キューバ向け船舶は、国籍、出発港を問わず攻撃的武器を積んでいることが判明した場合はすべて引き返させる。

第二は、私はキューバとその軍事力増強を引き続き、いっそう厳重に監視するよう指令した。

第三は、アメリカはもし西半球のいずれかの国に対してキューバから核ミサイルが発射されたならば、これをソ連によるアメリカ攻撃――ソ連に対して全面的報復措置を行なうべき攻撃――とみなす方針である。[62]

以上の内容は発表された一部であるがそれは明らかに大統領の総指揮官としての権限に基づいてなされた軍事行動の方針を示したものである。しかし、これらの方針は形式上は議会の承認を受けたものではない。これらの方針が打ち出される前に大統領と連邦議会はいかなる接触があったであろうか。

ケネディ大統領は、二二日の演説をする直前に連邦議会の指導者達に会って、大統領がすでにとってきた経過について簡単に説明した。しかし、この点についてケネディ大統領は「これが、その日起きたただ一つの不

快なことであった」[63]と述べている。なぜなら「それは、連邦議会の指導者達が大統領に最善の判断をさせようとする義務をもっていることでいろいろな助言を与えるが、それが意地悪く矛盾した場合もあり」、「連邦議会の指導者達が最後まで大統領を困らせるものであった」[64]からである。これはケネディ大統領時代の一つの危機に際し、その政策決定における行政府と立法府の関係を物語る危機管理の問題であった。

第五節　ヴェトナム戦争と戦争権限の問題

一　ヴェトナム戦争への介入

(イ)　戦争権限に関して第二次大戦後、最も大きな問題となったのはヴェトナム戦争であろう。これは、ケネディ大統領からジョンソン（Lindon B. Johnson）、ニクソンの各大統領に及ぶもので、アメリカ史上もっとも長期にわたる戦争であった。

ヴェトナム戦争介入後のアメリカでは、ヴェトナム戦争に対する批判が連邦議会をはじめとして多方面からなされた。最初は、ヴェトナム戦争そのものに対する批判であり、憲法上、国際法上その合法性について論議がなされた。そして、後には、戦争そのものを抑制しようとする動きが具体的に見られるようになった。その第一は、ヴェトナム戦争が拡大されて、ラオス、タイ、カンボジアにまでおよび、それらの戦争を継続するのに必要な財源を議会が抑制しようとするものであった。そして第二には連邦議会が軍事力を投入する根源となるアメリカと外国との「対外約束」そのものを抑制しようとする動きであった。これは後に成立した戦争権限法の直接的な背景となったものといえよう。財源および対外約束については第五章で述べることとする。

アメリカのヴェトナム介入は徐々に深まり、〃アメリカの戦争〃へと変質していった。そして一九六九年におけるアメリカの動員兵力は五四万人を越えており、これは朝鮮戦争で約三五万が動員されたのをはるかに上まわっている。(65) また人的損害の面でもヴェトナム戦争では約四万六〇〇〇人の死者（戦闘員のみ）(66)を出し、朝鮮戦争での約三万四〇〇〇人(67)をしのいでいる。

ヴェトナム戦争の軍事的、経済的、社会的な影響はアメリカの国益を脅やかし、国内の平安を乱し、アメリカ国民にアメリカの対外政策のあり方について大きな反省をよび起こした。(68)

(ロ)　ヴェトナム戦争は前述のように長期のものであり、その起点をどこにおくかは、戦争という概念によって異なるところであり、戦争の当事国双方の主張を検討しなければならないであろう。しかし本章ではその余裕がないので、アメリカの動きのみを簡単にふりかえってみる。そこでまず問題となるのはアメリカのヴェトナム介入（commitment）である。

アメリカが、具体的に南ヴェトナムへの援助を開始したのは、アイゼンハワー大統領がゴ・ディン・ジェム（Ngo Dinh Diem）大統領の要請にこたえて南ヴェトナム政府を援助することに同意してからである。(69) そして、最初に南ヴェトナムに軍事援助を与えたのは、テーラ（Maxwell Taylor）大将によれば、一九五四年であり、小規模の使節団を就任させ、それが徐々に大きくなった。フランスが公式関与をとり下げ、アメリカが軍隊の全訓練任務を引き継ぎ、それと同時に経済援助をおこなった。(70) これが軍事援助顧問団（ＭＡＡＧ）であり、その後には戦闘員までふくれあがり、六一年には、一万七〇〇〇人におよんだ。

さらに、六四年八月二日と四日には、北ヴェトナム水雷艇がアメリカ海軍の駆逐艦を攻撃したトンキン湾事件が発生した。翌八月五日、国連安全保障理事会で、スチーブンソン（Adlai E.Stevenson）国連大使は、「われわれ北ヴェトナムの水雷艇およびその基地施設にたいし、空から爆撃を行なったこの行動の規模は、われわれ自身の防衛に関係深い武器や施設にたいする攻撃に限定されていた」[71]と述べているように制限的なものであった。しかし、四日から五日にかけて第七艦隊の航空部隊は北ヴェトナムの艦艇ならびにそれらを支援する施設を攻撃し、最初の北爆となった[72]。

一九六四年八月七日、アメリカの上下両院は「大統領が侵略阻止に必要なあらゆる措置をとる」ことを認めた戦争権限を付与した決議、すなわちトンキン湾決議（the Gulf of Tonkin Resolution）を採択した。（この点については次項で述べる）。これは、後でのべるようにヴェトナム戦争の法的根拠の一つであると主張されるようになり、その後、北爆が次第に拡大されていった。北爆開始の時期については、ヒッケンルーパー（Bourke B. Hickenlooper）上院議員が「戦争の軍事作戦に積極的に参加するという公約はいつなされたか」という質問に対し、前述のテーラー大将は、「われわれは、わが地上戦闘軍に関するかぎり、一九六五年春のことです」と述べている[73]ように、六五年二月七月のアメリカ軍、南ヴェトナム軍の北爆をさしていると思われる。かくて一九六二年にケネディ大統領は、〝かれらの戦争（their war）〟といっていたものが、この北爆開始とともにヴェトナム戦争は様相を一変して、〝アメリカの戦争〟へと変っていった[74]。

二　トンキン湾決議の採択

(イ)　以上のヴェトナム戦争の経過のなかで、戦争権限にもっとも関係が深いのは「トンキン湾決議」である。すなわち、これによって、大統領は、ヴェトナム介入への必要なすべての措置をとる権限を連邦議会から与えられたというのである。それは

「議会は大統領が総指揮官として、合衆国軍隊に対するいかなる武力攻撃をも撃退し、将来の攻撃を阻止するのに必要なあらゆる措置をとるとの決意を承認し、これを支持する」[75]

というものである。この決議は、六四年八月五日にジョンソン大統領から連邦議会にたいして、東南アジアに関する両院共同の緊急決議案を即時採決するよう要請されたものであった。

(ロ)　この決議案は送付されてわずか三日後の八月七日に、下院では満場一致で可決され、上院では、八八対二で可決された(76)。反対票を投じたのは、グリューニング（Ernest Gruening）とモース（Wayne Morse）両議員だけであった(77)。

モース議員は八月七日の上院本会議で、決議案の内容につき、批判して、「この共同決議案の中で大統領に与えるよう提案している権限は、大統領が必要と認めるいかなる行動をもなしうるものと認めざるを得ない」(78)と述べている。

さらに、モースは「この決議は大統領に当面の防衛を越えて戦争を始める権限を与えているから、この決議は〝過早な戦争宣言〟（predated declaration of war）ともいうべきものである」(79)という。そして、総指揮官としての大統領の権限については、「大統領は、攻撃を受けた場合アメリカを防衛する固有の権限を有しているが、その当面の防衛に引き続き戦争開始に進む権限はない」(80)とし、「この決議における大統領への権限委任は、憲法違反であり」、「連邦議会だけが戦争宣言をすることのできる唯一のものであるから、その権限を委任することはできない」と述べて決議案に反対した。

さらにネルソン（Gaylord Nelson）上院議員は、この決議案の審議で修正案を提出した。それは「わが国の継続される政策は援助の供与、訓練、および軍事上の助言の役割りに限定される」(81)というものであった。しかし、この修正案は否決された。それは、当時、議会には、大統領の戦争権限にたいして制限しようとする動きはまったくみられなかったことを物語るものといえよう。

一方、トンキン湾決議案を支持した議員たちは、全面的に支持しており、後に述べるように、ラオス、タイ、カンボジア介入に反対し、修正案を提出しているクーパ（Johns Cooper）、チャーチ（Frank Church）上院議員をはじめ、マンスフィールド（Mike Mansfield）上院議員も支持したのである[82]。しかし、当時の連邦議会とくに、上院における考えを示しているのはフルブライト（William J. Fulbright）議員の発言のなかにみることができる。それは、クーパ議員がこの決議に関して、

「南ヴェトナムとその防衛、またはＳＥＡＴＯに加盟しているその他の国の防衛につき、大統領が必要と認めるすべての権限をあらかじめ大統領に与えるものか[83]」

と質問したのに対して、フルブライト議員は、その解釈が、正しいことを認めている。

また、この決議は「戦争に導くような武力行使の権限を大統領に与えたものか」というクーパ議員の質問に対して、フルブライト議員は、

「私の解釈はそのとおりだ。われわれが承認を撤回すべきだと考えるような状況が後日発生したならば、これは共同決議により撤回することができよう。第三項を設けた理由はそこにある[85]」

と述べているのである。

(ハ)　この決議が上院外交委員会でなぜそのようなお座なりの審議がされ、また、上下両院では圧倒的多数をもって可決されたのかという点に疑問を持たざるを得ないであろう。当時の状況について、フルブライト議員は次のように述べているのは注目される。

「八月七日の共同決議は、その時点においては討論を排除しなければならないと思われるほど緊急状態のなかで議会が署名した白紙委任状だった[86]」。

また、採決に対しても、当時の議員の何人かははなはだ不満の様子であり、

「もしも大統領の要請をもっと注意深く審議してわれわれの職責を果していたならば、また、もしあの採択

を勧告する以前に上院外交委員会が聴聞会を開催していたならば、またもしあの圧倒的な承認を与える以前に上院が採択案を討議し、その意味を考察していたならば、われわれは、東南アジアにおいて兵力を将来使用することを認めたその承認に限度と資格条件を付しえていたかもしれなかった」と語っている。[87]これは、大統領の軍隊の使用を含むいっさいの必要な措置をとる権限を制限するか否かというだけの問題でない。それは近年、アメリカの外交関係の領域において、連邦議会が十分にその責任を果たしておらず、その反面大統領の役割が大きくなったことを示すものであろう。

三　ヴェトナム戦争介入の合法性

その後、ヴェトナム戦争が進展するなかでアメリカ合衆国軍隊の使用について憲法的、国際的な面から数多くの論争がなされるようになってきた。

(イ)　アメリカのヴェトナム政策を批判したものの代表として、一九六五年九月二三日「アメリカのヴェトナム政策に関する法律家委員会」(Lawyers Committee on American Policy Towards Vietnam)によって作成された覚書、「アメリカのヴェトナム政策」(American Policy Vis-a-vis Vietnam)[88]の主張をあげることができる。その中では、(一)国連憲章、(二)一九五四年のジュネーブ協定及びＳＥＡＴＯ条約、(三)アメリカ合衆国憲法の三点からアメリカのヴェトナム政策を検討、批判している。

第一の国連憲章との関係では、同憲章第五一条に規定されている個別的、集団的自衛権の発動のための要件に対して、(1)南ヴェトナムは国家としての政治的資格を備えていないこと、(2)かりに南ヴェトナムが事実上の国家とみなされるとしても、浸透は五一条の趣旨での〝武力攻撃〟を構成しないこと、及び(3)合衆国は東南アジアに含まれる地域的組織に関する〝集団防衛〟権を主張することができない。

第二のジュネーブ協定及びＳＥＡＴＯ条約の関係では、ジュネーブ協定の条項に明らかに違反し、かつジュネーブ協定を妨げるための〝武力による威嚇又は武力の行使を慎しむ〟との厳粛な誓約を拒否するもののように思われる。さらに、SEATO条約については、同条約の前文及び第一条によって、当事国は国連憲章第一〇三条にしたがって、国連憲章の原則と優先性を承認し、SEATO加盟国全員の一致があったとしても国連憲章第五三条の「いかなる強制行動も安全保障理事会の許可がなければ、地域的取り極めに基づいて又は地域的機関によってとらわれてはならない……」という条項によって制約されている。合衆国政府は国連憲章に具現された基本法を明白に無視して、単純にそれ自身の利益のためにそれ自身の判断によって行動している。

第三の憲法との関係については、連邦議会はヴェトナムでの戦争宣言をしたことはなく、一九六四年のトンキン湾共同決議(89)(Gulf of Tonkin Resolution)は戦争宣言ではない。いうならば、せいぜいそれは最後通告にすぎない。それは「大統領が総指揮官として、合衆国軍隊に対する武力攻撃を撃退し、かつ今後の侵害を防ぐために必要なあらゆる手段をとるという決定に賛同し支持する」ものである。そして、連邦議会に専属している権限を大統領が借取しようとすることは、市民の自由を守り、その自由を保障するためにつくられた共和国制度を行政権優越の政府に変形するような権力の借取に関係するものであるという。そして最後に、連邦議会による戦争宣言ですらも、国連憲章の下において引き受けている義務違反を否定するものでないことを強調している。

(ロ) これらの主張に対して政府側の主張として、国務省法律顧問レオナード・C・ミーカー(Lonard C. Meeker)により作成された『アメリカのヴェトナム防衛への参加の合法性(90)』(The Legality of United States Participation in the Defense of Viet Nam)と題する覚書が発表された。これは前述の「法律家委員会の覚書」とは真向から対立するものである。その中で、国際法的、憲法的に合法であることを次のように主張している。

第一に、アメリカと南ヴェトナムは、武力攻撃に対する南ヴェトナムの集団的防衛に参加する国際法上の権利をもっている。

第二に、アメリカは、北からの共産主義者の侵略に対して自衛する南ヴェトナムを援助するという約束をしている。

第三に、アメリカと南ヴェトナムの行動は、一九五四年のジュネーブ協定に基づいて正当化される。

第四に、憲法論上の点であり、大統領は、アメリカ軍隊を南ヴェトナムの集団的防衛に投入する完全な権能をもっている。この権能は大統領の憲法上の権限に由来しているが大統領の権能の源泉として、憲法だけに依存する必要はないとしている。なぜなら、上院が助言と承認を与え、国法の一部を構成しているＳＥＡＴＯ条約が武力攻撃に対して南ヴェトナムを防衛するという、アメリカの約束を明示している。さらにまた、連邦議会は一九六四年八月一〇日の合同決議とヴェトナムにおけるアメリカの軍事的努力の支持のための支出承認行為において、大統領の行動に対するその承認と支持を与えているからである。大統領によりとられ、連邦議会が承認したヴェトナムにおけるアメリカの行動は、なんら戦争宣言を必要としないが、このことは、連邦議会による戦争宣言がない場合に海外でアメリカの軍隊を使用した長期の一連の先例が示すところであると述べている。

(ハ)　国務省のこの覚書に対して、前述の「法律家委員会」は、更に緻密で立証材料をともなった回答を作成する必要があるとし、フォーク（Richard A. Falk）を議長とする一一名の学者による諮問協議会を設置し、この協議会によって一九六七年一月に、*Viet-nam and International Law-An Analysys of the Legality of the United States Military Involvement*, O'Hare Books, Flanders, 1967 が公開され、そこでは、「法律家委員会」の覚書を支持する見解や、国務省の覚書を擁護する見解の諸論文を収録している。しかし、掲載された諸論文の大半は、その題名に示されているように国際法的側面から考察されたものである。[92]

その中で、クインシー・ライト（Quincy Wright）教授は、「大統領には連邦議会の同意や戦争宣言なしに軍隊を使用する権限が憲法上広く認められている」[93]ことを指摘し、さらにフォーク教授は戦争宣言なしに大統領が軍事力投入の権限をもつことは認めるが、問題は、そうした軍事力投入が国際法違反の軍事行動であるなら、それこそ大統領による憲法違反の権限行使であると述べている。[94]

以上のように、国際法学者のなかには、ヴェトナム戦争における論争で、その政策を批判する学者でも憲法上戦争宣言なしに軍隊を使用することは認めていることは注目すべきであろう。

注

（1）戦争権限法の成立経緯、内容は第六章で紹介する。

（2）*The Department of State Bulletin*, Vol.81, Nov. 2047, February 1981, Special B

（3）*Congressional Quarterly Weekly Report*, Vol.38, May 3, 1980, p.1194

（4）桜川明巧「集団安全保障・同盟関係の現状〈資料〉」『国際問題』二五八号五一頁　一九八一年九月。さらに二〇〇一年には一三九カ国と軍事条約を締結し、二二万五〇〇〇人が派遣されている（Dan Cragg, *Guide to Military Installations, 6th ed.*, Stackpole Books, 2001）。二〇〇三年には一五〇カ国に増加している（Dept. of State, *Treaty in Force*, G.P.O., 2003）。

（5）*Fiscal Year 1983 Report of Secretary of Defense Caspar W. Weinberger-Annud/Report to the Congress*, U. S. Government Printing Office, 1982, C-5.

（6）Corwin, Edward S. *The Constitution and What it Means Today*, Revised by Chase and Ducat, Princeton University Pres, 1973 Edition, p.135

（7）*Hearings on U.S. Security Agreemen and Commitments Abroad, Subcommittee on U.S. Security Agreements and*

Committments Abroad of Committee on Foreign Relations, U. S. Senate, 91st. Congress, 2nd. Sess, Part 5, January, 1970, p.1183 - 84.

（8）前掲拙稿論文「アメリカの危機における大統領と議会」『防衛法研究』第四号 一九八〇年一〇月

（9）*Hearings on War Powers-A Test of Compliance Relative to Danag Sealift, the Evacuation of Saigon, and the Mayaguez Incident, Subcommittee on International Security and Scientific Affairs of the Committee on International Relations*, House of Representatives, 94 th. Congress, 1975, p.26

（10）佐藤寛編『援助　研究入門』アジア経済研究所　一九九六年　まえがき

（11）稲田十一「国際援助体制と日本」渡辺昭夫編『現代日本の国際政策』有斐閣　一九九七年　一三三頁

（12）中川淳司「ＯＤＡ学入門講義記録」佐藤前掲書　三四四頁

（13）川口融『アメリカの対外援助政策』アジア経済研究所　一九八〇年　一〇頁

（14）滝田賢治「アメリカの冷戦政策と対外援助」『海外事情研究所報告』31号　一九九七年　四四―五頁

（15）川口　前掲書　三四三－七頁

（16）川口　前掲書　三五八－六頁

（17）滝川　前掲論文　一四六頁

（18）小此木政夫、小島朋之『東アジア危機の構図』東洋経済新報社、一九九七年、六七頁

（19）Kennan to Marshall, 4 Marcsha 1948, U. S. Department of State, *Foreign Relations of the U. S.* 1948, Vol.1, General, p.534

（20）Dean G. Acheson, "Crisis in Asia-An Examination of U. S. Policy," *Department of State Bulletin*, January 23, 1950, Vol.22, No.551, p.116

（21）滝田賢治『太平洋国家アメリカへの道―その歴史的形成過程』有信堂　一九九六年　二三九頁

(22) *Congressional Quarterly Weekly Report*, Vol.30, No.8, February 19, 1972, p.406

(23) Javits, Jacob K, *Who Makes War-The President Versus Congress*, New York, William, 1973, p.248

(24) *Congressional Record*, Vol.97 Part 1, 82 nd Congress 1st Session, p.118

(25) Congressional Quarterly Service, *Congress and Nation*, Vol.2, 1969, p.140

(26) Fisher, Lois, *President and Congress-Power and Policy*, New York, The Free Press, 1972, p.140

(27) *Ibid*.

(28) *Ibid*.

(29) *U. S. Statute at Large*, Vol.59 Part 1, p.621

その第六条は、次のように規定している。

「大統領は、前記国連憲章に合致した国際の平和と安全の維持の目的のため、安全保障理事会の要請に応じて、同理事会に提供されるべき兵力の数及び種類、その出動準備の程度及び一般的配置、並びに通過の権利を含む便益及び援助の性質を規定する適当な法律又は共同決議による連邦議会の承認を受けなければならない一又は二以上の特別協定を安全保障理事会と取り決める権限を与えられる。大統領は、安全保障理事会の要請に応じて、前記憲章第四二条及び前記の一又は二以上の特別協定に従って、行動をとるため、前記協定に規定された軍隊、便益もしくは援助を安全保障理事会に提供することについて、連邦議会の認可を必要とするとみなしてはならない。但し、本項の内容は、大統領が前記の一又は二以上の特別協定に規定された軍隊、便益及び援助のほかにこのような目的のために軍隊、便益及び援助を安全保障理事会に提供することを連邦議会によって認可されたものと解されてはならない。」

(30) *Congress and Nation*, Vol.2, p.640.

(31) *Congressional Record*, Vol.97 Part 3, 82nd Congress 1st Session, pp.3282 - 3

（32） *Ibid*., p.3294

（33） Javit, *op. cit*., p.249

（34） U. S. Department of State, *American Foreign Policy Current Documents*, 1954, pp.945 - 7

（35） Dwight D. Eisenhower, *Mandate for Change 1953 - 1956*, New York, Dcubleday, 1963, p.467

（36） *Ibid*., pp.467 - 8

（37） *Ibid*., p.468

（38） *U. S. Statute at Large,* Vol.69, 1955, p.7（Public Law, No.84 - 4）

（39） *Congressional Record*, Vol.101 Part 1, 84th Congress 1st Session, p.601

（40） *Senate Report*, No.797, p.18

（41） Eisenhower, *op. cit.*, p.468

（42） *Hearings on Economic and Military Cooperation with Nations in the General Area of the Middle East before the Committee on Foreign Affairs*, 84th Congress 2nd Session, pp.1 - 2

（43） Middle East Peace and Stability Act, *U. S. C. A.* 1970, No.22 Chapter 24 A. p.135

（44） *Senate Report*, No.797, op.cit., p.18

（45） U. S. Department of State, *American Foreign Policy Current Documents*, 1958, pp.965 - 6

（46） Merlo J. Pusey, *The Way We go to War*, Boston, Houghton Miffilin, 1969, p.9

（47） U. S. Department of State, *American Foreign Policy Current Documents*, 1962, pp.369 - 70

（48） *Ibid*., p.370

（49） *Ibid*.

(50) *Ibid*., p.373
(51) *U. S. Statute at Large*, Vol.76, p.697（Public Law 87 - 733）
(52) *Ibid*., p.1429
(53) *Senate Report*, No.797, p.19
(54) Javit, *op. cit*., p.257
(55) *Ibid*.
(56) *Senate Report*, No.797, p.19
(57) Javit, *op. cit*., p.258
(58) Theodore C. Sorensen, *Kennedy*, Hodder and Stoughton, 1965, p.702
(59) U. S. Department of State, *Amearican Foreign Policy Curren Documents*, 1962, pp.399 - 404
(60) *Ibid*., p.399
(61) *Ibid*., p.401
(62) *Ibid*., p.402
(63) Sorensen, *op. cit*., p.702
(64) *Ibid*., p.703
(65)『朝日新聞』一九五二年六月二五日
(66)『毎日新聞』一九七三年一月二四日
(67) Luman H. Long ed, *The World Almanac*, 1972 Newspaper Enterprise Association, Inc, p.472
(68) *U. S. News & World Report*, Feb.5, 1973, pp.19 - 22では、ヴェトナム戦争がアメリカにとっていかに負担が大きいかを、

軍事費、死傷者、期間等について他の戦争と比較している。

(69) *Hearings on Supplemental Foreign Assistance Fiscal Year 1933—Vietnam, S.2793, Before the Committee on the Foreign Relations U. S. Senate* 89th Congress 2nd Session, 1966. p.446（以後 *1966 Senate Hearings* として引用）

(70) *Ibid.*, p.447.

(71) U. S. Department of State, *American Foreign Policy Current Documents*, 1964, p.983

(72) Lyndon B. Johnson, *Public Papers of the Presidents of the United States 1963—64*, United States Government Printing Office, Washington, 1965, p.928

(73) *1966 Senate Hearings*, p.450

(74) ケネディ大統額は、一九六三年九月二日のＣＢＳ放送の会見では、「これは、かれらの戦争である。戦争に勝つか敗けるかしなければならないのは、かれらなのである。われわれはかれらに手を貸すことはできるし、装備を与えることはできる……共産主義者に勝利しなければならないのは、ヴェトナム人民なのだ」と述べているように、当時はまったく〝アメリカの戦争〟であるという考えはなかった。(U. S. Department of State *American Foreign Folicy Current Documents*, 1963, p.870) しかし、クラーク (Josephs. Clark) 上院議員が述べているように、六四年には、アメリカ軍は一万であったが、六六年は約二〇万に増大し、「さらに六〇万まで増強しようとしているそうであるが、どの点までいったら、これはわれわれの戦争になり、かれらの戦争でなくなるのか」という疑問がでるのは当然といえよう。(*1966 Senate Hearings* p.26)

(75) *Congressional Record*, Vol.110 Part 14, 88 th Congress 2nd Session, p.18414

(76) House Resolution 145, Senate Resolution 189.

(77) *Congressional Record*, Vol.110 Part 14, 88 th Congress 2nd Session, p.18462

(78) *Ibid.*, p.18442

（79）*Ibid*., p.18409

（80）*Ibid*., p.18443

（81）*Ibid*., p.18459

（82）クーパ議員 *Ibid*., p.18417　チャーチ議員 *Ibid*., p.18415　マンスフィールド議員 *Ibid*., p.18399)

（83）*Ibid*., p.18409

（84）この決議は、国連その他の行動がつくりだした国際的状況によって、この地域の平和と安全が確実に保障されていると大統領が認定したときは、その効力を失う。ただし連邦議会がその旨を決議したときは、それ以前においても効力を失う。

（85）*Congressional Record*, Vol.110 Part 14, 88 th Congress 2nd Session, p.18409

（86）J・W・フルブライト「高次の愛国心と強権の驕り――米外交の危機に直面して」（鶴見良行編訳）『世界』二四七号（一九六六年七月）一一〇頁

（87）フルブライト、前掲論文　一一〇頁

（88）*Congressional Record*, Vol.111 Part 18, 89th.Congress 1st Session, pp.24904 - 24910（この覚書の紹介は、森川金寿「アメリカのヴェトナム政策に関する法律家委員会の法的覚書」『法神時報』三八巻七号一九六六年七月）

（89）*Congressional Record*, Vol.112 Part 5 89th Congress 2nd Session, p.5508

（90）*Ibid*., pp.5504 - 9
この覚書は、一九六六年三月四日国務省法律顧問事務室により作成され、同月八日上院外交委員会に提出された。（邦訳、R・A・フォーク編・佐藤和男訳『ヴェトナム戦争と国際法――アメリカの軍事介入の合法性に関する分析』新生社昭和四三年一八一頁－二一二頁

（91）向井久子「議会・大統領と軍隊使用の権限」『上智大学法学論集』第一四巻一号一六〇頁

（92）この論文集の一部がR・A・フォーク編、寺沢一編訳『ヴェトナムにおける法と政治』上・下（日本国際問題研究所 昭和四四年、四五年）として紹介されている。

（93）Quincy Wright, Legal Aspects of the Viet-Nam Situation in Richard A. Falk ed., *The Vietnam War and International Law*, Princeton, Princeton University Press, 1968, p.289

（94）Richard A. Falk, "International Law and the U. S. Role in Viet Nam", Falk ed., *op. cit.*, p.394
アメリカ合衆国憲法第六条二項では、「憲法、これに準拠して制定される合衆国の法律および合衆国の権能をもってすでに締結されまた将来締結されるすべての条約は国の最高の法（the supreme law of the land）である」と規定している。

第四章　冷戦変容期におけるアメリカの東アジア外交と戦略

第一節　アメリカの対外軍事コミットメントへの反省

アメリカはすでにみてきたように、世界の警察官として多数の国々に合衆国軍隊を派遣し、大小の軍事基地を維持し、対外軍事コミットメントをしてきた。しかし、ヴェトナム戦争はアメリカの対外軍事コミットメントについていかにあるべきかを考慮させることになった。アメリカは世界を舞台に何をなすべきか、何ができるのか、そして何をしようとしているのかということが内外から問われることとなった。アメリカにおける対外コミットメントについての問題はかなり以前から存在し、今日にまでおよんでいる。その論議は国益を中心にして行われ、古くはセオドア・ローズベルト時代までさかのぼらなければならない。その後いくたびか論じられているがかの有名なジャーナリストであるリップマン（Walter, Lippman）に一つの見解をみることができる。彼は、第二次大戦中の著書の中で[1]、コミットメントは国家利益（national interest）と国力（national power）に適したものでなければならないと主張した。このような考えをもとに、リップマンはヴェトナム戦争中、ジョンソン大統領、ニクソン大統領を批判しつづけ、〝全世界へのコミットメント〟という壮大な考えを撤回することがアメリカにとって最も重要なことであると主張しているのである[2]。

このようにヴェトナム戦争は、アメリカの海外におけるオーバーコミットメントへの反省を促進させ、学界をはじめ多方面から批判の対象となった[3]。なかでも注目されるのは、アメリカ連邦議会の活動である。ヴェトナム戦争において、大統領はその権限の一つとして、前述のようにＳＥＡＴＯ条約を引用しており、大統領は議会の承認なく軍隊を投入してきた。それに反省した議会は、この軍隊投入の根源となる対外約束そのものを阻止しようとする動きがヴェトナム介入後あらわれた。

フォード（Gerald Ford）大統領は、一九七六年の年頭教書で、当時の議会の行動が「性急な動き」であり、「非常に視野の狭いものである」という批判をしている。[4]これは直接には、一九七五年、大統領のアンゴラへの援助要請を議会が拒否したことに対する非難であるが、この発言が、恒例の年頭一般教書の中でなされたことは、当時のアメリカ外交問題における大統領と議会の衝突がいかに深刻であるかを示しているものといえよう。議会と大統領の対立はいつの時代にもあり、別に珍しいことではない。とくにニクソン、フォード政権下のように野党の民主党が上下両院で優位にある情勢では、衝突が多いのは当然かもしれない。それにしても議会の活動には目を見張るものがある。それは一九七三年以降の議会の活動に明確に示されており、その典型は第六章で紹介する「戦争権限法」[5]（War Powers Resolution : Public Law 93-148）の制定であり、さらに、ウォーターゲート事件における議会の追求であった。なかでも前者は、アメリカの歴史上最も長く悲惨であったヴェトナム戦争の二の舞をなんとか避けようとして制定されたものであり、アメリカ立法史上注目すべきものである。その後、議会は内外の問題で次第に発言を強化するようになってきたが、大統領を長とする行政府は対外的軍事介入の可能性を再三示唆し、現実に軍隊を投入するところとなっている。かくて、議会は後述するように「戦争権限法」における大統領権限の制限その他多くの対外問題についても再び発言力を強め、〝議会復権〟が大いに期待されるものになっている。しかし、一方、行政府側からみると、議会のチェックが余りに強く、それは第一次大戦後、議会がウィルソン大統領の推進した国際連盟案を否決した時のような〝議会政治[6]〟（Congressional Government）とまでいわれる強力な存在になっているのである。

第二節　冷戦変容期におけるアメリカの東アジア戦略

一　ニクソン・ドクトリン（グアム・ドクトリン）とアジア離れ

一九六八年の大統領選挙ではヴェトナム戦争の問題が最大の争点となった。共和党のニクソン候補と民主党のハンフリー候補の対決はニクソンが辛勝した。ニクソンが政権に就いた頃、アメリカは、年間三〇〇億ドルの巨費をヴェトナム戦争に投じ、五三万四〇〇〇人の米兵が駐留を続けていた。しかも、すでに朝鮮戦争を上回る四万人の戦死者を出し、一九六八年だけで一万四六〇〇人の米兵が死亡していた。ヴェトナム戦争の早期終結に対するニクソン大統領の基本戦略は、ヴェトナム戦争を南ヴェトナム政府自身の戦争にするという、いわば〝ヴェトナム戦争のヴェトナム化〟であった。

一九六九年ニクソン大統領はヴェトナムからの初の撤兵を明らかにし、また、同盟国により大きな責任分担を求めるニクソン・ドクトリン（Nixon Doctrine）を打ちだした。一九六九年六月八日、ミッドウェー島で南ヴェトナムのチュー（Nguyen Vorn Thieu）大統領と会見したニクソンは、同年八月末までにヴェトナムからの米軍戦闘部隊二万五〇〇〇人の一方的即時撤兵を行うことを公表した。その後を戦力アップした南ヴェトナム政府軍が埋めることを確認し、さらに七月二五日、アジアおよびルーマニア訪問旅行の途次、グアム島に立ち寄った際の記者会見で、将来アメリカは直接的な核の脅威以外にはアジア諸国の問題への軍事介入を回避することを明らかにした。いわゆるグアム・ドクトリン（Guam Doctrine）である。[7]

そしてこのグアム・ドクトリンをさらにグローバル、普遍的なものとすべく、ニクソン大統領は、一九七〇年二月「一九七〇年代のアメリカの外交政策―平和のための新戦略」（U.S.Foreign Policy for the 1970's－A New Strategy for Peace）と題する外交教書を議会提出した。この教書のなかでニクソンは「七〇年代に恒久平和を達成するには、戦争の原因を抑制するか除去するような持続的な国際関係を築かなければならない」と表明し、その具体的施策として、①アメリカはその条約上の公約の全てを遵守し、②アメリカと同盟関係にある国家、またはその存続がアメリカの安全保障とその地域全体の安全保障にとって死活的に重要と考える国家の自由を核保有国が脅かす場合、楯を提供し、③他の種類の侵略にたいしては条約上の公約にしたがって要請があれば、アメリカは、軍事経済援助を提供するが、直接脅威を受けている国家が自衛のための兵力を供給する第一義的責任を負うことを期待すると述べた(8)。

この方針に沿い、以後ヴェトナムは、戦争のヴェトナム化による段階的撤兵が進められ、一九六九年八月には二万五〇〇〇人、次いで一二月には三万五〇〇〇人の米兵が撤退、そのほか韓国でもそれまでの六万人の駐留米軍はその三分の一に、また日本からは一万二〇〇〇人、台湾からは一万六〇〇〇人の米兵がそれぞれ引き上げられていった。ニクソン・ドクトリンは、アメリカのグローバル・コミットメントを否定、放棄するものではないが、自らの大国としての力の限界をふまえ、かつデタントの流れに対応する事をも狙いとした政策だった。

ニクソン・ドクトリンは、ヴェトナム戦争の行き詰まりと収束の過程で発表されたものであり、その主旨は、アメリカが自由世界の防衛に全面的に関与する能力をもはやもたず、またその意志もなく、今後は自国の利益にそって関与する地域およびその手段を選択するものであると解釈されている。ニクソン・ドクトリンは、以後アメリカの対外安全保障政策、とりわけ対アジア政策に新たな方向を指し示した点で注目された。

しかし一九七〇年代の米ソ・デタント、米中接近、ヴェトナム戦争の終結は、ハブ・スポーク関係の変質を余儀なくしはじめていた。そして、一九八〇年代後半からの米ソ冷戦終結のプロセスとその原因のひとつであり結果でもあったアメリカの国内的条件の悪化は、ハブ・スポーク関係の変質を余儀なくするばかりか、その存在意義そのものに疑問を投げかけはじめた。[9]

二　フォード・ドクトリン（新太平洋ドクトリン）

ニクソン大統領の後継フォード大統領は一九七五年四月ヴェトナム戦争の終結を宣言するとともに、訪中の帰途、一般に「フォード・ドクトリン」（Ford Doctrine）と言われる「新太平洋ドクトリン」（The New Pacific Doctrine）を発表してアジア・太平洋地域の平和と安定に積極的に取り組むことを強調した（同年一二月七日）。[10]それは、①アメリカの国力の強化、②日米関係の重視、③米中国交正常化の推進、④ＡＳＥＡＮ諸国との関係強化、の四つを内容とするものである。このドクトリンは、アジア離れの表明と理解されかねなかったニクソン・ドクトリンの真意を確認するとともに、米中接近・ヴェトナム戦争終結によって引き起こされたアジア・太平洋地域の同盟国の自立化傾向を抑制してアメリカのアジアへのコミットメントを表明するものであった。これら二つのドクトリンは具体的政策をともなわない希望ないしは構想であったと批判された。しかし、希望・構想をこの地域の同盟国に向かって表明しなければならなかった事実のなかに、この時代のアメリカ・イスタブリッシュメントの新たな時代への認識が読みとれるものといえよう。[11]

フォード政権時のラムズフェルド（Donald H.Rumsfeld）国防長官は、一九七七年度の国防報告で、米国は世界の警察官ではないが、核戦争を制限し、戦争の抑止と国際的安定の維持を確保する責任があるとし、さらに次のような国防政策を表明している。①米国の国防計画は同盟国と提携して米国の軍事力を確保する。②米国にとって戦略的重要な地域は、西欧、中東、アフリカ、ペルシャ湾及び間接的に北東アジアである。③アジアにおけるソ連の脅威は減少しておらず、西太平洋の海上交通路の安全に不安がある。④在韓米地上軍は駐留継続する等である。[12]

米中接近、ヴェトナム戦争終結を一大契機とするこの地域の経済的発展の始動と自立化傾向はアメリカと激しい経済摩擦を引き起こしていた日本に、アジア・太平洋地域経済協力構想を推進させた。一九七七年の「太平洋経済協力構想」や一九八〇年の「環太平洋連帯構想」などである。

なお、ヴェトナム戦争最終段階になってフォード政権では、ダナン海上輸送作戦、サイゴン引き揚げ作戦さらにマヤゲス号事件、板門店事件などいくたびか軍事力行使が行われ、一九七三年に制定された戦争権限法上の問題が連邦議会で論議された。この点に関しては第六章で言及する。

三　カーター・ドクトリンと米韓地上軍の撤退計画

一九七九年以後イランの米大使館人質事件（同事件については第七章第一節で紹介する）やソ連のアフガニスタン侵攻による中東ペルシャ湾方面進出という状況の中で、カーター大統領は一九八〇年一月の一般教書で次のような方針を表明した。一般に「カーター・ドクトリン」（Carter Doctrine）とよばれている。その主な内容は、①ペルシャ湾地域を支配しようとする外部勢力のいかなる試みも、アメリカの死活的利益に対する攻撃とみなし、軍事力を含む必要な手段で排除する。②この地域の安全を守るため集団的防衛の努力をする、というものである。このドクトリンはアメリカの直接的軍事力行使に言及している点で注目された。

一方、カーター大統領は、一九七七年一月就任直後より外交理念として、人権の尊重、核兵器の究極的廃絶、環境資源の保護の三つの目標を掲げ、目標達成に努力するとして、国防費の削減と在韓米軍の撤退方針を表明した。具体的には、①在韓米地上軍の撤退は朝鮮半島の軍事バランスを覆すことはない、②撤退は四―五年の間に段階的に実施し、韓国は自ら防衛する役割をもつことができる。③一九七八年までに地上軍六〇〇〇名を撤退し、空軍を増強する。④残り三万六〇〇〇名の撤退は四―五年間に慎重かつ段階的に実施する。

その後、カーター政権は、NATOの継続重視を表明し、一方在韓米地上軍の撤退することを表明したことでアジア太平洋の軽視であるとの批判を受けた。かくて、一九七八年四月二一日カーター大統領は撤退計画を修正、七八年までの撤退を支援部隊二六〇〇名と一個大隊八〇〇名の三四〇〇名に縮小することとした。(13)

注

（1）Lippman, Walter *U.S.Foreign Policy: Shield of the Republic*, Little Brown and Co. 1948, pp.9-10

（2）Lippman, Walter Relapse into Isolationism? *Newsweek*, December 16, 1968, p.27

（3）ヴェトナム戦争を原点としてアメリカ史を見直す視点を表明したものとして清水知久『アメリカ帝国』亜紀書房1958年がある。さらにヴェトナム戦争に対する批判の一つにアーサー・シュレジンガーの『信頼の崩壊』（The Crisis of Confidence 1969）大前正臣訳　読売新聞社1969年がある。同書の一章にヴェトナム戦争の教訓として次の五つを挙げている。第一は世界における全てのことがアメリカ人にとって等しく重要ではないということである。アメリカ人にとっては、アジアやアフリカは、ヨーロッパや、ラテン・アメリカや、ソ連ほど重要ではないとされる。第二の教訓は、アメリカ人は世界において全てのことができるわけではないということである。超大国の時代は終わり、アメリカは他の国のナショナリズムに逆らうような政策を立てても成功しない。第三の教訓は、アメリカは激動する世界において恒久的な安定性を確保する役目を果たすことができないということであり、第四の教訓は、世界の問題は軍事問題とは限らず、軍事力は必ずしも国の力を最も効率的に表すものではないということである。そして第五の教訓として将来アメリカが国際社会で影響力を持つ基礎は、軍事力よりもむしろ範例を示すことであろう、と述べている。これらの教訓の帰結として、シュレジンジャーは、将来アメリカが軍事介入を行うのは、アメリカの安全が直接かつ切実に危うくされた時に限るべきことを主張したのであった。その他、ヴェトナム戦争の教訓として、ジョージ・C・ヘリング「ヴェトナム戦争が残した教訓」（『中央公論』

第一〇七巻三号　一九九二年三月　四二七―四四二頁）の論文がある。

（4）*Congressional Record*（daily ed.）, January 19. 1976, H, 64

（5）この法律ついては拙稿「戦争権限法」（『外国の立法』一三巻三号）で紹介し、その成立背景については「アメリカの連邦議会と大統領の戦争権限」（『レファレンス』二八七号）で紹介している。

（6）Woodrow Wilson *Congressional Government-A Study in American Politics*, Boston and New York Houghton Mifflin Company 1913. 当時議会の目ざましい活動のため、議会復権とか議会政治といわれることが新聞その他でたびたび使用されるようになってきた。（*Congressional Quarterly Weekly Report*〔以下 *C. Q. Weekly Report* と略〕。June 28. 1975, p.1331）

（7）グアム島での発言は非公式のもので、その後、一九六九年一一月三日放送を通じて国内に公表された。

（8）United State Foreign Policy for the 1970's－A New Strategy for Perce　邦訳アメリカ大使館広報文化局『一九七〇年代のアメリカ外交政策』一九七〇年

（9）滝田　前掲書　二四〇頁

（10）アメリカ大使館広報文化局『東北アジアにおけるヴェトナム後の四大国関係―太平洋ドクトリン』一九七〇年

（11）滝田　前掲書　二四〇頁

（12）戦略問題研究会編『戦後世界軍事資料』第四巻　原書房　一九八一年　四七頁

（13）前掲『戦後世界軍事資料』第四巻、四九頁

第五章　アメリカの対外政策における議会復権

まえがきで紹介したフランクとワイズバンドは、ヴェトナム戦争とウォーターゲート事件後の連邦議会を、政府のパワーの再配分をもたらした〝革命〟と呼んでいる。両者は強い大統領とそれに対する議会の反動が定期的に起こるという、いわゆる「振り子」説を否定し、この〝革命〟は次の理由により不動のものであるという。第一に、議会の役割が立法化されていること、第二に、議会が大統領と対等に政策作成に参与しうる能力を備えていること、第三に、委員会の充実（第二、第三については、第十三章三節で紹介）、第四に、国際問題が「国内化」し、国民の関心が高まり活発な運動があること、第五に、行政府も議会の動きに対して対処策を講じていること、最後に議会の役割が評価されていること。以上の点から議会の主張が民主的な正当性を持ち、対外政策の形成における議会の参加が情報の公開を促進し、その結果、対外政策に於ける議会の役割が広く国民の支持を得られるところとなった(1)。

さらにわが国でもアメリカの議会復権を主張する見解がある。石丸和人氏は、ニクソン政権に続くフォード政権、カーター政権、レーガン政権においては、行政特権を最大限に拡張解釈した帝王権力型ホワイトハウスは姿を消し、行政府に対する議会の抑制の復活は、ウォーターゲート事件で決定的になったと述べ、すでにその歩みは六〇年代後半から始まっている、と述べている。その第一は、六六年の七月に成立した「情報の自由に関する法律」であり、第二は七三年の「戦争権限法」、そして第三は七・八年の情報活動に関する特別委員会の活動であるという(2)。

アメリカ外交における議会の役割りを憲法上で直接に規定しているのは、「条約締結に対する上院の助言と同意」さらに、「大統領の全権大使その他の外交使節ならびに領事の任命に対する上院の助言と同意」（憲法第二条第二項第二節二款）だけである。さらに外交面で議会が参加する方法としては、制定法（statute）および決議（resolution）がある。前者にはさらに政策立法（legislation）と歳出立法（appropriation）があり、後者には、大統領の署名により法律と同等の効力をもつ両院共同決議（joint resolution）から、大統領の承認を要しない両院同意決議（concurrent resolution）さらに、各院だけの決議（single resolution）などがある。

これらの方法によりヴェトナム戦争の反省として一九七〇年代におけるアメリカの外交およびその他国内問題で、議会復権を強めたのは制定法および決議による場合が多く、その主要なものとして次のような事項をあげることができる。

① 戦争権限法の制定
② 対外約束への批判
③ 予算的措置による拘束
④ 一九七四年通商法の改正
⑤ 情報活動の監視
⑥ 緊急事態特権の抑制
⑦ 行政情報の公開

以上について最近の議会の活動情況について簡単に紹介するが、①については次章でふれることにする。

第一節　対外約束の再検討

第二次大戦後アメリカは〃世界の警官〃として多くの国に軍隊を派遣した。『U・S・ニューズ・アンド・ワールド・リポート』[(3)]誌によれば、アメリカは四二カ国と防衛の約束をし、二〇カ国に三〇〇以上の大規模な軍事基地を維持し、海外に駐留する米軍の数は四八万五〇〇〇人、さらにその家族は三七万人におよんでいる。しかもこの場合ヴェトナム戦争において、大統領はその権限の一つとしてSEATO条約を引用しており、大統領は議会の承認なく軍隊を投入してきた。それに反省した議会は、この軍隊投入の根源となる対外約束そのものを阻止しようとする動きがヴェトナム介入後あらわれた。さらに、後掲表―3にも示されているように、大統領が締結する条約及び行政協定は次第に増加しており、とくに後者への、再検討が強くなされてきている。

一　対外約束への反省

一九六七年七月三一日、フルブライト上院外交委員会委員長は「対外約束決議案」(National Commitments Resolution) を提出し、アメリカの対外約束の範囲を厳格に解釈し、条約、協定、その他の文書に基づくものに限定することを提案した。これは、従来アメリカ政府が対外約束を広く解釈し、海外派兵をしすぎたことに対する反省であった。しかし、この決議案は可決されるにいたらなかったがその後同趣旨の決議案がふたたび提出され、上院で可決された[(4)]。この決議で「対外約束」を「外国の領土で合衆国軍隊の使用または合衆国の軍隊もしくは財源を使用して外国の政府または人民を支援する約束」と定義し、この約束は必ず政府の条約、協定などの形で議会の承認を必要としている。

しかし、この決議には若干の問題がある。その一つは刻一刻と変化している対外関係と政策決定の時間的問題である。すなわち、「対外約束」が将来起こるかもしれない戦争に先だって、議会は大統領に軍隊の使用を認めてしまうということである。さらに、この決議は、上院の一院決議で大統領の行動を法律的に拘束するものではないが、上院が対外約束について審議するときの尺度となるものである。また、この決議は、大統領の行動に対して議会の発言力が強化されたことでは注目すべき決議といえよう。この決議の後、議会は過去の対外約束に対する反省をさらに一段と追求するようになった。

その一つはヴェトナム戦争の根拠の一つとなったトンキン湾決議をはじめ、他の軍隊投入の根拠となった地域決議の廃棄への動きであった[5]。マサイアス（Robert B. Mathaias）議員（共和党）は、上院本会議で、トンキン湾決議をはじめとして議会が行った決議を廃棄し、アメリカの外交を冷戦時代の束縛から解放すべきだと提案した[6]。ジャビッツ議員によれば、これらの地域決議は「共産主義封じ込め」の理論にたった「冷戦時代の残りカス」（debris of cold war）であり、アメリカにとって危険なものなのであった[7]。

さらに、議会の追求が集中的になされたものとして七〇年一二月上院外交委員会の対外約束に関する小委員会の報告[8]（サイミントン報告）にみることができる。そこでは、アメリカの海外での軍事行動および基地のあり方について反省を求め、いくつか勧告をしている。それは議会と行政府は海外での合衆国軍隊の活動について客観的な検討をするため新しい措置をとるべきであるとし、とくに、議会は定期的に聴聞会を開き、安全保障に関する協定や了解事項について情報を要求すべきであるとしている。さらに、同報告書は、議会の承認なくして海外基地、在外兵力を保持してはならないし、軍事演習や合同軍事計画についても政治的な面から検討すべきであるとしている。

こうした対外約束に対する反省は、インフレ、不況、失業に悩まされている米国民にとってはインドシナ戦争後、特にアジアにみられるアメリカ離れの現象やトルコ、ギリシャの米軍基地・施設の閉鎖、さらにポルトガル、スペインとの関係の不安定さなどが、海外への軍事約束に対する不信となってあらわれてきた。それは、さらに米軍の海外駐留とそれを義務づける条約、協定の問題の再検討を求める傾向を決定的に促進してきたようである。これは、とくにアジア諸国に対する議会の見解にみられる。韓国に関して、マンスフィールド上院議員（民主党）は、アメリカの韓国に対する公約を憂慮して、「重大な関心を持たねばならない地域だが、変更は憲法上の手続きによってのみ可能なのだ」(9)とその重要性をのべている。さらにフレーザー（Donald M. Fraser）下院議員（民主党）は「われわれは韓国に対しては重大な注意を払わなくてはならない。アメリカ国民がもう一度朝鮮半島で戦わなくてはならないような事態が起これば不幸なことだ」(10)などといった意見などさまざまである。結局は、朴政権の政治姿勢など韓国の現状には不満ではあるが、かといって完全に見放すわけにもいかないといった困惑気味の空気が強かったようである。それに比べてかなりはっきりとしているのは、ＳＥＡＴＯおよび中央条約機構（ＣＥＮＴＯ）との関係は清算すべきだという見方が一般的であった。マンスフィールド上院議員によれば「ＳＥＡＴＯには何が残されているのか。その会議に出席するものはもうだれもいないし、単に本部があるだけだ。ＣＥＮＴＯに関していえば米国はオブザーバーにすぎないし、そこにはもはや〝オブザーブ〟するようなものは何もない」(11)とのべているが、このような意見に反対の声はほとんどなかったようである。さらに、フレーザー下院議員も「対外約束は一つ一つ再検討してみる必要があるが、例えばＳＥＡＴＯの場合は、もはや条約としての価値はない。関係国と協議して廃棄するかまたは何らかの存在理由のあるものに改めるべきである」と述べている。

このようにアメリカの対外約束の再検討を求める声に対して、一方ではその動きに慎重または反対の立場をとる人もあり(12)、その後、対外約束の是非をめぐる論議が議会内でかなり熱心に行われるようになった。さらに、一九七〇年四月には、フルブライト、マンスフィールド、マサイアスの三ハト派上院議員によって、〝トンキン湾決議廃棄決議案〟が提出され上院外交委員会で可決し、七〇年七月一〇日、本会議で五七対五で可決された。

一方、ドール（Robert Dole）上院議員（民主党）も、上院で審議中のさきに述べた「対外武器売却法案」の修正案として、〝トンキン湾決議の廃棄案〟を提出し、七〇年六月二四日、本会議で八一対一〇で可決され、下院でも可決され、七一年一月一二日大統領の署名で、ここにトンキン湾決議は廃棄された(13)。

また、台湾決議についても、チャーチ上院議員やフィンドレー（Paul Findley）下院議員（共和党）が廃棄の決議案をそれぞれ提出していたが、一九七四年一〇月一一日、台湾決議廃棄案が可決されてこの決議も廃棄された(14)。

しかし、以上のように「対外約束決議」によって、大統領の戦争権限を制限し、また、大統領の軍隊投入の根拠の重要な要素となる決議の廃棄がなされても、大統領の軍隊投入を阻止することはできなかった（トンキン湾決議の場合、ニクソン大統領は、ヴェトナムにおける軍隊投入の根拠がトンキン湾決議だけではないという解釈をとっているため）。従って、大統領の戦争権限を制限する別の措置を考えなければならなかった。それは、大統領による軍隊の投入を最小限に阻止しようとするものであり、それが先に述べた「戦争権限法」である。

二　行政協定の再検討

前項において、すでになされた対外約束に対して、議会が検討をしてきたものについてふれた。しかし、外交政策の決定をになう議会としては、それだけでは満足することなく、積極的に将来締結される対外約束を議会が監視しようとする動きがあった。それは行政協定（Executive Agreement）に関するものである。行政協定は、表—3にも示されるごとく、第二次大戦後の一九四五年以後二〇〇〇年までに一万四七五〇もあり、条約の九二三にくらべ数量的にははるかに多い。その法的効力は、国際的には条約と同様の効力をもつものであり、その意味では条約と協定との区別は国内法上の手続的な区別であるといえよう。しかし、条約と異なり行政協定については憲法上の規定はなく行政府は上院の助言も同意も得る必要がない。しかも、アメリカは前述のようにおどろくほどの数にのぼる対外的約束をしてきており、外交における最も大きな役割を果たしてきた。条約という形でなく重要な国際的約束を議会が全く参加することなく、かつ秘密裏に決定されることに対し、以前からたびたび問題となってきている。モルガン（Thomas E. Morgan）下院議員（民主党）は、このような従来のやり方に対して、「憲法で認めている議会の外交権を縮小するもの[15]」と批判しているように困難な問題を含んでいる。

以上のように問題となっている行政協定に対して、議会では具体的な論議が早くから行われ、戦後

表—3　条約及び行政協定の締結数

期間	条約数	行政協定
1789－1839	60	27
1839－1889	215	238
1889－1929	382	763
1930－1932（フーバ大統領）	49	41
1933－1944（F.ローズベルト大統領）	131	369
1945－1952（トルーマン大統領）	132	1,324
1953－1960（アイゼンハワー大統領）	89	1,834
1961－1963（ケネディ大統領）	36	813
1964－1968（L.ジョンソン大統領）	67	1,083
1969－1974（ニクソン大統領）	93	1,317
1975－1976（フォード大統領）	26	666
1977－1980（カーター大統領）	79	1,476
1981－1988（レーガン大統領）	125	2,840
1989－1992（ブッシュ大統領）	67	1,350
1993－2000（クリントン大統領）	209	2,047

〈資料〉
① Harold W. Stanley, Richard G. Niemi Vital statistic on American Politics 2001－2002, C. Q. PRESS, 2001, p. 334

特に注目されたいわゆるブリッカー修正案（Bricker Amendment）などがある。[16] しかし、行政協定に関して本質的な論議がなされたのはその後の一九五三年から五六年になってからのようである。五六年には上院ではすべての行政協定は六〇日以内に上院に提出することを義務づけた法案を成立させた。[17] しかし、その後下院では審議されるにいたらず廃案となったが、一九七一年二月四日再び同趣旨の法案がケース（Clifford P. Case）上院議員（共和党）により提出され、翌一九七二年八月二二日成立した（Public Law 92-403）。

その主な内容は、行政府によって締結されたすべての国際的協定の最終的条文を六〇日以内に議会に提出することを規定している。ただし、国家の安全保障に関係するものについては例外として上院の外交委員会及び下院の外務委員会に提出することを義務づけている。しかし、この法律では行政協定に対する承認、もしくは否認という議会の自主的な参加に関するものは何も規定されておらず、その点を考慮した法案が続々と提出されるようになった。[18]

一方、行政協定の多くは食物関係の輸送及び関税などに関するものであるが、[19] 後節でふれる一九七二年米ソ通商協定に関する国内法制定などに関する論議や、後述の対外援助などの論議にみられるように政治的な問題が介入することが多くなってきた。そのような傾向は軍事的な約束に対してとくに強くあらわれている。この点で注目されるのが前記ケース議員により、一九七二年五月二四日提出された法案（S. 3637）である。この法案は、議会が長い間海外基地への経費を政府の要求されるままに認め、議会が憲法上の責務を遂行しなかったことに対する反省から生れたもので、その根源となる対外約束を厳重に監視しようとするものであった。[20] ケース議員によれば、外国との相互防衛協定などが条約でなければならないことには異論はないが、行政協定を外国との〝比較的に重要でない〟（relationely unimportant）問題の場合にのみ使用されるべきものとしている。[21] 何が〝比較的に重要〟であるかは明白にされていないが、ケース議員は、この法案で大統領の海外基地使用、核兵器配備に対して議会が制約出来るようにしようとした。その内容は、米国政府が外国政府と米軍基地ないし米軍の核兵器貯蔵について新しく行政協定を結ぶ場合、この協定を上院に提出し、その承認を求めない限り、協定を施行するのに必要な支出を認めない、というものである。この法案では、すでに締結され、かつ実施されているアメリカの海外基地ないし、核兵器貯蔵に関する取り決めは対象にならないが、既存の協定でもこれを拡大ないし改定する場合には、これを適用するものとしている(22)。

行政協定に対する議会の発言は前述のごとく次第に強化されてきたが、さらに一段と強化したものに、一九七四年上院で可決されたアービン（Sam I. Ervin Jr.）上院議員（民主党）提出の法案(23)（S. 3830）がある。その内容の主要な点は次のとおりである。

(1)　行政協定は国務長官に提出されたのち検討するため議会へ提出される。

(2)　大統領が行政協定の公表を合衆国の安全保障に不利であると考慮した場合には、国務長官は直接上院外交委員会及び下院外務委員会に秘密裏に提出する。

(3)　すべての行政協定は、両院の合意決議で否認しないかぎり、議会に提出されてから六〇日後にその効力を有する。

この法案は、前述の一九七二年に成立した法律に比較して、行政協定に対する議会の自主性(24)を非常に強化したものとして注目された。しかし、この法案はその後、下院に送付されたが下院では時間切れで成立にいたらなかった。その後もこの法案とほとんど同じものがいくつか提出されて(25)おり、行政協定に対する議会監視の強化を促進する大きな役割りを来たすものと思われる。

三　シナイ協定と議会

議会による対外約束への反省及び行政協定への検討は、前述のように長い間行われてきたが、その具体的問題として一九七五年九月から一〇月にかけてのシナイ協定をめぐる議会の論争は一つのテストケースとして意義深いものがある。一九七三年一〇月の第四次中東戦争後のシナイ半島における第二次兵力引離し協定が、アメリカの多大な負担で（すなわち、非武装地帯の早期警報施設をアメリカ民間人技術者に運用させることなどを規定している行政協定）、仮調印されていた。このような技術者派遣は、従来議会の承認を必要としない大統領の外交特権とされていたが、ヴェトナム以来、行政府の対外オーバー・コミットメントに対する議会の反発と警戒を考慮して、フォード大統領とキッシンジャー（Henry A. Kissinger）長官は議会の承認を求めることとしたものであった。その後、議会では、アメリカ人派遣はヴェトナム戦争の時と同じようにずるずると中東紛争に巻き込まれ、ソ連との対決の種をまくという懸念が表明され、さらに両当事国への密約問題などで審議は一カ月以上にわたって行われた。そのなかでシナイ半島への派遣員及びその他の情況について議会へ報告することを義務づけし、さらにエジプト、イスラエル間で敵対行為が生じた場合、または米議会が技術者の安全が脅やかされていると判断するか、彼らの任務が完了したと認定した場合は、直ちに米技術者を引き揚げさせるなど、議会の監視を強化している(26)。

なかでも注目されるのは、大統領の軍隊投入に関する戦争権限についての論議である。例えば、上院のアブレク（James Abourezk）議員（民主党）は、シナイ協定により派遣するアメリカ民間人の保護のために、大統領が合衆国軍隊を使用することを禁止するという提案をしている。同議員によれば、前記「一九七三年戦争権限法」は大統領に従来持っていなかった多くの権限を与えるようになり、大統領がシナイ砂漠でアメリカ人技術者の保護のため軍隊を投入しようと思えばいつでもできるものであるという(27)。このような事態を避けるためにこの修正案は提出されたものであった。しかし、この提案は反対七五、賛成一六の大差で否決されたがその後、技術者の派遣承認は大統領が軍隊を中東に派遣する権限を与えるものではないというハンフリー上院議員（民主党）提出の修正案が一九七五年一〇月九日に可決されている[28]（この修正案はすでにその前日、下院で可決されている）。このように行政協定をめぐって立法府と行政府の問題について具体的に論じられたことは、その後大きな影響を与えるものとなった。しかもそれが前記「戦争権限法」の解釈及び大統領の権限をめぐって審議がなされたことの意義は大きなものである。

第二節　予算的措置による拘束

議会が早くから外交面でその役割りを果たしてきている分野に、予算的措置がある。例えば、インドシナ戦争における軍事関係の支出を禁止するという措置や、戦争権限法制定後とくに問題となってきた対外武器売却の制限に関するものなどがある。さらに、早くから問題となっている対外経済援助及び軍事援助の削減などはその代表的なものといえる。

ところがこのような予算審議の問題とは別に、議会における審議機構に関する基本的な問題があった。それは、予算審議に関する情報収集及びその分析をする体制が非常に不備であったことである。このことは、早くから議会の内外から指摘されていた。この点に関し、長年上院外交委員長の職にあったフルブライト氏も議会における予算決定の問題を以前から重視し、「現在の官僚機構というわなから抜け出すためには、議会は予算を検討する新しい方法を採用しなければならない[29]」とのべているほどであった。

そのような点を考慮して議会は、独自の調査と判断を行うために一九七四年「議会予算及び支出留保規制法」(Congressional Budget and Impound Control Act of 1974 Public Law 93-344)を制定し、議会に予算委員会とその調査専門機関として議会予算局を設置した。これは、上下院には従来から存在する歳入歳出委員会があるが、歳入計画と歳出規模の調整をする機能をもつ委員会がなかったために新設されたものである。この予算局は、行政府側へいろいろなデータを要求する広範な権限をもち、議会がその機能を十分利用するようになれば、議会内での予算関係審議でも大いに活躍することが期待された。[30] さらに、この法律では議会が決定した予算支出に対し、大統領が留保できないようにしており、予算面における議会の権限強化というものである。

一　軍事費の阻止

前述のフルブライト氏は、従来の議会における軍事予算の審議が表面的なものであり、その原因の一として、議会は、兵器体系および軍事計画を詳細に比較検討する能力が欠如しているということをあげている。[31] 確かに議会では、従来兵器コストの上昇や兵器体系の非効率などの問題に対していろいろな議論が長い間なされてきており、多くの議員における不満は多いようである。にもかかわらず、この点に関して、結果的には議会の発言はほとんど入れられていなかったようである。[32] しかし、ヴェトナム戦争の激化にともない戦争そのものを阻止しようとする議会の動きはいろいろな方面からなされたが、その一に軍事費の増大を抑制しようとする傾向があらわれた。軍事費の総額は年々増大されているが、軍事費の三分の二近くは人件費および装備その他ほぼ固定した経常費である。残り三分の一が兵器調達および開発研究費で、軍事費の実質的な、増減に影響するものであり、軍事政策の変化を端的に示すものといえる。

ところが、議会では従来あまり行われなかったこの兵器調達および開発研究費に対して表—4、と表—5に

表－4　国防省財政概要（単位100万ドル）

予算費目別概要	1964年度	1968年度	1974年度	1975年度	1976年度
軍人	12,983	19,939	24,104	24,975※	25,913
退職給	1,211	2,093	5,137	6,276	6,936
運用と維持	11,693	20,908	23,862	26,259※	29,846
調達	15,036	22,550	17,467	17,356	24,720
研究，開発，実験，評価	7,053	7,264	8,195	8,616	10,294
特別外貨計画	–	–	3	3	3
軍用建設	977	1,555	1,695	1,914	2,901
家族住宅＆住宅所有者援助計画	602	614	1,136	1,176	1,282
民間防衛	111	86	80	87	88
軍事援助計画	989	588	3,314	2,331	2,701
合計	50,655	75,597	84,992	88,993	104,684

注：1976年度においては、軍人及び文官の増給、軍退職給与改正、その他提案されている立法措置の金額を配分してある。
※提案されている立法措置を表わす。
四捨五入してあるので細目と合計が一致しないものがある。

〈資料〉*Hearings of Fiscal Year 1976 And July September 1976 Transition Period Authorization For Military Procurement, Research And Development, And Active Duty, Selected Reserve, And Civilian, Personel, Strengths Before The Committee on Armed Services U. S. Senate*, 94 th Congress, Ist. Session, Part1. 1975, p.193.

表－5　国防調達関係費（単位100万ドル）

年　　度	政府要求額（A）	下院軍事委員会勧告額（B）	比較増減率 $\left(\frac{A-B}{A}\right)$ %
1976	32,727.8	33,424.0	＋2.13
1975	28,262.4	26,545.0	－6.07
1974	23,130.1	22,643.0	－2.11
1973	21,959.1	21,395.0	－2.57
1972	22,882.0	21,318.8	－6.83
1971	21,893.8	21,875.2	－0.08
1970	20,271.5	20,237.5	－0.17
1969	21,963.7	21,347.9	－2.80
1968	22,385.1	21,637.0	－3.34
1967	21,066.4	21,435.0	＋1.75
1966	16,946.9	17,858.1	＋5.38

〈資料〉*Congressional Quarterly Weekly Report*, March 27 1976. p.691.

も示されているように、ヴェトナム戦争中の一九六八年を境に政府要請額を削減する傾向があらわれるようになった。しかしこれらの兵器調達および開発研究費は民間への依存が強く、いわゆる、「軍産複合体」(Military Industrial Complex)という問題に関係するものである。この点に関しては長く内外で論じられているところであり、多くの著書および論文がある。[33] ヴェトナム戦争によるアメリカの苦しい財政と議会からの強い軍事費削減要請のなかでいかにしてアメリカの安全保障を確保し、その世界戦略を実現するかは行政府にとって難問であった。そのようななかで議会はいくつかの海外兵力および基地の大幅な削減の提案をし、[34] 徐々に国防省もその方向に進んできた。

議会が軍事費抑制を具体的に行った事例としては次のようなものをあげなければならない。

その最初は、六九年九月一七日上院で可決された「クーパー・チャーチ修正案」[35](正式には、Prohibition against the Use of Funds for the Introduction of American Ground Forcess into Laos, Thailand and Cambodia)である。その後、ハットフィールド・マクガバン修正案、[36] フルブライト修正案[37]があり、いずれも正式には対外武器売却法(Foreign Military Sale Act)の修正案として提出されたものである。とくに注目されたのは「クーパー・チャーチ修正案」であり、その内容は、アメリカのインドシナ介入を防ぐため、①米軍のカンボジア駐留、②カンボジア軍を支援する米軍要員への給料の支払い、③カンボジア軍支援の空軍活動に対する費用などの支出を認めないというものである(しかし、同案はヴェトナムについては何の規定もない)。

さらにその後、軍事費そのものの支出を禁止する法案が提出され、インドシナへの軍事介入を阻止するものであった。それは、イーグルトン修正案およびケース・チャーチ修正案である。

イーグルトン修正案は、ニクソン大統領がカンボジアでの戦況悪化をはばむために提出された三二億ドルの追加支出権限の予算のなかからカンボジア爆撃作戦に必要な経費流用の要求に対する修正案であった。その内容は、ラオス、カンボジアの爆撃作戦に前記の国防予算を使用することを全面的に禁止するものである。この法案は七三年五月三一日上院で賛成六三、反対一九で可決された。インドシナ関係の戦費を制限する法案が上下両院の本会議で通過したのは初めてのことであった。さらに一九七三年六月一四日にはケース・チャーチ修正案が提出された。この修正案は、七三年国務省予算支出権限法案の修正条項であり、それは議会の特別の承認なしにインドシナ半島での軍事行動を目的とした〝過去、現在、未来にまたがるあらゆる戦費の支出を禁止する〟というものであった。[38] この修正案は上院で可決された後、両院協議会で調整されふたたび上下両院で可決されたが、大統領の拒否権が発動された。[39] しかし、その後六月二九日、議会と大統領の妥協によりカンボジア爆撃を八月一五日までに限ることを決定した。[40] これは議会が大統領の戦争遂行そのものを阻止させた最初であり、アメリカの議会史上画期的なものであった。その後、一九七四年、七五年にも南ヴェトナムなどへの軍事援助をはじめ、つぎつぎと削減又は否認が行われるようになった。

ところが、一九七六年度の軍事予算では驚くべき現象が起こっている。六八年以来実質的に縮少傾向にあったのだが、七六年度では上下両院で従来行われてきた大幅な削減の傾向が見られなくなり、それどころかフォード大統領が要請していない分まで議会は支出を認めているものもある。[41] 軍事費全体では、政府要請額が一〇一一億ドルに対し上院は一〇〇九億ドル、下院は一〇〇六億ドルと両院とも数億ドルの削減であった。ところが前述の兵器調達および開発研究費については表―5に示されるごとく政府要請額の二二七億三〇〇〇万ドルに対し下院では三三四億二四〇〇万ドルと要求額より二・一三％増加しているのは驚くべきことである。議会が九年ぶりに国防費に寛大になった原因として多くの人が指摘することは、SALT（米ソ戦略兵器制限交渉）第二次交渉が進まず、ソ連のアンゴラ支援をみて対ソ・デタントの期待がさめてきたためのようである。[42]

二　対外援助への抑制

第二次大戦後のアメリカ外交政策の重要な機能を果たしてきたものの一つに対外経済及び軍事援助がある。その歴史的変遷と最近の動向については、すでに第三章第二節で紹介したので、本節では一九七〇年前後の議会復権の時期における対外援助の問題について触れることにする。

しかし、六〇年代にはいりキューバ危機を経て、米ソの共存路線が固まり、国際情勢の焦点が「東西関係」から「南北問題」に移ったことなどで、議会を中心として対外援助はアメリカ外交政策とからんで基本的な洗い直しが行われるようになった。特に一九六三年にはいってから、対外援助はアメリカ国内で激しい批判、攻撃の的になり、議会や大統領の設置したいくつかの委員会によって徹底的な再検討を受けるようになった[43]。このような対外援助をめぐる議論の中心となっているのは、アメリカの外交政策の重要な手段としての対外援助ということは、いったいいかなる原理にもとづいて行われるものであるか。また、対外援助は今後も当分、引き続き政策の重要な手段として役立つことができるであろうか。さらに、対外援助計画の目的はいかにあるべきか、という問題などにいかに対処することができるかということであった。

このような問題は容易に解決できるものではなく、その後も絶えず議会では批判の的となり、とくにヴェトナム介入後は政府要求に対して強く拒否しつづけている（表―6）。それを最も強く表わしたもの[44]として、一九七一年一〇月二九日上院が本会議で三四億ドルの七二年度対外援助支出案を全面的に否定したことをあげることができる。これは一時的なものではあったが（その後、上下両院で復活している）、上院が戦後初めて、対外援助法案を全面的に葬り去る異例の挙に出たものであり、ニクソン政権と上院の間では、対外援助のあり方をめぐる白熱した論争が再び行われることとなった。マンスフィールド議員（民主党）は、上院[45]の対外援助案否決の直後、「この措置は第二次大戦後、政府が行ってきた対外援助計画の終りを示すもの」とのべている

表—6　対外援助額の推移

年度	政府要請額（A）	最終決定額（B）	削減率 $\left(\frac{A-B}{A}\right)$ %
1956	$3,266,641,750	$2,703,341,750	17.24
1957	4,859,975,000	3,766,570,000	22.50
1958	3,386,860,000	2,768,760,000	18.25
1959	3,950,092,500	3,298,092,500	16.51
1960	4,429,995,000	3,225,813,000	27.18
1961	4,275,000,000	3,716,350,000	13.07
1962	4,775,500,000	3,914,600,000	18.03
1963	4,961,300,000	3,928,900,000	20.81
1964	4,525,325,000	3,000,000,000	33.71
1965	3,516,700,000	3,250,000,000	7.58
1966	3,459,470,000	3,218,000,000	6.98
1967	3,385,962,000	2,936,490,500	13.27
1968	3,250,520,000	2,295,635,000	29.38
1969	2,920,000,000	1,755,600,000	39.88
1970	2,710,020,000	1,812,380,000	33.12
1971	2,200,500,000	1,940,185,000	11.83
1972	3,085,218,000	2,230,721,000	27.70
1973	3,121,593,000	2,229,821,000	28,57
1974	2,501,682,000	1,916,050,000	23.41
1975	4,191,100,000	2,529,800,000	39.64
総計	$72,773,454,250	$56,437,109,750	22.45

〈資料〉*Congressional Quarterly Weekly Report*, March 13, 1976, p.589.
（注）政府間軍事売却予算及び対外援助計画に関係するものは含まれない。

が、それは逆に対外援助における新時代への出発点ともなるものであった。議会が政府の要求を拒み続けている背景には、さまざまな局面が考えられる。その主要な理由としては、アメリカがインフレと失業の増大、国際収支の悪化という情況のなかで巨額な対外援助を行うこと自体が困難となり、国内優先主義のあらわれともいえるかもしれない。

さらに最近の議会では、単に援助額を抑制するというだけでなく、援助の法的根拠である対外援助法そのものを改正するという動きがあらわれるようになった。その第一は一九七三年対外援助法（Foreign Assistance Act of 1973）で「大統領は政治目的のために一般市民を拘禁する外国政府にはいかなる経済又は軍事援助も拒否することを連邦議会の意向とする」（同法第三二条）という政治条項を加えたことである。この条項の制定の背景には、チリにおける一九七三年九月一一日の軍事革命で二〇〇名以上が政治犯として逮捕されることなどがあり、このように軍事政権が弾圧政策をとっている国家には援助を禁止しようとする意図があった。[46]

さらに、一九七四年になると今度は韓国政府の弾圧政策が批判の的となり再び対外援助法を修正することとなった。それは特別の場合を除いて安全保障援助を受けている国の政府が絶えず人権を抑圧している場合には、援助を実質的に削減又は停止する（第四六条ⓐ）とした。それにもかかわらず援助を必要とする特別な場合については、大統領が議会に勧告する（同条ⓑ）よう改正した。[47]

従って、政府は韓国など安全保障援助を受けている国々の人権問題について各国別に議会に報告するのが義務と一般的に解釈される。このように対外援助法を改正すると同時に、一九七四年度における対韓援助は、政府原案では二億五三〇〇万ドルであったが、一億四五〇〇万ドルと大幅に削減した。[48] さらに、もし人権尊重について、韓国政府が実質的に進歩をみせたと大統領が議会に報告した場合には、さらに二〇〇〇万ドルを追加することに決定している。[49]

人権抑圧政府への援助の禁止の問題は、その後の議会でも継続的な問題となっている。一九七五年九月一〇日、下院本会議ではハーキントン（Tom Harkinton）下院議員（民主党）提案の、拷問や理由のない長期拘留などによって国際的に是認された人権を著しく侵害している政府に対し、アメリカが経済援助することを禁止する法案が賛成多数で可決されている。同法案は、援助禁止に該当する〝人権侵害基準〟を規定しただけで、対象となる具体的な国名を挙げてはいないが、韓国、朴政権の国内の民主化運動に対する弾圧などを前提にした法案であることは明白である。しかし、同法案の実施に際しては、アメリカが外国の内政問題にまで関係するものと注目されていた。[50] さらに一九七六年一月一八日の上院本会議でも、「独裁政権」に対する軍事援助禁止条項を決定した。それによると、被援助国の政府が一貫してその国民の人道上の諸権利を侵害しているのかどうか国務省に証明することを要求することができ、もし人道違反の証明があれば、上下両院はその国に対する軍事援助を禁止できると規定している。この禁止条項は韓国の内政状況などを念頭に置いたものであり、特に朴政権に対する強い批判から出されたものであった。

しかし、実際に禁止条項を発動する時には、他の国の内政に干渉する面も出てくること、また軍事援助禁止が米国の外交政策上の利害と合致するのかどうかというかなり複雑な要素を含んでいるが、そのうえ、議会は禁止条項の発動の前提になる「国務省の証明」という条件までも要求するようになった。

以上のように議会は長い間人権抑圧政府への援助を拒否し、監視する体制をつくり、しかもそれがかなり具体的になってきている。しかし、実行の面ではいろいろ問題がある。例えば、すでにふれた一九七四年の改正により大統領が議会に勧告する制度の問題にしても困難のようである。国務省は一九七五年一一月一九日議会に報告書を送り、そのなかで、国務省はアメリカから安全保障援助（軍事援助と安全保障に関係した経済援助）を受けている多くの国が、人権抑圧を行っていることを認めながらも、これを議会の要求するように個別的に糾弾するのは同援助の目的であるアメリカと当該国の安全保障やその国の人権問題の解決に役立たないと判断し、問題の解決は「静かだが強力な外交」を続ける以外ない、と述べている(51)。これは議会が前述のような制度を法律で規定してもそれを具体的に実行することが困難なことを示しており、ここにも立法府と行政府の衝突の一端を示している。

議会は以上のように人権抑圧政府への援助を禁止することに努力し、また実際に、チリや韓国をはじめ多数の国々への援助を削減してきた。しかし、そのような対外援助に対する議会の追求は対外的なものばかりでなく前にふれたように、ＣＩＡの活動にまで及ぶところとなった。これはチリにおける政府転覆にＣＩＡが対外援助資金を使用して活動していたということに対して、議会がそれを禁止しようとしたものである。[52] それはCIAの活動に対し、大統領がそれをアメリカ合衆国の安全保障に重要であると判断をし、そのような活動について議会に報告をしないかぎり、一九七四年対外援助法及びその他の法律で認められたいかなる資金もCIAの活動のために使用してはならないというものである（同法第三二条a）。ただし、この規定は、議会による戦争宣言がなされ若しくは、戦争権限法に規定する権限を大統領が行使する場合の軍事行動には適用されない（同条b）という例外を設けている。

三　兵器輸出の監視

以上のように、議会は対外援助に対して多方面から抑制しようとしてきたが、さらに新たな問題となったのが兵器輸出に関する問題であった。兵器輸出の問題が今日国際政治における大きな問題であることはいうまでもない。その詳細な報告は毎年発表されているスウェーデンのストックホルム国際平和研究所（SIPRI）をはじめ、若干の報告書がある。[53]

アメリカ軍備管理・軍縮局が七五年一月に発表した資料（表―8）によると、世界の兵器輸出は七四年で総額一一八億ドル以上に達し、一〇年前に比べて実に四倍以上も伸びた。各国別では、アメリカが兵器供給国としてずば抜けており、同年で四六億ドル、次いでソ連四一億ドル、三位フランス七億ドル、四位イギリス五・五億ドルの順となっている。アメリカの兵器輸出は戦後間もない一九五〇年から政府間売却及び民間企業によって行われている。その割合は圧倒的に政府間売却が高い。例えば一九七三年の全体の輸出が約五〇億ドルのうち政府間兵器輸出発注額は約四四億ドル、約八八％を占めている（表―7、8）。しかし、その後民間企業の兵器輸出は次第に高まりをみせ、いわゆる〝死の商人〟の兵器売り込み競争は激しくなり、一九七四年来議

表－７　アメリカへの兵器輸出発注額

（単位 1000 ドル）

年度	政府間発注額
1950－65	8,513,602
1966	1,627,136
1967	978,742
1968	793,55
1969	1,551,231
1970	952,593
1971	1,656,818
1972	3,261,192
1973	4,368,437
1974	10,808,926
1975	9,510,727
1976（Proposed）	9,772,205

〈資料〉*Congressional Quarterly Almanac* 1975, p.356

会とくに上院多国籍企業分科委員会で論議されていることは周知の通りである。兵器輸出のために活動をしているのは民間企業だけでなく、国防省は兵器輸出のために三〇〇〇人が働いているといわれ(54)、議会内ではこのような兵器輸出を抑制しようとする動きが出てきた。

その第一は、民主、共和両党の上下両院議員一〇二人は、一一月三日、キッシンジャー国務長官に対して、無差別の武器輸出によってもたらされている戦争の危険を回避するため、兵器輸出を抑制する国際協定を取り決めるべきだ、と求めた書簡を送っている(55)。さらに、この種の取り決めを協議する国際会議が、米ソ戦略兵器制限交渉（ＳＡＬＴ）と同じくらい重大なものであるとその重要件を主張している。

さらに議会内で具体的に監視しようとする動きがあらわれた。それはハンフリー上院議員（民主党）が一九七五年一一月一三日、軍事援助と兵器輸出を議会が厳しく管理する狙いの「国際安全保障援助及び兵器輸出管理法案」（S. 2662）を提出したことである。これは戦後のアメリカ外交政策の一つの柱となってきた対外軍事援助政策に大きな転機をもたらすものである。この法案は長い間の対外援助における多数の問題を解決するものであり、その内容は多岐にわたっているので少々詳細にその内容を紹介すると次のような点である。

①　今後二年間（七七年一〇月一日まで）に、対外軍事無償援助を廃止、同期日以後、特に法律によって定めない限り、アメリカ国外でのアメリカ要員による外国人軍事訓練を禁止、すべてのアメリカ軍事使節団

表—8　世界主要国の兵器輸出額と全世界の兵器輸出額（単位 1000 万ドル）

年度	アメリカ	ソ連	フランス	イギリス	西ドイツ	世界計
1963	120	120	11	24	7	324
1964	112	110	14	14	18	319
1965	149	122	10	12	10	372
1966	189	150	22	15	7	450
1967	223	173	9	10	6	487
1968	269	737	18	16	10	513
1969	350	101	22	20	10	575
1970	312	150	20	8	19	581
1971	338	149	15	18	13	641
1972	410	224	54	31	23	1,038
1973	502	254	57	21	3	1,315
1974	460	410	70	55	21	1,181
1975	480	400	70	53	42	1,263
1976	590	530	110	68	70	1,662
1977	680	600	120	88	90	1,965
1978	640	770	180	140	98	2,650
1979	630	1,130	160	120	120	3,194
1980	650	1,000	270	180	140	3,569
1981	830	990	420	260	140	4,374
1982	950	1,090	320	200	73	4,788
1983	1,070	1,940	410	190	210	4,914
1984	1,080	1,940	590	210	300	5,252
1985	1,080	1,730	710	160	140	4,639
1986	940	2,150	440	370	130	4,609
1987	1,400	2,310	290	510	150	5,416
1988	1,110	2,260	200	480	150	4,861
1989	1,730	1,950	250	500	120	5,604
1990	2,190	1,450	520	460	160(2)	5,549
1991	2,620	630	210	490	250	4,810
1992	2,510(1)	250	210	620	120	4,377
1993	2,540	350	161	460	170	4,258
1994	2,220	170	260	520	160	3,989
1995	2,290	350	270	520	210	4,317
1996	2,280	300	360	650	190	4,374
1997	3,170	260	620	680	120	5,688
1998	2,700	220	660	380	140	4,681
1999	3,300	310	290	520	190	5,157

(1) 1992 年以降ロシアに変更
(2) 1990 年以降ドイツに変更
〈資料〉
① 1963 年から 1994 年まで
U. S. Arms Control and Disarmament Agency, World Military Expenditures 1963-1982.
② 1995 年から 2000 年まで
U. S. Department of State Bureau of Verification and Compliance, World Military Expenditures and Arms Transfers 1983-2000.

を廃止する。

② 人種、宗教、出生、性別などにより恒常的に侵害している国へ軍事援助を禁止する。

③ カンボジアの場合に起こったような、軍事援助の目的に国防総省の貯蔵兵器を使用する大統領権限を廃止する。

④ 兵器輸出はすべて公表する。

⑤ 政府間兵器売却に現在適用している制限規定（アメリカの許可なしに第三国への転売禁止）を民間ベースの兵器売却にも適用する。

⑥ 議会は政府間のみでなく、民間売却の輸出許可証を否認する権限を持つ。

⑦ すべての契約あるいは輸出許可証は、議会が国益に沿わないと判断したら、取り消される。

⑧ 違反者には刑事罰を与える。

その後、上院で同法案についての審議が行われ、多数の修正案が提出され、一九七六年二月一八日上院本会議で賛成六〇対反対三〇で可決された[56]。しかし、その後五月七日フォード大統領は同法案に対し拒否権を発動するにあたって議会に長いメッセージを送り、「この法案は外交決定において議会が事実上の共同行政権者になることを示し、行政府と議会の分権を侵害する条項を含む。私は外交指導者として機能する権限を保持したい[57]」と述べた。従って兵器輸出に関する議会の強い規制要求の意義は大きい。

以上のように議会は第二次大戦後、対外援助に対していろいろと強い発言をしてきた。それは単に政府の要請額を削減するだけでなく、多数の援助条件を加えてきた。さらに議会内部の審議の点でも、上院はすでに一九七三年から経済と軍事援助の分離審議を始め、軍事援助試行の強い下院も一九七五年から始めることとなった[58]。これは、下院に新人が増え、ヴェトナム以後、対外軍事介入反対の空気が強くなったことと、さらに、これまでの経済援助が発展途上国の工業開発投資中心で、ねらいが軍事援助との関連で反共政権を育てるという政治的なものとされていたが、その後は人道的なもの、被援助国本位のものを重視したためであろう。このような新しい傾向は、第二次大戦後三〇年のアメリカ外交にとって重大な要素の一つである対外援助の態様を議会が変えているともいえる。それは軍事援助縮小であり、経済援助優先であった[59]。

その後、一九七六年国際安全保障援助及び武器輸出管理法（International Security Assistance and Arms Control Act of 1976, Public Law 94-329）が成立した。同法では、議会が報告を受けてから三〇日以内に同意決議の可決によって、重要な兵器や防衛機器の売却を拒否できると規定した。さらに、一九八一年の法改正でこの議会拒否権は、一四〇〇万ドル以上の個別兵器若しくは軍事装備及び総額五〇〇〇万ドル以上の一括売却に関して適用されることになった[60]。

第三節　一九七四年通商法の改正

対決から協調への米ソ緊張緩和路線の具体的シンボルとして重要視されてきた「米ソ通商協定」の交渉が一九七二年二月の第一次ニクソン訪ソ以来順調に発展し、同年一〇月一八日ワシントンで調印に至った。しかし、その米ソ協調体制の歩みにブレーキがかかった。それは一九七四年一二月二〇日、議会が一九七四年通商法[61]（The Trade Act of 1974）を成立させたことによる。この法律は、ジャクソン（Henry M. Jackson）上院議員（民主党）やヴァニク（Charles Vanik）下院議員（民主党）を中心にして提案された。その内容はソ連など共産諸国への最恵国待遇と、輸出輸入銀行信用供与を認めたものであるが、問題となったのはソ連の場合、国内ユダヤ人への待遇改善が進まなければ、一八カ月後にそれを取り消すという条項いわゆるジャクソン＝ヴァニク修正条項（Jackson-Vanik amendment）をつけ加えたことである。[62] ところがこの法律が成立する直前の一九七二年一二月一八日、ソ連は七二年通商協定にユダヤ人出国をからませるのは内政干渉であるとの異例の声明を発表、[63] その後、七五年一月一四日、キッシンジャー国務長官は、ソ連が米国の七四年通商法のなかで対ソ最恵国待遇供与に付けられた条件は内政干渉だとみなし、米ソ通商協定の発効拒否を通告してきたと発表するにいたった。[64] この問題には、政府が米ソ緊張緩和という外交政策と米ソの通商協力体制とを連結しようとしたのに対し、議会は、通商問題に直接的には関係のないユダヤ人の出国という人道上の問題を盛り込んだため、米ソ間の政治的問題となったものといえる。このように議会が対外政策の実施面で具体的に介入することが多くなり、すでにふれた対外援助法などでもたびたび政治条項が問題となるようになった。

アメリカでは、一九七四年に通商法が立法化され、ファースト・トラック権限が認められている。これは、大統領が外国と結んだ通商協定について、これを国内に通用する法案を大統領が議会に提出した場合、議会は一定期間内に可決か否決しなければならず、議会が修正することは認めない権限である。通商交渉の相手国にとっては、通商協定が議会で修正されることなくそのまま実施される可能性が高まり、大統領はより通商交渉がしやすくなる。また時間のかかる議会の審議過程を短縮化することができる。この法律はニクソン大統領時代の一九七四年に始めて立法化され（Public Law 93 — 618）、以後継続して認められてきたが、共和党多数派議会はこれをクリントン（William J. Clinton）大統領には認めなかった。しかしその後二〇〇一年一〇月に二〇〇二年通商法案（H.R.3009）が下院に提出され、その後上下両院で審議が難航し、二〇〇二年八月一日上院で可決され、同月六日ブッシュ大統領の署名により成立した（Public Law 107 — 210）。同法の主な内容は次のとおりである。

ア、大統領に対し一定の範囲で関税の引き下げや、非関税障壁の撤廃について交渉する権限を認める。イ、二〇〇五年七月一日までに発効する通商協定を国内に適用する法案を審議する際、ファースト・トラック権限の手続きを認める。このような法案が議会に提出されると議会は九〇日以内に審議を終了する。ウ、通商協定を調印する少なくとも一八〇日前に、大統領は通商回復法の予想される改正点に関する報告書を下院歳入委員会と上院財務委員会に提出する。エ、また、六〇日前に、改正する必要がある現行法のリストを議会に提出する。オ、通商協定調印後は、通商協定案と国内適用法案等を議会に提出する。(65)

第四節　情報活動の監視

議会は戦後これまでしばしば情報機関の行き過ぎをチェックする努力を重ねてきたが成功しなかった。それは議会内でも情報機関とゆ着した軍事委員会などが常に反対したためであった。しかし、ウォーターゲート事件をきっかけに暴露された行政機関の権限逸脱に対する国民の強い批判がなされるようになった。その後、一九七四年一二月二二日、ニューヨーク・タイムズ紙がＣＩＡ（中央情報局）による米国内での秘密違法活動をすっぱ抜き、これがきっかけとなって、政府、議会による調査が行われるようになり、政治問題にまで発展した。議会では七五年一月二七日に上院が情報活動調査特別委員会〔チャーチ委員長（民主党）〕を設置、(66)下院でも二月一九日に情報活動調査特別委員会が設けられ、(67)独自の調査が始まった。とくに、上院のチャーチ委員会では、一一月二〇日外国要人暗殺未遂事件の調査結果を公表し、さらに、軍事援助がＣＩＡを通してひそかに行われていたこと、また、アメリカ市民の私信が二〇年以上にわたって開封されていたことなどが、明るみに出された[68]。そのために一九七四年対外援助法（Foreign Assistance Act of 1974）が改正され、ＣＩＡの活動に同法で認められた資金を使用するのを禁止するようになった[69]（前節二、対外援助への抑制参照）。さらに議会がＣＩＡの活動を監視するための法案が、ネジ（Lucien N. Nedzi）下院議員（民主党）やステニス（John C. Stennis）上院議員（民主党）などにより提出された[70]。しかしこれは可決するにいたらなかったが、その後同趣旨の法案が提出され、一九七六年五月一九日の上院本会議でＣＩＡを監視する強力な権限をもった委員会を常設することを決定した。それは、情報機関の活動監視委員会である[71]。これまでほとんど議会の力の及ばぬところで前記のような活動を繰り返してきたＣＩＡをはじめ、ＦＢＩ（連邦捜査局）、ＮＳＡ（国家安全保障局）、ＤＩＡ（国防情報局）などの巨大な組織を持つ政府情報機関の活動に議会が直接コントロールをおよぼすことをねらいとしたものである。

第五節　緊急事態特権の抑制

アメリカ憲法では「緊急事態宣言」に関して規定を設けておらず、この点についても前記大統領の戦争権限と同様、古くから学説及び判例において論じられているのは、周知のとおりである。しかし、議会の主張が強くなって、大統領の権限を抑制しようとする動きは大統領の緊急特権（emergency powers）の抑制にまで拡大していった。その中心となったのは、一九七四年一〇月七日上院で可決された法案（S. 3957）である[72]。

その主な内容は次の点である。

(1)　一九三三年三月四日、大不況の際、ローズベルト大統領が布告した緊急事態をはじめ現在効力をもつ四

つの宣言を終結し、それにともなう四七〇以上の立法措置により、大統領に与えられた権限を廃止[73]

(2) 将来、大統領が緊急事態を宣言できるのは国家の存続、防衛に必要不可欠と判断した場合に限る[74]

(3) 将来の緊急事態宣言は、両院の同意決議（Concurrent resolution）により終結し、さらに宣言後、両院は六カ月ごとに緊急事態宣言を終結するか否かを決定する

この法案はその後下院に送付されたが会期内に可決されるにいたらなかった。一方、下院でも上院と同趣旨の法案（H.R. 3884）が提出され、一九七五年九月四日可決されている。[75] その審議のなかではコニヤズ（John Conyers）議員（民主党）から出された修正案が注目される。それは大統領により行われた緊急事態宣言は議会が特別に授権しない限り九〇日以後自動的に終結するというものである。さらにドリナン（Robert F.Drinan）議員（民主党）はそれを三〇日後自動的に終結するというきびしい条件の修正案を提出している。いずれも否決されてはいるが、その法案の目的とするところは、大統領が巨大かつ固有な緊急特権を誤用し、乱用することを防止しようとするものであった。

その後戦争権限法が制定されてから三年後の一九七六年に国家緊急事態法（National Emergences Act of 1976, Public Law 94-412）が制定された。この法律が制定される前に、大統領によって発せられた緊急事態宣言が、事態が終了したにもかかわらず、明確な終了手続きがとられないまま非常に数多く存在していたので、必要なものは存続をはかり、不必要なものは廃止することなどを目的としていた。すなわち、この法律は、大統領主導の緊急事態権限の行使に対し、議会が一定の統制をかけることを目的として制定されたのである。この法律の特徴としては次のような点がある。

ア、既存の大統領命令などの整理、イ、大統領は緊急事態に際して特別権限を定めた議会の制定法に従うこと、ウ、議会の決議または大統領の終了宣言のいずれか早い日付で終了する、エ、国家緊急事態が宣言された

場合、その発せられた大統領命令および有効とされる全ての法令は議会に報告される。オ、宣言等は、六カ月ごとに宣言を終了させるかどうか議会で審議される。

さらに一年後の一九七七年には、国際緊急事態経済権限法（International Emergency Economic Powers Act of 1977, Public Law 95-223）を制定した。この法律は、国家緊急事態下の大統領による通商統制措置を厳しく議会がチェックすることを目的としている。ここで、国家緊急事態は新たに次のように定義されている。

「合衆国の安全保障、外交政策、経済にとって合衆国外の全部又は一部を源とする非常かつ異常（unusual and extraordinary）な脅威」この要件は「緊急事態がまれで短期間なものという性格があり、継続中の諸問題と同一視できないという認識」から導き出されているという。[76]

第六節　行政情報の公開

欧米諸国における情報公開の立法化の歴史は、その根底にある民主主義の変容とともに現代の政治的状況に深く関わり合いを持っている。情報公開の歴史的契機は、欧米諸国の議会制民主主義の発展と議会の議事の公開との関係が深く関わっている。世界の議会民主政治では、第一にイギリスを揚げなければならない。一六世紀に入り国王と議会との拮抗関係が先鋭化するに及んで、国王に対する議会の自己防衛のため議会が秘密を守るという慣行がつづけられた。一六八九年の権利の章典によって、議会主権が確立され、一六九五年検閲法が廃止された。これが世界最初の公文書公開法であり、スウェーデンの「プレスの自由法」の制定となっている。民主国家として最も古いアメリカでは、一七七六年の独立宣言に遡ることになり、次のように宣言している。

「国民の生命、自由及び幸福追求の権利は自明の真理である。…これらの権利を確保するため政府が組織されること、そしていかなる政治の形態であっても、もしこれらの目的を毀損するものとなった場合には、人民はこれを改廃し、自らの安全と幸福とを最もよくもたらすと認められる主義を基礎とし、またその権限を機構の中にもつ新たな政府を組織する権利を有することを信ずる」

以上の宣言には、アメリカにおける民主主義政治が開かれた政府であることを建国期より要請されていることが示されている。しかし現実のアメリカ議会は、委員会中心であり、原則的には非公開であった。第二次大戦後の一九五四年の委員会においても下院で三八パーセント、上院で三九パーセントが秘密会であった。[77]アメリカにおける情報の国家統制は第二次大戦を経過する中で進行した。一九四〇年ローズベルト大統領が軍事に関する秘密指定制度を設け、さらにトルーマン大統領は制定法によらずに大統領特権いわゆる戦争権限によって、秘密指定ができると解するようになった。

アメリカにおける情報公開への端緒は、一九四六年に制定された「連邦行政手続法」(Administrative Procedure Act of 1946)といえよう。同法では、行政処分その他の行為に利害関係を持つ市民に対し情報の提示することを保障した。しかし、請求主体は「正当かつ直接関係を持つ者」に限定された。その後一九五〇年代になって改正案がたびたび提出され、一九六六年に「情報に関する自由法」(The Freedom of Information Act of 1966)が成立した。同法では完全開示の原則と適用除外項目(軍事・外交などの国家の安全保障に関わる事項など)の列挙、さらに開示拒否に対する救済等について具体的に示された。

その後連邦議会は前記一九六六年情報に関する自由法の運用状況に関して調査した結果、記録の請求に対する解答の遅延、あるいは拒否さらに手数料の高額請求などの実態が判明した。さらに一九七〇年代に入ってヴェトナム問題やウオーターゲート事件などにおいて不都合を隠蔽するため秘密規定や大統領特権が乱用されたことなどにより、民主主義を守ることについての国民および連邦議会の危機意識が原動力となって同法の改正がなされた。その改正法の主な点は次の通りである。(78)

（ア）国防及び外交政策の適用除外について「国防又は外交政策上秘密を保持するよう大統領命令により特定的に要求された事項」とあったのが「（A）国防又は外交政策上の利益のために秘密にしておくことが大統領命令により定められた基準に基づいて特定的に許可され、かつ（B）大統領命令に従い現実的に正当に秘密指定されている場合」と改正された。すなわち形式秘指定の適止手続きの上に実質秘の要件を課した

（イ）開示請求を拒否する処分を行った場合には、請求者に対して拒否理由とともにこの処分を行った責任者の氏名、地位を明らかにする通知をしなければならない

（ウ）行政機関は開示請求を受理してから原則として一〇日以内に請求の認否を回答することになり、この決定に不服申し立てをした場合原則として二〇日以内に裁決をしなければならない

（エ）文章の一部が適用除外事由に該当する場合は、適用除外部分を削除して分割して開示する措置をとりうることとした

（オ）法の施行責任を議会との間で明確にするために、行政機関は毎年度両院議長に各行政機関が市民の文書開示請求にどう対処したか、そして請求拒否した件数やその理由とその責任者に関する情報を記載した報告書を提出するよう義務づけた

議会復権を示す活動は対外政策に対して特に明白に示されているが、直接対外政策に関係するものだけではなく、内政外交の両面に関係し、無視することのできない間接的なものも少なくない。なかでも外交及び軍事政策という困難な問題の決定をするのに議会ができるかぎりの情報を得ることが必要なことはいうまでもない。

この点に関しては、行政府が議会に比較して圧倒的に優勢であるが、最近のアメリカ議会における大きな成果として一九七四年に制定された「情報の自由に関する法律」（The Freedom of Information Act of 1974）をあげることができる。この法律についてはいろいろ紹介されているのでここではその言及をさけるが、その主たる目的としているのは、政府が情報を不当に機密化したり、秘匿したりすることを禁じ、市民から要求された政府情報は原則として公開手続をとることとしたものである。これは議員を含め広く一般市民のためのものであり、その意義は非常に大きなものである。[79]

長い間、大統領は議会からの情報要求に対して行政特権（executive privilege）として情報をコントロールしてきており、この点についてもすでにいくたびか問題とされてきたところである。ところが議会が外交の面で疎外されてきたことに対して挑戦しようとしている動きが見られた。一九七一年七月二七日から行われた上院司法小委員会における〝三権分立〞についての公聴会がそれである。フルブライト外交委員長は、国防総省機密文書、キッシンジャー補佐官の極秘の訪中外交をはじめ、ホワイトハウスの一部スタッフによる戦争政策の決定に対する批判を行い、大統領の軍事、平和などの外交特権をチェックするのに、ホワイトハウス・スタッフの議会証言をこばむ大統領の権限に立法面で制限を加えることを提言した。[80]しかし、この法案は成立にいたらなかったが、その後一九七三年二月二日には、七人の下院議員が「一九六六年情報に関する法律」の修正案（H.R. 4938）の形で、行政府の持つ情報を議会に提供するよう要求し、さらに一九七四年にも同趣旨の法案（H.R. 12462）が提出された。一方、上院でも一九七三年に、一九七〇年立法機構改革法（The Legislation Reorganization Act of 1970）の修正案（S. 2432）として同趣旨の法案が提出され、同年一二月一八日成立している。この法律は議会が連邦政府職員及びその使用人に対して要求するすべての情報を確保することを目的とし、政府の職員及び使用人に対し議会で証言を拒否させる大統領の権限にブレーキをかけようとするもので

あった。(81)

その後レーガン政権下において連邦政府は情報公開の制約を加える方針を明らかにし、一九八二年レーガン(Ronald Reagan)大統領は、安全保障に関連する政府情報の公開を制限する大統領行政命令一二三五六号に署名した。(82)この行政命令は、クリントン大統領により見直しが行われ、国家安全保障情報を不開示にするための実体的基準と手続的基準について大統領行政命令一二九五八号で定めている。その内容は次のようなものである。秘密指定が可能な情報を、ア、軍事計画、兵器システム、作戦、イ、外国政府情報、ウ、課報活動、課報源、課報方法、暗号、エ、合衆国の外交又は外国での活動(秘密の情報源を含む)、オ、国家安全保障に関する科学的、技術的、又は経済的事項、カ、核物質又は核施設を保護するための合衆国のプログラム、キ、国家安全保障に関するシステム、施設、プロジェクト又は計画の弱点又は能力のカテゴリーに限定している。

この大統領行政命令は、従来の行政命令と比較して、秘密指定の範囲をかなり限定しているものといえよう。その後一九八六年になって、麻薬撲滅を目的とした「麻薬乱用防止法」(Anti-Drug Abuse Act of 1986)の一部として情報の自由に関する法律の改正が行われた。さらに一九九六年には、電子的媒体情報への公衆アクセスを提供する等の目的で「電子的情報自由法」(Electronic Freedom of Information Act of 1996)を制定し、「情報の自由に関する法律」の改正が行われた。

九・一一テロ事件後における情報自由法の改正の動き

二〇〇一年九月一一日の同時多発テロ事件後アメリカでは、政府の情報開示に一定の制限を加えようとする動きが見られた。具体的には、第一にアシュクロフト(John Ashcroft)司法長官による情報開示の新方針、第二に大統領による秘密指定のレビュー、第三に重要基盤の防護のための法案がある。(83)

第一の新方針は、「開かれた政府」の実現には、「情報に関する自由法」に基づく開示が重要であることの基本認識を示す一方で、国の安全保障に関する情報、法執行機関の活動に関する情報、個人のプライバシーに関する情報など適用除外事項の保護の重要性を指摘し、法的根拠に基づく慎重な対応が必要であることを明言している。

第二の大統領府によるレビューに関しては、二〇〇二年三月一九日カード（Andy Card）大統領首席補佐官は、連邦政府と各省庁と行政機関の長に宛てた覚え書きの中で、大量破壊兵器（化学兵器、生物兵器、核兵器）に関する情報とその他国土安全保障上重要な情報を対象に、各機関における管理手続きと保管の現状をレビューし、九〇日以内に報告するよう要請した。このレビューの目的は、前記大統領命令第一二九五八に基づき秘密指定国家安全情報の要件に適合する情報をもれなく秘密指定にすること、またすでに秘密指定にされた情報を厳重な管理の元におくことにあるとしている。秘密指定の情報は、情報に関する法律の適用除外となる。

第三は、「二〇〇二年国土安全保障法」（Homeland Security Act of 2002）の第Ⅱ編B部に規定されている「重要基盤情報」の改正の動きである。同法案（S.1456）は、二〇〇一年九月二四日ロバート・ベネット（Robert Bennett）上院議員の発議で提出された。その目的とするところは、重要基盤の安全確保であり、官民協力による情報の防護である。

以上政府情報に関する法律の制定とその後の改正の動きを一別してきたが、国家の安全情報については、大統領の側に広い裁量権が留保されているといえよう。このような裁量の容認は、主として合衆国の憲法構造―権力の分立の原理、その下で大統領に与えられた外交、軍事上の諸権限、および大統領に対するその他の権力の伝統的な敬譲―からきているものである。(84) しかし、そのようなアメリカにおいてさえ、国家安全情報の秘密指定制度を大統領命令の定めるところに任せるのではなく、議会の立法によるべきだとの主張が、最近多くなされてきているのは注目される。

情報の自由に関する法律の制定とその後の変遷により行政情報化への対応と同法による未処理案件数が減少するという両面の成果があるかどうかは今後の課題であろう。

第七節　外交の民主的統制の課題

以上、アメリカの対外面における議会の活動状況を若干紹介してきた。その特徴はヴェトナム戦争、ウォーターゲート事件などの影響により外交的、軍事的決定を行う大統領の権限に対する制限又は議会の発言強化ということが可能であろう。内政及び外交面における立法府と行政府の一般的な関係をみると相対的に行政府の下降の傾向がみられる。例えば、コングレショナル・クォータリー（Congresional Quartely）の調査によれば、一九七五年一年間の「政府法案（大統領の支持していることがはっきりしている法案）通過率」は六一％であった。このフォード大統領の就任二年目の記録としては、戦後類のない低いものである（アイゼンハワー八〇％、ケネディ八四％、ジョンソン九二％、ニクソン七五％）。また、ニクソン大統領の、一九七三年における五〇・六％は戦後歴代大統領のなかでは最低の記録を示している[85]。

一方、大統領は議会の提出した法案を承認しないという拒否権（Veto）発動も、フォード政権は二十世紀に入ってから歴代大統領の中でもフランクリン・ローズベルトに次ぐもので戦後だけでは最大の拒否権発動者となっており〝拒否権に守られた〟（Veto Proof）大統領といわれるまでになっている[86]。

フォード大統領が一九七四年の選挙後第九四議会で直面した最大の問題は、民主共和両党の立場の違いで

表―9　拒否権を発動された議会法案

大統領	握りつぶしによる拒否（A）	正規の拒否（B）	議会における乗り越え（C）	正規の拒否が乗り越えられた比率（C／B％）
ウィルソン	11	33	6	18
ハーディング	1	5	0	0
グーリッジ	30	20	4	20
フーヴァー	16	21	3	14
ローズヴェルト	263	372	9	2.4
トルーマン	70	180	12	6.7
アイゼンハワー	108	73	2	2.7
ケネディ	9	12	0	0
ジョンソン	14	16	0	0
ニクソン	17	26	7	26.9
フォード	18	48	12	25
カーター	18	13	2	15.4
レーガン	39	39	9	23.1
ブッシュ	19	27	1	3.7
クリントン	0	17	1	5.9

〈資料〉
Lyn Ragsdale *Vital Statistics on the Presidency*, Congressional quarterly Inc. 1998 p.402

あった。大統領としての在任期間は二年と五カ月に過ぎなかったが、フォード大統領の拒否権発動の回数はニクソン大統領のそれのほぼ二倍であった。そして議会が、フォード大統領の拒否を乗り越えた比率は一九一三年以来最高であった。しかし拒否権は、大統領に与えられた恐るべき武器である。というのは表―9が示すように、議会が大統領の拒否を乗り越えるのに必要な三分の二の賛成票をまとめるのは並大抵のことではないからである。

このように議会と大統領の衝突は明白なものとなっており、相互に不信の念にかられている。なかでもアメリカの対外面における議会の活動に対して行政府は、立法がなされるたびに批判を強めている。フォード大統領は一九七五年の年頭一般教書で、外交的、軍事的な問題に対する議会の制約の問題に関して、「アメリカの外交政策を成功させようというのであれば、われわれが大統領の行動する能力を立法で厳しく制限することはできない。交渉を行なうということは、そのような制限にはなじまないのである」(87)とのべ、さらに「外交政策の遂行は、憲法および伝統に従って大統領の責任である」(88)ことを主張している。一方、キッシンジャー国務長官も、フォード大統領と同じように「外交問題で議会が一日一日と詳細な立法を行っている」(89)と非難し、次のように述べている。「今や行政府と立法府も相互の断絶と不信に終止符を打つ時である。もし議会が行政府を監督し、ガイドラインを設定する役割をこえて、自ら政策を実施し、政策実行の戦術的側面にまで固執し、個々の行動についてまで指図をするようになるならば、わが国の外交政策は一貫性、方向性、力及び柔軟性をうばわれてしまうことになる。権力分立制度は二〇〇年の間良い役割を果たしてきたが、アメリカの政府及び国家は三権が自己抑制を行う限りにおいて効果的に機能するものなのである。そして、米国内のリーダーシップの麻痺はアメリカに国際的リーダーシップを期待している人々にとって最大の不安をうえつけるというのは誇張ではない」(90)。さらに、キッシンジャー長官は行政府と議会の密接な協力が、戦後これまでのアメリカ外交を成功させてきたとし、議会の超党派的な支持、協力がアメリカ外交を効果的にする上で欠かせないと説き、政府と議会の〝密接な協議〟を通じてアメリカ国内のコンセンサスを求め、超党派外交を進める「新しい国内パートナーシップ」の確立を提唱している(91)。

ヴェトナム以後外交面で立法府が行政府を抑制する力を増大したことは明白であるが、これをもってアメリカ外交における議会復権であるというのは早計かもしれない。しかし、本章で列挙してきた議会の活動の大部分は、ヴェトナム戦争やウォーターゲート事件などにおけるニクソン大統領の個人的な責任を追求するというものではない。それは、立法府と行政府の問題であり、憲法制定期から論議された基本的なものであり、このような議会の活動は議会本来の機能、〝抑制と均衡〟回復への先進的な努力であることは否定しえないであろう。

注

(1) Thomas M. Frank & Edward Weisband, *Foreign Policy by Congress*, Oxford University Press, 1979, pp.6 - 7

(2) 石丸和人『アメリカの政治を知るために』教育社　一九八六年　六三頁。その他に高松基之「議会復権とレーガン政権」泉昌一他編『アメリカ政治経済の争点』有斐閣　一九八八年　三三一 - 四七頁参照

(3) New debate : Is U.S. carring too heavy a burden abroad? *U.S. News & World Report*, July 7, 1975, p.24

(4) 115 *Congressional Record* 17241. 91 st Cong., 1st Sess. June 25, 1969

(5) これらの決議には、台湾決議（五五年）、中東決議（五七年）、キューバ決議（六二年）、トンキン湾決議がある。

(6) 115 *Congressional Record* 37562 - 4, 91st Cong., 1st Sess, October 29, 1969

(7) *Ibid.*, 37563

(8) *Report to Subcommittee on U.S. Security Agreement and Commitment Abroard on the Foreign Relations*, *U.S. Senate*, 91 st Cong., 2nd Sess., December 21, 1970, p.28

(9) 前掲 *U.S. News & World Report*, July 7, 1975, p.25

(10) *Ibid.*, p.26

(11) *Ibid.*, pp.25 - 26

(12) *Ibid.*, p.25 ステニス（John C. Stennis）上院軍事委員長（民主党）は「米国ができることとすべきことを再検討する時期にきていることは確かだが、同時にヴェトナムの後遺症が直るまでは断固とした立場をとることも大切である」と述べているし、反対派のストラットン（Samuel S. Stratton）下院議員（民主党）は、「いまは対外約束の削減を語るには最悪の時だ。ヴェトナム戦争の結末のつけ方に原因する米国への疑惑はいま世界中にはびこっている」と厳しい。

(13) *Congressional Quarterly, Weekly Report*, Feb. 19, 1972, p.406

（14）『読売新聞』一九七四年一〇月一三日

（15）*C.Q. Weekly Report*, August 2, 1975, p.1712

（16）この修正案はブリッカー（John W. Bricker）上院議員（共和党）により提案されたものであり、その内容は、大統領が行政協定締結権を乱用して、本来条約として上院の同意を経べきものを行政協定の形式によって締結し、かつその結果憲法を侵害したり、国民に負担を負わせたりするのを防止しようというのである。結局は発議されなかった。この点に関しては、別府節彌「アメリカ大統領の条約締結権に関する憲法修正案について」『レファレンス』第四一号一九五四年七月一―一〇頁、藤田初太郎「議会に於ける条約の修正に関する各国の立法例」『レファレンス』第一一三号一九六〇年六月　四〇―四八頁　参照

（17）*C.Q. Weekly Report*, August 2, 1975, p.1713

（18）一九七二年には、S. Res. 214（三月三日上院通過）S. 1472, S.2956, S. 3447, S. 3475, 一九七三年には、S. 3475, S. 1472, 一九七四年には、S. 3830（一一月二一日上院で可決）

（19）*C.Q. Weekly Report*, August 2, 1975, p.1712

（20）*C.Q. Almanac*, 1972, p.159

（21）*Ibid*.,

（22）この法案は一九七二年五月二四日提出されたもので、一九七三年対外軍事援助支出権限法に対する修正案であるS. 3390の再修正案として提出されたものであり、外交委員会では可決されているが、成立するにはいたらなかった。（C.Q. Almanac 1972. p.158）

（23）*Congressional Record*（daily ed）. November 21, 1974, S.19868

（24）*C.Q. Weekly Report*, December 7 1974, p.3284

（25）スペルマン（Gladys N. Spellman）下院議員（民主党）は一九七五年六月九日、H.R.7745を提出した。さらに議会の主張を強くしたものとしてこの法案は、グレン（John Glenn）上院議員（民主党）による法案（S. 1251）がある。それは、すべての行政協定を上院のみに提出させ、さらに上院の一院決議によって否認する場合を除いて六〇日後に効力を有するものとするような極端なものである。これと同趣旨の法案として、さらにS. 632, H.R. 4438などが提出されている。

（26）*Congressional Record*（daily ed）, October 9, 1975, S.17920

（27）*Ibid.*,

（28）*Ibid.*, S.17918、下院では前日可決されている。

（29）Erwin Knoll and Judith Nies Mcfadden ed. *American Militarism* 1970. New York The Viking Press. 1969, p.105

（30）*C. Q. Weekly Report*, September 7, 1974, p. 2415. *C. Q. Almanac* 1975, p.120

（31）Erwin Knoll and Judith Nies Mcfadden ed. *op. cit.* p.101

（32）Stopping the incredible rise in weapon costs. *Business Week*, February 19, 1972, p.61

（33）小原敬士編『アメリカの軍産複合体』日本国際問題研究所　昭和四六年、佐藤栄一編『現代国家における軍産関係』同研究所　昭和四九年などがある。

（34）例えば、一九七三年九月二六日、上院で海外駐留の米陸軍を四〇％削減することを可決など、いくつかの例がある。

（35）116 *Congressional Record*, 2187, 91 st Cong., 2nd Sess. February 3, 1970（この修正案は七〇年六月三〇日上院で可決されたが、下院では七月九日否決された）。

（36）*C. Q. Weekly Report*, May 13, 1973, p.1058（この修正案は否決された）

（37）*Ibid.*, p.1059

（38）*Congressional Record*,（daily ed.）June 14, 1973, S.11205

(39) 国務省の要求する支出権限法案はすでに下院で可決。

(40) *The New York Times*, June 30, 1973

(41) C. Q. *Weekly Report*, May 15, 1976, p.1166

(42) C. Q. *Weekly Report*, March 27, 1976, p.691

(43) C. Q. *Almanac* 1963, p.257, 263

(44) 117 *Congressional Record*, 38283, 92 nd, Cong. 1st Sess. September 29, 1971

(45) *International Herald Tribune*, October 30 - 31, 1971

(46) この修正案はタイアナン（Robert O. Tiernan）上院議員（民主党）などによって提案された。（C. Q. *Almanac* 1973, p.181）

(47) Foreign Assistance Act of 1974（Public Law 93 - 559）

(48) 上院でほぼ半額の一億三四〇〇万ドルに削減し、下院では一億四七〇〇万ドルに削減と決定した。

(49) C. Q. *Almanac* 1974, p.546

(50) この法案では「拷問や残酷で非人間的な仕打ち、あるいは罪もないのに拘留延長をすること、さらには人命、自由、安全などの諸人権の目にあまる無視を含めて国際的に是認された人権をはなはだしく侵害しているいかなる政府に対しても経済援助をしない」旨を規定している。この〝人権基準〟に基づく援助禁止は、大統領が援助の必要であることを議会に通告し、両院がともに大統領の通告から三〇日以内に異議申し立てをしなければ解除されることになっている。（C. Q. *Almanac*, p.335）

(51) *The New York Times*, December 19, 1975

(52) C. Q. *Almanac*, 1974, p.542

(53) 一九七一年一〇月にはウ・タント国連事務総長が発表した「軍備競争白書」さらにアメリカの軍備管理軍縮局が一九七

四年に発表した「*World Military Expenditures and Arms Trade* 1963～1973」などがある。

（54） *The New York Times*, November 4, 1975

（55） *Ibid.*, なおこのような動きはすでに一九七三年にも出ており、モンデール（Walter F. Mondale）上院議員（民主党）によって提案されていたが議会内でまとまらなかった。

（56） *Congressional Record*（daily ed）, February 18, 1975, S. 1916

（57） *C. Q. Weekly Report,* May 15, 1976, p.1163

（58） *New York Times Weekly,* October 8, 1975

（59） 一九七五年度の軍事援助は七億三九〇〇万ドル、一九七四年度、二〇億三七〇〇万ドル

（60） 浜谷英博『米国戦争権限法の研究』成文堂　一九九〇年　二二四頁

（61） Public Law 93 - 618 §402（C）

（62） *Ibid.*, §613. その後スティーブンソン（Adlai Stevenson）上院議員は輸出輸入銀行の共産圏向けの信用供与に制限を設けた（Charles W. Kegley, Jr. *American Foreign Policy*, Third ed., Macmillan, 1987, p.238）。

（63） *The New York Times*, December 19, 1974

（64） *Ibid.*, January 15, 1975

（65） 廣瀬淳子「二〇〇二年通商法成立」『国会月報』二〇〇二年一〇月号　二〇頁　*C.Q .Weekly Report*, August 3, 2002, p.2128

（66） S. Res 21

（67） H. Res 138

（68） *Conglessional Quarterly Almanac*（以下、*C. Q. Almanac* と略）1975, p.395

（69） Public Law 93 - 559, §32

(70) ネジ議員は、H. R. 15845を提出し、CIAが違法活動をしないよう国家安全保障法（National Security Act of 1947）を強化する措置をとろうとし、同趣旨の法案がステニス議員よりS.2597として提出されている。
(71) *The Washington Post*, May 20, 1976
(72) この法案は主として、チャーチ（Frank Church）議員（民主党）及びマシアス（Charles McC Mathias Jr.）議員（共和党）両上院議員の提案によるものである。
(73) そのほか一九五〇年一二月一六日のトルーマン大統領による朝鮮事変における宣言、ニクソン大統領による一九七〇年三月二三日の全国郵便ストにおける宣言、一九七一年八月一五日ニクソン大統領による通貨危機における宣言。
(74) *C. Q. Almanac* 1974, p.665
(75) *C. Q. Almanac* 1975, p.718
(76) 清水隆雄「主要国の緊急事態法制」『調査と情報』第三九一号　一三—一四頁
(77) 下河原忠夫『一九九七年版　知る権利とプライバシー』地方自治研究所　一九九六年　九九—一〇〇頁
(78) 一九七四年の改正案は、エドワード・ケネディ上院議員を中心にして提案され、その理由として次のような点を挙げている。第一は、情報に関する自由法は国民の情報を受ける憲法上の権利の一面を具体化するものである。第二は、アメリカ人は過去二、三年間あまりに多くの秘密がありすぎる。秘密のカンボジア爆撃、ホワイトハウスのスパイ活動などがある。第三に、ジョンソン大統領は一九六六年の法律署名にあたり「民主主義は国民が安全保障が許す全ての情報を持つとき最もよく行われる」と述べ、国民は公務員が言うことに耳を傾けることにより、よりよく判断することができる（*Congressional Record*, May 30, 1974, S.9312　邦訳　前掲麻生論文　一八—一九頁）。
(79) この法律（Public Law 93-502）は、一九六六年に制定された「情報の自由に関する法律」（Public Law 89-487）の修正であり、その内容は、麻生茂「情報の自由に関する法律」（『外国の立法』一一巻四号）、及び同「情報の自由に関する法律を改正する法律」（同一五巻一号）に紹介されている。さらに、最近の動向については、泉昌一「政府秘密文書とパブリック・アクセス」（『国際問題』一九三号）がある。

（80） *Hearings on Separation of Powers before Subcommittee of the Committee on the Judiciary, U.S. Senate*, 92nd Cong., 1st Sess., 1971, p.31

（81） *Congressional Record*（daily ed）、December 18,1973, S.23188

（82） Executive Order No. 12958, Sec.1.5 (a)-(g)　邦訳　宇賀克也『アメリカの情報公開』良書普及会　一九九八年　一七六頁

（83） 平野美恵子「米国におけるテロリズムとの闘いと情報自由法―大量破壊兵器と重要基盤関係の情報を中心に」『外国の立法』第二一三号　二〇〇二年八月　一五二頁

（84） 右崎正博「国家機密の保護と情報の自由化―アメリカにおける国家安全情報の秘密指定制度とＦＯＩＡとの交錯」『法律時報』第五二巻四号　一九八〇年四月　四〇頁

（85） *C.Q. Almanac* 1975, p.959

（86） *U.S. News & World Report*, June 23, 1975

（87） *Congressional Record*（daily ed）, January 15, 1975, H.138

（88） *Ibid.*,

（89） 一九七五年一月二四日ロサンゼルスの世界問題評議会での演説（A New National Partnership , *The Department of State Bulletin* No. 1860, February 17, 1975, p.203）

（90） 一九七五年五月一二日セントルイス世界問題評議会における演説（The Challenge of Peace , *The Department of State Bulletin,* No.1875, June 2, 1975, p.712

（91） 注（89）に同じ。

第六章　一九七三年戦争権限法の概要

第一節　大統領の戦争権限の制限への動き

連邦議会および大統領の戦争権限についてはすでに述べてきたとおりであるが、そこで最も注目されるのは、大統領の戦争権限が憲法制定以来連邦議会の権限に比して拡大される一方であったことである。そのなかでいくたびか連邦議会および裁判所等から大統領の戦争権限を制限しようとする動きがあり、それについてもふれてきた。しかし、この点は、本書における最も中心的な課題であるので、とくに本章で、その動きを紹介する。

一　第二次大戦以前の戦争権限に対する制限

総指揮官としての任務と権限に対して最高裁判所は、はじめ純然たる軍事的性質のものであるという見解[1]を持っていたが、その後しだいに拡大した解釈をとるようになった。また、バーダルが、大統領の戦争に関する権限について

「ほとんどすべての権威者は、総指揮官としての大統領がまったく独立の地位を占め、彼に専属する権限をもち、立法府または司法府による制限や、統制に服さないことについて見解の一致をみている[2]」とまで論じているように、大統領の戦争権限に対する制限には否定的であった。このように大統領が戦争を遂行するにあたり、なんらの制限がないという理論は、第二次大戦以前はかなり有力な見解であったといえる。それは、カー

チス・ライト事件（U.S. v Curtis-Wright Export Corp.）において、サザランド（George Southerland）判事が下した判決にもみることができる。その中で、サザランド判事は、国家の戦争を行う権限の起源およびその性格について述べており、合衆国は、戦争を遂行するのに必要なすべての権限を所有していなければならず、憲法は、他の主権国家がもたらす武力に対して、合衆国が法的に対抗することが困難となるほど制限するものではないと述べている。[3]この判決の意義は、合衆国が単に委任された戦争権限をもつばかりでなく、固有の権限をも持っているという点にある。このような理論は、コーウィン（Edward S. Corwin）によれば、「憲法上の戦争権限と国家が戦争を現実に十分遂行する権限とを同一視することによって、戦争遂行権限の憲法的妥当性を論理的に保証するもの」[4]なのである。

右のような戦争権限における無制限説に対して、戦争権限を制限しようとする見解がある。これは、主として第二次大戦後強く主張されたものであるが大戦前にもあった。この見解の理論は、戦争の出現は、個人の自由と政府の権限の限界に変化をきたすものではないという点にある。このような見解はほかにもあり、とくに、裁判所側からの見解として、メリマン事件（Merryman Case）における判決をあげることができる。その内容は、合衆国政府は委任され、かつ制限された権限をもち、政府はその存立および権限を憲法に基づいて保持しているのであり、行政部門であれ、立法部門であれ、あるいは司法部門であれ憲法によって特定化され、かつ付与された権限を超えて、いかなる権限も行使することはできない、[5]というものである。これは、大統領の戦争権限にたいしても当然適用されるものであり、大統領の戦争権限を制限的に解することをもっとも明確に示しているといえよう。しかし、このような見解が一般的となるのは、第二次大戦後といえよう。

二　トルーマン大統領の戦争権限に対する制限

トルーマン大統領が行ったアメリカ軍の朝鮮への派兵が、大統領の戦争権限として妥当であるかが上院で問題となったことについては、すでに述べたとおりである。これに関して、さらに二つの点を、指摘することができる。第一は、裁判所および連邦議会による大統領の行動を制限しようとする動きである。

(イ)　第二次大戦後、大統領の憲法上の権限の本質について、連邦最高裁判所が裁定を下した注目すべき判決がある。それは、ヤングスタン事件（Youngstown Sheet & Tube Co. v. Sawyer）に対する判決であった。この判決は、大統領の戦争権限に対する制限をしたケースとして、重要な意義があるものと思われるので、以下に少々詳しくのべることとする。

一九五一年末から行われていた、アメリカの鉄鋼会社の労働者による賃上げ闘争は解決の見通しがたたず新年を迎えた。その後、組合側から全国的規模の鉄鋼産業ストライキ[6]の予告がなされ、これに対し、トルーマン大統領は一九五二年四月八日、商務長官に、鉄鋼業接収の行政命令[7]（Executive Order 10340）を発した。

大統領の行政命令による接収の理由とするところは次のとおりである。

一九五〇年一二月一六日、国家緊急事態を宣言したが、それはアメリカの安全保障および国際連合その他を通じて行われている恒久平和の樹立に努力すべきわれわれの責任を果たすため、アメリカの陸海空三軍および民間防衛をできるだけすみやかに強化することを要求するものである。

アメリカおよび国際連合加盟国の他の諸国の兵士は、朝鮮における侵略軍と戦闘に従事している。

アメリカ合衆国軍隊および自由世界の防衛に加わるわれわれの仲間が要求する兵器およびその他軍需物資はアメリカでその大部分を生産しなければならない。鉄鋼はそのような兵器および軍需物資にとって欠かすことのできない部分である。鉄鋼の供給を継続することは合衆国の経済を維推するうえに不可欠であり、アメリカの軍事力はそれに依存している。
鉄鋼産業の業務停止はアメリカの防衛を危険にするものである。
緊急事態が存続するかぎり鉄鋼の利用および鉄鋼生産を確保するために合衆国は、鉄鋼関係の会社の設備、施設その他の財産を占有する。

また、右のような理由により鉄鋼産業を接収したが、その根拠法規としては、「合衆国憲法および諸法律によって与えられ、また大統領の権限および合衆国軍隊の総指揮官としての権限によって与えられたものである」としている。

これに対し、U・S・鉄鋼会社やヤングスタウン（Youngstown）会社等は、いちはやくコロンビア連邦地方裁判所に、トルーマン大統領のとった措置が憲法違反であると訴えた。そしてデービット・A・パイン（David A. Pine）判事は、大統領の措置を違憲である旨判決を下した。(8)

これに対して、政府側は連邦最高裁判所に訴えるところとなったが一九五二年六月二日、六対三で再びトルーマン大統領の鉄鋼産業接収は違憲であるという判決が下された。(9)

判決の中で問題とされたのは、第一に、大統領行政命令の合憲性、第二に、接収命令が大統領の権限内にあるかという点であった。

ここではとくに本論に直接関係のある第二の点だけにふれることとする。第二の大統領の行政命令を発する権限は、連邦議会で制定された法律あるいは憲法そのものにその根源を求めなければならない。しかし、さきに大統領が行ったような財産の接収を大統領に明確に許しているような法律はどこにもないし、また、かかる権限を明示した議会の法律もない。憲法は立法権を連邦議会のみに与え、大統領もしくは合衆国軍隊の総指揮官には与えていない。そして、〝戦争の舞台〟（theater of war）は拡大されつつあるが、アメリカの立憲制度に忠誠であるならば軍隊の総指揮官が労働争議による生産停止を防止するために民間財産を接収することはできないとしている。

本件に類似するような大統領が差押えた事例は、ほかにもあり、[10] リンカーン大統領が、南北戦争に際して行ない、フランクリン・D・ローズベルト大統領が一九三九年国家緊急事態宣言後行なったのがそれである。とくにリンカーン大統領の行為は、憲法または法律にその根拠をもたずに、多くの強力な施策が行なわれている。そしてそれらは、後に連邦議会で承認し、裁判所も認めている。[11] その根拠としては〝純然たる軍事的必要性〟としていた。しかし、ヤングスタウン事件に対する判決は、従来大統領の戦争権限が、かなり広く解されており、明確でなかったのに対し、制限的に解釈をする態度をとったことで、アメリカの歴史上でも、最も注目すべき判決の一つといえよう。

(ロ)　次にトルーマン大統領時代における連邦議会からの制限の動きである。一九五一年上院の外交委員会と国防委員会は、その報告において、トルーマンの行動を是認し、そこで大統領を外交における「国家の単独機関」と呼んでいる。[12] この報告書で、「大統領は、少なくとも一二五回、連邦議会による授権なしに、そして、宣戦布告もない状態で、軍隊に対して行動を命じるとか、国外の軍事基地の保持を命令したことがある。……条約を履行するために軍隊を派遣する場合には、大統領は連邦議会による法律形式の授権を得る必要はない」[13] とまで述べて、大統領の戦争権限を認めている。しかし、この同じ報告書で次のように結論づけているのは注目される。

「大統領と連邦議会の各々の憲法上の権能がどのようなものであるにしても、両者間の緊密なる協調の必要性が大きい。大統領といえども、連邦議会による予算の承認とか種々の授権立法なしに、わが国の外交政策上の諸目的を長期間にわたって遂行することは不可能である」。

確かに、右で述べられているように、連邦議会は、憲法上、軍隊の募集、編成、その維持のための予算に承認を与える権限をもっており、大統領は、連邦議会の協力なしに軍隊を海外に派遣することは困難である。しかし、大統領の海外への軍隊派遣に際し、連邦議会が具体的に予算上から制限した前例はない。そのような意味では、この報告で示された、大統領に対する連邦議会への協調性の要求は、その表現が非常に弱いものではあるが、大統領の戦争権限に対して制限する意思のあることを示したことは重要な意義をもつものと考えられる。しかし、そのような行動を連邦議会が現実にとるようになったのは、次章以下で述べるようにヴェトナム戦争介入以後であった。

第二節　戦争権限法の立法経過

一　立法の背景

アメリカの外交および軍事問題は絶えず世界で最も注目をされてきているが、これらの問題におけるカーター大統領の主導性は、一般に低迷しているといわれる。その理由にはいろいろ考えられるであろうが、代表的なものとしては、パナマ運河新条約問題にもみられるごとく、行政府と立法府の力関係にあらわれているといえる。それは、議会の行政府に対する復権ということであり、この傾向は、ヴェトナム戦争、ウオーターゲート事件後の揺れもどし現象であることは否定できないであろう。ヴェトナム戦争後、議会と大統領の間で絶えず問題となっているものに、海外での合衆国軍隊の投入の問題、すなわち戦争権限（War Powers）の問題がある。

一九七六年八月一八日起こった板門店事件をきっかけとして。アメリカの議会では、長い間のヴェトナム戦争以来絶えず問題となっていた「戦争権限」について再び論議が活発になった。そこでは、以下に紹介する「戦争権限法」（War Powers Resolution, Public Law 93-148, 93rd Congress H. J. Res 542）における主要な規定である軍隊投入に対する大統領の議会への報告が全く守られていないということが論議された。一九七八年に入ってからつぎつぎと発表された大統領の年頭教書、予算教書、さらに国防報告などによると、アメリカの戦略は、アジアからヨーロッパ中心となっているが、これに関係する問題として、在韓米軍の撤退の問題が注目された。この米軍撤退で、有事の際に米軍の即時自動介入という古くからの問題がある。この問題は、わが国の場合にも同様のケースとしていろいろ論じられているところである。

アメリカ大統領と議会の戦争権限は、アメリカ憲法制定期から今日にいたるまで長い間論争されているものである。大統領の戦争権限は非常に強大で際限なく、その本質は、ビアード（Charles A. Beard）教授によれば、〝アメリカ合衆国がすべての試練を切り抜け、存在しなくなるまで完全には理解することのできないものであり〟、それは、〝前人未踏の暗黒大陸である〟[14]とまでいわれるものである。戦争権限に関する論争がこのようにアメリカの歴史上問題となっているのは、憲法の規定が曖昧であることが大きな原因をなしているといえる。戦争権限という言葉を明確に定義することは困難であるが、すでに述べたようにコーウィンによれば、憲法で明確に禁止されていないかぎり、戦争を成功裏に遂行するためにとられるすべての権限といわれるものであり[15]、包括的なものである。さらに、本章で紹介する「戦争権限法」の審議においても、戦争権限という用語は、外国との武力による敵対行為を宣言し、遂行し、終結をする権限を意味するものとしている[16]。この戦争権限としてアメリカ憲法上一般に認められているのは、大統領を合衆国陸海軍および民兵の総指揮官〔憲法第二条第二節第一項〕と定め、軍に対する統帥権を大統領に与えたこと、そして宣戦布告の権利と軍隊の募集、編成と維持に関する権限を連邦議会に与えたことであった〔憲法第一条第八節第十一項ないし第十六項〕。

アメリカでは第二次大戦後、朝鮮戦争やヴェトナム戦争などのように連邦議会の「戦争宣言」なくして合衆国軍隊を投入した例は、すでに述べてきたように非常に多数ある。特にヴェトナム戦争においては、なしくずしの軍事介入などから大統領が勝手に軍事行動を起こすことを防ぐための措置についての討議が、三年以上にも及んで続けられた。大統領の戦争権限そのものについての論議は、古くからなされたところであるが、ヴェトナム戦争では、大統領の軍事行動を推進する根源となる「対外約束決議」や軍事予算削減そのものについての論議がなされてきた。そして、第二次大戦後、拡大する一方であった大統領の戦争遂行権限に対して、連邦議会の発言力はアメリカの歴史上かってなく強化されることとなり、一九七三年十一月七日、アメリカ立法史上で画期的立法ともいうべき「戦争権限法」が成立した。

この法律は、大統領の権限についての憲法解釈に関するものである点で、一般の法律と異なった重要性を持つものである。この法律の成立後、アメリカでは、幾度かこの法律が具体的に問題となり、今後もその可能性は多分にある。以下に戦争権限法の成立過程について簡単に述べ、法律の主要な問題点について考察した。

二　成立過程

連邦議会における合衆国軍隊の使用に関する大統領の権限を抑制しようとする動きは、早くから存在しており、戦後東南アジア、中東等への海外派兵を行うたびに議会で批判されてきた。この点は、すでに述べてきたが、戦争権限法の成立の過程で重要と思われるので再度簡単にふれておく。その批判の一つは、合衆国軍隊の維持の財源に関してなされ、一九六九年九月一七日上院で可決された「ラオスおよびタイに対する介入制限法案」、さらに、一九七〇年六月三〇日上院で可決された「クーパー・チャーチ修正案」(Cooper-Church

Amendments）等多くの法案がある。いずれもアメリカの負担する軍事支出を制限しようとするものであり、増大しつつある国家予算の支出を打ち切ることによって戦争を終わらせようとするものであった。

また、他方では、合衆国の軍隊を投入する際に連邦議会の役割りを強化することについて論議され、一九六九年六月二十五日上院で可決された「対外約束決議」（National Commitments Resolution）はその代表的なものといえよう。同決議は、大統領が合衆国軍隊や経済援助を外国に与える約束をするときには、連邦議会の承認を必要とするとの趣旨である。

さらに、その後、大統領による合衆国軍隊の投入を制限し、大統領の戦争権限そのものを阻止しようとする動きが具体的に行われるようになり、一九七〇年以後多くの同趣旨の法案が提出された。連邦議会と大統領の戦争権限について規定を設ける動きの最初は、一九七〇年五月一三日ファッセル（Dante B. Fascell）下院議員によって提出された決議案（H.R. 17598）であった。この決議案は、合衆国大統領が連邦議会の同意なしに外国に干渉したり、戦争を遂行する権限を制限するものである。

一方、下院では、第九一議会中に同趣旨の法案（bill）および決議案（resolution）など一七案件が提出されたが、下院の外交小委員会は、両院の共同決議案（11. J. Res. 1355）として一本にまとめて審議することとなった、この共同決議案は、下院外交委員会では全員一致で可決され、本会議でも二八八対三九で可決されて、上院へ送付されたが、九一議会中に成立するにいたらなかった。その後九二議会に入ってからも、再び上下両院において戦争権限に関する決議案が提出され、両院でそれぞれ可決された後両院協議会に持ち込まれたが、合意に達することができず不成立となった。

このほか、上院においては、一九七〇年六月一五日、ジャビッツ議員によって法案（S. 3964）が提出されたが、この法案では、総指揮官としての大統領が連邦議会の戦争宣言なくして合衆国軍隊を軍事的敵対行為に使用できる場合を限定したのである。このジャビッツ案の審議は行われず、一九七〇年中ジャビッツ案に対してなんらの措置もとられなかった[17]。

九三議会になってから、上院では、一九七三年七月二〇日、ジャビッツ議員を中心に提出された法案（S. 440 以下上院案と省略）が本会議で可決され、下院でも、ザブロッキー（Clement J. Zablocki）議員を中心に提出された法案（H. J. Res. 542 以下下院案と省略）が同年七月一八日可決された。上下両院の法案は大統領の戦争遂行権限を抑え、議会の声を戦争政策に取り入れさせることを目的としている点では同じ方向のものであるが、具体的には異なっている。例えば、議会の同意なしに大統領が合衆国軍隊を投入する期間では、上院案は三〇日であるが、下院案は一二〇日と大幅に相違している。そのために、上下両院協議会が開かれ、六〇日と調整したのをはじめ多くの点を修正して最終案が上下両院に送付された。こうして同年一〇月一〇日、上院で賛成七五、反対二〇で可決され、続いて同月一二日下院でも賛成二三八、反対一二三で可決された。しかし、同月二四日ニクソン大統領は、同法案に対して憲法で認められた大統領の権限を制約する上に、外交的にもアメリカの立場を弱めるものとして、拒否権を発動した。そのため再び上下両院に送り返されたが一一月七日、上院では賛成七五、反対一八、下院では賛成二八四、反対一三五と、それぞれ大統領の拒否権を覆すに必要な三分の二を上回る結果で再可決された（これは、ウオーターゲート事件等の影響を見逃すことはできないものと思われるが、ここでは触れる余裕はない）。

第二次大戦後拡大する一方であった大統領の戦争遂行権限は、この「戦争権限法」（War Powers Resolution, Public Law 93 - 148, 93rd Congress, H. J. Res. 542）で抑制されることとなり、議会の発言権は強化されたものといえよう。そのような意味で、この法律とは一般の法律とは異なった重要性を持ち、アメリカの立法史上でも歴史的立法といわれている。

連邦議会が真にイニシアティブを発揮して成立させた重要な連邦法は、アレン・M・ポッター（Allen M. Potter）によれば、一九三二年から一九八一年までに三つの立法しかないと指摘し、九三八年の公正労働基準法、四八年のタフト＝ハートレー法、それに七三年の戦争権限法であるとしている。(18)

なお、本章では「戦争権限法」を「本法」と略す。公式のタイトルは、「連邦議会と大統領の戦争権限に関する共同決議」であるが、共同決議（Joint Resolution）は、法律の一形式であって、審議手続きも狭議の法律と同じで、アメリカ連邦議会独特の決議であるので、ここでは一般の「法」として表現した。しかし、条文引用における"Joint Resolution"については共同決議と訳した。

第三節　戦争権限法の主な内容と問題点

一　本法の意義

本法の意義は、合衆国軍隊の投入に対する大統領と連邦議会が共同判断しようとするものである。本法第二条(a)では、この法律の目的として、

「合衆国憲法の起草者の意思を履行し、敵対行為または敵対行為に巻き込まれることが急迫し、そのことが情況からみて明白な事態へ合衆国軍隊を投入すること、および敵対行為または上記の事態において上記の軍隊を引き続き使用することに対して、連邦議会と大統領の両者の共同判断を適用することを確保することである」と規定している。

このような目的が必要とされるにいたった背景は、長い間のアメリカ政治の発展の中に見出されなければな

らないものであるが、特に、第二次大戦後の冷戦体制におけるアメリカの対外関係の中にその主な要因がある、第二次大戦後アメリカは、世界の警察官として世界中に軍隊を派遣し、いたるところで敵対行為を発生させることとなった。そのような敵対行為は、アメリカの対外政策決定の過程にまで影響した。すなわち、多くの敵対行為に対処するため、行政府は立法府に優位する政治システムを構成していった。そうした行政府優位の外交が行われる中で、ヴェトナム戦争のように多数のアメリカ人の生命を失い、膨大な費用のかかったアメリカの歴史上最も悲惨な戦争が行われた。本法は、ヴェトナム戦争のように、憲法に規定する議会による〝宣戦なき戦争〟(undeclared war)を対象とするものである。[19] それは、大統領が議会の手続きを省略したことにより〝大統領の戦争〟(presidential war)といわれるもので、このような〝宣戦なき戦争〟は既に述べたようにアメリカの政治史上決して新しい現象ではない。

本法は、以上のように古くから存在する憲法上の戦争権限の問題に対処する一つの手段として生まれたものであり、合衆国憲法を改正するようなものではない。本法は、戦争という問題に関する憲法制定者たちの意図するものを復活させ、それを履行しようとするものである。[20] それは、すでに述べたように、アメリカの歴史上長い間論争の的となっていた大統領と連邦議会の戦争権限のうち、軍隊の投入という問題について明確にし、再確認したものである。従って、本法は、議会が戦争政策の決定に関して、従来とかく無視されがちであったが、今後、重要な役割を果たすことを期待している手続き的保証の法律ともいえるものである。

二　大統領の軍隊使用

(イ)　軍隊使用の根拠

大統領が合衆国軍隊を投入するのは総指揮としてなされるものであり、その根拠は次の場合に限定されてい

る〔本法第二条（C）〕

第一、戦争宣言

第二、特定の制定法による授権

第三、合衆国、その准州、属領または合衆国軍隊に対する攻撃により生じた国家緊急事態

これらの項目は、従来認められたものを列挙したにすぎない。議会との関係でみると、第一の「戦争宣言」および第二の「特定の法律による授権」は、大統領が軍隊を投入する場合に議会により事前に承認を得たものであり、第三の場合は、事前に議会の承認を得ずして軍隊を投入することになる。本法で特に問題になるのは第三の場合である。

(ロ) 議会の承認なしの軍隊使用

本項の規定については上下両院案で大いに論争された点であり、上院案は、大統領が連邦議会の承認なしで合衆国軍隊を投入することができる状況を次の場合に限定している〔上院案第三条〕。

第一、合衆国および准州、属領に対する武力攻撃を撃退し、このような攻撃に対し必要かつ適当な報復措置をとり、あるいは攻撃の直接かつ急迫した脅威の機先を制するために行う場合

第二、合衆国外に駐留する合衆国軍隊に対する武力攻撃を撃退し、またこのような攻撃の直接かつ急迫した脅威の機先を制するために行う場合

第三、公海または外国に居住する合衆国の市民（citizen）及び国民（national）の保護のために行う場合

第四、特定の制定法による授権に基づいて行う場合

前記のほか外国で軍隊を使用するにはいかなるときにも議会の承認を要するとしていた。

以上のように上院案では、大統領の軍隊投入権を広範囲ではあるが具体的に制限しようとした。それは、大

統領に防衛や報復ばかりでなく将来の攻撃の脅威に対して機先を制する行為を認め、大統領に非常に多くの自由裁量を与えたものとなっている[21]。

一方、下院案では、そのような列挙はなく、大統領が議会の承認なしに軍隊を投入できるいろいろな情況を制限しようとすることについては、明白な規定を設けてはいないが、この問題に関連するものとして、次の二カ所の規定がある。その第一は、「この決議のいかなる部分も議会もしくは大統領の憲法上の権限を変更するものではない」〔下院案第八条a〕としており、第二は「いかなる規定もアメリカ合衆国軍隊の投入に関して大統領にいかなる権限も認めるものと解釈してはならない」〔下院案第八条c〕という規定である。従って、いずれも大統領に与えられた軍隊を投入する権限を制限しようとするものではなかった。

しかし、大統領の権限に関して本法第二条(c)第三項は上院案より厳しく制限したものとしている。それは、国家緊急事態および合衆国の領土または軍隊に対する攻撃を要件としているからである。上院案に規定されていた報復や攻撃の脅威の機先を制するような行為は認めるところとはならなかった。

本法第二条(c)第三項がいかなる性格のものと考えるべきかという問題があるが、これを明確に法的効力を有するものとするなら憲法上の疑いが出てくるであろう。しかし、本条が一般的方針の表明であり、本項の規定は、大統領が議会の承認なしに軍隊を投入することのできる事態を特定化したものではなく、従来から伝統的に認められていることを規定したにすぎないものと解せられるものであろう。

三　協議

議会と大統領の協議は本法の大きな目的である行政府と立法府の協力体制の具体的措置の一つである。それは、大統領が軍隊を投入する場合には議会との継続的な協議を確立することであり、次のように規定した。

「大統領は敵対行為または敵対行為に巻き込まれることが急迫し、そのことが情況により明白な事態へ合衆国軍隊を投入する場合、可能なときはいつでも、連邦議会と事前に協議しなければならない。またこの投入後はいかなる場合にも、合衆国軍隊が敵対行為に従事しなくなるか、またはそのような事態から撤退を完了するまでの間、大統領は連邦議会と定期的に協議を行わなければならない」〔本法第三条〕。

本条の規定は上院案にはなかったものであり、下院案を両院協議会で部分的に修正したものである。下院案では、大統領が、敵対行為または敵対行為が明白な事態へ合衆国軍隊を投入する前に、可能なときはいつでも「議会の指導者および当該委員会」と協議しなければならないし、またそのような投入後は、いかなる場合にも投入が終了、または撤退するまで「前記のような議員および委員会」と定期的に協議しなければならない〔下院案第二条〕と規定していた。しかし両院協議会では、大統領が協議する相手方として単に「議会」とした。

(イ)　協議の意義

本条で第一に問題になるのは「協議」(consultation)である。下院における審議でもこの「協議」という言葉の内容についてかなりの注意が払われた。「協議」とはある問題についての決定が未決であり、さらに大統領が議会の助言および意見、場合によってはある種の行為の承認に対して質問するというものでなければならない。それは、従来行われてきたように単に大統領が議会に情報を提供するということではない。またそのような「協議」は大統領自身が参加しなければならないし、また問題となる情況に関するすべての情報が利用できるようにしなければならないものである。(22)

(ロ)　協議の時期

次に本条で問題となるのは協議の時期である。軍隊投入前は「可能なときはいつでも」であり、投入後は「いかなる場合にも」と規定した。投入前の場合には、軍隊投入が非常に緊急を要する場合で、事前に大統領が議会と協議することができない場合を考慮したものである。[23] 例えば、ミサイル攻撃の態勢が既に進行中である場合などである。この点は、大統領が議会との協議に時間的余裕がない場合に大統領に早急な行為をできるだけ認めようとする点で、かなり柔軟性を認めたものである。

一方、投入後については、「いかなる場合にも」協議をしなければならないものとしているが、この点では全く大統領の裁量はないものとしている。

(ハ) 第二条(c)との関係

さらに本条における重要な点は、本法第二条(c)との関係である。本条で必要事項として確立している協議は、第二条(c)に規定する戦争宣言および特定の制定法による授権という立法を導くこともあるが、協議そのものが特別の制定法による授権という行為に代替するものではない。

四　報告

(イ) 「報告」の意義

本法では特別事態における大統領の軍隊投入という行動に対しては、既に述べた協議以外にはいかなる制限も規定していない。そこで、既にとられた大統領の行動に対して連邦議会が効果的なコントロールをしようとするのが報告の規定〔本法第四条〕である。さらに「報告」という要請には、大統領が戦争遂行という政策決定過程において、大統領の行為に対する法的また憲法的な基盤と同様に、議会の憲法上の役割を考慮するようにさせるという重要なねらいもあった。[24] そのようなねらいの具体的措置として、本条では、大統領が国家を戦争に介入させること、および合衆国軍隊を海外で使用することに関して、議会が憲法上の責任を履行するため必要な情報を大統領に提供させることを規定した〔本法第四条(b)〕。大統領が議会に報告すべき事項は大統領にとって強制的なものであり、非常に広範囲である。

(ロ)　報告事項

報告に関して本法第四条では、議会による戦争宣言なしに大統領が合衆国軍隊を投入する行為をしたとき、議会に対し書面による報告書を提出する義務について規定している。すなわち、本条では、そのような報告を提出する情況について明記し、その形式について規定し、さらにその内容の性格についても明記し、最後に提出のタイミングについて述べている。本条の報告に関しては、下院案および上院案にも規定されており、大統領は特定の行為には議会に報告すべきことを要求されているが、具体的な規定では両院案は多少異なっていた。報告に関する規定で、第一に要求されているのは、大統領が報告しなければならない情況および報告内容である。まず、大統領が報告しなければならない情況は、戦争宣言がなくて、合衆国軍隊を次の(1)—(3)までの情況に投入する場合である〔本法第四条(a)〕。

(1)　敵対行為または敵対行為に巻き込まれることが急迫し、そのことが情況により明白になされている事態に対して。

(2)　補給、補充、修理もしくは当該軍隊の訓練のみに関する展開を除いて、戦闘装備をしながら、外国の領土、領空もしくは領海に対して。

(3)　既に外国に配置されている戦闘装備をした合衆国軍隊の実質的兵力増強に対して。

さらに報告内容については、大統領が報告する期限、形式および範囲について規定している。提出期限および形式については「いかなる場合にも、大統領は、四八時間以内に下院議長および上院臨時議長に対して書面で報告しなければならない」と規定している〔本法第四条(a)〕。上院案では単に「早急に」(promptly) と規定しているだけの曖昧なものであったが、下院案では「七二時間以内」とタイム・リミットを明確に定めており、この時間は大統領が議会に報告するのに必要かつ適切な情報を収集するのに十分と思われるものであった。[25] ところが、両院協議会でさらにタイム・リミットを短縮し「四八時間以内」に修正した。

一方、形式については、大統領の報告は「書面」によることを明記している。しかも、報告書に要求されている内容としては次の三点である〔本法第四条(a)〕。

(A) 合衆国軍隊の投入を必要とする情況

(B) そのような投入が行われた憲法上および法律上の根拠

(C) 敵対行為もしくは巻き込まれている状態の規模および期間の見通し

以上に加えて、大統領は〝連邦議会が要求するその他の情報〟を提供し〔本法第四条(b)〕、さらに、敵対行為を継続するには定期的に報告しなければならないと規定した〔本法第四条(c)〕。情報は前記報告内容で要求しているように、でき得るかぎり、類別されないようにしている。それは、もし大統領が自分の行動を正当化するように議会への情報を類別しようと思えば、それが自由にできるからである。

(ハ) 報告の決定における問題

上院案は既に述べたように大統領が軍隊を投入できる条件を限定し〔上院案第三条〕、その限定された項目の一つで行動したことを証明し、それにより報告書を提出することを要求している〔上院案第四条〕。一方、下院案および本法では上院案と違って大統領が軍隊を投入できる条件を限定しておらず、大統領が報告を要する条件を規定しているだけである。

ここで次のような若干の問題を指摘することができる。

第一は、一般に大統領の戦争権限の行使と考えられていた大統領の多くの行動が、報告事項の範囲外になってしまうことである。それは、合衆国軍隊が巻き込まれる場合以外の軍事警戒、国際水域での船舶の移動、または軍備の移送に対して、いかなる報告も要求されていないことである。したがって、過去におけるような多くの軍隊の投入により衝突を起こした場合でも、報告が要求されることは非常に少ないことになる。しかしながら、あらゆる行動に対して報告書の提出を要求することは本法の目的とするところではないであろう。そこで問題となるのは、本条を構成するいろいろな要件の解釈であるが、それらについてはほとんど定義づけはない。しかし、その中で特に重要な「合衆国軍隊の投入」という要件については、次のように定義している。

「〝合衆国軍隊の投入〟という用語は、外国または外国政府の正規軍もしくは非正規軍が敵対行為に従事している場合、またはこれらの軍隊が敵対行為に従事するようになる急迫した恐れが存在している場合に、そのような外国または外国政府の軍隊を指揮し、調整し、またはそれらの移動に参加し、またはそのような軍隊に随伴するため、合衆国軍隊の構成員を配属することを含む」〔本法第八条(c)〕。

この中で、ヴェトナムなどで問題となった〝軍事顧問団〟などの語は使用されていないが、この定義は、アメリカにおける過去の主な敵対行為をカバーするものといえる。しかし、この定義にはヴェトナム後も問題となっている軍事援助計画を実行するための派遣や外国侵略となる軍事訓練などの問題については触れられていない。

さらに問題として指摘すべきものに、報告書の必要性がいかなる機関によって決定されるかということがある。この点については、本法でも、上院案および下院案にも規定されていない。しかし、本法の目的、適用基準および協議などの規定からみると、大統領と議会が協力して決定するという理想的な状態を予定しているものといえよう。

五　議会の活動

本法第五条から第七条までは、大統領の軍隊投入に対して議会側の活動および手続きについて規定している。ここではまず、第五条の議会の活動について扱う。

本条は三つの基本的な内容を含んでいる。第一は、第四条の規定に従って報告書が提出されたときの議会の特別な審議手続き規定である。第二は、議会の承認なしに六〇日以上の合衆国軍隊を投入する大統領の権限を否定する。ただし、特別の場合三〇日間延長できる。第三は、両院の同意決議の通過により、六〇日の期間中またはその期間後のいかなる時期においても、合衆国外における敵対行為からすべての軍隊を撤退するよう、大統領に命令することができる。

(イ)　審議手続き

大統領が第四条の規定に従って送付した報告書は、同一の日のうちに下院議長および上院臨時議長に対し送付されなければならない。さらに、そのような報告書が休会中に受理されたなら、下院議長および上院臨時議長が適当と思慮するときは、本条に従って報告書を審議し、適切な措置をとるために、連帯で大統領に対し議会の召集を要求しなければならない〔本法第五条(a)〕。

ここで問題となる点が若干ある。それは、「適当と思慮するときは」という語句を用いることによって、二人の上下両院の長による良識ある判断によることを期待していることである。これは、具体的には、報告書が議会の再召集を命令する特別の案件となるだけの十分な緊急性、重大性、さらに厳正さなどの要件を備えているかどうかなどにより、決定されるものである[26]。また、「連帯で要求しなければならない」という語句は、下院議長および上院臨時議長の両者が、報告書に含まれている情況の重大性および緊急性に対して、議会の再召集を大統領に要求することの必要性が一致しなければならないことを明確にしている。ここで「ねばならない」

(shall) という語を使用することによって、大統領に議会の再召集を要求することを上下両院の長に義務づけようとする強い信念を表明したものである。さらに、「報告書を審議し、適切な措置をとる」という語句は、本法第五条(b)および(c)、第六条および第七条の議会の優先議事手続きで概略されている議会の活動および手続きについて触れたものである。

本法成立前には、大統領の戦争をストップさせるために、議会は大統領の拒否権に対する立法を通過させなければならなかった。しかし、本法成立後、議会は敵対行為をストップさせるのにいかなる活動もする必要がなくなった。大統領は軍隊投入を継続するには、議会に報告書を提出し、議会に継続することを承認させなければならなくなったのである。

(ロ)　軍隊投入の終了および延長

上院案および下院案とも戦争宣言や特別の制定法による授権なしに大統領が合衆国軍隊を使用した場合、一定の期間後、軍隊の使用を終了させる終了期間を規定した。その期間は下院案では一二〇日〔下院案第四条(b)〕とし、上院案では三〇日〔上院案第五条〕と大幅に異なる規定をしたが、両院協議会では六〇日に修正し、本法でも次のように規定した。

「報告書が提出され、または第四条(a)(1)により提出するよう要求された後、いずれか早い期日より暦日で六〇日以内に、大統領は、送付された報告(もしくは要求により送付した報告)に係る合衆国軍隊のいかなる使用も終了させなければならない。」〔本法第五条(b)〕。

ここで、「または……提出するよう要求され」という語句は、いかなる理由であれ、大統領が提出しないと決定した場合の状況を考慮したものである。[27] また、「大統領は……合衆国軍隊のいかなる使用も終了させなければならない」という語句は、大統領に対して、報告書で言及している合衆国軍隊の投入、または増強および移動を停止することを義務づけている。この規定によって議会が大統領の軍隊投入の必要性について審議できるようにし、また、もし議会が大統領の行為を合衆国の利益に反すると判断したときには、議会は、大統領の行為を中止するように要求することができる。さらにまた、議会が大統領の行為を国家的利益になると判断したときには、そのような行為を承認することができるようにしたものといえる。しかし、本項で規定されている六〇日という制限については、次の場合は除外される〔本法第五条(b)〕。

(1) 連邦議会が戦争宣言をしたか、もしくは合衆国軍隊の当該使用についての特別の権限を制定した場合

(2) 連邦議会が法律によって上記の六〇日の期限を延長した場合

(3) 合衆国に対する武力攻撃の結果として連邦議会を物理的に開くことができない場合

以上の(1)および(2)は、大統領の軍隊投入に対して議会の積極的な行動がある場合を規定したものであるが、大統領が積極的に軍隊投入に関して行動する場合についても、次のように規定した。

「大統領は合衆国軍隊の安全に関する不可避の軍事的必要により、軍隊の継続使用が、合衆国軍隊の迅速な撤退を行う過程において必要である旨を決定し、議会に書面でこれを立証する場合には、この六〇日の期間はさらに三〇日を超えない期間延長されるものとする。」〔本法第五条(b)〕

この厳格に規定された文言は、合衆国軍隊が計略にかかったり、六〇日間の非常に激烈な戦闘に従事し、合衆国軍隊の安全が六〇日で確保できない場合のような限定された緊急事態である特別な場合を意図したものである。[28] その判断規準が非常に特定化され、また制限されたものであることは重要視しなければならない。すなわち、それは〝合衆国軍隊の物理的安全〟(physical safety)に関するものであり、さらに、「軍隊の迅速な撤退を行う過程においてのみ」に適用されるものである。このような立証規定は、前記合衆国軍隊の物理的安全を確保する以外の目的および政策には、適用されてはならないものである。

㈧　同意決議による撤退要求

本法第五条(c)では、議会が同意決議によって六〇日という期間を短縮することができるとして、次のように規定している。

「本条b項の規定にかかわらず、戦争宣言または特別の制定法による授権がなくて、合衆国軍隊が合衆国の領土、属領および准州外で敵対行為に従事しているときは、いかなるときでも、連邦議会が同意決議（concurrent resolution）によって命じた場合には、大統領はかかる軍隊を撤退しなければならない。」〔本法第五条(c)〕。

軍隊投入期間の短縮に対して同意決議という方法を使用したのは、本条(b)に規定された最初の六〇日という期間を制限しょうとするものである。それは、将来、議会が法律で定めることのできる六〇日という期間の延長、または、この法律の他の条文で規定しているように、議会によって制定される特別の法律による授権の事前、もしくは事後に確定される期間の延長には、適用されない[29]。さらに、この同意決議は、前に述べた軍隊の安全のための撤退に必要な延長期間には、適用されないものである。

本項は本法の中でも重要な規定の一つである。とりわけ「議会が同意決議によって命じた場合には」という語句は、本条(c)項の中心部分であり、それは、同意決議によって大統領が合衆国軍隊を敵対行為に投入する行為を拒否しようとしたものである。この点の立法過程をみると、下院案では、議会は同意決議により戦争宣言または特別の授権なしに行われた大統領の合衆国軍隊の使用を停止することができる〔下院案第四条(c)〕と規定し、上院案では、さらに厳しく、そのような停止は、法律（act）または共同決議（joint resolution）によることとしていた〔上院案第六条〕。しかし、両院協議会では下院案と同様に同意決議としたのである。

ここで注目すべき点は、この同意決議に法としての拘束力を与えていることである[30]。将来の大統領の行為を拒否または否認する同意決議を使用した先例は多くあり、特に第二次大戦中に立法化された。その具体的な例としては、武器貸与法、第一次戦争権限法、さらに非常時価格統制法などがあり、前述の中東決議やトンキン湾決議などがある。これらの例は、大統領の行為に対して、事前に共同決議または法律によって授権され、後に、大統領の署名なしに法律的効果を与える同意決議によって大統領の行為を終了させようとするものであった。

憲法では、陸軍および海軍を建設し、維持する権限と同様に戦争宣言の権限を議会に与え、さらに大統領を議会によって授権された戦争を遂行する総指揮官として任命している。大統領が軍隊を自己の権限で、海外での敵対行為に投入しているのは、事実上、大統領が議会の権限を引き受けているものであり、本法では議会がそのような大統領の権限を同意決議で消滅させ、さらに、大統領の拒否権という問題を避けようとするものである。[31] 議会拒否権（Congressional Veto または Legislative Veto）といわれるものである。

両院同意決議による大統領の軍隊撤退を求めている手続きについては、一九七三年戦争権限法の成立後、唯一の修正規定が提出され、可決されている。この点については、第七章第三節でふれることにする。

六　議事優先手続き

本法第五条に規定されている六〇日という軍隊投入期間の延長または短縮については、その議会手続きが二カ条にわたって詳細に規定された。すなわち、本法第六条は、第五条(b)で特定した六〇日の期限の変更に対する共同決議案、または法律案に関する議会の優先議事手続きである。さらに本法第七条では、第五条(c)の規定に従って提出される同意決議に関する議会優先議事手続きを定めている。以下本法第七条の同意決議の場合についてのみ簡単に触れてみる。

議会は、同意決議によって、六〇日の期間の終了する前に軍隊の撤退を強制することができる。そのような決議は下院外務委員会、または上院外務委員会に提出されてから一五日以内に両委員会に報告しなければならない〔本法第七条(a)〕。決議について報告を受けた当該議院は三日以内に投票をしなければならない〔同(b)〕。その後、他の院も同じ手続きで投票を行わなければならない〔同(c)〕。両院で不一致がある場合、両院協議会を開催し、合意に達すると、六日以内に報告しなければならない〔同(b)〕。さらに両院は両院協議会の報告について六日以内に賛否の投票をしなければならない〔同(d)〕。従って、法案を提出してから通過するまでの最大の期間は四八日である。これは軍隊投入という緊急時において、議会での手続き面でできるだけの優先権を確保することを目的としたものである。

七　解釈

最後に、本法第八条では若干の解釈基準および語句の定義を行っている。

(イ)　法律および条約からの推定の禁止

まず第一に、本法の解釈の中で最も問題となる「合衆国軍隊を投入する権限」について法律および条約からの推定を禁止している。まず法律については、次のように規定している。

「歳出予算法に含まれる規定を含むすべての法律の規定（この共同決議の制定の日以前に施行されていると否とにかかわらず）から推定されてはならない。ただし、当該規定が敵対行為または上記の事態へ合衆国軍隊を投入することを特別に授権し、かつ、この規定が、この共同決議の意味における特別の制定法による授権とすることが意図されている旨を規定した場合は、この限りでない。」〔本法第八条(a)(1)〕。

すなわち、第一の要件は、いかなる法または制定法も軍隊を投入する権限を明示していないかぎり、その権限を有するものと推定されてはならないというものである。この条文の目的とするところは、軍事的作戦のための歳出基金を認めることによって、議会は戦術的に行政活動を是認したという従来の大統領が行った声明を積極的に否定するものである[32]。それは具体的には、合衆国軍隊の戦闘員のために食料品、衣服、その他の補給兵站を認めることと、大統領の戦争に巻き込まれるということを認めることは、区別しようとしている。

さらに第二の要件として重要な問題となるのは、本項の後半で規定する「特別の制定法による授権」ということである。この点で、合衆国が従来、軍隊投入の根拠としてきた決議、例えば、一九五五年の台湾決議、五七年の中東決議、さらにヴェトナム戦争介入の根拠となった六四年のトンキン湾決議などの効力が問題となる。その点については本項では明確にされてない。そこでこれらの地域決議の内容について検討してみたい。まず中東決議では次のように声明しているのである。

「大統領は、中東全地域において、このような援助を望む同地域の国ないし国家群に対し軍事援助計画を行う権限を与えられる。さらに、米国は、中東諸国の独立維持と領土保全が米国の利益と世界平和にとって重大であるとみなす。このため、大統領がその必要を決定した場合、米国の条約上の義務と米国憲法に違反しないかぎり、国際共産主義の支配下にあるいかなる国からの武装侵略に対しても、援助を求める国ないし国家群を援助するため軍事力を使用する用意がある[33]。」

同趣旨の内容は、台湾決議でもみられ、台湾や澎湖諸島に対して武力攻撃があった場合、その安全を保障し防御するために、その必要とするアメリカ軍隊の使用権限を大統領に与えること、またこの大統領の権限の中には、現在友好国の掌中にある地域と関連のある地点や領域の安全と保護が含まれるものであること、台湾ならびに澎湖諸島の防衛を確保するために、必要もしくは適当であると判断するとき、大統領が適宜の措置をとることができるとしている[34]。

さらに、ヴェトナム戦争の介入の根拠となったトンキン湾決議でも、上下両院は次のように決議している。

「連邦議会は、軍の総指揮官である大統領が、合衆国軍に対する武力攻撃を撃退するのに必要な、またそれ以上の侵略が行われるのを阻止するのに必要な、あらゆる措置をとるための決定をなし得ることを認め、かつそれを支持する（第一項）。

アメリカは、東南アジアにおける国際の平和および安全の維持が、アメリカの利益および世界平和にとって不可欠の重大な意味を持つものと考える。それゆえ、アメリカは、その憲法と国連憲章に従い、また東南アジア集団防衛条約上の義務に従い、自由を防衛するために援助を求める東南アジア集団防衛条約の当事国または同条約議定書の当事国に対して援助を与えるために、大統領の決定により、武力の行使を含むあらゆる必要な措置をとる用意がある（第三項）」。[35]

これらの地域決議は、本法第八条(a)(1)の但し書の第一の条件である「軍隊を投入することを特別に授権」した場合に該当することは明白のようである。しかし、従来の地域決議が容易に成立したことの歯止めとして第二の条件である本項の「特別の制定法による授権が意図されている旨を規定した場合」ということを満たしているか否かの判断は困難である。この規定は、元来、上院案にみられたものであり、そこでは、「合衆国軍隊の投入を特別に除外した場合はこの限りでない」〔上院案第三条第四項〕と規定していた。しかし、その後両院協議会で修正されて、本法の規定となったが、それをいかに解釈すべきかについては両院協議会報告には全く説明されていない。しかし、これらの語句が意味するのは、軍隊投入の権限を認めることに対し、正確な意図が明白に設定されることを確保しようとしたものである。[36]本項の規定に関して従来の地域決議について詳細に検討されなければならないところであるが、ここではその余裕はない。しかし、議会は本法の成立によって従来の地域決議のすべてを廃棄しなかったところからみて、それらの地域決議が本項に反する規定であるとはみていないようである。

第二に、軍隊投入の権限を本法第八条(a)(1)の法律の規定からの推定禁止に続いて条約からの推定禁止を次のように規定している。

「この共同決議の制定以前もしくは以後に批准される条約から推定されてはならない。ただし当該条約が、敵対行為または上記の事態へ合衆国軍隊を投入することを特別に授権し、かつ、これがこの共同決議の意味における特別の制定法による授権とすることが意図されている旨を規定する立法により実施される場合は、この限りでない。」〔本法第八条(a)(2)〕。

条約の解釈に関して、上院案、下院案にもその規定があったが、本項の規定は前項同様上院案を修正したものである。それは、議会の戦争宣言がない場合、大統領は合衆国軍隊を投入する際に、「特別の制定法による授権」がないかぎり、いかなる条約もその根拠とすることはできないということである〔上院案第三条第四項B〕。

条約の解釈に関する本項の規定はアメリカの立法史上注目すべきものである。第二次大戦後締結された二国間および集団的安全保障条約は、合衆国軍隊を敵対行為に投入する根拠として、たびたび問題となった。特に日米安全保障条約をはじめ多くの相互安全保障条約は、条約の実施に関して、条約署名国の〝憲法上の手続き〟に従って行われる旨が規定されており、本項は、従来あいまいであった相互安全保障条約の実施に関する〝憲法上の手続き〟を明確にした点に意義がある。その内容として重要な点は、前述のとおりであるが、別の表現をすれば、条約の実施には、すべて「特別な制定法による授権」として立法行為の実施が要請され、条約を自動執行的（self-executing）なものと解釈しない趣旨である。[37] 本項の規定により、ヴェトナム戦争と東南アジア集団防衛（ＳＥＡＴＯ）条約のような問題を避けようとするものである。従って日米安全保障条約をはじめ、米韓相互防衛条約などほとんどの相互防衛条約は、本項の規定の適用を受けることになる。

さらに、このような規定を含めた理由として、合衆国が条約により敵対行為に従事する場合の決定には、両議院が介入していなければならないということを明確にした点も重要である。条約は、上院の同意を得て批准される。しかし、議会の戦争権限は、憲法で両議院に与えられており、上院や大統領のみに与えられているのではない。戦争遂行の決定は国家的な決定でなければならず、それは両議院と大統領の両者の決定によらなければならないということを忘れてはならないということである。

条約と合衆国軍隊との関係で最近問題となったのは、在韓米軍撤退と米韓条約との関係がある。その問題点だけを指摘しておくと、米韓条約には、NATO（北大西洋条約機構）とアメリカとの間に取り決められたような、締約国に対する武力攻撃に際し、アメリカの自動介入の条項（北大西洋条約第五条）はなく、日米安保条約同様、自国の憲法の手続きに従って行動する（米韓条約第三条）とあるのみである。従って、在韓米地上軍撤退後、有事に際して、合衆国軍隊が六〇日以上投入されるにはアメリカ議会の承認が必要となる。こうして、韓国内では、一九七七年有事の際、NATOのように合衆国軍隊の自動介入ができるように米韓条約を改定しようとする動きが現れたのは注目された。(38)

(ロ)　上級軍事司令部の作戦活動への参加

本法の解釈の基準の第二として、合衆国軍隊の構成員が、同盟もしくは友好機構または国家と一定の共同軍事行動に参加することを禁止するものではない点を明確にし、次のように規定している。

「この共同決議におけるいかなる規定も、合衆国軍隊の構成員が一または二以上の外国の軍隊の構成員とともに共同で、この共同決議の制定の日以前に、かつ、国際連合憲章または合衆国が批准した条約に従って設置された上級軍事司令部の司令部作戦活動に参加することを許可するため、さらに特別の制定法による授権を必要とすると解釈されてはならない。」〔本法第八条(b)〕。

本項で問題となるのは、合衆国軍隊が条約、または国連憲章に従って本法の制定前に設置された上級軍事司令部の一部分に対して本規定の適用を排除しようとしている点である。しかし、このような規定の適用の排除は、そのような上級軍事司令部の合同作戦活動だけに限定しようとしている。また、本項でいう〝上級軍事司令部〟には、NATO司令部、北米防空司令部(NORAD)、および在韓国連軍司令部(U・N・C)などが含まれる[(39)]。

(ハ) 特別の制定法による授権

前述のように、敵対行為、または敵対行為に巻き込まれることが情況により明白な事態に合衆国軍隊を投入するには、この意図を「特別の制定法による授権」することが要請されている。ここで問題となるのは「軍隊の投入」および「特別の制定法による授権」の内容である。この両方を規定したのが本法第八条(c)である。前者については、既に(4)「報告」のところで述べたとおりであるが、さらに本項の重要な点は、「特別の制定法による授権」の内容を具体化していることであろう。すなわち、相互防衛条約を実施し、合衆国軍隊を投入する場合に、「特別の制定法による授権」として次の点を要請しているのである。

「外国のまたは外国政府の正規軍もしくは非正規軍が敵対行為に従事している場合、またはこれらの軍隊が敵対行為に従事するようになる急迫した恐れが存在している場合に、そのような外国または外国政府の軍隊を指揮し、調整し、またはそれらの移動に参加し、またはそのような軍隊に随伴するため、合衆国軍隊の構成員を配属すること」。

本項の目的は、秘密に、また授権されない軍事的支援活動を防止し、インドシナ戦争における軍事顧問団のような活動を防止しようとすることにある[(40)]。

(ニ) 憲法、既存条約への不影響

本法の解釈基準の第四として次のように規定している。
「この共同決議のいかなる規定も、
(1) 連邦議会または大統領の憲法上の権限または既存の条約の規定を変更するものではない。または
(2) 合衆国軍隊を敵対行為または敵対行為に巻き込まれることが情況により明白な事態へ投入することに関し、この共同決議が存在しなかった場合に大統領が有していなかったであろういかなる権限をも大統領に与えるものと解釈されてはならない。」〔本法第八条(d)〕。

第一項の意図は、立法府および行政府に憲法上認められた戦争権限を変更する意図のものではないことを示している。従って、本法のいかなる規定も、憲法に規定する政府の各機関に委任された権限を少しも変更するものではなく、また、本法が憲法に違反するものではないことを明確にしようとしている。さらに、この決議の成立によって合衆国が一方である相互防衛協定およびその他の条約による合衆国の義務に影響するものではないことを、合衆国の同盟国に再確認させようとしているのである[41]。

一方、第二項の意図は、本法が大統領に新たに権限を与えるものではないということを確認している。本法第五条(b)で六〇日という期間を新たに定めたが、この期間中、大統領に自由に行動する権利を与えたものではないということを再確認しているのである[42]。

第四節　成立後の反応

本法の成立に対して賛否両論の批判がなされた。特に、本法が上下両院で可決された直後の一九七三年一〇

月二四日、ニクソン大統領は拒否権を発動し、議会へのメッセージの中で、二百年以上も憲法上行使されてきた大統領の権限を一片の立法で奪うものだとして、この権限を変更するには憲法修正以外にないと拒否権発動の理由を説明した。また、大統領は、「われわれの能力に対する与国の信頼を損ない、われわれの抑止力に対する敵対国の尊重度を減じる恐れがある」(43)として、同法案立法化の実際的影響に懸念を表明した。

ところで、本法の成立に反対の態度を表明する者の中にも、その理由が全く異なる場合がいくつかある。その代表的見解は、第七章第二節で詳細に言及するが、大統領の戦争権限の制限を早くから主張していた民主党のイーグルトン(Thomas F. Eagleton)上院議員の発言にみられる(44)。

しかし、〝押しボタン戦争〟といわれる核戦争時代において、連邦議会での戦争宣言ということの審議は事実上不可能といえよう。本法は、朝鮮戦争やヴェトナム戦争などのように〝宣戦なき戦争〟をなんとか食い止めようとして、議会が憲法で与えられている戦争をするか否かの決定を下す権限を、行政府、すなわち大統領から取り戻すため、三年間にわたって討論した結晶であるといえる。

また、軍隊投入という国際的な問題で、行政府と立法府が協力するということは、本法の目的の一つとして確認され、その後もたびたび問題となった。それが具体的に問題とされたのは、一九七五年四月一〇日、フォード大統領が、ヴェトナム在留アメリカ人の保護のため合衆国軍隊を使用することを提案したときである(45)。その後上下両院は、南ヴェトナムからアメリカ人ならびに南ヴェトナム人の救出のために合衆国軍隊を使用する権限を大統領に与え(46)、それはその後実行された(これは救出対象をアメリカ人だけに限っている戦争権限法の事実上の修正であるといえる)。従来はとかく議会の承認なしに大統領の戦争権限が行使されがちであったが、今回の措置は議会と大統領の協力による行動であった。キッシンジャー国務長官によれば、「外交の分野で行政府優位をめぐる論争は終わり」、いまや外交の面で行政府と議会の協力関係が必要であり、行政府は議会の決定に従う[47]、というものであった。

しかし、その後に起こったマヤゲス号（The Mayaguez）の武力奪回でも、再び大統領の戦争権限が行使された。これは、アメリカ人の生命、財産の保護のために軍隊を投入するという大統領の固有の権限によっている[48]。上院外交委員会は即座に大統領の行動を承認する決議を採択し、今回も議会では大統領の戦争権限に挑戦しようとする全体の動きはなかった[49]。

一九七五年一〇月には、シナイ半島の第二次兵力引き離し協定につき、二〇〇人の米技術者を中東に派遣する決議が上下両院の本会議で承認されている。従来、このような技術者の派遣は、法律上議会の承認を必要としない大統領の外交特権であったが、今回の措置は、ヴェトナム戦争以来、戦争権限法の成立までに多く論じられた行政府の対外的オーバー・コミットメントに対する議会の厳しい監視を考慮した結果の行動といえるものである。

すでに述べてきたように本法の制定後問題が発生するたびに、本法に対する再検討がなされ、時には修正案も提出されてきた。本法には確かに不明瞭な規定があり、今後改正される可能性もあるが、一方政府側は、前述のニクソン大統領の発言にみられるごとく本法にはかなり強い批判的態度を示してきたが、その後の具体的事件においては、いろいろな問題はあるがかなり本法の手続きに従った行動がとられるようになってきた。とくに注目されるのは、カーター政権の国務省法律顧問であるハンセル（Herbert J. Hansell）氏は、戦争権限法上のいくつかの修正すべき点を提起しながらも、政府が同法の規定に従うと述べているが、これはニクソン・フォード政権が戦争権限法の合憲性や当否を主張したことからみると全く異った態度といえよう[50]。

しかし、現実には、両者の間に真の協力体制がとられることは非常に困難のようである。それはキッシンジャー国務長官の発言にもみられる。彼は、議会の不必要な〝介入増大〟は、特に〝行き過ぎた議会の法的強制力〃は、アメリカ外交の運営を危機に陥れると警告した。[51] しかし、本法はある意味では軍隊を投入するときの手続き的規定であるといえる。フランクファーター（Felix Frankfurter）最高裁判事は、「自由の歴史は大部分手続き的保証の遵守の歴史である」と述べているが。[52]「戦争権限法」はアメリカの戦争介入を少しでも阻止しようとする手続き的保証の一端であるといえるものである。今後は、大統領職への信頼を保持しつつ、現実の大統領が立憲民主主義の諸原理の枠内で行動するよう期待することにほかならない。本法成立後三〇年が経過し、その間いろいろな議論がなされたが、この法律が議会の歴史的な業績となるかあるいは議会の権限放棄となるかは、さらに今後の時の試練が決定することになるであろう。アメリカの政治外交の研究者であるアレン教授によれば、「その法律が大統領の対外政策に対する選択肢を有効に制限しているかどうかは、何ともいえないがアメリカの外国に対する軍事介入の時代の象徴的な終焉と見なすこともできよう」とまで述べている。[53]

注

（1） Fleming v. Page, 9 Howard 603, 615
（2） Clarence A Berdahl, War Powers of the Executive in the United States, *University of Illinois Studies in the Social Science*, Vol.9, No.12, March-June, 1920, p.117
（3） 299 U.S. 304, 317 - 8
（4） Edward S. Corwin, *Total War and the Constitution*, New York, Alfled A. Knot, 1947, p.37
（5） Smith, *op., cit*, p.290
（6） このストライキは、一九五一年一二月一七日、アメリカ鉄鋼労働組合により賃上と団体契約の締結の要求がなされていたが会社側と折合わないままにスト突入の予定で新年を迎えた。その後トルーマン大統領は問題を賃金安定局の裁定が成るまで政府に委せるよう両者に要請し、政府はたびたび公聴会を開いて各方面からの意見を聞き解決に努力したが、政府部内にも意見の対立が生じていた。その間、かなり広範囲にわたって工場の操業が停止されるところとなった、しかし、全面的なストに入る直前に行政命令が発せられた。というのは、交渉期限が四月八日までであったからである。（Youngstown Sheet & Tube Co. v. Sawyer, 343 U. S. 582 - 583）尚、この判決は、ブラック（Black）が書き、フランクファータ（Frankfurter）、ダグラス（Douglas）、ジャックソン（Jackson）、バートン（Burton）及びクラーク（Clark）の補足意見があり、ほかにビィンソン（Vinson）、〔リード（Reed）およびミントン（Minton）同調〕の反対意見がある。

（7）*Federal Register*, Vol.17, p.3139, 3141
（8）Pusey, *op. cit.*, p.158
（9）343 U. S. 579 - 89
（10）343 U. S. 686
（11）U. S. v. Russell, 13 Wall 623
（12）Levy and Roche, *op. cit.*, p.156
（13）*Ibid.*
（14）Charles A. Beard, *The Republic*, The Viking Press, New York,1946, p.103
（15）Edward S. Corwin, *The Constitution and What it Means Today*, Princeton Univ. Press, New Jersey, 1948, p.56
（16）*House Report on the War Powers Resolution* No.287, 93 rd Cong. 1st. Sess.（以下 *House Report* 93 - 287 と略）p.4
（17）*Congressional Quarterly Almanac*, 1970, p.940
（18）アレン・M・ポッター『アメリカの政治』（松田武訳）東京創元社　一九八八年　二八八頁

（19） *Congressional Record*（daily ed,）March 29, 1972 92 nd, Congress, 2nd Session（以下 Cong. Rec., Mar., 29, 1972 と略）、S. 5154

（20） *Congressional Record*（daily ed.）October 10, 1973. 93rd Congress, 1st Session（以下 Cong. Rec., Oct. 10, 1973 と略）、S. 18988

（21） *Senate Report,* 93 - 220, p.33

（22） *House Report,* 93 - 287, p.6

（23） *Cong. Rec.*, Oct. 10, 1973, S.18986

（24） *House Report,* 93 - 287, p.7

（25） *Ibid.*, p.8

（26） *House Report,* 93 - 287, p.9

（27） *Ibid.*, p.10

（28） *Cong. Rec.*, Oct. 10, 1973, S.18992

（29） *Ibid.*

（30） 本来同意決議は、慣習上、法律で定めるべきものを内容としない決議であり、両院限りで効力を発生し、大統領の署名を求める手続きを行わないものであり、大統領の拒否権を発動されることがない。

（31） *House Report,* 93 - 287, p.14

（32） Gerald L. Jenkins, The War Powers Resolution : Statutory Limitation on the Commander-in-Chief, 11 *Harvard Journal on Legislation* 198

（33） Middle East Peace and Stability, *U. S. C. A*, Vol.22, §1962（1970）

(34) Formosa Resolution, *U. S. C. A.* Vol.50, §1 (1970)
(35) *Congressional Record*, August 10, 1964, 88 th Congress 2nd Session, p.18, 414
(36) この点については、第九十二議会で提出された本法と同趣旨の法案（S. 2956）で、法案趣旨の説明がなされている（*Congressional Record*, daily ed., March 3, 1972, S.5156）
(37) *Congressional Record*, daily ed, October 10, 93 rd. Cong. 1st. Sess. 1973, S.18987
(38) *The Washington Post*, July 27, 1977
(39) *Conference Report* 93 - 547 ; *Congressional Record daily ed*., October 4, 1973, 93 rd. Cong. 1st. Sess. H. 8658
(40) *Senate Report on the War Powers*, No.220, 93rd. Cong. 1st. Sess. p.27
(41) *House Report*, 93 - 287, 1973, p.12
(42) *Ibid*., p.13
(43) *Congressional Record daily ed*., October 25, 1973, 93rd Congress, 1st Session, E.9400
(44) *Congressional Record daily ed*., October 10, 1973, 93rd. Congress, 1st. Sess., S.18992
(45) *The New York Times*, April 11, 1975
(46) *Ibid*., April 24, 1975
(47) *Ibid*., April 17, 1975
(48) *Ibid*., May 15, 1975
(49) *Ibid*.
(50) *Congressional Record, daily ed*., July 26, 1977, 95th Congress 1st. Session, S.12835
(51) *Ibid*., January 25, 1975

（52） McNabb v. U. S., 318 *U. S.* 332, 347

（53） アレン・M・ポッター『アメリカの政治』（松田武訳）東京創元社　一九八八年　二九五頁

第七章　戦争権限法制定直後における軍事力行使と同法改正の動向

第一節　フォード政権およびカーター政権における軍事力行使

一九七三年の「戦争権限法」の成立後も合衆国軍隊を投入することとなった例はいくたびかあり、そのたびに連邦議会では大統領の軍隊投入と権限法との関係で論議がなされてきた。大統領が軍隊を投入することとなった原因の多くは、海外のアメリカ人の生命が危機に直面し、その引き揚げあるいは救出のためであった。権限法との関係で連邦議会で具体的に問題となったケースは、ヴェトナム戦争最終段階での軍隊投入をはじめ、二〇〇一年の九・一一テロ事件後アフガン攻撃やイラク攻撃までいくたびかの事例がある。本節では、次節でふれる戦争権限法の改正の動向を考察するうえで必要と思われるフォード政権下とカーター政権下における次のような事例についてのみ検討し、その後の事例については、次章以下で言及する。

○ダナン海上輸送作戦（一九七五年三月三〇日）
○サイゴン引き揚げ（一九七五年四月二八日）
○マヤゲス号事件（一九七五年五月一二日）
○イラン人質救出作戦（一九八〇年四月二四日）

権限法に向けられた問題は、憲法的なものであると同時に政治的なものであり、司法的な手続というよりもほとんど政治的に解決されるもののようである。したがって、権限法における今後の課題を考慮するうえで、政治的な観点から留意すべきものと思われるものとして次のような点がある。
○ 議会は、危機に際して要求される政策決定にいかなる参加をするか。
○ 議会は、現実の危機において政策決定に参加することを望んでいるのか。
○ もし議会がもっと政策決定に参加するならば、従来の場合よりも、もっと国家利益になるであろうか。
○ 権限法は、議会の参加について効果的な方法を規定しているのか。

一 ダナン海上輸送作戦

(イ) 権限法の成立後、初めて同法が具体的に問題となったのは、ヴェトナム戦争終結直前、アメリカ政府にとって軍事的に打つ手のないジレンマから一種の混乱の状態に追いこまれた一九七五年三月三日、南ヴェトナムのダナン陥落のときであった。ダナンは、南ヴェトナム北部に位置し、サイゴンに次ぐ同国第二の都市であり、政府軍および米軍の北部最大の軍事的拠点であった。ダナン陥落により、市内にいた一〇〇万近いといわれる難民および五万の市民、政府軍は、解放側の統制下に入った。

フォード大統領は、同年三月二九日(ワシントン時間)米海軍の輸送船を動員し、ダナンはじめ南ヴェトナムの沿岸各地の難民を安全な所に移送する救出作戦を命令し、同時に、大統領は付近水域の可動船舶を持つ各国政府と民間企業に救出作戦への〝人道的見地に立つ協力〟を呼びかけた。[1]

翌日の三月三〇日は、議会はイースター休暇であったがフォード大統領は、上下両院の幹部に個人的に、南ヴェトナム沿岸各地で緊急事態が発生していることを通知した。[2] さらに同大統領は、合衆国海軍の艦船を同沿岸地域から難民の引き揚げ開始のために出動させたと通知した。その後、フォード大統領は、権限法第四条の「報告要件」に従って議会に報告書を提出した。

(ロ)　この報告によれば、[3]「数十万の難民の生命を含む非常に重大な事態による、ヴェトナム共和国政府からの緊急要請に答えて、一九七五年四月一日午前四時、最初の艦船が南ヴェトナムのタナン港に入港した。」

フォード大統領は、さらに法律上の問題について次のように報告している。「投入された合衆国軍隊は、権限法の第四条(a)(2)にもとづく戦闘のため装備をしたものであるが、これらの目的は、難民救出の任務に従事する艦船を含む引き揚げを援助することであり、難民はヴェトナム南部の戦闘の少ない地域へ移送された。」

さらに、権限法第四条(a)(3)(B)は、大統領が合衆国軍隊を投入することの憲法上および法律上の根拠を明記することを要請している。フォード大統領は、この要請に応じて次のように述べている。「今回の行動は、総指揮官および外交関係を遂行する行政府の長としての大統領の憲法上の権限にしたがい、さらに一九六一年の対外援助法の改正法によって行われた」。

ダナン海上輸送作戦においては、次の二つの問題を指摘しておく。

その第一は、合衆国軍隊を投入する目的として、外国人を引き揚げるために大統領の権限が行使されている点である。権限法では、大統領が外国人の引き揚げのために軍隊を投入することを禁止するようには規定していない。しかし、この点については今後に論議の余地を残している。

さらに、第二の問題として権限法が規定している大統領の軍隊投入に際する連邦議会との「協議」である。危機の場合でとくに軍事行動を必要とするときに、大統領は議会の開催を要請する余裕がないことが多い。また、世界各国で発生している事件の多くは、ワシントンが真夜中の時間帯に発生している。[4]したがって緊急を要する場合に連邦議会との協議を行なうことは非常に困難な場合が多い。

二　サイゴン引き揚げ作戦

(イ)　権限法が適用されたケースの一つとしてさらに問題となったのは、アメリカが一〇年におよぶヴェトナム戦争介入最後の段階で、サイゴン政権が解放勢力側に無条件降伏を宣言したときのことである。

一九七五年四月二八日、フォード大統領は連邦議会の幹部に、サイゴンでの引き揚げを間もなく終了する予定であると通知した(5)。その内容は、四月二九日午前一時（サイゴン時間）に八六五名の海兵隊員からなる合衆国軍隊によって一三七五名の米国人および五五九五名の南ヴェトナム人さらに、その他八五名をサイゴンより引き揚げたというものであった。フォード大統領によれば、サイゴンの状況は付近に在留するアメリカ人の安全に脅威を及ぼすものであった。今回もダナン作戦同様、作戦は「合衆国軍隊の総指揮官としての権限、大統領の憲法上の行政権にしたがって行った」と議会に報告している(6)。

サイゴン陥落やプノンペンからの引き揚げ作戦に際して大統領は軍隊投入後、権限法にもとづいて議会に事務的に報告しているにすぎなかった。

一九七五年四月一〇日、フォード大統領は上下両院の合同本会議において演説し、〝アメリカ人及び南ヴェトナム人の撤退〟(7)という限定された目的のため東南アジアでの合衆国軍隊の使用に対する「制限」を早急に再検討するよう連邦議会に要請した。ここでの「制限」は「戦争権限法」というよりも、予算立法による軍隊の使用の禁止である(8)。

その後、四月一四日バード（Robert C. Byrd）、上院議員は大統領の要請を受けて、米国人の生命が脅威にさらされている状況にある南ヴェトナムからの撤退を保護するために軍隊を使用する権限を与える法案を提出し(9)、「法律による資金の使用禁止を再検討する」という大統領の要請に対応した。この法案は、法律による資金の使用禁止を除去し、前記の権限を行使するのにある程度効力を持たせようとするものであった(10)。

同日、政府は資金の使用禁止を再検討するよう独自の法案を議会に提出した[11]。それは、これらの禁止に含まれるいかなるものも、人道主義による撤退の援助をするために大統領が命令した場合は、合衆国軍隊の使用のため資金の使用を制限するものと解してはならないというものであった。バード上院議員の法案や権限法の見解と異なって、その法案には軍隊使用の権限を付与していないし、また、いかなる人に対して、またいかなる状況のもとで引き揚げを行うかという制限はなかった[12]。

(ロ)　上院外交委員会は、四月一四日から一八日にわたって審議を行ない、その後、アメリカ人および南ヴェトナム人引き揚げのために一億ドルの追加予算を要求した法案を報告することとなった。その提案は、引き揚げを完遂するために合衆国軍隊の使用の権限を与えるものであった[13]。

一方、四月一七日、下院の国際関係委員会は、政府案とほとんど同じような法案を報告しているが、この法案では積極的に軍隊を使用する権限を与えてはいなかった[14]。同法案は、南ヴェトナムへの合衆国軍隊の再投入の制限を停止するものであるが、しかしそれは引き揚げだけの目的であった。そこでは、アメリカ人およびその使用人、アメリカの永久居住者、アメリカへの移住民の資格のあるヴェトナム人、さらに直接の危険を受けているヴェトナム人、その他の外国人を引き揚げるという従来にない広範囲のものを認めている[15]。

その後、上下両院は各々の法案を可決した[16]。しかし、その内容において上下両院が異なるため両院協議会が開かれ調整されたが、五月一日の下院本会議では二四六対一六二の大差で否決される[17]という異例の事態が生じたのであった。

(ハ)　サイゴン引き揚げに関しても従来通りいろいろな問題はあるが、とくに次のような点を問題として指摘することができるであろう。

第一に、権限法の最も重要な点として規定している「協議」(同法第三条)が行なわれたかということである。一九七五年四月一四日、ホワイト・ハウスでは上院外交委員全委員を南ヴェトナムへの援助に関する政策決定を論議する特別会議が開かれた。その会議にはキッシンジャー国務長官、シュレシンジャー国防長官、ウェイワード（Fredrick Weyward）陸軍参謀総長が参加した。スパークマン（John Sparkman）外交委員会委員長によると、上院外交委員会の全委員が大統領と会合したのは過去二五年来はじめてのことであった。[18] このホワイト・ハウスでの会合が権限法に規定する「協議」を構成するものであるかどうかは疑問の余地がある。

さらに注目すべきことは、ヴェトナムの緊急事態における南ヴェトナム人道援助法案が否決されたのは、南ヴェトナムのミン（Duong Van Minh）政権が崩壊した四月二九日の二日後である五月一日であった。結局のところ大統領は、権限法に規定している特別の制定法による授権を待つことなく、憲法上の総指揮官としての権限でサイゴンから引き揚げを行なったのである。

以上のほかに、第三の問題としてあげられるのは、大統領がアメリカ人以外の外国人を引き揚げることに関する問題である。この問題に関しては下院国際関係委員会の国際安全保障及び科学問題小委員会で国務省の法律顧問であるモンロー・リー（Monroe Leigh）氏は「アメリカ人の生命及び安全が外国人の生命及び安全に密接に関係する場合には、大統領は外国人を引き揚げる権限を有する」ものとしている。[19] 今回の事件は、危険にさらされたアメリカ人もしくはその他の人々を救出するために、大統領は連邦議会の承認を要請するだけの時間があり、それを実行した。しかし、大統領が軍隊を使用することに関して、連邦議会は特に限定した授権をすることにならなかった。この点では従来にない注目すべき例といえるであろう。

三　マヤゲス号事件

(イ)　マヤゲス号（The Mayaguez）事件は、世界的に注目された事件であり、アメリカ国内ではもとより、わが国においても国際法的あるいは政治的な論文が多くあり、[20]本節では今までどおり、大統領と連邦議会との関係でのみ言及する。

一九七五年五月一二日、ホワイト・ハウスは、同日の早朝香港からタイへ向っていたアメリカの商船マヤゲス号がカンボジアの水雷艇から攻撃を受けたと発表した。攻撃を受けたとき、マヤゲス号は、シャム湾のカンボジア沖合六〇マイルを航海していた。攻撃を受けたのでミラー（Charles T. Miller）船長はマヤゲス号のエンジンを停止させたが、その直後マヤゲス号はカンボジア軍によって拿捕された。[21]五月一二日の正午までにフォード大統領は、国家安全保障会議の緊急会議を四五分間開いた。さらに午後、キッシンジャー国務長官はワシントン駐在の中華人民共和国の外交事務所及び北京駐在のカンボジア大使館を通してマヤゲス号の解放を要求した。この間に合衆国第七艦隊の航空母艦コーラル・シー（The Coral Sea）号およびその他の艦船がシャム湾に直行した。また、沖縄の第三海兵隊も戦闘態勢に置かれた。[22]

翌一三日の一〇時三〇分までにフォード大統領はシャム湾のコータン島へのすべての船舶の出入を防止するために同域への合衆国軍隊の出動命令を発した。午後五時三〇分までにフォード大統領は、軍隊を使用することの決定に関して一七名の議員に通知した。連絡を受けた議会の幹部たちは、スコット（Hugh Scott）、マンスフィールド、バード、グリフィン（Robert P. Griffin）、スパークマン、ステニス、サーモンド（Strom Thurmond）、イーストランド（James O. Eastland）上院議員などである。[23]さらに一四日午後九時頃、合衆国海兵隊員は、米駆逐艦ホルト（The Holt）号から無人のマヤゲス号に乗り込み同船を奪還した。さらに五月一五日の午前一二時二五分頃に乗組員はマヤゲス号に帰還した。[24]

(ロ)　権限法第四条の報告事項に従って、フォード大統領は一九七五年五月一五日議会に報告書を提出した。その報告書でフォード大統領は、「今回の作戦行動は、憲法上の大統領の行政権および合衆国軍隊の総指揮官としての権限に基づいて命令し、遂行した」[25]と記載している。フォード大統領は再び、総指揮官としての憲法上の権限に基づく決定であると理由づけをした。しかし後に（一九七七年四月二日に）フォード前大統領は、マヤゲス号事件では「戦争権限法」[26]を適用しなかったが、それは同事件が〝アメリカ人の保護〟のためであったからであると述べている。

(ハ) そこで、マヤゲス号事件から生じた問題を考えてみる。権限法の基本的な規定は前述のように第三条の協議規定であるが、協議規定は権限法の目的と政策の履行を確保することを意図したものである。すなわち〝敵対行為に合衆国軍隊を投入することに議会と大統領の両者の共同判断〟が適用されることを確保することである。この点については前述のように議会の幹部たちは、大統領から軍隊を出動した後にそのことを知らされている。したがって、そこには権限法の目的としている議会と大統領の事前の共同判断ということは行われていないといえよう。

マヤゲス号事件によって生じた問題に対して、一九七五年六月四日、下院の国際関係委員会の小委員会において権限法との関連で公聴会が開かれた。なかでも注目されるのは権限法の中心的提案者であるジャビッツ議員の発言である。ジャビッツ議員によれば、「協議」というもの[27]は、大統領が連邦議会と協議をし、議会の意見を考慮に入れるまで軍隊の使用に関する最終決定をしないことを意味するという。したがって軍隊を投入する前に、大統領と議会が事前に協議をし、両者の共同判断が行われることを主張したものであった。

さらにセイバリング（John F. Seiberling）[28]下院議員は、フォード大統領は軍隊を使用する決定をしてから議会に知らせたものであることを批判し、彼は、もし協議が事実の後に行われるのなら協議規定は有効なものとはならないと論じた。彼はさらに、軍隊が敵対行為に投入される前に大統領と議員との間に個人的意見の交換のシステムをつくるよう独自の見解を表明した。

一方、一九七七年四月一一日フォード前大統領が「協議」の問題についてつぎのような点を指摘しているのは注目される。[29]

「権限法は軍事的緊急事態で連邦議会との協議を要求しており、いかなる大統領もこの義務を否認しようとは考えないであろう。しかしそれを法律によって強制できるであろうか。一体それは何を意味するのであろうか。さらに議会では一般的に外交政策の面で大統領と対立する傾向があるなかで、現実に大統領が政策を実行する際、特に危機に際して、この権限法が議会といかなるかかわりあいを持っているのかということである。[30]」

これは協議に関して大統領との間で全くコンセンサスのなかったことを物語るものである。さらに、権限法に規定する「協議」が今後も履行されることが期待できないということを示す一例といえるものである。

四　イラン人質救出作戦

(イ)　カーター大統領が一九八〇年四月二五日全米向けテレビでの演説で、イランでの人質救出作戦の失敗したことを発表したことは、多くの人々の記憶に残っていることであろう。

この救出作戦行動は、一九七九年一一月四日、イスラム学生によりテヘランのアメリカ大使館を占拠、館員を人質としたことに対して行われたものであった。学生の要求はアメリカ滞在のパーレビ(Mohammad R. Pahlevi Shah）元国王の送還要求であった（その後一九七九年一二月一五日同国王はパナマへ移った）。その後一九八〇年一月二五日国際連合では、国際調査委員会が設置され、イランへ派遣されるなどいろいろ解決努力がなされた。三月六日占拠学生は、「人質を革命評議会にゆだねる」と発表し、同評議会も了承した。しかし、四月七日最高指導者であるホメイニ（Ayatolla R. Khomein）師が人質移送を拒否することで情勢は最悪となり、アメリカは外交関係などイランと断交の措置をとることとなった。[31]

その後十日たっても事態は一向に進展せずカーター大統領は、四月一七日テヘランのアメリカ大使館人質解放の平和的手段がほぼ尽き、残るは軍事解決だと述べた。[32] アメリカ政府筋によると、軍事手段としては人質の救出作戦やイランに対する空爆などは現在の計画からは除かれており、インド洋・アラビア海に展開中の米海軍力を使った海上封鎖、船舶の臨検、一部港湾の機雷封鎖などが具体的な選択対象になっているといわれていた。

以上のようにアメリカのイランに対する措置は外交関係の断交にはじまり、海上封鎖までが唱えられるようになった。ワシントン・ポストによれば、同紙の世論調査では軍事行動をとるべきだという見解が過半数となるまでにいたった。さらに、ある高官によれば、当時国務省その他の省庁において、連邦議会がイランに対して戦争を宣言することを求める空気があるとまでいわれるようになっていた。[33]

(ロ) イラン危機の解決を焦る連邦政府に対し、四月二三日珍しく上院本会議で有力議員から政府に自重を求める発言が相次いだ。[34] ウォーナー (John W. Warner) 議員は権限法に言及して、イラン港湾の機雷封鎖などの行為は〝戦争に準じた緊急事態措置〟だとして、連邦政府は独断で軍事措置を打ち出すべきではなく連邦議会と事前にそれが妥当かどうか密接な協議をするよう呼びかけた。同議員によると、軍隊派遣規模などの具体的決定は大統領が行うが、「戦争状態」の宣言権限は連邦議会に付与されている。したがって、イランに対する機雷封鎖を行う前に連邦議会としては、現在のイラン危機を「戦争状態」にまでエスカレートさせるかどうかの審議を行い、結論を出さなければならないと戦争権限に関する基本的な論議が行われた。

さらに超タカ派とみられてきたゴールドウォーター (Berry Goldwater) 議員までも「一九七三年戦争権限法の法案審議で成立に反対した。しかし今は状況が異なり、軍事措置は各方面に深刻な影響をもたらすだけに慎重であるべきだ。議会との相談もなしに政府が一方的な措置を取ることには反対である」と述べている。

その他の有力議員の発言は、上院外交委員会がヴェトナム戦争への米軍介入の是非について大がかりな公聴会を行った〝大論争〟以来の〝議会の良識〟の片りんをのぞかせたものといえるかもしれない。さらにチャーチ、ジャビッツ両議員は、カーター大統領に対し、軍隊を投入する場合には必ず権限法上の「協議」をすることを要請した。このように議会が大統領に対し事前に要請をしたのは初めてのことといえよう。[35]

(ハ)　四月二五日早朝、カーター大統領は全国向けテレビでイランでのアメリカ人救出作戦の試みに失敗したことを発表した。[36]その中で同大統領は「彼らが従事した任務は人道的任務であった」と述べ、さらに、「私はアメリカ人の生命の安全を守り、アメリカの国家利益を保護し、この危機が続くことによって多くの諸国の間に生まれた世界的な緊張を減少させるため、この救出作戦の準備をするよう命じた」と述べている。カーター大統領の救出作戦失敗の声明発表はアメリカ国内はもとより、世界中に大きなショックを与えた。しかし、カーター大統領はこの人質救出作戦を、〝軍事行動でなく、人道的救出活動〟と強調することで内外に高まった危機感と不信感を鎮めるのに全力をあげた。[37]

この人質作戦で多くの議員が問題としたのは、大統領が合衆国軍隊をイランへ派遣することについて連邦議会に問うことも、通知をすることもしなかったことであった。しかも前述のように、現実に軍隊を投入する前日においても、議会は事前の協議を要請したのであった。[38]

チャーチ上院外交委員長は、「大統領が最終決定をする前に議会の幹部と協議をしなかったことは残念なことである」[39]と述べている。またジャクソン上院エネルギー委員長、さらにジャビッツ上院議員など多くの議会首脳も権限法に規定する事前の協議のなかったことに不満を示している。しかし、作戦の失敗を全国テレビ放送したカーター大統領は、その後、昼ごろまで議会の幹部約二〇人を相次いでホワイト・ハウスに招き理解を求めた。[40]発表を聞いた直後の議員の多くは、大統領が軍事行動をとったのに、議会に事前の相談がなかったとの不満を持ったが、大統領から救出作戦は軍事行動ではなく、作戦は極秘でなければならなかったこと、さらにアメリカにとっての大きな危機であったことなどの釈明を受けた。その後は党派性を越えてカーター大統領のもとに結集することで一応批判の矢をおさめた。しかし、この人質救出作戦行動が戦争権限にふれる軍事行動であるかは今後とも議会で論議されることになろう。[41] さらにこの作戦に関してシビレッチ（Benjamin Civiletti）司法長官が、大統領は人質救出に関して連邦議会と事前に協議することなく行動できることをカーター大統領に勧告していることも注目すべきであろう。[42] 作戦実施後の四月二七日にはカーター大統領は権限法にしたがって議会に報告書を提出した。[43] その中で、救出作戦行動で合衆国軍隊を投入した法的根拠について「憲法に規定されている行政府の長および合衆国軍隊の総指揮官としての権限（とくに権限法第八条(D)(1)に認めている）にしたがって命令し、行動した」と述べ、さらに「この作戦は、アメリカ人を保護し、救助するために、国連憲章第五一条（自衛権）にしたがって行われた」と述べている。[44]

(二) 前述のように、当初カーター大統領はこの作戦を戦闘につながる行動でなく、人道的立場から派遣されたものであって、「一九七三年戦争権限法」は適用されないと主張していた。しかし、ホワイト・ハウスはこの法律が義務づけているとおりに議会に報告を提出することによって事件後の苦しい解釈を引っこめた。毎回のことであるが権限法の中心である「協議」の規定を無視しておいてなぜ「報告」の義務を尊重することとなったのであろうか。権限法では、「協議」について、〝可能なときはいつでも〟協議すると規定している。この法律の立案者たちは、緊急事態に大統領が即座に対応することは認めようとしていたと思われるが、そのような例外は、計画に何カ月もかかるような作戦にはほとんどあてはまらないであろう。この事件でホワイト・ハウスは、明らかに最大限の秘密を重視した。そのことは、数人の議会幹部さえ信用できないということと無関係ではなさそうである。この点は従来も問題となってきたところであるが、今後とも議会において論議されることになろう。

第二節　戦争権限法の改正における諸問題

一　戦争権限法に対する批判

権限法は、前述のように成立以前から注目されていた立法史上画期的なものであり、成立後も多方面から権限法の成立に対して賛否両論の批判があった。特に、権限法が上下両院で可決された直後の一九七三年一〇月二四日、ニクソン大統領の拒否権発動は注目すべきものである。連邦議会へのメッセージ(45)の中で、「二百年以上も憲法上行使されてきた大統領の権限を一片の立法で奪うものだとして、この権限を変更するには憲法修正以外にない」とニクソン大統領は拒否権発動の理由を説明した。また、同大統領は、「権限法が大統領の権限に課そうとしている制限は憲法に違反するものであり、またわが国の最上の利益にとって危険」なものとしている。また「アメリカの動向に対する世界の評価を不確定なものにし、誤断と戦争の可能性を増すもの」だとし、「法案が立法化されていたら、中東問題解決のためのアメリカの行動も損なわれただろうし、また、ヨルダン危機、キューバ危機のときのような果断な行動がとれなくなる」と述べて同法案立法化の実際的影響に懸念を表明した。

一方、権限法の成立に反対の態度を表明する者の中にもその理由が全く異なる場合がいくつかある。その代表的な例は、大統領の戦争権限の制限を早くから主張していた民主党のイーグルトン上院議員の発言にみられる。彼は権限法の成立に対し、「議会が何の活動もしないでいても、大統領は九〇日間、世界のいかなるところへも軍隊を投入することができる。これは、大統領に現在以上の権限を与えるものであり、また世界中で九〇日間の戦争を遂行する白紙委任状（blank check）を与えたようなものである」、と批判している。[46]

軍隊投入という国際的な問題で、行政府と立法府が協力するということは、権限法の主要な目的の一つとして確認されたものであったが、この点は非常に困難であり、前述のようにたびたび問題となっている。

二　イーグルトン修正案

権限法に対する批判は具体的な事件が発生するたびに表明され、さらに権限法に対する改正案となっていくたびか提出され、審議された。ここですべての改正案を紹介する余裕はないが、その代表的なものとして一九七七年のイーグルトン案がある（以下「改正案」と略）。同案は従来部分修正案として提出された多くの修正案を総括的にまとめたものと思われる。[47]今日にいたるまで権限法は後述の一部の改正を除いて大きな改正はない。

1　大統領の軍隊投入

(イ)　大統領が合衆国軍隊を投入するのはすでに「戦争権限法の概要」でふれたように、総指揮官としてなされるのであるが、権限法ではその要件として

第一　戦争宣言

第二　特定の制定法による授権

第三　合衆国、その准州、属領又は合衆国軍隊に対する攻撃により生じた国家緊急事態

と規定している（権限法第二条C）。

これらの諸項目は、従来アメリカで認められてきたものを列挙したにすぎず、権限法制定後大統領が合衆国

軍隊を投入した諸例を見てもこれらのいずれにも該当しない。

議会との関係でみると第一の「戦争宣言」および第二の「特定の制定法による授権」は、大統領が軍隊を投入する場合に、事前に議会の承認を得たものであり、第三の場合は、事前の承認を得ずして大統領が軍隊を投入する場合となる。

問題となるのは第三の場合である。この点は、権限法の制定に際して最も多く論じられた点であった。しかし、権限法第二条が一般的方針の表明であり、大統領が合衆国軍隊を投入することのできる事態を特定化したものではなく、前述のように従来から伝統的に認められてきた最も代表的なものを示したものと解すべきであろう。したがってその規定が不十分であり、またあまり明確でないために権限法第二条Cを次のように改正しようとしている。

「連邦議会による戦争宣言がない場合、合衆国軍隊を敵対行為又は敵対行為にまき込まれることが急迫し、それが情況から見て明白な事態へ投入することができるのは、次の各号に揚げる場合のみである。

(1) 合衆国、その准州及び属領に対する武力攻撃に対し必要かつ適当な報復措置をとり、あるいはそのような攻撃の直接かつ急迫した脅威の機先を制すること

(2) 合衆国、その准州及び属領以外に駐留する合衆国軍隊に対する武力攻撃を撃退し、あるいはそのような攻撃の直接かつ急迫した脅威の機先を制すること

(3) 合衆国市民及び合衆国国民を次の場合からできるだけすみやかに引き揚げるのを保護すること

(A) 公海上における合衆国市民及び合衆国国民の生命に対する直接かつ急迫する脅威にまき込まれているすべての情況、又は

(B) 合衆国市民及び合衆国国民が、外国政府の明示若しくは黙示の同意を得て在留し、かつそのような市

民及び国民の生命が、前記外国政府により又は政府の支配する権限を越えて直接かつ急迫する脅威にさらされているすべての国、ただし、合衆国大統領は合衆国軍隊を行使しないで当該の脅威を排除するためにあらゆる努力をしなければならない。また、大統領は前記の外国から引き揚げる合衆国市民及び国民を保護するために合衆国軍隊を使用する前にできるだけ、前記国家の政府の同意を得なければならない。

(4) 特定の制定法による授権により、本項(1)(2)及び(3)の各号にしたがって軍隊を使用する場合も、各号に規定されている目的に必要不可欠であり、かつ、直接関係する人員及び方法で行われなければならない(改正案第一条)。

(ロ) 前記のような改正が必要とされる背景には、すでにふれたサイゴンからの引き揚げをはじめ、プノンペンからの引き揚げさらにマヤゲス号事件があったことはいうまでもない。いずれのケースにおいても大統領が行使した権限は権限法において規定している根拠に基づいてなされたものではなく、前述のように「大統領の総指揮官として」という理由をはじめ憲法上その他の理由としていた。したがって改正案において、大統領が具体的事件に際して権限法の規定にしたがってのみ軍隊を投入することを認めようとする意図を表明した。ここでは軍隊を投入する場合として、第一に合衆国の領土及びその准州、属領に対する攻撃の場合。第二に前述の領土における合衆国軍隊に対する攻撃である。第三は合衆国市民及び国民に対する攻撃であり、そのような攻撃が海外においてなされる場合にその引き揚げを保護するために軍隊を投入することを認めようとしている。さらに大統領が軍隊を使用する場合として、「直接かつ急迫する攻撃の脅威の機先を制し」という条件をつけ、大統領の権限行使の範囲を厳密に規定しようとしている。

前記イーグルトンの修正案の後、一九八八年には、バード民主党上院院内総務、共和党のワーナ (John W.

Warner）上院議員など四人の超党派で戦争権限法の修正案（S. J. Resolution 323）を提出している。特に注目されるのは、権限法第二条（c）項に規定されている大統領の軍隊投入の根拠を全面削除する事への修正である。三条件は非常に限定的であり、内外におけるアメリカ国民に対する危機への防御や救援が欠落している。さらにアメリカとの集団的安全保障体制への参加国や同盟国への攻撃や、その攻撃がアメリカの安全を脅かす場合などへの対応が考慮されていないためである(48)。

2　協議

(イ)　連邦議会と大統領の「協議」は権限法第二条に規定しているように「両者の共同判断」を行なうに際し重要なプロセスといえよう。権限法では「協議」について、事前には「可能なときは常に」と規定し、事後的には「いかなる場合」にもと、次のように規定している。

「敵対行為又は敵対行為にまきこまれることが急迫しそのことが情況から明白な事態へ合衆国軍隊を投入する場合、大統領は可能なときは常に連邦議会と事前に協議をしなければならない。又投入後はいかなる場合にも、合衆国軍隊が敵対行為に従事しなくなるか又はそのような事態から撤退を完了するまで大統領は連邦議会と定期的に協議を行わなければならない」（権限法第三条）。

権限法に規定する「協議」がいかなる方法で、さらにいかなる機関で行われるかという点については具体的には規定はない。したがって前節でみた諸事件においても、大統領は軍隊投入に際して事前に連邦議会と「協議」が行われたことはなかったといってよい。しかもイランでのアメリカ人人質救出事件にみられたごとく、投入の前日まで議会の首脳は大統領に「協議」がなされるよう申し入れをしていたのである。

「協議」に関して問題になるのは、第一に権限法における規定が不明確である点といえよう。したがって、いくたびか本条の改正案が提出されている。その一には、事前における「議会と協議する」という語句を改めて、「議会の助言と協議を求めて」[49]とし、さらに、「議会と定期的に協議する」を改め「議会助言と協議を定期的に求めて」としようとしている。ここで問題になるのは「助言と協議を求める」という文言である。この点について、明確を期するために次のように規定しようとしている。

「助言と協議を求めるという文言は、大統領が敵対行為が情況からみて明白な事態へ合衆国軍隊を投入する決定をする前に、可能なときはいつでも関係する情報を議会の指導者及び当該委員会に提供し、かつ軍隊の使用に対する決定について討議し、さらに合衆国軍隊の投入の命令をする前に議会の指導者及び当該委員会の助言と協議を求めなければならない」

ここで「議会の指導者及び当該委員会」とは、下院議長、上下両院の多数派のリーダー、さらに上院の軍事委員会ならびに外交委員会の委員長及び少数派のリーダー、下院の軍事委員会ならびに国際関係委員会の委員長及び少数派のリーダーを指している。

ここで重要なことは、「協議」がなされるにあたり、当該問題が未決であり、ある種の行為に対して大統領は議員からの質問を受け、承認を受けるものでなければならない。従来のように、大統領がたんに議会に情報を提供するというだけのものではない。

(ロ) 議会と大統領の「協議」に対する内容を右のように明確にしようとする意図は十分に了解しうるといえよう。しかし「協議」が過去においてなされなかったことに対する反省は別の角度からもなされている。前述のように議会及び当該委員会すべての指導者たちと大統領が協議をすることが現実の問題として困難なことは過去の例が示すとおりである。したがって、具体的に議会と大統領が協議をする体制を機構上つくることの提案があるがこれは改正案として正式に論議をされたものではないので参考までにその提案内容のみを掲げておこう。

(1)　議会は立法府に国家安全保障会議（National Security Concil：NSC）に対応する特別委員会を設置する
(2)　議会で指定した議員をNSCの正式の構成員とする
(3)　NSCと議会の特定の委員会のスタッフの段階での連絡をもっと密接にする[50]
(ハ)　さらに「協議」として問題となるのは、いかなる場合に「協議」を行なうかという点である。権限法で大統領に「協議」を要請しているのは、「敵対行為又は敵対行為にまきこまれることが急迫し、それが情況からみて明白な事態」（権限法第三条）という場合だけである。これは、大統領が合衆国軍隊を投入した場合、その後議会に報告書を提出することが要求されている三つの場合（権限法第四条(a)(1)―(3)）の一つにすぎない。したがって、大統領が軍隊を投入する他の二つの場合にも「協議」をすることを要求しようとするものである。すなわち、大統領が合衆国軍隊を、戦闘のため装備をして、外国の領土、領空、若しくは領海に対して投入するとき、あるいは、外国に配置している合衆国軍隊の実質的兵力増強として投入するときは、議会と協議をすることを要請しようとしているものである（改正案第二条）。

3　予算使用の禁止

権限法は大統領が議会の承認なしに軍隊を使用することを制限する法律であることはすでに論じてきたとおりである。しかし、権限法が成立するまでには長い年月がかかっている。その成立過程で注目すべきことは、大統領の軍隊投入の権限を別の角度からも制限しようとしたことである。その一例として大統領の戦争遂行権を予算面から制限したのである。

連邦議会の戦争権限の一つとして合衆国憲法は「軍隊を募集し、編成し、これを維持すること」を規定し、さらにこの目的のために歳出の予算を定めることとしている（合衆国憲法第一条第八節第一二項）。これは連邦議会が軍事予算を与えることもできるが、一方それを制限することもできることを意味している。連邦議会が大統領の軍事予算要求額を大幅に削減した例はたびたびある。

さらに注目すべきことは、ヴェトナム戦争中、戦争遂行に必要な予算に対して議会は拒否反応を連続的に示したことである。とくにその代表的な例としては、一九七三年の「連邦議会の承認なしにインドシナ半島における軍事行動を目的とした過去、現在、未来にまたがるあらゆる戦費の支出を禁止する」[51]というものであろう。これは現実に大統領が遂行している戦争を阻止した最初の例であり、議会史上画期的なものであったといえよう。

このような議会の活動は、権限法制定後にも行なわれた。その例は、前記一九七五年ヴェトナム戦争最後の段階におけるサイゴンからの引き揚げにもみられる。フォード大統領は、法律による資金の禁止を再検討するよう要求したものであった。

以上のように大統領の軍隊投入に対抗する手段として議会の活動のなかでも最も強力な手段が予算の措置であったことはアメリカの歴史上注目すべきものといえよう。このような背景をもとに、権限法第五条に次のような新項目としてを追加しようとしている。

「法律で認めたいかなる資金も、本条(b)項(六〇日間で軍隊使用を中止)若しくは(c)項(両院同意決議による軍隊の撤退命令)で禁止し又は第二条(c)項(大統領が軍隊を投入できる場合)で授権しない合衆国軍隊の使用のために拘束し又は支出してはならない」(改正案第一条(b))。

この規定の目的とするところは、権限法で禁止した軍隊の使用に対して国家予算の支出を禁止しようとするものである。

4　権限法の解釈

(イ)　権限法の解釈規定では、「敵対行為又は敵対行為にまきこまれることが情況からみて明白な事態に合衆国軍隊を投入する権限」の「法律」及び「条約」からの推定（infer）を禁止している（権限法第八条(a)(1)、(2)）。ただし、例外として、当該法律及び条約が「敵対行為又は上記の事態へ合衆国軍隊の投入を特別に授権し、かつ……特定の制定法による授権をすることが意図されている旨を規定した場合」をあげている。

ここで第一に問題となるのは、大統領が従来軍隊投入の根拠としてきた、地域決議である。例えば、一九五五年の台湾決議、五七年の中東決議、さらに六二年のキューバ決議であり、六四年のトンキン湾決議である。なかでもヴェトナム戦争の根拠となったトンキン湾決議では、上下両院は次のように決議をしている。

「連邦議会は、軍の総指揮官である大統領が合衆国軍隊に対する武力攻撃を撃退するために必要な、またそれ以上の侵略が行われるのを阻止するのに必要なあらゆる措置をとるための決定をなし得ることを認め、かつそれを支持する」。

この決議は権限法第八条(a)(1)のただし書きの第一の要件である「軍隊の投入を特別に授権」した場合に相当するといえよう。しかし、従来の地域決議が容易に成立したことへの反省から第二の要件である「特定の制定法による授権をすることが意図されている旨を規定した場合」に相当するかの判断は困難である。このようなあいまいな点を明確するため改正案では、権限法で軍隊を投入する権限を、「すべての法律」に加えて「すべての両院同意決議」から推定してはならないとしている（改正案第七条(1)）。

したがってこの改正により前記の地域決議（両院同意決権）を大統領は合衆国軍隊を投入する根拠としては適用できなくなる。

(ロ)　さらに権限法第八条(a)(2)では前述のように「条約」からも軍隊投入の権限の推定を禁止している。しかし、アメリカにおいて条約と内容において実質上あまり異ならない行政協定の締結が非常に多い。その法的効力は国際的には条約と同様の効果をもち、その区別は国内法上の手続上の区別であるとさえいわれる。さらにアメリカでは、条約と異なり行政協定は上院の助言も同意も得る必要がない。しかし、議会ではこのような方法に対する批判をブリッカー修正案（Bricker Amendment）はじめ早くから行なってきた。とくに一九六七年の「対外約束決議案」（National Commitments Resolution）は、アメリカの対外約束の範囲を厳格に解釈し、条約、協定、その他の文書に基づくものに限定し、議会の承認を求めることとしているのは注目すべきである。(52)さらに一九七二年には、ケース上院議員の提案によって成立した「ケース・ザブロッキー法」（Public Law 92-403）からアービン上院議員提出の法案をはじめ行政協定に対する議会の監視が従来になく強化されるようになった。

行政協定に対する議会の発言を強めた一つの例として、一九七五年九月の「シナイ協定」をめぐる議会の論議がある。従来このような協定は議会の承認を得てはいなかったが、前述のような議会の対外約束に対する監視強化の動きを考慮し、キッシンジャー国務長官は議会の承認を求めることとしたものであった。シナイ協定で問題となるのは、アメリカの民間人技術者が第四次中東戦争後のシナイ半島に派遣されることであり、ヴェトナム戦争のように、ずるずると戦争にまきこまれることへの懸念が表面されたことである。とくにそれが明白に現われているのは、アブレク上院議員の提案である。それは、シナイ協定により派遣するアメリカの民間人の保護のため、大統領が合衆国軍隊を使用することとを禁止するという提案である。

このような考えは改正案となって現われている。すなわち、前述のように、権限法第八条(a)(1)では、合衆国軍隊の投入の権限を条約から推定を禁止しているが、さらに(3)項として

「この共同決議（撤限法）の制定以前若しくは以後に締結されるすべての行政協定から」（改正案第七条）を加えようとするものである。

(ハ)　権限法第八条(a)(2)では、すでに論じてきたように条約から軍隊の投入を推定することを禁止している。

一方権限法第八条(D)(1)では、「この共同決議（権根法）のいかなる規定も、……現行の条約の規定を変更するものではない」と規定している。したがって権限法第八条(a)(2)の規定と第八条d(1)の規定は矛盾する規定ではないかという問題が生じている。

この点が日米安保条約との関係でわが国の国会においてもたびたび論議され、かくてこのような不明確な法律の規定に対し、改正しようとする考えがでてきた。それは、権限法第八条(D)(1)の中の「現行の条約の規定」という文書を削除するというものである。

このような考え方の背景を考えるには、アメリカにおける条約に対する考え方、とくに連邦議会内における考えを考慮する必要があるであろう。連邦議会に憲法上認められている戦争権限は戦争宣言をはじめ多くの権限が認められている。しかし、現実の長い歴史の上では、大統領の軍の総指揮官としての権限が強く、さらに、大統領は第二次大戦後、多数の国々と軍隊投入の根拠の一つとなる相互安全保障条約を締結してきた。

戦争宣言は連邦議会、すなわち、上院及び下院の両院にその決定権を与えている。一方、条約は、大統領に締結権を与え、批准権を上院のみに与えている（合衆国憲法第二条第二節第二項）ことに注目しなければならない。

さらに注意しなければならないのは、アメリカが多くの国々と締結している相互安全保障条約では、武力攻撃において「自国の憲法上の手続に従って」対処するという規定がある。これはアメリカ及び多数の国が自国の憲法上にその手続が規定されているためであり、アメリカにおいては、前記の連邦議会の戦争宣言を意味しているものである。この点は、わが国においては、憲法上、このような場合に該当する特定の手続を定めた規定はないことは、たびたび国会において論じられているとおりである。このように相互安全保障条約における「憲法上の手続」というのは、行政府と立法府の両者の憲法上の権限の配分を十分に考慮し、それを変更しないことを明確にしている点は見逃しえないところである。

第三節　一九七三年戦争権限法の一部改正

一九七三年戦争権限法第五条(c)項では、両院同意決議による大統領の軍隊投入を拒否するといういわゆる議会拒否権が規定されている。これは同法の制定過程においても論議された問題であり、さらに制定後も連邦議会では問題となっていた。同法成立後一〇年の一九八三年次のような一条が追加された。

特定の両院共同決議案及び法律案に関する促進手続き

「合衆国、属領及び準州の領域外で戦争宣言又は制定法による特別の授権なしに敵対行為に従事している合国軍隊の撤退を要求する両院共同決議案又は法律案は、当該両院決議案又は法律案が修正可能である場合を除き、一九七六年国際安全保障援助及び武器輸出管理法第六〇一条(b)項の手続きに従って審議されなければならない(同法については、第五章第二節三参照)。当該両院共同決議案又は法律案が大統領によって拒否された場合は、当該拒否に係る拒否権通告書に関する討議の時間は、上院においては二〇時間以内に制限され、下院においては議院規則に従って決定されるものとする」(53)

この追加改正は、一九八四及び一九八五会計年度国務省歳出予算法第一〇一四条として制定された条項である(54)。この条項は、議会拒否権条項を違憲とする一九八三年チャダ判決を受け、上院の法案審議中に、両院同意決議により軍隊の撤退を要求できるとする戦争権限法の条項を両院共同決議又は法律によらなければならないよう改正する修正案が民主党のバード議員より提案された。この改正案は上院を通過したものの両院協議会において、下院外務委員会のザブロッキー委員長の反対により、両院同意決議条項は戦争権限法に残したまま、軍隊の撤退を求める両院共同決議案又は法律案の議事手続きについてのみ定める現行の形に変更された。[55]

同意決議による議会の拒否権はすでに第六章第三節でふれたように、アメリカ議会の歴史上多数有り長い間論議されてきたところであり、一九七三年の戦争権限法の一部追加の変更がなされた背景には、前述のチャダ判決がある。一九八三年には議会拒否権条項を違反とする三つの最高裁判決がある。その中で最も注目されたのがチャダ判決である。チャダ判決の概要は次のとおりである。

移民及び国籍法（Immigration and Nationality Act）二四四条（c）項⑴号は、国外退去を命ぜられるべき外国人が同条（a）項の要件を満たすときは、国外強制退去を停止する権限を司法長官に与えていた。[56]他方、同条（c）項⑵号は、連邦議会の一院が決議によって、この司法長官の決定の効力を失わせる権限を付与している。

ケニア人でイギリス国籍のチャダ（Jagdish R. Chadha）は、合衆国に非移民学生のビザにより入国したが、ビザの有効期間が過ぎた後も違法に合衆国に滞留していた。その後二四四条（b）項による退去強制聴聞において、移民審判官はチャダの退去強制妥当性を認定した。しかしチャダは二四四条（a）項⑴号に基づき国外強制退去の停止を求め、同条（c）項⑴号二に従い停止決定について連邦議会に報告書を送付した。連邦議会の下院は、これに対し同条（c）項⑵号に従い、チャダの国外退去の停止を拒否する決議を行った。そのため移民審査官は、チャダに国外退去を命じた。チャダは、国外退去命令に対し移民不服審査会に不服申し立てを行ったが却下された。そのためにチャダは第九巡回区合衆国控訴裁判所に出訴した。控訴裁判所は、下院がチャダの国外退去を命じる憲法上の権限を有せず、二四四条の（c）項⑵号は権力分立原理に反し違憲であると判断した。[57]

チャダ判決後、議会の多くの法律でそれまでの議会拒否権条項に加えて、法律案と同様に両院の可決と大統領の承認を必要とする両院共同決議を求めるようになった。その後連邦議会により行政府が行為や規則を制定する際には事前に特定の委員会の承認を得なければならないという委員会拒否権の形で、一九九四年一二月の段階で三〇〇以上の議会拒否権条項が法律の中でもうけられている。委員会拒否権については、議会の内部運営に関わる手続きに関連して行使される点でチャダ判決で違憲とされた同意決議による拒否権とは異なるという主張も見られたが、違憲であると批判する行政府との対立から最近では法律上の根拠に基づいて行使されるというよりもインフォーマルな形で行使されるようになってきている(58)。

注

（1） *Weekly Compilation of Presidential Documents*（以下 *Presidential Documents* と略）April 1, 1975, p.319

（2） *Hearings on War Powers-A Test of Compliance Relative to the Danang Scalift, the Evacuation of Phnon Pehn, the Evacuation of Saigon, and the Mayaguez Incident, Subcommittee on International Security and Scientific Affairs of the Committee on International Felations, House of Representatives*, 94th Congress, 1975（以下 *Hearings on War Powers of 1975* と略）p.3

（3） *Ibid*., p.4

（4） 一九七七年四月一一日アメリカのケンタッキー大学におけるフォード大統領の演説（*Hearings on War Powers Resolution, Committee on Foreign Relations*, U. S. Senate, 94. Congress, 1977（以下 *Hearings on War Powers Resolution of 1977* と略す）p.328

（5） *Hearings on War Powers of 1975*, p.6

（6） *Ibid*., p.7

（7） *Congressional Quarterly Weekly Report*（以下 *C. Q. Weekly Report* と略す）Vol.33, 1915, p.730

（8） ヴェトナム介入後アメリカ連邦議会では、一九六九年以降インドシナ全域の戦争に対し、それを阻止する動きが現われ、その一つとして軍事予算からの阻止がある。その例はクーパー・チャーチ修正案など一連の修正案が提出されている。（前掲拙稿論文『レファレンス』二八七号　七七－七八頁）

（9）S. J. Resolution 72, 94 th Congress, 1975

（10）*Ibid.*, §2 (C)

（11）*House Document*, No.103, 94th Congress, 1975

（12）*C. Q. Weekly Report*, Vol.33, 1975, p.777

（13）*Ibid.*, p.755

（14）*House Report* 6096, 94th Congress, 1975

（15）*C. Q. Weekly Report*, Vol.33, 1975, p.775（同法案は、同委員会で一八対十で可決された。）

（16）上院は一九七五年四月二三日、下院は同月二五日可決。

（17）*U. S. Congressional Record*（daily ed.）, Vol.121, 44 th Congress, May 1, 1975, H. 3550 - 51

（18）*C. Q. Weekly Report*, Vol.33, 1975, p.776

（19）*Hearings on War Powers of 1975*, p.26

（20）国際法的側面から取上げた論文としては、筒井若水「マヤゲス号事件の法的側面」『ジュリスト』五九四号（一九九五年八月一五日）や Paust, Jordan J., The Seizure and Recovery of the Mayaguez, *The Yale Law Journal* Vol.85, 1976 などがある。

（21）*Hearings on War Powers of 1975*, p.75, 105

（22）*Ibid.*, p.175

（23）*Ibid.*, p.105 - 106

（24）*Ibid.*, p.113

(25) *U. S. Congressional Record*, Vol.121, 94 th Congress, May 15, 1975, p.14452

(26) *Hearings on War Powers Resolution of 1977*, p.327

(27) *Hearings on War Powers of 1975*, p.61

(28) *Ibid.*, p.95

(29) *Hearings on War Powers Resolution of 1977*, pp.2 - 3

(30) *Hearings on War Powers Resolution of 1977*, p.327

(31) C. Q. *Weekly Report*, Vol.38, April 12, 1980, p.997

(32) *The New York Times*, April 18, 1980

(33) *The New York Times*, April 9, 1950

(34) *U. S. Congressional Record*, Vol.125, 1980

(35) *C. Q. Weekly Report*, Vol.38, May 3, 1980, p.1200

(36) *C. Q. Weekly Report*, Vol.38, April 26, 1980, p.1137

(37) カーター大統領は、議会の幹部約二〇人をホワイトハウスに招いて理解を求め、国務省も一八カ国の同盟、友好国の大使を呼んで、事態を説明した（*The New York Times* April 26, 1980）

(38) *C. Q. Weekly Report*, Vol.38, May 3, 1980, p.1200

(39) *The New York Times*, April 26, 1980

(40) *C. Q. Weekly Report*, Vol.38, May 3, 1980, p.1200

(41) 一般に人質救出のための行動は、いわゆる軍事行動とは解釈されない。これはエンテベ飛行場とかモガディシオ飛行場において人質救出行動が、西ドイツやイスラエルによって行われたが、当時これは軍事行動とは一般に見られなかった。（衆

議院安全保障特別委員会での大来国務大臣の発言、『同委員会会議録一九八〇年四月二六日　六頁）

(42) *C. Q. Weekly Report*, Vol.38, April 26, 1980, p.1067

(43) *C. Q. Weekly Report*, Vol.38, May 3, 1980, p.1194

(44) 権限法第八条(D)(1)は「この共同決議（権限法）のいかなる規定も、連邦議会もしくは、大統領の憲法上の権限又は現行の条約の規定を変更することを意図するものではない」と規定している。

(45) *Congressional Record*（daily ed.）, 93rd. Congress, 1st. Session, October 25, 1973, H.9400

(46) *Congressional Record*（daily ed.）, 93rd. Congress, 1st. Session, October 10, 1973, S.18992

(47) イーグルトンは権限法成立後、両法の改正案として、*S.1790*（94 th. Congress, May 21, 1975）、などいくつかの提案をしていたが、一九七七年七月には従来提出されてきた多くの改正案を考慮しまとめたものが密議された。最終的には委員会報告にまでいたっていないが、今後の権限法の改正の動向を検討するうえで非常に重要と思われる（*Hearings on War Powers Resolution*, Committee on Foreign Relations, U. S. Senate, 95th Congress）。

(48) 浜谷英博『米国戦争権限法の研究』成文堂一九九〇年　一八九－一九四頁

(49) H. R. 7594（94 th Congress, June 4, 1975）

(50) Wilcox, Francis O. *Congress, the Executive and Foreign Policy*, Harper and Row for the Council on Foreign Relations, New York, 1971, pp.157 - 59 および *H. R 7200*（92 Congress 1973）．さらにジョージ・リーディ（George Reedy）上院議員の発言（*Hearings on War Powers Legislation*, U. S. Senate Committee on Foreign Relations, 92 nd Congress, 1972, p.621）

(51) *U. S. Congressional Record*（daily ed.）June 14, 1973, S.11205

(52) *U. S. Congressional Record* Vol.115. June 25, 1969, p.17241

(53) War Powers Resolution　50 *U.S.C.* Chapter 33　Sec.1546 (a)　邦文は川西晶大「アメリカ合衆国の戦争権限法」『レファレ

ンス』二〇〇〇年五月号　一一二頁

（54）前掲　川西論文　一一五頁

（55）*C. Q. Weekly Report*, Vol.41, No.48, Dec. 3, 1983, p.2530

（56）8 *U.S.C.*1254 Sec. 244 (c) (1)

（57）大西秀介「議会拒否権」憲法訴訟研究会他編『アメリカ憲法判例』有斐閣　一九九八年　四二二頁

（58）前掲　大西論文　四二八頁

第八章　日本の国会における戦争権限法に関する論議

戦争権限法が一九七三年成立してから二〇〇三年末までにわが国の国会では、同法に関して五〇回、審議の中で言及されている。論議は、制定後しばらくの間は、同法と日米安全保障保障条約との関係で論議されている。とくにアメリカが日本の安全保障のために合衆国軍隊を行使するかという条約の執行面における論議である。さらに一九八〇年代の中頃からは、自衛隊の海外派遣に対する国会の承認問題に関する論議であり、国会の承認という問題は、すでに述べてきたアメリカの戦争権限法で、大統領が合衆国軍隊を海外に投入するさいに、連邦議会の事前または事後の承認を必要としていることの背景がある。本章では、紙幅の関係で前者についてのみ国会の審議の内容を紹介したい。

第一節　安全保障における共同防衛条項

まず日米安保条約における共同防衛条項は「各締約国は、日本国の施政の下にある領域における、いずれか一方に対する武力攻撃が、自国の平和及び安全を危うくするものであることを認め、自国の憲法上の規定及び手続に従って共通の危険に対処するように行動することを宣言する」と規定している。

このような共同防衛条項は、アメリカがＮＡＴＯ条約後調印した防衛条約、すなわち、ＡＮＺＵＳ条約、Ｓ

EATO条約（一九七七年解体）、さらに、米比、米韓、米華（一九八〇年失効）の各相互防衛条約にみられる。たとえば、ANZUS条約第4条では、「各当事国は、太平洋地域における、いずれかの当事国に対する攻撃を、自国の平和及び安全を危くするものと認め、かつ、自国の憲法上の手続に従って共通の危険に対処するように行動することを宣言する」と規定している。

ここで問題となるのは、共同防衛の義務を遂行するにあたり「自国の憲法の手続に従って」というNATO条約の第5条にはみられない文言を用いたことである。前記アメリカとの相互防衛条約のいずれの場合にも問題にされた。これはNATO条約の審議でも前述のように大いに論議されたものであり、条約の発動が自動執行でないことを明確にしたものである。すなわち、アメリカが自動的に戦争に巻き込まれないということを確認したものである。同じ規定がNATO条約では第5条から離れて、第11条に規定されたのである。しかし、NATO後の相互防衛条約では前述のように共同防衛条項に規定している。

従って、法律的には共通の危険に対処するためにアメリカは憲法に従って議会が戦争宣言をするか、宣戦以外の措置が適当と認めれば、これを執ることになり、この点は前述のとおりである。

ところが、日米安保条約では、前記NATO後の防衛条約とは異なり、「自国の憲法の規定及び手続に従って」となっている。これはすでにみたように、アメリカ側では連邦議会が戦争宣言をし、また大統領の総司令官としての軍に対する権限の手続規定である。さらに戦争権限法の制定後は、憲法上の戦争権限に関して規定した同法の適用がなされることになろう。

一方、日本側においては憲法第9条で戦争を放棄していることにより、憲法に開戦手続に関する規定はない。したがってわが国ではこの憲法の手続きに該当するものはない。政府はそのことから日米安保条約第5条による日本の行動が憲法第9条の趣旨とその範囲に限定されることを明らかにするため「憲法の規定」という文言を加えたとしている。外務省の説明によれば「手続」だけでなく、実体規定も留保される形としたものである。

第二節　国会における戦争権限法に関する質疑（その一）

戦争権限法の制定後同法と日米安保条約との関係でいかなる問題があるかは国会でいくたびか論議されている。その主要な点の質疑内容を参考までに紹介しておこう。

○受田新吉委員　アメリカでは米上院に権限があって、事実上軍事行動を阻止できる。御存知か。

松永信雄説明員　戦争権限に関する法律で、大統領の戦争に関する権限が一定の制約におかれている。しかし、その権限法にも条約上の義務を防げないという規定がある。（一九七五年八月二六日　衆議院　内閣委員会）。

○源田実委員　アメリカ軍事委員会の法律顧問であるグレノンの、大統領は議会の承認なしに独自の立場で参戦することはできないという資料（「戦争権限法の運用と影響」に関する一九七七年上院外交委員会の公聴会における資料）を紹介して、日本が侵略された場合、日米安保条約で米国は必らず日本のための防衛行動をとるか。

園田直外務大臣　戦争権限法第二条ｃをあげ、日本が攻撃された場合は、当然に日本の駐留米軍も攻撃される。現在の安保体制は米軍駐留を前提としているので、大統領の権限によって直ちに防衛につく。しかし、それは大統領の判断に基づくので絶対にというわけにはいかない。（一九七八年三月一一日　参議院　予算委員会）。

○源田実委員　日本の自衛隊とか米軍のいないところを攻撃した場合、大統領は直ちに反撃できるか。

大森誠一委員　日米安保条約第五条で日本に対する武力攻撃は、アメリカもこれに対処するように義務づけられている。この義務は米国議会、行政府ともに義務の履行を求められている。

中島敏次政府委員　戦争権限法にも大統領の憲法の権限又は現行の条約の規定を変更する意図ではないと明記してある。戦争権限法の字句の規定を踏まえながらかつ大統領は日本を防衛する誓約を守ると述べている（一九七八年三月一一日　参議院　予算委員会）。

○野田哲委員（拙稿「アメリカ戦争権限法と若干の諸問題」『国防』一九七七年一一・一二月号の中の戦争権限法の論文をあげ）日米安保条約には同法八条ａ項が適用されるのではないか。

○園田直外務大臣　日米安保条約には憲法の規定に従い、という条項があり、両方が対立した場合、憲法いわゆる戦争権限法が優先する（一九七八年一〇月一一日　参議院　予算委員会）。

第三節　国会における戦争権限法に関する質疑（その二）――参議院予算委員会会議録

最後に、戦争権限法に関して再三国会で質疑を行ったのは、玉置和郎議員（参議院議員　自民党）である。同議員は三度にわたり筆者の戦争権限法に対する見解を紹介しながら質疑を行っている。最初の質疑は一九八〇年三月一二日の参議院予算委員会において、大来佐武郎外務大臣との間で行われた。つぎの質疑は同年三月一九日の参議院予算委員会であり、筆者は参考人として出席し説明をした。さらに翌年の一九八一年三月九日の参議院予算委員会では、拙稿「アメリカの戦争権限法の課題と改正の動向」を紹介し、鈴木善幸総理大臣と質疑を行っている。いずれの委員会においても、戦争権限法と日米安保条約の質疑であるが、筆者が参考人として説明した内容は、アメリカの戦争権限法と日本の安全保障に関して詳細に説明したものであるので、以下に紹介しておく。

第九十一回国会　参議院予算委員会会議録

○委員長（山内一郎君）　予算委員会を開会いたします。

昭和五十五年度一般会計予算、昭和五十五年度特別会計予算、昭和五十五年度政府関係機関予算、以上三案を一括して議題といたします。

○委員長（山内一郎君）　次に、参考人の出席要求に関する件についてお諮りをいたします。

昭和五十五年度総予算三案審査のため、本日の委員会に国立国会図書館調査及び立法考査局外務課主査宮脇岑生君を参考人として出席を求めることに御異議ございませんか。

〔「異議なし」と呼ぶ者あり〕

○委員長（山内一郎君）　次に、玉置和郎君の一般質疑を行います。

○玉置和郎君

日米安保条約の幻想に対して、国民の間で本当に大丈夫だろうかというような素朴な疑問のあることは、いままでのやりとりでおわかりだと思います。結局、それはつまるところ、国家有事の際にアメリカがどの程度日本を守ってくれるのか、本当に守れるのかということであろうと思うのです。

そこで、安保条約第五条によれば、アメリカは日本に対する武力攻撃がアメリカの平和及び安全を危うくするものであることを認め、アメリカの憲法の規定及び手続に従って日米共通の危険に対処するよう行動する義務を負うことになっている。しかし、この第五条は何ら具体的戦闘行動を意味する規定ではない。

われわれがアメリカに期待する根拠は米国の陸海軍の最高司令官としての大統領の判断に頼らざるを得ないというきわめて不確実なものであることを認識しておく必要があります。

これは五十三年三月十一日の予算委員会で園田外務大臣が答弁しておる。園田外務大臣は、大統領の判断によって直ちに防衛につくことができる。しかし、それも全面的に信頼するかとこうなれば、これは大統領の判断に基づくわけでありますから、絶対にというわけにはいかぬというふうに彼は言っておる。ここに会議録を持っています。

次に、こうした背景に加えて一九七三年には、いままでの国会でもたびたび問題になりましたいわゆる戦争権限法、これができてその不確実性はますます大きくなったと私たちは認識をするのです。すなわち、従来は大統領の憲法に基づく最高司令官としての権限が大きかったから、大統領の約束いわゆる制約だけでも安心できたが、その後は大統領の戦争遂行権限を抑え議会の戦争政策が大きく取り入れられることになったため、議会やアメリカ国民世論の時々の動向にむしろ強く支配されるというきわめてとらえどころのない安全保障条約に変質していきつつあるのじゃないかという大変厳しい受けとめ方をしなければならない、私はこう思っておるのです。

この問題を追っかけてきて、そうしてアメリカの戦争権限法について最も専門的に研究しておられる参考人の方にきょうは来ていただきました。宮脇岑生主査でございます。国会図書館の方でございますが、宮脇さんに二、三点お伺いいします。

まず、この法律の性格、とりわけ大統領の軍隊投入権限について宮脇さんの御見解を承りたい。

○参考人（宮脇岑生君）　ただいま御紹介のありました国立国会図書館の宮脇でございます。

この法律は従来の一般の法律と非常に異なりまして、アメリカの連邦議会と大統領の戦争権限に関するものでありまして、非常に重要なものであります。この法律の成立後、アメリカでは幾たびか具体的に問題になりました。また、今後もその可能性は十分にあると思いますので少し説明をしたいと思います。この法律については余り日本の国内では従来紹介されておりませんので、少々その性格であるとか意義を踏まえて紹介したいと思います。

この戦争権限法は、アメリカ大統領と議会の戦争権限を扱ったものですが、これはアメリカの歴史上、憲法制定以来長い問論議された問題であります。そして、特に大統領の戦争権限というものは非常に強大なものであり、その本質は、ビアード教授によれば、アメリカ合衆国がすべての試練を切り抜けて、存在しなくなるまで完全に理解することのできないような、そういうむずかしいものであり、前人未到の暗黒大陸であるとまで述べているわけです。また、この権限に関する論争が非常にあいまいであるというのは、一つにはアメリカの憲法が非常にあいまいであること、これが大きな原因をなしていると思います。戦争権限という言葉を明確に定義することは非常にむずかしいんでありますが、コーウイン教授によれば、憲法で明確に禁止されていない限り、戦争を成功裏に遂行するためにとられるすべての権限と言われるものであります。非常にこれは包括的なものであります。戦争権限法においても、この法律が審議される中で、戦争権限は外国との武力による敵対行為を宣言し、遂行し、終結する権限を意味するということが論じられております。特に憲法の中でこの戦争権限に関して規定があるのは、まず大統領を陸海軍及び民兵の総指揮官として定めていること、これは軍に対する統帥権を大統領に与えたものであります。そして議会には戦争宣言、それから軍の募集、編成、維持、こういう権限を議会に与えております。アメリカでは、この権限をめぐりまして、特にヴェトナム戦争のように議会の戦争宣言がなくして大統領が軍隊を投入した、これはもちろんトンキン湾決議その他法律的にはいろいろ問題がありますけれども、とにかく戦争宣言はなされずになし崩しに軍事介入がなされた。これが非常に長い間行われ、これを何とかチェックするために三年以上にわたってアメリカの議会で長い間論じられたものであります。また、この法律制定以前には、軍隊を投入する根拠となるトンキン湾決議のような対外約束決議、条約、こういうものが非常に重要な問題として論議されたわけであります。そして一九七三年の十一月七日に、アメリカの立法史上非常に画期的な立法とも言うべきこの戦争権限法が成立したわけです。この法律は上下両院非常に規定が異なっておりまして、大変成立の過程ではアメリカの法律史上もまれなほどに問題があり、大統領は拒否権を発動しまして、その後にさらに再可決して成立した法律であります。

そこで、この法律で、特に大統領の権限についていま玉置先生から御指摘の点に触れてみたいんですが、この大統領の権限に関しましては、特にその目的としまして、合衆国の憲法の起草者の意思を履行し、敵対行為または敵対行為に巻き込まれることが急迫し、そのことが状況から見て明白な事態へ合衆国軍隊を投入すること、及び敵対行為または上記の事態において上記の軍隊を引き続き使用することに対して、連邦議会と大統領の両者が共同判断をする、こういう目的のために制定されたものであるということであります。特にこの敵対行為というのは、英語ではホスティリティーという表現をしておりますけれども、この点につきましては、この参議院の予算委員会で、五十三年の三月十一日に、園田外務大臣は、戦闘行為と述べているものであります。

そこで、その大統領の軍隊の使用権限が特に問題になるわけですけれども、これは先ほど申しましたように、憲法の規定で総指揮官として規定しているだけであります。そこで、この総指揮官という条項を受けて、この法律では大統領が軍隊を投入する権限として、次の三つの場合を挙げているわけです。第一が、戦争宣言をした場合、第二に特定の法律によって授権をした場合、第三に合衆国その准州、属領、または合衆国軍隊に対する攻撃により生じた国家緊急事態を宣言した場合、これらの項目は従来認められていたものを列挙したものにすぎないというアメリカ議会の報告書には出ておりますけれども、特に、第二の特定の法律による授権は、大統領が軍隊を投入する場合に、議会によりその事前に承認したものでありますし、第三の場合は、事前に議会の承認を得ずして軍隊を投入するときに当たると思います。ここで特に問題になるのは、第三項の場合でありますけれども、この第三項がいかなる性格のものであるかということは非常にいろいろ問題があるようであります。特にこれを明確に法的効力を有するものとするならば、かなり憲法上の問題が出てくるのではないかと思います。しかし、これは一般には、一般的な方針と申しますか、政策の表明であるというぐあいに解釈されているようであります。ここでたびたび申しました合衆国軍隊の投入ということに関しましては、第八条の(C)項で、外国または外国政府の正規軍もしくは非正規軍が敵対行為に従事しているある場合またはこれらの軍隊が敵対行為に従事するようになる急迫したおそれが存在している場合に、そのような外国または外国政府の軍隊を指揮し、調整し、もしくはそれらの移動に参加し、またそのような軍隊に随伴するために、合衆国軍隊の構成員を配属することを含むとしております。

そこで問題になるのは、戦争宣言や特別制定法による授権がなくて大統領が合衆国の軍隊を使用した場合であります。この点につきましては、上院と下院の規定が非常に異なっておりまして、下院では百二十日間、上院では三十日、大統領に軍隊投入の権限を与えてあります。そして、これが先ほど申しましたように、両院協議会におきまして六十日というぐあいに限定されたわけであります。すなわち、これは従来から見れば、議会の承認なしに六十日間軍隊を投入することができるということであります。ただし、この六十日間の投入期間は例外規定がありまして、次の三つの場合にそれが適用されるわけですが、第一に、連邦議会が戦争宣言をしたか、もしくは合衆国の軍隊の使用についての特別授権をした場合、第二に連邦議会が法律によっていま述べました六十日の期間を延長した場合、第三に合衆国に対する武力攻撃の結果として連邦議会を物理的に開くことができない場合、この場合には延長できると、これは大統領の軍隊の投入に対して議会の積極的な行動がある場合を規定したものでありますけれども、また大統領が逆に積極的に軍隊投入に関して行動する場合について、次のように規定しております。大統領は合衆国軍隊の安全に関する不可避の軍事的必要により、軍隊の継続使用が、合衆国軍隊の迅速な撤退を行う過程において必要である旨を決定し、議会に書面でこれを立証した場合には、この六十日の期間は三十日間延長されるというものであります。

以上が大統領の権限に関するものであります。

○玉置和郎君　あとね、うちの理事が時間を気にしておるから私が聞きますから、それに簡単に答えてもらったらいいと思うんです。

アメリカにおいてこうした条約、特に相互防衛条約ですが、それとこの戦争権限法との関係について、日本では条約が優先して国内法はそれに従うというようなことになっていますが、合衆国憲法第六条第二項、条約と法律は同等だという、これはだれが読んでみてもそう思うんですが、いかがですか。それはもうそうかそうでないかということだけ答えてもらいたい。

○参考人（宮脇岑生君）　条約と法律の問題でございますね。これは先生がおっしゃられたように、これは条約が国内法に優位するという解釈がほとんどできないで、原則として一般に言われていますように、後法が前法に優位するという考えがあると思います。

○玉置和郎君　そうしますと、国際法に言うところの後法優位の原則というものをアメリカがとっておると。そうすると、一九六〇年に発効の安保条約よりも一九七三年に成立した戦争権限法の方が国内法的には明らかに優位であるという、こういう見解はできるわけですね。

○参考人（宮脇岑生君）　この問題につきまして、この戦争権限法の中で条約の問題が触れられておるわけでありますけれども、この戦争権限法の制定以前もしくは以後に批准される条約から軍隊投入の権限を推定されてはならないというぐあいに規定しておりまして、法律の方が、戦争権限法の方が優位するのではないかと思いますけれども。

○玉置和郎君　これは私もこれまた非常に大事なことで、この安全保障条約に書かれている範囲内の義務、共通の危険に対処する、行動する義務は負い続けろと、こういうことだと。これは非常に大事なところですから、これはわれわれ日本国民として見逃してはならぬというところだと思うんです。しかし、この戦争権限法第八条(a)項、条約自体は特別の法的授権に該当しないとあえて明確に否定していると、こういうところはどうですか。

○参考人（宮脇岑生君）　この戦争権限法で、大統領に軍隊投入をするその権限を明確に規定しているのは、すでに述べましたように、戦争宣言であるとか特別授権であるとか、先ほどの緊急事態ということであって、条約ということについては一切触れておりませんです。

○玉置和郎君　ぼくは、この戦争権限法と安保の問題で非常に重要なところは、大統領の義務履行の仕方、程度、この戦争権限法によって大きく制約されてきておるという事実関係、これをやはりお互い認識しておかにゃいかぬと思うんですがね。これはどうですか。

○参考人（宮脇岑生君）　議会が条約に関しまして、アメリカでは、この戦争権限編は画期的な解釈を一つしたわけであります。それは先ほど申し上げましたように、この法律の制定以前もしくは以後に批准された条約から推定されないということ、これは従来アメリカの法律でおよそ規定のなかったものだと思いますし、これは特にアメリカの戦後、第二次大戦後結ばれたいろんな条約、特に安全保障条約の実施に関しては憲法上の手続に従って行われる旨が規定しておりますので、この点に関して従来あいまいであった点を明確にしたという意味では非常に重要なものでありますし、特に米国議会でのＮＡＴＯ条約の場合もそうなんでございますけれども、当時のアチソン国務長官がＮＡＴＯ条約があるからといって米国は自動的に戦争になるんだということにはならないということを述べておりました。

○玉置和郎君　戦争権限法第五条Ⓒ項について、その内容及び意味するところを大体次の三つぐらいに分けて聞きます。

この同意決議ですが、並行決議のことですが、定足数は過半数でいいと、そして可決はそのまた過半数でいいと、いわゆる最低四分の一強でこの同意決議が成立するということに条文を読んでいきますとなっていますが、それでよろしゅうございますね。

○参考人（宮脇岑生君）　それでよろしいと思います。

○玉置和郎君　大統領の拒否権の認められる法律、決議と異なって、米大統領を強く拘束するというようにこれを私は理解しますが、そのとおりですか。

○参考人（宮脇岑生君）　そのとおりだと思いますが。

○玉置和郎君　特に重要なのは、いかなるときでも第五条Ⓑ項に規定された六十日または九十日の軍隊使用継続期間内であっても、同意決議による撤退命令ができるというふうにこう解釈しますが、どうですか。
○参考人（宮脇岑生君）　この点につきましては、戦争権限法の第五条(C)項で「戦争宣言または特別の制定法による授権がなくて、合衆国軍隊が合衆国の領土、属領および准州外で敵対行為に従事しているときは、いかなるときでも、連邦議会が同意決議によって命じた場合には、大統領はかかる軍隊を撤退しなければならない。」と、こう指定しておりますから、そのとおりだと思います。
○玉置和郎君　これで宮脇さんにお聞きすることは最後になりますが、第七条によれば、その同意決議の手続に要する最長の日数は四十八日間であると、こうなっていますね。この間に撤退か否かの結論を出さねばならないと、ただし、これは最長で、敵対行為いわゆる戦闘行為ですが、開始後、翌日でも二日後でも決議があれば撤退を命じ得ると、こういうふうに私たちは理解をするんですが、いかがでございますか。
○参考人（宮脇岑生君）　この点につきましては、非常に詳しい法律で手続をしておりまして、その点をちょっと申し上げますと、この撤退の同意決議に対して議会では優先権を与えております。それで、これを法案が提出されましてから、上院、下院のおのおのの委員会、そしてそれを受けてそれを報告し可決し、そして最終的にこの賛否両論の投票をしましてこの可決するまでに最大限四十八日間という、これは最大限でございます、これ以内に同意決議が提案されてから可決をしなければならないという規定があります。
○玉置和郎君　これで結構でございます。
○委員長（山内一郎君）　宮脇参考人には、御多忙中のところ御出席をくださいまして、まことにありがとうございました。御退席をしていただいて結構でございます。
○玉置和郎君　防衛庁長官ね、外務省もそうですが、私は去年アメリカに行ったときにこの話を聞いた。この二月四日、ことしの二月四日に宗教政治家の九十五カ国の集まりがあったときに、カーターさんに招待されて行って、やっぱりこの話を私の友人の国会議員の連中から聞かされて、しっかりしてもらわにゃ日本だめだよということで、ぼくはこれずっとやり出した。それだけにね、いままでのたてまえだけの日米安保とは違うのです、これは。やっぱり本音を出し合わないと、とてもじゃないが日本の安全保障はだめなんです。

このほかに、きょうはもう時間がないからやりませんが、戦争権限法と大体同類の条項が三十カ所あるのです。その証拠に、政府の方が議会の方に対して、その三十条項についてひとつ考えてやってくれ、検討してくれ、もっと緩めてほしいということをいま要請しておるのですよ。また今度改めて、この三十条項の問題、三十カ所の問題について、戦争権限法と別の、下院の予算支出を制限するとか、いろいろな項があります。ヴェトナムで負けたのもそれです。ヴェトナムでギブアップしたのもあれです。予算支出を拒否した。してはいかぬといって決めた、これです。こういうのがずっと三十カ所ある。だから、本当の日米パートナーシップというのは、そういうことをちゃんと踏まえて、そうして日本は日本でしかるべき対処をしなかったらもたないのですよ。そのためにきょううちの理事また野党の理事の諸君にお願いしてここへ立たしてもらった。

私は外務省にこの際聞いておきますが、安保条約に基づき大統領が軍隊を投入しても、直後に議会が撤退の同意決議をしたらどうするのか、これは。

○政府委員（淺尾新一郎君）　いま参考人からいろいろ御説明がございました。外務省として基本的にはよその国の法律について有権的に解釈する立場でございません。

ただ、さっき参考人が申されましたように、この戦争権限法の、投入後六十日あるいは九十日以内の撤退について議会が決議した場合には大統領は従わなければならない条項もございまして、ただその際に、先ほど参考人も説明されましたように、その決議は条約の存在によって推定されないという個所があるということも承知しております。

ただ、同じく八条(D)項（1）で、この戦争権限法は現存の条約の規定を変更しようとするものでないということともございまして、したがいまして、私たちとしては、この点について、アメリカの法律についてどちらが正しいか間違っているかということを一義的に言う立場にございませんけれども、ただ、安保条約それ自体について申し上げますと、これがアメリカの行政府だけでなくて、アメリカの国会自身、議会自身が承認した条約でございますので、政府としては、あくまでもアメリカ側はこの安保条約の規定を守っていくというふうに考えておりますし、現実にこの戦争権限法が出た後、二回にわたりましてアメリカの大統領が日本政府の首脳に対してアメリカは引き続き安保条約を忠実に履行していく、あるいはアメリカが安保条約で負っている義務は守っていくのだということを誓約しているということを申し上げたいと思います。

○玉置和郎君　その有権的解釈云々というのは、それはあなた、アメリカが決めることなんですよ。アメリカの国内で決めることなんで、アメリカの国内での解釈を十分検討しておらぬでこれ有効に働くはずがないじゃないですか。外務省というのは、条約を結んだって、相手国のいろんな国内のそういう有権的な解釈について知らぬのですか、こういうことを。関心を持たないのですか。

私は、大統領の判断の障害になる戦争権限法、特に軍隊投入権限の制限、これはもう日本の安全保障に重大な影響を持つと思うのですよ。だから、有権的解釈を日本でするのはけしかるとかけしからぬということよりも、実態的にはやらなきゃならぬのじゃないですか。それはどうですか。やっておかないといかぬじゃないですか。

○政府委員（淺尾新一郎君）　もちろん、私たちとしては法律自身に非常に関心を持っておりますし、いろいろ研究しております。ただ、いま委員お尋ねの問題の根本は、アメリカが日本を実際に守るかどうかと、こういう問題でございますが、この点につきましては、もちろん安保条約があるということは日本を守るアメリカの義務がございますけれども、私たちとしては、その条約があるからといって何もしないでいいということではございません。やはり、アメリカが日本を守るという気持ちを起こさせるためには、日本を守ることがアメリカの国益であるという気持ちを起こさせるのが一番大切なことではないかと思います。そのためには、日本側としてはやるべき努力、これは防衛力の増強を含めまして自助努力をする、あるいは安保条約の誠実な遂行をする、その他日本として果たすべき役割りを果たしていく。それによってアメリカにとって本当に日本は大切な血の通った同胞である、同盟国であるという気持ちを起こさせるというのが一番根底にある問題じゃないかと思います。

○玉置和郎君　局長、重ねて聞きますけれども、軍隊投入後、アメリカ議会によって同意決議に基づく撤退命令の可能性は否定はできませんね。

○政府委員（淺尾新一郎君）　もちろん論理的な問題として、先ほどから参考人からも御説明がありましたように、これは否定できないと思います。

○玉置和郎君　そこで、あなたもう間もなく出かけなきゃいかぬからお願いしておきますが、アメリカは私は世論の国だと、国民世論というものを非常に大切にし、世論に従うことが国益だと思っておる。それだけにこの議会の動向というものはアメリカの進むか退くかを決定する。そのアメリカの議会の動向把握に積極的に働きかけていただきたい。まあ局長知っているように、私たちは上院、下院に多くの友人を持っておる。その友人たちが日本のことを考えるたびにこの話が出るんです。もっとしっかりしてもらわなきゃ困るということなんですね。

それから、外務省がアメリカ議会に働きかけて日本の安全保障について特別決議をしてくれる、いまソ連の極東軍に取り囲まれて、そうして大変な危機状態に陥っておる、むしろ北海道なんかフィンランド化しておると思われるような状態のときに、日本国民よ一緒にやろうということで連邦議会が日本のことに関して特別決議をしていただけるような働きかけというのはするのかしないのか、必要であるのか必要でないのか。それだけ聞いて、あなた出ていって結構です。

○政府委員（淺尾新一郎君）　今回の訪米に当たりましても、大臣自身がアメリカの上院、下院の指導者と会談する機会がございます。したがいまして、委員の御指摘を待つまでもなく、日本に対するアメリカの理解というのを一層深めていく必要があると思いますので、きょうの先生の御要望を踏まえながら向こう側との話し合いに臨んでいきたいと思います。

（第九一回国会参議院予算委員会会議録第一一号（一九八〇年三月一九日）一二―一五頁）

第九章　レーガン政権の国家戦略と軍事力行使

第一節　レーガン政権の選択的抑止戦略

カーター大統領の後に登場したレーガン大統領は、米国の経済力を回復し、世界の経済システムを再活性化し、軍事力でソ連に追い越されているところを回復する等、強力なアメリカを回復するという国家安全保障戦略を表明した。力の政策を強調し、ソ連との対決を全面に出した。特に注目されたのは、一九八五年の一般教書で表明したアフガニスタンからニカラグアに至るあらゆる大陸における反共革命への支持を宣言したことである。一般に「レーガン・ドクトリン」（Reagan Doctrine）といわれている[1]。

しかし、ソ連ではゴルバチョフ（Mihail S. Gorbachyov）が書記長として就任してから米ソが軍備負担の軽減をめざすとともに、ペレストロイカを訴えて市場経済導入による経済自由化を推進しようとした。その後中距離核戦力（ＩＮＦ）や戦略兵器削減条約（ＳＴＡＲＴ）交渉が合意に達し、東西の軍事的緊張が大幅に改善される方向に進んだ。かくてアメリカの国家戦略、国防政策は、戦後一貫してとられた「ソ連封じ込め戦略」の終焉によって、長期的な観点からの新しい国家戦略、国防政策の再検討がはじまった。

レーガン大統領は一九八六年一〇月に二〇年後を見通した長期戦略の検討を指示した。その内容は一九八八年一月一二日に公表された「選択的抑止」（Discriminate Deterrence: Report of the Commission on Integrated Long Term the Strategy, January, 1988, p.5）と題した報告書にみられる。この「選択的抑止」が結果的に冷戦を視野に入れたアメリカの国家戦略、国防政策の見直しを求めた初の公式文書となっており、従来の「ソ連封じ込め戦略」を維持しつつ、日本、中国といった将来の新たな軍事大国の出現をも念頭においた「多様な危機に選択的に対応する」ことを新しい国家戦略として打ち出している。

このような選択的抑止戦略が検討された理由としては、第一は、それまでの「ソ連封じ込め」一辺倒の戦略の見直しであり、第二は経済、財政上の理由である。一九八〇年に「強いアメリカ」をスローガンに掲げたレーガンは大統領就任後、六〇〇隻艦隊による「新海洋戦略」、ソ連が欧州正面を攻撃すれば極東をはじめ世界のあらゆるところでソ連を攻撃するという「同時多発戦略」、ソ連の大陸間弾道弾（ＩＣＢＭ）を米本土に到達する以前に打ち落とすことを目指した「戦略防衛構想」（ＳＤＩ）などを掲げて大規模な軍備拡張に踏み出した。しかし、大軍拡路線は財政赤字を急激に膨らませ、財政、貿易のいわゆる「双子の赤字」がアメリカの経済財政に大きな影を投げかけた。(2)

レーガン政権は、米国の安全保障の要石が西欧、日本、ニュージーランド、フィリピン、オーストラリア等の先進民主主義諸国との緊密で協調的な関係であるとし、特に東アジアの安全保障については、次の点を強調している。①米国は太平洋国家として米国の安全保障を維持する、②韓国と日本には米国の地上軍と空軍が配備される、③西太平洋には第七艦隊が前進配備され、日本・韓国、オーストラリア、ニュージーランド、フィリピン、タイとの二国間及び多国間協定の中で行っている誓約に実体を添える、④米韓両軍は、北の侵略を前線の防御陣地で阻止する。(3)従来の前方防衛戦略から、攻撃があった場合報復攻撃する積極防御戦術を取り入れた攻撃型防衛戦略に転換した。

第二節　レーガン政権の対外軍事コミットメントとエルサルバドル問題

一　レーガン大統領の対外軍事コミットメント

レーガン大統領は就任演説で同盟諸国との協力関係を強調し、さらにその具体的内容はワインバーガー（Caspar W. Weinberger）国防長官の次のような証言に表明されている。その中で、過去にとって来たアメリカの姿勢の結果、同盟諸国間において、アメリカに対する不信感を生み出したとした上で、「今一度アメリカとの友好関係の信頼性と価値を同盟諸国に示すとの決意」(4)を表明し、西側全体としての安全保障のためにアメリカがそのリーダーシップを発揮していく姿勢を明示している。しかし従来の大統領の方針と若干ニュアンスが異なるのは、防衛努力の公平な分担を果たすとの観点から、ＮＡＴＯ諸国および日本が、西側全体の安全保障（common defense）のために、より合理的な「役割分担」（division of labour）を進め、より多くの貢献を行うことが緊要であることを主張している点であろう。この「役割分担」の考え方は、カーター政権時代にも表明されていたが、このような政策を明示したのは、第二次大戦後アメリカの軍事力と経済力で絶対的優位性を保って対外コミットメントをした時代からみると大きな変更といえよう。この「役割分担」すなわち「重荷の分担」という考え方はレーガン政権下でアメリカの対外軍事政策の重要な柱にまでなっていることは見逃せない点であろう。

レーガン政権誕生後一年半の間にアメリカの対外軍事コミットメントの関係で直面した重大な問題にエルサルバドルの問題(5)がある。アメリカは、すでにカーター前政権時代にエルサルバドル向けの軍事、経済援助を実施してきており、一九八一年四月には五六名の軍事顧問団をエルサルバドルに派遣(6)している。一九八一年三月一二日にアメリカ国防総省が発表したところによれば、三月初めにエルサルバドルに増派されることに決まった軍事顧問団二〇人のうち一五人はグリーンベレーであることが明らかになった。(7) グリーンベレーはゲリラ戦用の特殊部隊であり、これでエルサルバドルが「第二のヴェトナム」となる危険性はますます強まった。しかし、エルサルバドルが第二のヴェトナムとなるのを懸念して、アメリカ議会では、民主党を中心とするリベラル派から軍事顧問団の引き揚げと武器供与の停止を求める声があがり、警戒論が強まった。

一方、ニューヨーク・タイムズ／CBSニューズ共同の最近の世論調査によると、アメリカ国民の半数以上は、アメリカがエルサルバドルに深入りして、ヴェトナムの二の舞を演ずることを恐れて、レーガン政府が中米のゲリラ戦争から手を引くことを望んだ。(8) さらに、レーガン大統領も、米州連帯に対するアメリカのコミットメントと不干渉の原則を忠実に守り、当時の中米にはアメリカの安全保障に対する大きな戦略的脅威が存在したが、それに対処するためアメリカ軍隊を投入してまで干渉することはしないと宣言した。(9) アメリカでは対外軍事コミットメントの問題をめぐって大統領と連邦議会は絶えず論争してきたが、当時のレーガン大統領の宣言は、レーガン流モンロー・ドクトリン(10)といわれるものであった。

二　エルサルバドル軍事援助問題(11)

レーガン政権は発足当初より、アメリカ合衆国軍隊を海外へ投入するか否かの問題をかかえていた。それは長い間紛争の絶えない地域である中東と中南米への派兵問題である。とくに問題になったのはエルサルバドルへの軍隊投入をめぐってであり、アメリカ連邦議会では長期にわたり論争がなされた。一九八二年末、アメリカが海外に投入している兵員数は、U・S・ニューズ&ワールド・リポート誌一九八二年一二月二七日、一九八三年一月三日合併号によれば、五四万三四〇〇人で一年前と比べて二万八五〇〇人増加している。この数字は、アメリカがこれまでのヨーロッパ、極東、および世界海上での軍事コミットメントをさらに強めたことを意味しているだけでなく、中東や中南米におけるアメリカの軍事的介在を増大していることを意味する。注目すべきことは政情不安な中南米への一万五〇〇〇人の派遣である。なかでも左翼反政府分子と対決するエルサルバドル軍の訓練に協力する六〇人の軍事要員については、連邦議会で論議された。アメリカが海外に投入している全兵員数から見ると、中南米での駐留数は決して多くはないし、また、中南米のなかでもエルサルバドルへの派遣数の割合はさらに低いものといえよう。しかし、この小さな数字の中には大きな危機の要因が含まれていることを見逃してはならない。なぜなら、軍事要員の派遣はアメリカが今後とも中南米諸国に共産主義政権ができるのを阻止するための決意を意味しているからである。さらに、この点がアメリカにとっていかに重要な問題であるかは、アメリカの歴史上最も悲惨なものとなったヴェトナム戦争というにがい遺産の存在がこれを示しているからである。

アメリカが南ヴェトナムに軍事援助を与えたのは、一九五四年であり、当時、小規模の使節団を派遣した。しかし、その後フランスがヴェトナムから公式に関与をとり下げ、撤退した後アメリカはヴェトナム軍の訓練任務をひき継ぎ、軍事援助顧問団としてヴェトナムに駐留をすることとなった。その後、合衆国軍隊の戦闘員が派遣されることとなり、一九六一年一万七〇〇〇人から一九六九年には五四万人までふくれあがり、この間四万六〇〇〇人の死者をだすにいたったことはすでに述べたとおりである。

エルサルバドルは中南米でも面積が最も小さく、人口密度が高い国である。一八二八年スペインより独立して以来、慢性的な政治不安と圧政、広範囲にわたる貧困、数家族の手による富と権力の集中を経験してきた。エルサルバドルに関する米国務省特別報告（一九八一年二月二三日公表）によれば、エルサルバドルの政治、経済情勢を次のように報告している。一九六〇年にはかなりの経済的進歩がなされたが、政治は軍部に支持される伝統的な経済エリートの手に引き続き握られていた。一九七〇年代を通じて、貧困者と非土地所有者が不平不満の声をあげ、拡大する中産階級も欲求を増大させ、これに対し、政府は弾圧の度合いを強めた。かくてエルサルバドルにおいては長い年月にわたり、暴力が絶えず、政治、経済および個人的争いはしばしば殺人という結果をもたらしてきた。一九七九年一〇月カルロス・ウンベルト・ロメロ（Carlos Humberto Romero）将軍の権威主義政権が打倒され、軍人、キリスト教民主党、無党派の民間人を含む連立政権が樹立された。その後一九八〇年一二月には〝進歩的〟「軍民革命評議会」議長にはホセ・ナポレオン・ドアルテ（Jose Napoleon Duarte）が就任し、広範な社会変革に乗りだした。しかし、国内の極左はもちろん、極右からも武力による反対活動が絶えず、階級、主義主張、国籍、政治傾向とは関係のない何千人もの人々が殺されている。一九八〇年一〇月にはアメリカ人尼僧四人をはじめ労組関係者など合衆国市民の死者をだすにまでいたっている。

一九七九年エルサルバドルでの革命政権は改革と民主主義を公約し、アメリカの政治的支援を受けることとなった。前記のエルサルバドルに関するアメリカ国務省特別報告によれば、一九七九年の革命以前には限定された経済援助計画（九五〇万ドル）を行っていたがアメリカの安全保障支援計画による軍事援助計画は一九七七年から停止されていた。一九七九年の革命政権になってから、アメリカはエルサルバドルへの経済援助計画を大幅に増加し、一九八〇会計年度には五六〇〇万ドル、一九八一年度六八〇〇万ドルと増大している。

一方、アメリカによる安全保障関係の援助は、一九七九年末に再開された。前記国務省報告によると、その割合は経済援助に比べると少額であるが、一九八〇年会計年度で、通信、輸送機器を中心とする非殺傷用軍事資材の買い付け用として五七〇万ドルの保証借款を供与した。前記アメリカ尼僧四人の殺害事件後、カーター大統領は、一時エルサルバドルへの軍事援助を停止したが、翌一九八一年にはふたたび軍事援助を再開し、レーガン政権は成立直後の一九八一年三月二日二五〇〇万ドルの追加軍事援助を発表し、連邦議会に要請した。

かくて、カーター大統領は一九八一年一月一七日アメリカ製兵器、弾薬を含め緊急に必要とされる五〇〇万ドルの軍事機材の供与を決定した。さらに加えてM16ライフルのほかU1型ヘリコプター六機などが貸与されることになった。さらに最も重視すべき点は、連邦議会で論議されている軍事要員の問題である。前記の軍事援助計画を遂行するために、カーター大統領は、エルサルバドルへ約二〇名を派遣した。その後軍事要員は徐々に増加され、一九八二年末には、六〇名となっている。このようにアメリカの軍事要員の増強の背景にあるのは、前記国務省の特別報告によれば、エルサルバドルの反政府左翼ゲリラの活動の背後にキューバ、ひいてはソ連の差しがねがあるためのようである。

中南米・カリブ海域がアメリカにとって、戦略的、経済的に重要な地域であることは歴史的事実であり、一八二三年のモンロー・ドクトリンはそれを如実に示している。しかし世界情勢は当時と全く異なり、アメリカにとって複雑な要因が多数存在している。ニューヨーク・タイムズ紙のレストン（James Reston）記者によれば「モンローには言葉はあったが、それを強制する力はなかった。レーガン大統領には力はあるものの、それを使用するについてのアメリカ国民、連邦議会、あるいは米州、欧州の同盟諸国の支持がなく、自分のディレンマを説明する言葉も持ち合わせていない」という。

政情の不安が長くつづいているところへアメリカが軍事介入をしたヴェトナムの場合と、エルサルバドルの場合とはいろいろな面で事情は異なる。その一つは前記レストン記者の指摘するように、力の行使に対する支持がないことであろう。それは、アメリカ国民および連邦議会におけるエルサルバドル介入阻止への一連の動きに表われている。その根底にあるのは絶えずヴェトナムの二の舞をくりかえさないという反省であるといえよう。

三　エルサルバドル軍事介入阻止に関する戦争権限法の修正案

ニューヨーク・タイムズ紙が一九八二年二月一日付で報じた世論調査によると、アメリカはエルサルバドル内戦に介入すべきでないと考える人が六三％に達し、エルサルバドルが「第二のヴェトナム」になり得ると考えている人は六〇％にのぼっている。このような「第二のヴェトナム」になるのではないかという懸念は一般市民だけではない。とくにそれが明確に表明されているのは、連邦議会であり、かなり前からエルサルバドルをはじめとして中南米への軍事介入阻止のための強い主張がなされている。

このような軍事介入阻止への動きはヴェトナム戦争末期においてなされたものと同じ方法で行われている。その主なものは、第一に軍事援助の停止および、武器供与などの禁止であり、第二は軍事顧問や合衆国軍隊の派遣禁止である。これらの項目が単独で提出されたり、あるいはそのいくつかがその他の条件とかみ合わせて提出されている。

アメリカ連邦議会において軍事援助の停止あるいは削減、さらに武器供与の禁止はたびたび行われている。すでに第五章でふれたように、ヴェトナム戦争後の〝議会復権〟といわれた時代（一九七五年から七九年頃）には、毎年のように見られた現象であった。しかしその後はあまり見られなかった現象であるが、一九八一年四月二九日の下院外交委員会での採択は注目すべきものであった。同委員会はエルサルバドルへの軍事援助に厳しい条件をつけ、レーガン大統領に政策の転換を求める法案を可決した。同法案はブルームフィールド（Williams S. Broomfield）下院議員を中心として、多数の民主党議員および共和党議員を含む超党派で提案されたものである。その内容は、人権を無視するような国への援助を停止すること、さらにエルサルバドルが人権を侵害するような行為をしていないことを六カ月ごとに下院議長に報告することなどである。このような法案はエルサルバドル問題で連邦議会がレーガン政権に対し積極的に軍事援助を否定した最初のものであった。

一方、上院外交委員会においてもいくたびかエルサルバドルへの軍事援助の禁止を求める提案がなされている。その代表的なものは一九八一年三月一七日ケネディ（Edward M. Kennedy）議員ら四人のリベラル派民主党上院議員の提案である。同法案は五つの条件を挙げ、この条件が満たされたと大統領が判断し、議会が同意しない限り、エルサルバドルに軍事援助、軍事援助顧問を送ることの禁止を求めている。

この条件として同法案は、前記アメリカ尼僧殺害事件などの犯人訴追のほか①アメリカ政府が海外からの武器流入停止、停戦実現、調停による論争の政治解決―へ向けての国際的努力を積極的に支援する、②エルサルバドル政府への民間人参加、③アメリカ国内における（極右）テロリストへの財政支援に対する捜査と訴追―を挙げ、さらにエルサルバドル政府が文書で軍事援助を要請することも条件としている。

エルサルバドル問題に関して、連邦議会がアメリカの軍事介入を阻止しようとする動きのなかで、さらに注目すべきことは、軍事顧問や合衆国軍隊の派遣禁止であった。

その第一は、一九八一年三月五日の下院外交委員会での論議である。その中でオッティンガー（Richard L. Ottinger）民主党議員ら四五名の下院議員は、連名でレーガン大統領に対し、エルサルバドルへの軍事介入に強い反対を表明するとともに、戦争権限法に照らして軍事顧問団の拡大に疑義があると指摘し、六〇日以内の撤収を要求した。また、バートン（John L. Burton）下院議員らは、エルサルバドルへの武器売り渡し、それに伴う延べ払い借款供与を禁止する法案を提出した。

オッティンガー議員らの反対の理由は、①軍事介入の拡大で内戦が泥沼化する恐れが強い、②エルサルバドルにとっては、軍事支援より政治、社会改革が必要、③アメリカには戦争権限法が存在するにもかかわらず、三月二日の援助拡大、顧問団増員が事前に議会に正式には相談されなかったことなどである。

エルサルバドルへの軍事介入を阻止しようとする連邦議会にはさらに強固な主張があった。それは一九八二年三月八日提出された法案である。同法案はバード上院民主党議員らの共同提案によるもので、「アメリカ合衆国軍隊がなしくずし的にエルサルバドルに介入するのを防ぐため」現行の戦争権限法を修正しようとするものであった。

修正案の主な内容は、連邦議会の事前の同意なしには戦闘部隊をエルサルバドルに派遣しない。ただし、エルサルバドル在住のアメリカ人の本国引き揚げを援助する場合は、議会の同意なしに合衆国軍隊を派遣できる。同法は対象をエルサルバドルに限定し、連邦議会の事前の承認を大統領に義務づけしようとするものであった（戦争権限法第三条参照）。

一九七三年の戦争権限法が制定されて後いくたびか同法の改正案が提出されている。それは同法制定後アメリカ合衆国軍隊が投入された対外的紛争のたびに、合衆国軍隊の投入そのものあるいは長期的軍事介入を阻止しようとして、同法の改正案が提出された。しかし、その後同法の改正案は成立していないが、この改正案の意義は以前のものと比較して一段と大きなものであった。なぜなら、連邦議会ではエルサルバドル問題のように正規の合衆国軍隊が派遣される以前に大統領に対し立法措置によって合衆国軍隊の派遣を拒絶しようとする動きはなかったからである。それはヴェトナムというアメリカの歴史上最も悲惨な結果となった〝泥沼〟への反省からレーガン政権の外交政策に対する深刻な疑問の提起をしたものであった。

第三節　軍事力行使をめぐるレーガン政権内の論争

すでにふれてきたように、アメリカは、戦後多くの軍事力の行使を行ってきた。軍事力を投入するたびにアメリカでは連邦議会をはじめ政府部内でも投入をめぐって議論がされてきた。連邦議会では戦争宣言なくして海外での敵対行為に軍隊を投入することを禁じた、一九七三年の戦争権限法をめぐって議論が行われてきた。またレバノンへの合衆国軍隊派遣問題にも見られるように、政府部内でも対立が見られた。さらに、最近アメリカ合衆国軍隊を海外に投入する問題でもっとも注目されるのは、全面戦争にはいたらないがアメリカの国益にとって重大な影響をもつグローバルなテロ行為、革命運動あるいはその他の重大な危機に際して、アメリカは軍事的にいかなる対処をするかということである。なかでも、グローバルなテロ対策問題をめぐって国際的また国内的に大いに論じられていることは、アメリカの過去の歴史の中でも例のないことであろう。

一　テロ対策をめぐるシュルツ国務長官の強行論

シュルツ(George P. Shultz)国務長官はすでに一九八三年の四月、日米欧委員会いわゆる三極委員会(Trilateral Commission)の夕食会で演説[12]、国際的な問題となっているテロリズムの脅威に対抗するためには、自由世界が大胆な対応をとる必要があると強調、さらに場合によっては予防行動(preventive action)の実施の可能性も考えるべきだとの見解を示した。同長官は、国家に支援されたテロ行為は現実には戦争の一形態だと述べるとともに、従来のような情報収集能力の強化といった受け身の対応の効果に懸念が生じているいま、「自由世界では、どのような状況下でテロ組織に防衛行動あるいは予防行動をとるべきかとの問いかけがなされている」と指摘した。さらに、西側世界がテロリズムに対する積極的防衛(active defense)の必要性に正面から取り組むことがますます適切になりつつあると強調、そのためにアメリカは合衆国の軍事力を行使するという。このような方針は前記キッシンジャー元国務長官の見解にもみられる[13]。

おどろくべきことは、三極委員会という国際的な舞台で、しかもレーガン政権内でも必ずしも一致した見解となっていないテロ対策を表明したことである。さらにここで注目されるのは、合衆国軍隊を海外で行使することに関して、ヴェトナム戦争からの教訓である前記戦争権限法に対して、シュルツ長官はまともに批判をしていることである。

このようなシュルツ長官の対テロ対策の見解は、その後一九八四年十月二十五日の演説[14]でさらに具体的に表明している。そこで同長官は、アメリカが軍事力を投入するに際しては、米国民が事前に、①アメリカ合衆国戦闘員あるいは罪のない人々の生命が失われる可能性、②テロリストではなくアメリカ政府に罪があると主張する人々の存在、③テロリストへの攻撃がすべての事実関係の判明前に行われる可能性——を理解しておくことが不可欠であると指摘した。

さらに、テロリストが無政府状態の地域から攻撃を仕掛け、あるいはその本拠を自らが〝聖域〟と考える国際的境界線の背後に置いている場合には、「何もしないか、それとも軍事力を行使するか」の選択を迫られる事態が生じ得るとの認識を表明し、さらに将来全世界で戦略上のアメリカ合衆国権益に対するテロ攻撃増加が懸念される状況にあっては、軍事力行使の用意をしておく必要があると語った。

シュルツ国務長官は、前記日米欧三極委員会でも「軍事と外交は選択的な問題ではない。両者は一体でなければならず、さもないと（外交目的の）成果を達成できない」と述べている。これはアメリカの第二次大戦後、一貫してとってきた伝統的なアメリカ外交政策の表明であるともいえる。

二　レーガン政権内でのシュルツ発言批判

前述のような、シュルツ国務長官が行った「一般市民の死もやむを得ない」との演説に対して、レーガン大統領[15]は一九八九年一〇月二一日の大統領選テレビ討論で「一般市民を巻きぞえにしたくない」との発言をし、シュルツ発言には批判的であった。

さらに、一〇月二六日ブッシュ副大統領も、シュルツ長官の見解に反対し「われわれは出撃して無辜の市民を爆撃するつもりはない。われわれは一人のテロリストを殺すために一〇〇人の婦人、子供を殺すような段階にはきていない」と反論している[16]。

第四節　ワインバーガー・ドクトリン

「外交と軍事力の一体化」を持論とするシュルツ国務長官と一線を画する態度を示したのは、ワインバーガー国防長官である。同長官は一九八四年一一月二八日ワシントンのナショナル・プレスクラブで講演し、次のような軍事力行使についての注目すべき六原則を明らかにした[17]。

第一、ある交戦なり、事態なりが、アメリカや同盟国の国益に死活的だとはみられない場合、アメリカは部隊を海外の戦闘に投入すべきではない。

第二、特定の情勢に戦闘部隊の投入が必要であると決定したら、必勝の信念をもって断固として投入せねばならない。目的達成に必要なだけの部隊や資源を投入する気がないなら、はじめから投入は一切すべきではない。

第三、海外の戦闘に部隊投入の決定をする場合、政治・軍事の目的をはっきりさせておかねばならない。さらに、これらの明確な目的をアメリカ合衆国軍がどのようにしたら達成できるかを、十分承知していなければならない。そのうえで、目的を果たすのに必要な部隊を派遣するのでなければならない。

第四、目的と投入軍事力の関係――その規模、構成、配置――は絶えず評価し直し、必要ならば調整しなければならない。紛争の続いているうちに、状況なり目的は必ず変化してくるものである。それが変ってきたらアメリカ側の戦闘のための必要条件も変えてゆかねばならない。

第五、アメリカが海外に戦闘部隊を投入するに先立ち、アメリカ国民と、その代表たる連邦議会の議員たちの支持を得られるという相応の保証がなければならない。

最後に、合衆国軍隊の戦闘への投入は、最後の手段でなければならない。

この原則は、最近、一般にワインバーガー・ドクトリンといわれており[18]、米国内外で注目された。このようなドクトリンがワインバーガー国防長官によって発表されるまでにいたった背景には多くの理由が考えられるが、同長官の説明によれば次のような点があげられている。

今日の世界では、平和と戦争の境界線は、われわれの歴史上のどの時代よりも不明確となり、公然たる紛争と、半ば隠された敵対行為との区別が判然としなくなっているため、アメリカとしてもこれからの侵略の場所、時期、方法、方向などを確信をもって予知できなくなっている。孤立したテロ行為、ゲリラ活動から、全面軍事対決に至る脅威に、いかなる時でも対処できる態勢を整えておかねばならない。アメリカは、どの紛争であろうと初期のうちに限定し、封じ込め、これを管理するつもりである。そのためには合衆国軍隊をタイムリーに配備しなければならないし、参戦前に十分な支援と準備が整っていなければならない。なぜなら、これらのむずかしい決定の多くは、きわめて迅速に下されなければならないからである。

しかし、ひとたびなんらかの力の行使をおこなう決定がなされ、またその目的が明確にされた場合には、わが政府はその決定を実行するという、また目的が達成されるまでそれを実行しつづけるという、明確な付託を受けていなければならない。ところが、それをなしとげることは、むずかしいことである。

政府のどの部門がそうした付託の範囲を画定し、力の行使について決定を下すかという問題が、さかんに論議された。一九七〇年代のはじめに、議会は、対外政策の作成と海外での軍事力行使の決定過程で、以前に適切であり、実際的であると考えられていた役割よりも、はるかに積極的な役割を要求し、それをみずからに課した。その結果、立法部門がこの過程に積極的に干渉し、行政部門がもっていた政策決定権の求心性が犯されるにいたった。同時に、軍事力の行使にかんする決定の結果については、議会はそれにふれようとしなかった。

最近の歴史は、アメリカが世界の守護者の役割を一方的に引き受けることはできないことを証明した。アメリカは平和と自由を守る責任を果たすために割くことのできる勇気と血と財産には、限りがあることを学んだ。それで、アメリカは、同盟国が必要とするときには、相当量の経済的、軍事的援助を提供することができなければならず、また提供すべきであり、同盟国にたいする攻撃を抑止するだけの力を同盟国が維持できるよう援助しなければならない。しかし、一般的には、アメリカの軍隊あるいはアメリカの意思が同盟国の軍隊や意思にとって代ることはできない。

分秒を争う現代の世界で、決断力あるリーダーシップはこれまで以上に重要である。紛争が限定されているか否か、脅威の性格がはっきりつかめているか否かを問わず、アメリカは脅威や紛争が合衆国と同盟国の死活的国益に影響するか否かを迅速に判定し、適切に対応をする能力を持っていなければならない。

以上のような時代背景のもとに、総兵力二〇〇万人を超す合衆国軍隊の行動にすべての責任をもつ国防長官が海外における軍事力の行使について総合的な考え方を明示したものといえよう。

一　ワインバーガー、シュルツ論争の背後にあるもの

1　論争の背景と対立点

ワインバーガー国防長官とシュルツ国務長官の論争は、前記の発言にとどまらず、その後もつづいた。一九八四年一二月九日には、シュルツ国務長官は前述のワインバーガー国防長官の発言を意識したうえで、合衆国は外交の手段としていつでも軍事力を行使できるように準備しておかなければならないし、また、一般国民の支持があるという保証はない場合でも軍事力を使用できるように準備しておくことが政治家の責務であると強調した(19)。

両長官は海外におけるアメリカ合衆国軍隊の行使については、その後いくたびか公然と相対立しているが、他の当局者によれば、この意見の相違は氷山の一角にすぎず、両者は軍備管理、テロリズム、中米、中東のほか、NATO（北太西洋条約機構）諸国に圧力をかけて通常兵力を増強させるのがいかに難しいかといった主要なすべての政策をめぐって不和を続けているという見解もある(20)。

軍事力行使をめぐる両者の論争は、当面する中米問題やテロ行為問題だけでなく、アメリカの軍事力に対する伝統そのものに根をもつ問題である。またこの問題は、アメリカにおける軍事と一般国民との間の問題として、第二次大戦後大いに論じられてきた。トルーマン大統領が朝鮮で行ったように、ジョンソン大統領もヴェトナム戦争では、ヴェトナム以外での戦争の拡大を拒否し、さらに軍事力を段階的拡大の戦略にしたがって行使した。結果は莫大な予算と損失をともない、得るところはなかった。アメリカの軍部には、ヴェトナムから得た新しい一連の教訓がある。政治的な制限は勝てる戦争を阻止し、また今後戦略を形成する際には、軍部の発言を強化すべきであるというものである。段階的拡大の戦略は損害が大きいことを証明した。

このような背景のなかでシュルツ・ワインバーガー論争はなされたのである。ヴェトナム戦争からの反動の

結果として、シュルツ国務長官は、第二次大戦後米国が一貫してとってきた、軍事力を背景にした外交政策を基本方針としたのである。一方、ワインバーガー国防長官の見解は、ヴェトナム戦争の反省から得た教訓を真正面から受けとり、軍事力は限定された目的に従ってのみ行使されるべきであり、さらに軍事力は〝他の手段が失敗した〟場合にのみ行使されるべきであると主張した。そして国防長官は勝利の必要性を強調した。両者の異なるもっとも重要な点は、国務長官がアメリカの軍事力をいかなる時に行使すべきであるかという点に重点をおいているのに対し、国防長官は、軍事力をどのように行使するかという点に焦点をおいているのである。

2　ワインバーガー・シュルツ論争における同異点

すでにふれたように、アメリカの軍事力行使に関するワインバーガー国防長官の発言以後、シュルツ国務長官の反論ともいうべき見解はたびたびなされている。その中でもとくに注目されるのは、次のような点である。[21]

まず第一に、力と外交は常に一つでなければならず、でなければこの世界で成就できることは非常に少なくなってしまう。力は常に目的を導き手としなければならない。同時に冷厳な現実をいうと、力の裏打ちがない外交はせいぜいのところ無力、最悪の場合は危険である。アメリカは一貫して軍事力の行使を嫌ってきた。これはアメリカの良識によるものである。さらに、武力行使はその他の政治交渉の手段では十分でないことが分かった場合の、最後の手段でなければならないことも当然である。だが、大国たる者、選択の責任を容易に避けられるものではない。大国は、その行動の結果についてはもちろん、行動しないことの結果についても責任を負わねばならないのである。力をどのような形で、またどこで行使するかの決定を下すに当っては、賢明であるとともに慎重でなければならない。アメリカは常に問題の政治的解決を求めるつもりである。ただし、侵略には抵抗し、外交を力で裏打ちするのでなければ、その種の解決策は決して成功しない。

表面的に対立している点はいろいろあるが次にあげる点からみて実際的には両者の主張にはそれほど差はな

いとみる見解もある。

第一は、外交政策や国の基本的な基準で両者の見解に大きな差がないという。両者はレーガン政権の外交政策の中心となっており、根深い反ソ主義を考慮したものではない。両者は軍事力をアメリカの外交政策の根本的手段と見なしており、それをいつ、どのように行使するかが異なるだけである。(22)

第二に、シュルツおよびワインバーガー両長官は、第三世界での軍事力行使については一致した見解であった。いろいろな発言のなかで、シュルツ国務長官は、外交は軍事力でバックアップするつもりであることを述べ、また、ワインバーガー国防長官は、一九八五年一月三十一日の公聴会で、両者とも軍事介入は〝最後の手段〟であるべきであると述べている。しかし、軍事力行使が必要なときにはそれを支持するコンセンサスがなければならないと述べている。

一方、シュルツ国務長官も「地域的あるいは局地的紛争や危機は西欧の、国家利益にとって重大な影響を与えている。」さらに、「アメリカはそのような挑戦から逃れられるとは考えられない」と述べている。(23)

第三に、両者は一九七三年の戦争権限法のような軍事力行使に関して、かなり客観的にしかも制度化された拘束手段にいらいらしている。(24)シュルツ国務長官は前述のように、戦争権限法を明言して批判している。

ワインバーガー国防長官は、戦争権限法については直接的には言及していない。しかし、国防総省の高官によれば、ワインバーガー国防長官の頭には戦争権限法のことがあり、かつて次のように述べたことがあるといっている。〝ある程度の軍事力を行使することを決定しその目的が明確にされた以上、政府は明示された命令を実行し、目的が完遂するまで継続しなければならない〟。さらに同長官は、政府が軍事力を行使することについての命令の内容を限定し、決定をする権限があるかという問題に関しては、現在かなり困難な問題があると述べている。その後ワインバーガー国防長官は、戦争権限法を廃止することを提唱するかという質問に対して、同長官は詳細にふれたくないと述べたといわれている。国防総省の高官からワインバーガー国防長官は、戦争権限法の存在にいらだちを感じている国防総省の制服およびシビリアンに対し、戦争権限法に反対していることを述べて激励していることが表明されている。しかしワインバーガー国防長官自身がこのような姿勢を示したのははじめてであるといわれている[25]。

二　ワインバーガー・ドクトリン

ワインバーガー国防長官の軍事力行使に関する見解は一九八四年の夏中をかけて考慮されたものである。しかし、その見解を表明することはレーガン大統領の再選後まで延期されていた。原案作業を進める中で数度にわたり大統領と論議を重ね、最終的には声明発表の前日に国家安全保障会議にかけた。さらに、発表する原稿は四時間前の朝食会でシュルツ国務長官に渡されている。このように、ワインバーガー国防長官の見解は慎重なる手続を経て公表されたのである[26]。

さらに、ワインバーガー国防長官の発言は統合参謀本部の見解も反映しているものと思われる。なぜなら、それは統合参謀本部でもすでに軍事力行使に対するアメリカ国民の支持を得て、また勝利のために戦わなければならないという前提がなければ、戦場に合衆国軍隊を派遣すべきではないという見解が表明されているからである[27]。

アメリカの海外での軍事力行使に関するワインバーガー国防長官の発言は、レーガン政権における外交政策をもっとも総括的に明確化した体系的なものであるといえよう。

一方、シュルツ国務長官の発言は、力と外交の問題を二本立てとする第二次大戦後のアメリカの伝統的な外交方針の表明である。

ワインバーガー・ドクトリンには、アメリカの建国期から論じられてきた軍事と政治の深い問題を含んでいる。なかでも朝鮮戦争、ヴェトナム戦争そしてその後のレバノン紛争という苦い経験から得た教訓のうえに立った海外における軍事力行使に対する新しいドクトリンの表明といえよう。

前述の六項目はいずれも重要な基準であるが、なかでもとくにヴェトナム戦争後におけるアメリカの基本方針と思われ、重要な意義をもつ点について最後にふれておく(28)。

第一に、アメリカにおける政策決定者が、合衆国軍隊を海外に投入するか否かを決定する基準を設定するに際して、ワインバーガー国防長官は、アメリカの外交政策の遂行には一般国民の意見が強く作用していることを明確に認識しなければならないと訴えた点である。これは、ヴェトナム戦争中のアメリカの外交政策は、一般国民の意見がアメリカの政策に大きな影響を与えたことによるものである。

第二に、ワインバーガー・ドクトリンが意味するもっとも重要な点は、アメリカの世界的な役割がかなり制限されたものとして、現実的な政策をとる方針という点である。アメリカが海外の紛争に介入するのは、アメリカの国益、あるいは同盟諸国の国益にとって死活的に重要であるときである、というのである。しかし、いかなる国家的利益が死活的に重要であるかの判断は明確にされていない。目的と手段のバランスが戦略的に重大な意味をもつことになる。

第三に、ワインバーガー・ドクトリンは外交政策を支援する軍事力の役割についても述べている。海外での国家が、まず第一次的に自国の防衛を行うように奨励し、それがアメリカの国益になるという。戦後のアメリカの外交政策は、封じ込め政策であったが、その目的は、アメリカの防衛のため同盟国を援助することであった。それはアメリカが同盟国の防衛に責任を持つことではなかった。その意味ではワインバーガー・ドクトリンは決して新しいものではない。

ワインバーガー・ドクトリンは大国として与えられた課題を国内政治における現実に調和させたアメリカにとって、実行性のある戦略を思慮深く構築したものといえよう。これを批判するには、この戦略をのり越えるだけの代替案なくしては困難であろう。

ワインバーガー国防長官は、前述の基準で、アメリカが海外の戦闘に部隊を投入するに先立って守るべき警告とするために、否定形で表現したようである。合衆国軍に海外の戦闘で生命を危機にさらすことを求める時、こうした警告は賢明であるのみならず、道徳的に必要でもある、という点も従来にみられない点である。

アメリカは、前述の基準を適用し、戦闘任務は適切でないと結論づけることも考えられる。しかし、ワインバーガー国防長官はアメリカ国民に対する、あるいは同盟国に対するアメリカの責任の放棄と解釈すべきではないとし、また何人も、これらの基準を、アメリカあるいはレーガン政権が海外の戦闘に部隊を投入する意志を持っていない証拠と見倣すべきではないと述べている。アメリカは、これまで、アメリカの死活的な利益あるいは同盟国のそれが脅かされた時、アメリカはこうした利益を守るために、武力を行使し、しかも決定的にそれを行使する用意があると言明している。これらの基準は、アメリカが過去から学んだ教訓から引き出されたものであるが、同時にそれらは将来も適用し得るものであり、適用されるものとしている。この問題は、アメリカと安全保障条約を締結している日本として、見逃せない点であろう。

注

（1）*The Washington Post*, July 19, 1985

（2）西脇文昭「アメリカの冷戦後戦略とその問題点」『国際政治』第一一〇号　一九九五年一〇月　一五七頁

（3）戦略問題研究会編『戦後世界軍事資料』第六巻　原書房　一九八八年　六五頁

（4） *The New York Times*, March 5, 1981

（5） 一九七九年一〇月軍部穏健派のクーデターでロメロ大統領を追放し、軍民代表五八人の革命評議会が政権を握った。ロメロ政権時代からゲリラ活動が活発で、多数の外国人の殺害が行われていた。

（6） *The New York Times*, April 30, 1981

（7） *The New York Times*, March 14, 1981

（8） *The New York Times*, March 21, 1982

（9） *The Department of State Bulletin*, April, 1981, p.12

（10） *The New York Times*, March 14, 1982

（11） エルサルバドル軍事援助問題では本文中で紹介した資料の他左記の資料を参考にした。

○ *Congressional Record*, 97th Congress 1st Session, March 4, 8, 9, 1982

○ *Hearings on U. S. Policy Toward El Salvador, Subcommittee on Inter-American Affairs of the Committee on Foreign Relations*, House of Representatives, 97th. Congress 1st. Session, March 5, 1981

○ *Congressional Quarterly Weekly Report* 1981 – 1982

○ State Department Special Report on Communist Involvement in the Insurrection in El Salvador, *Department of State Bulletin* No.2048, March 1981

（12） Power and Diplomacy in the 1980s, *Department of State Bulletin*, May 1984, pp.12 - 15

（13） キッシンジャーは、アメリカがヴェトナム体験からくみとるべき教訓として、ゲリラ戦争を避けるには、まず予防措置や改革の推進が不可欠だが、万一軍事行動に踏み切る時、中途半端な遂行にとどまると、民主国家の意気阻喪と混乱を招くだけだと警告している。さらに具体的に次のような提案をしている。

第一に、ゲリラ戦争を回避する最善の方法は、先を越して予防措置をとることであり、アメリカが死活的に重要と考える国々に対し、援助計画と改革のための潤沢な資金を提供することである。

第二に、戦闘部隊を投入する前に、アメリカは、脅威の本質と現実的な目標についての明確な理解を示しておくべきである。

第三に、アメリカが軍事行動に踏み切る時、目標達成に突き進む以外に道はない。

第四に、民主国家では、反対党が外交論議について、ある種の自己抑制を働かせない限り、まともな外交政策を遂行できない。（Kissinger, Henry A. Vietnam : Tragedy in Four Acts, *Washington Post*, Apri 9, 1985）

（14）Terrorism and the Modern World. *Department of State Bulletin*, December 1984, pp.12 - 17

（15）*The New York Times*, October 22, 1989

（16）*The Washangton Post*, October 27, 1989

（17）The Uses of Military Power, *USIA Wireless File*（EPF 404）、December 29, 1984

（18）*The Washington Post*, November 30, 1984, *The Los Angeles Times*, December 6, 1984

（19）*The New York Times*, December 11, 1984

（20）*The International Herald Tribune*, December 12, 1984

（21）Shultz George P. New Realities and Newway of Thinking, *Foreign Affairs*. Vol.63, No.4, Spring 1985, pp.718 - 719

（22）*The New York Times*, December 9, 1984

（23）*The Los Angeles Times*, February 1, 1985

（24）*The New York Times*, December 9, 1984

（25）*The New York Times*, November 29, 1984

(26) Strasser, Steven Debating the Military Option, *NEWSWEEK*, December 10, 1984, p.34

(27) *San Diego Union*, November 29, 1984

(28) *The Los Angeles Times*, December 6, 1984

第三部　冷戦終焉後の外交と政軍関係

第十章　冷戦期におけるアメリカの軍事力行使の実態と分析

第一節　第二次大戦後の軍事力行使

ヴェトナム戦争の終結を告げた「サイゴン陥落」から一〇年がたち、アメリカでは、改めてこのヴェトナム戦争への反省が多方面からなされた。ヴェトナム戦争はアメリカにとって最長の戦争であり、また惨敗した唯一の戦争となったからである。

ヴェトナム戦争後一〇年の間に、歴代大統領の政策および行動にも見られるように、アメリカはマヤゲス号事件、イラン人質救出作戦、さらにその後レバノン派兵、グレナダなどいくたびか海外に軍隊を投入してきた。ヴェトナム戦争の遂行とヴェトナム和平会談に直接にたずさわった、キッシンジャー元米国務長官は、泥沼化したヴェトナム戦争から一刻も早く離脱しようと戦争終結を急いだ合衆国連邦議会の態度が、北ヴェトナムの大攻勢の引き金となったことを指摘、議会で論議を呼んでいるニカラグア反政府ゲリラ組織への援助の是非をめぐる問題で、ヴェトナム戦争の轍を踏まないようにと警告した(1)。

ヴェトナム戦争からの反省は多方面からなされており、レーガン政権内部でも行われていた。その最大の遺産は、ワインバーガー国防長官が指摘しているように、アメリカが海外に派兵する際には事前に国民および議会の支持を取りつけ得るという確信が必要だということであろう。この見解には、シュルツ国務長官が指摘しているように、事前にそのような保障された国民の支持などないという見解も表明され、レーガン政権内での論争が注目された。

アメリカは、第二次大戦後、朝鮮戦争やヴェトナム戦争のように莫大な軍事力を行使され、戦闘が行われたことはない。一九四五年から一九七五年までの冷戦期三〇年間に、歴代アメリカ大統領あるいはそれを取巻く外交政策決定者たちがアメリカの観点から望ましいと判断して、世界の多くの地域でアメリカ軍を政治・外交的に利用したケースは二一五件、その内、世界的緊張をひどく高めた紛争が三三件あり(2)、さらに一九七五年以降一九八二年までの冷戦変容期にも四五件あった(3)。

本章では、ヴェトナム戦争を境にしてアメリカが海外へ政治的目的として軍隊を投入してきた事例の分析に関する研究を紹介し、あわせて前記ワインバーガー、シュルツ論争に見られる今後の軍事力行使に対するアメリカの対応を検討しようとするものである。

一　アメリカの軍事力行使

アメリカにおける海外への軍事力投入の分析に関する研究は、いろいろあると思われるが、ここではこの点で非常に参考になると思われる次の著書および論文を中心に紹介し、その動向を考察する。その第一は、Barry M. Blechman and Stephen S.Kaplan, *Force without War — U. S. Armed Forcec as a Political Instrument*（The Brookings Instiution, 1978）であり、第二は、Philip D.Zelikow, Force without War, 1975~82, *The Journal of Strategic Studies* Vol.7, No.1 March 1984 である。

前者は、一九四六年から一九七五年のマヤゲス号事件までをカバーしており、合衆国軍隊が政治的目的に行使された二一八の事件の中から代表的三三の事例を、いろいろな角度から分析している。一方、後者の論文はヴェトナム戦争後の一九七五年から一九八二年までの事件でアメリカ合衆国軍隊が政治的目的に使用された場合を扱っている。

後者の研究目的としては、一九四六年から七五年までの傾向あるいはパターンを一九七五年から一九八二年の場合と比較検討することにある。したがって分析方法は前者のブレックマン研究の手法と同じ方法で行われている。検討の対象とした事例は、定例の演習、寄港などの軍事行動は含まれておらず、政治的な意味のある軍事行動の場合をとりあげている。そこでの重要な点は、特定の情況に影響を与えようとするいろいろな軍事行動である(4)。

二　軍隊の政治的利用

軍隊の政治的利用とは、継続的な暴力抗争に従事することなく他の国の個人の特定な行動に影響を与え、または与えようとする国内当局者による意図的な試みの一部として、一または二以上の単位で構成される正規軍によって物理的行動がとられた時に発生する(5)。

具体的事例でみると、一九七九年一二月カーター政権時代、イラン人質事件が発生したとき、ソ連のアフガン侵攻に対処しなければならなかった。政治的には、アメリカは穀物制裁を行い、さらに一九八〇年一月一三日の一般教書で、ペルシャ湾地域を支配しようとする外部勢力のいかなる試みも、アメリカの死活的利用に対する攻撃とみなされ、そうした試みには軍事力を含むあらゆる手段を行使して撃退するとの声明、いわゆるカーター・ドクトリンを宣言した(6)。軍事的には、これらの宣言は、今後の侵略を阻止し、アメリカとの同盟関係を強化する意図を明示するものと理解されている。

一九八〇年一月合衆国空軍は、ＳＲ71およびＡＷＡＣＳを出動させてエジプトと合同訓練を行った。同年二月には合衆国軍と海兵隊一八〇〇名の水陸両用緊急部隊がアラビア海に配備された。七月には、空軍のＦ４Ｅ

ファントム戦闘機一個飛行隊が三カ月の訓練のためエジプトに到着。一一月には合衆国陸軍および空軍はエジプト軍との演習、いわゆる〝ブライト・スター〟を行った[7]。

これらのことが示しているのは、戦争なき軍事力行使である。この原則はアメリカにとっては、確かに新しいものである。昔から、軍事力が最も良い効果をもつのは、兵士が戦わない場合であるとされている。古代中国の兵法家、孫子は、戦闘はすべての戦略の中で最悪の場合と考えている。この故に、百戦百勝は善の善なるものにあらず。戦わずして人の兵を屈するは善なるものなり、という戦略である。

さらに具体的に軍隊の政治的行使が発生する条件として大別して次の五つが考えられている[8]。第一に、軍隊の一部の配備が物理的に変更された時。従って、この軍事行動には火器使用、海外における恒久的あるいは一時的駐留の維持または解除、封鎖、演習あるいは示威行動、他の場所への護衛または輸送、撤退、偵察などが含まれる。したがって、ヨーロッパでの中距離ミサイル配備計画は含まれない。また、一九七五年から七六年のタイからの合衆国軍隊の撤退は含まれない。同様にして、軍事援助や軍事顧問団などの行動も含まれない。

第二に、この軍事行動の背後には、国家の指揮当局である国家安全保障会議のメンバーが、外国の政策決定者に、特定の政治的影響を与えようとする一定の目的意識あるいは意味のある目的が、存在しなければならない。

第三に、アメリカの政策決定者が、対象国に影響力を行使することによって、その目的を達成しようとする場合であり、一般に軍隊は一つの政治的または軍事的手段として使用される。

第四に、政策決定者は「戦争」のような、重大な暴力の抗争は避けるように努めなければならない。目的が敵の戦闘能力を全面的に破壊することではなく、敵を降状させようとする場合である。

第五に、アメリカの市民、財産、軍の陣地を直接防衛するために海外に展開されている米軍の使用も、主として直接の脅威に対応する手段とみなされる。

第二節　軍事力行使の分析

一　軍事力の地域、軍種、規模等の分析

1　地域別軍事力行使

まず第一に、軍事力の政治的行使を地域別に分類してみると、表－10のようになっている。一九七五年以前の冷戦期では世界のあらゆる地域で同じような割合で軍隊が行使されているのに対し、一九七五年以降の冷戦変容期では大部分が中東および北アフリカに集中しており、前記カーター・ドクトリンに見られるように、ア

表－10　地域別軍事力投入の割合（%）

地域	一九四六～七五	一九七五～八二※
西半球	二八	二〇
ヨーロッパ	二〇	七
中東および北アフリカ	一八	四五
南アジアおよびサハラ・アフリカ	六	一一
東南アジアおよび極東	二八	一六

※一九七五―八二年は四捨五入のため合計が一〇〇%になっていない。
〈資料〉前掲 Zelikow, p.33

メリカにとって中東が重要な地域であることを物語っている。さらに西半球がつづいている。これはカリブ海を中心とする中南米がそのほとんどである。南アジアではほとんど行使されていないが、インド洋においては米ソとも海軍力は非常に増強している。一九四六年から七五年までの期間には南アジアでは三回の行使があり、いずれもインドに関係するものであった。現在までインド関係の紛争がないのでアメリカ合衆国軍隊の政治的行使は全くなくなっている。(9)

2　軍種別行使

第二に政治的目的のために行使された、軍種別の問題がある。表－11に示されるように、その割合にはかなりの変化が見られる。ここで分類している軍種は、海上部隊、陸上部隊、航空部隊である。海上部隊は合衆国海軍であり、陸上部隊には合衆国陸軍と海兵隊を含み、さらに航空部隊は陸上基地発着の合衆国空軍である。(10)

表－11　軍種別の軍事力投入の割合（％）

軍　種	一九四六～七五	一九七五～八二
海上部隊	八二	七〇
陸上部隊		
陸　軍	一八	二五
海兵隊	三六	一六
航空部隊	四八	四三

〈資料〉前掲 Zelikow, p.35

戦後から今日まで、海軍の行使の割合が大きいことには変りはない。アメリカにとっての危機管理体制および政治的影響を与えるうえで海軍が重要な役割りを果たしている。海軍の行動の中では、航空母艦の活動がその中心をなしている。冷戦変容期の事例でも一六回出動し、海軍の出動の五〇%を占めている。海軍がたびたび行使されるのは、艦船の場合動きが容易であること、また外国の領域に侵入することが割合少ないからである。(11)

一方、陸上部隊が出動することは一般に少なく、陸上戦闘部隊が出動するときは、多くの場合大部隊の出動のときである。後述する軍事力の規模別の行使でも示されているが、陸上部隊の展開あるいは配備の変更は二個大隊以上の場合である。(12)

さらに表に示されているように航空部隊の行使はかなりひんぱんに行われている。この場合必ずしも戦闘航空機が使用されているわけではない。多くの場合、輸送機を出動させるだけでかなりのデモンストレーション効果があるといわれている。(13)何故なら輸送機が出動される場合には必ずといってよいほど陸軍の地上戦闘大部隊が展開されるからである。また、最近の注目すべき特徴としては、航空機の中でもＡＷＡＣＳ（空中警戒管制機）が政治的目的のために出動することが非常に多くなっていることである。近代的装置をもち、C^3（指揮、管制、通信）の能力をもち、現代の危機管理のうえで重要な意味をもっているからといわれる。ＡＷＡＣＳが出動した事例は六回あり、航空機出動の三二%にあたる。(14)

3　軍事力の規模別行使

アメリカの政治的目的のための軍事力行使を規模別に分類したものが表－12である。ここでは軍事力の規模をブレックマンおよびカプランの定義にしたがって次のように区分している。(15)

軍事力投入の規模１（以下、規模①と略）戦略核兵器および一個以上の大規模部隊参加、
軍事力投入の規模２（以下、規模②と略）大規模部隊の二個または三個が参加し、戦略核兵器は参加せず、
軍事力投入の規模３（以下、規模③と略）戦略核兵器または大規模部隊一個の参加、

軍事力投入の規模4（以下、規模④と略）通常規模の部隊が一個以上参加し、戦略核兵器および大規模部隊は参加せず、
軍事力投入の規模5（以下、規模⑤と略）小規模部隊のみ参加。
なお、各軍種別における大規模、通常規模、小規模の内容は次のとおりである。(16)

大規模部隊とは
海上部隊の場合　空母二隻以上の機動部隊
陸上部隊の場合　大隊二個以上
航空部隊の場合　戦闘航空団一個以上

通常規模部隊とは
海上部隊の場合　空母一隻の機動部隊
陸上部隊の場合　中隊一個以上、大隊一個以下
航空部隊の場合　飛行隊一個以上

小規模部隊とは
海上部隊の場合　空母を含まない
陸上部隊の場合　中隊一個以下
航空部隊の場合　飛行隊一個以下

以上の分類にもとづいて、戦後アメリカの軍事力投入件数を年代順にまとめたのが表－12であり、さらにそれを割合で示したのが表－13である。とくに注目されるのは、ヴェトナム戦争後は投入規模①という事例はなく、そのほとんどが一九四九年から一九六五年の間に行われている。規模②および③の投入は、一九五六年か

ら六五年の間に集中的に行われている。

表−12　軍事力の規模別投入回数

時期	規模 ①	②	③	④	⑤
一九四六−四八	2	1	6	11	4
一九四九−五五	4	1	7	7	5
一九五六−六五	7	10	27	33	43
一九六六−七五	2	6	6	13	20
一九七五−八二	0	4	13	11	16

〈資料〉前掲 Blechman and Kaplam p.52, Zelikow. p.37

注目すべきことの中に戦略核兵器に関するものがある。核兵器を政治的目的で行使しようとする傾向は減少している。具体的には一九四六年から一九六六年の間に一七回、一九六六年から一九七五年の間に二回あり、それ以降一九八二年までに核兵器を政治的目的に行使しようとしたことはない。アメリカの政策決定者は最も重大な危機以外に核兵器を政治的に利用しないこととしている[17]。

4　軍種別の規模別行使

一九七五年から一九八二年までの期間における各軍種別における軍事力投入の規模の割合は表−13に示されるとおりである。政策決定者は海上部隊では政治的目的で大規模な部隊を投入することは少ない。これは艦隊を組んで世界をめぐる空母の任務に微妙な問題を反映しているものと思われる[18]。

表—13　軍種別の軍事力投入の規模の割合（％）

軍種	大規模	通常規模	小規模
海上部隊	16	34	50
陸上部隊	87	9	5
航空部隊	9	26	65

〈資料〉前掲 Blechman and Kaplam p.52, Zelikow. p.37∨資料∧前掲 Zelikow, p.37

二　軍事力行使の態様と方式

アメリカは戦後から今日にいたるまで、長い間外交政策を遂行するのに軍事力に依存してきた。しかし、この目的を成功させるのに軍事力の行使が有益であったか否かは問題である。

この問題を分析するに際しても、ふたたびブレックマンとカプランが用いた研究方法を採用している。ブレックマンとカプランは一九四六年から一九七五年までの二一五件の事例の中から三三件を慎重に選出して分析したが、この研究では効用性のあるすべての事例を分析している。この分析方法には次のような三つの特徴がある。[19]

第一は、作戦の目的に焦点をおいたこと、第二は、目的と結果が明確な場合であること、そして第三は、軍事力の行使における態様と方式を区別したことである。

軍事力を政治的目的のために行使する場合どのような目的で行使されたかを分析するのに、ブレックマンおよびカプランは次のような項目に分けて検討している。

まず第一に、軍事力が相手国に対しいかなる態様（mode）と方式（style）とで行使されたかを検討している。

軍事力行使の態様の点では、外交上軍事力が相手国に強制的に行使されたか、あるいは協力的に行使されたかを検討する。

強制外交で軍事力は相手国に脅威を与えるのに次の二つの方法で行使される。その一つは〝抑止する〟(deter)ことであり、相手国に一定の行動をすることを望まないようにするのである。他の一つは、〝強制する〟(compel)ことであり、相手国に一定の行動をさせるかあるいは一定の行動を停止させるのである。

一方、協力的外交として、軍事力が友好国に貢献するのに二つの機能がある。その一つは、軍事力保有国が友好国のために一定の行動を継続して行うかあるいは一定の行動をしないということを、〝確保する〟(assure)ことであり、第二は、友好国が一定の行動をするようにあるいはしないように〝誘導〟(induce)することである。(20)

さらに、軍事力行使の方式として相手国に〝直接的〟(direct)であったか、〝間接的〟(indirect)であったかを検討している。例えばザイールの事件の場合には、アメリカは侵攻者の背後にあるアンゴラ、キューバ、ソ連などには間接的な行動をとると同時に、シャバ州侵攻者に対しては直接に行動をとった。

また、軍事力は、それが直接的であれあるいは間接的であれ具体的に行使される場合だけではない。軍事力の行使が相手方に知られないような方式、すなわち〝隠密〟(latent)に行われることもある。(21)

本節末に掲げた表－15はアメリカの軍事力の政治的目的に行使した事件と行動の対象となった主体、さらに主体に期待した行動、軍事力行使の態様および方式、最後にアメリカの軍事力行使の目的が六ヵ月という短期間に好ましい状態になったか否か、あるいは三年という長期間で好ましい状態になったか否かを示している。

アメリカの政治的目的のための軍事力行使の態様および方式を一九七五年以前と以降を比較してみると、表

―14のようになり、両者の間に大きなちがいがみられる。(22) ここでもっとも著しい変化は強制行動が減少していることであり、相手方に一方の行動を強制することは非常に困難であることがわかる。一方、それとは対照的に誘導を代表とする協力的行動のための軍事力行使が増大していることは注目される。また、軍事力行使の方式では、直接的行使は一九七五年以前は六〇％であるのに対し、それ以降は六五％に増加している。また間接的行使は七五年以前が一四％で、それ以降は一五％とほとんど変化はない。

表―14　軍事力行使の態様と方式の割合（％）

	強制	抑止	誘導	確保	隠密
一九四六―七五	29	19	8	18	26
一九七五―八二	12	21	20	29	20

〈資料〉前掲 Blechman and Kaplan, p.83, Zelikow, p.45

三　政治的目的のための軍事力行使の総合的評価

一九七五年以降の政治的目的のために行使されたアメリカの軍事力を総合的に分析してみると、その結果はブレックマンおよびカプランの分析結果と類似点が多い。すなわち、軍事力行使の結果は、八八％が政策決定者の目的にかなったものである。(23) この結果は六カ月という短期の場合も、三年という長期の場合にも同じような結果がでている。

一方、結果だけを一九七五年以前の場合について検討すると、短期の場合七三％、長期の場合四五％が政策決定者の目的にかなった結果となっている。(24) また、強制行動（全体の二九％）だけをみると短期の場合六八％が政策決定者の目的にかなった結果となっているが、長期的な場合には、わずか一八％である。ところが、一九七五年以降の強制行動はわずか、一二％であるが、そのうち政策決定者の目的にかなった結果となっているのは五六％である。[25]

軍事力行使の規模の点でみると、一九四六年から一九七五年までの期間では規模の大きいほど政策決定者にとって望ましくない結果となっている。この点に関しブレックマンは、情況が困難であり、また危機が大きければ大きいほど軍隊投入の規模も大きくなったためであると判断している。[26]

一方、一九七五年以降の場合には、規模が大きいほど結果が望ましい情況になっている。具体的にみると軍隊投入規模が②、③の場合のように規模が大きい場合、約八五％が望ましい結果となっている。[27]

次掲表－15の態様の中での、Cは強制する（compel）、Dは抑止する（deter）、Iは誘導する（induice）、Lは稳密に行なう（latent）、の略である。また、結果の中での、Pは政策決定者の目的にかなった（Positive）場台であり、Nは目的にかなっていない（Negative）場合の略である。

次掲表－15の各事件における米軍の規模は次のとおりである。1朝鮮③、2中国④、3モロッコ⑤、4レバノン③、5ウガンダ④、6チュニジア⑤、7朝鮮②、8ウガンダ④、9ソマリア⑤、10ザイール③、11オホーツク海⑤、12ニカラグア④、13バルチック海⑤、14キューバ⑤、15イラン④、16イエーメン④、17キューバ③、18朝鮮③、19イラン④、20ローデシア④、21ペルシャ湾②、22朝鮮④、23タイ⑤、24ペルシャ湾④、25ポーランド⑤、26エルサルバドル⑤、27モロッコ⑤、28エクアドル―ペルー⑤、29リベリア④、30レバノン②、31シドラ湾③、32中米③、33エジプト―スーダン③、34中東③、35アルバニア⑤、36ニカラグア⑤、37シナイ③、38フォークランド戦争⑤、39レバノン②、40ソマリア⑤、41ホンジュラス⑤、42ベイルート③、43ベイルート③、44オマーン③（事件名は表－15の順序にしたがって記載し、○印内の数字は、二七五頁の軍事力の規模別行使で紹介した軍事力投入の規模である）。

表－15　軍事力行使の対象主体、行動及び態様、方式と結果

事件と対象の主体	主体に期待した行動	態様と方式	結果 6カ月	結果 3年
1　朝鮮　一九七五				
北朝鮮	南朝鮮に対して武力行使をしない	D	P	P
南朝鮮	アメリカとの同盟維持	A	P	P
2　中国　一九七五				
中国	アメリカとの関係継続（改善）	A	P	P
台湾	無関係	—	—	—
3　モロッコ　一九七六				
モロッコ	アメリカとの関係維持	A	P	P
アルジェリア	無関係	—	—	—
ポリサリオ反乱者	無関係	—	—	—
4　レバノン一九七六				
キリスト教徒反乱者	無関係	—	—	—
イスラエル	レバノンにおける武力行使をしない	(L)	P	N
レバノン	政権維持	(L)	N	N
イスラム教徒反乱者	無関係	—	—	—
ソ連	レバノンでの武力行使又は支持をしない	(L)	P	P
シリア	レバノンにおける武力行使をしない	(L)	N	N
5　ウガンダ　一九七六				
ケニヤ	アメリカとの関係維持	A	P	P
ウガンダ	ケニヤに対して武力行使をしない	D	P	P
6　チュニジア一九七六				
リビア	チュニジアに対して武力行使をしない	(L)	P	P
チュニジア	アメリカとの関係維持	A	P	P
7　朝鮮　一九七六				
北朝鮮	合衆国軍隊に対して武力行使をしない	D	P	P
南朝鮮	アメリカとの同盟維持	A	P	P
8　ウガンダ　一九七七				
ウガンダ	米国人に対する武力行使をしない、またウガンダから離脱を認める	D	P	P
9　ソマリア　一九七八				
キューバ	ソマリアの侵入に対して武力行使をしない	(L)	P	P
エチオピア	ソマリアの侵入に対して武力行使をしない	(L)	P	P
ソマリア	アメリカとの関係維持	(L)	P	P
ソ連	ソマリアの侵入にエチオピアを支持しない	(L)	P	P
10　ザイール　一九七八				
アンゴラ	シャバ反乱者への支援縮少	(C)	P	P
ベルギー	シャバ反乱者に対して武力行使	I	P	P
キューバ	ザイールに対し武力行使の支持をしない	(D)	P	P
フランス	シャバ反乱者に対して武力行使	I	P	P
シャバ反乱者	ザイールに対する武力行使停止	C	P	P
ソ連	ザイールに対し武力行使の支持をしない	(D)	P	P

事件と対象の主体	主体に期待した行動	態様と方式	結果 6カ月	結果 3年
ザイール	政権維持	A	P	P
11 オホーツク海 一九七八				
ソ連	米軍艦の無害通航権を承認する	C	P	P
12 ニカラグア 一九七八				
コスタリカ	アメリカとの同盟維持	(L)	P	P
ニカラグア	コスタリカに対する武力行使停止	(L)	P	P
13 バルチック海 一九七八				
フィンランド	ソ連との共同演習に参加しない	A	P	P
NATO	バルチック海に軍事プレゼンスを維持	A	P	P
ソ連	米軍艦の無害通航権を承認する	(C)	P	P
スウェーデン	バルチック海に軍事プレゼンスを維持	(A)	P	P
14 キューバ 一九七八				
キューバ	キューバにおけるソ連の攻撃兵器の配備を許さない	(L)	P	P
ソ連	キューバに攻撃兵器を配備させない	(L)	P	P
15 イラン 一九七八				
イラン	政権維持	(A)	N	N
サウジアラビア	米国との関係維持	A	P	P
ソ連	イランに対して武力行使しない	(L)	P	P
16 イエーメン				
エジプト	米国との関係維持	(A)	P	P
北イエーメン	政権維持	A	P	P
サウジアラビア	北イエーメン支援継続	A	P	P
南イエーメン	北イエーメンに対する武力行使停止	D	P	P
ソ連	北イエーメンに対する武力行使を支援しない	(D)	P	P
17 キューバ 一九七九				
キューバ	不明	—	—	—
ソ連	キューバ駐留の部隊を拡大しない	(D)	P	P
18 朝鮮 一九七九				
北朝鮮	南朝鮮に対して武力行使をしない	D	P	P
南朝鮮	米国との同盟維持	A	P	P
19 イラン 一九七九				
イラン	米国人の人質に害を与えない裁判にかける	D	P	P
20 ローデシア 一九七九				
ローデシア	停戦協定を支持	I	P	P
ローデシア反乱者	停戦協定を支持	I	P	P
21 ペルシャ湾 一九七九				
イギリス	平和維持軍を提供	I	P	P
エジプト	米国の緊急展開軍の配備を支援する	I	P	P
サウジアラビア	米国との関係維持	(A)	P	P
ソ連	ペルシャ湾地域に対して武力行使しない	D	P	P
22 朝鮮 一九八〇				
北朝鮮	南朝鮮に対して武力行使をしな	D	P	—

事件と対象の主体	主体に期待した行動	態様と方式	結果 6カ月	結果 3年
	い			
南朝鮮	政権維持	A	P	—
23 タイ 一九八〇 ASEAN諸国	米国との関係維持	A	P	—
ソ連	タイに対して武力行使の支持をしない	(D)	P	—
タイ	米国との関係維持	A	P	—
ヴェトナム	タイに対して武力行使しない	D	P	—
24 ペルシャ湾 一九八〇 イラン	サウジアラビア、オーマンに対し、さらにホルムズ海峡で武力行使をしない	D	P	—
イラク	無関係	—	—	—
オーマン	米国との関係維持	A	P	—
サウジアラビア	米国との関係維持	A	P	—
25 ポーランド 一九八〇 ソ連	ポーランド又は西ヨーロッパに対して武力行使をしない	(D)	P	—
26 エルサルバドル 一九八一 キューバ	サルバドル人反乱者に対する支援縮小	(C)	N	—
エルサルバドル	政権維持	A	P	—
ニカラグア	サルバドル人反乱者に対する支援縮小	(C)	N	—
サルバドル反乱者	エルサルバドルに対する武力行使停止	C	N	—
27 モロッコ 一九八一 モロッコ	米国との同盟維持	A	P	—
28 エクアドル、ペルー 一九八一 アルゼンチン	停戦協定を支持	I	P	—
ブラジル	停戦協定を支持	I	P	—
チリ	停戦協定を支持	I	P	—
エクアドル	ペルーに対して武力行使しない	A	P	—
ペルー	エクアドルに対して武力行使しない	A	P	—
29 リベリア 一九八一 リベリア	政権維持およびリビアからの武器供与拒否	A	P	—
30 レバノン 一九八一 イスラエル	シリアに対して武力行使しない	(L)	P	N
レバノン	無関係	—	—	—
ソ連	イスラエルに対して武力行使しない	(L)	P	—
シリア	キリスト反乱者に対する攻撃停止	(L)	P	—
31 シドラ湾 一九八一 リビア	米軍艦の無害通航権を承認	C	N	—
32 中米 一九八一 キューバ	中米反乱者に対する支援縮小	(L)	N	—
ホンジュラス	ニカラグアに対する米国の行動を援助	I	P	—
ニカラグア	ホンジュラスに対して武力行使をしない	D	P	—

事件と対象の主体	主体に期待した行動	態様と方式	結果 6カ月	結果 3年
33 エジプト スーダン 一九八一				
エジプト	政権維持	A	P	—
リビア	エジプト、スーダンに対する武力行使をしない	D	P	—
スーダン	米国との関係を維持する	A	P	—
34 中東 一九八一				
エジプト	米国の緊急展開軍の配備を支援する	I	P	—
オーマン	米国の緊急展開軍の配備を支援する	I	P	—
ソ連	ペルシャ湾地域で武力行使をし	(D)	P	—
スーダン	米国との関係を維持する	A	P	—
35 アルバニア 一九八一				
アルバニア	米軍艦の無害通航権を承認する	C	P	—
36 ニカラグア 一九八二				
エルサルバドル	政権維持	(A)	P	—
ニカラグア	サルバドル反乱者に対する支援縮小	C	N	—
サルバドル反乱者	無関係	—	—	—
37 シナイ 一九八二				
エジプト	イスラエルに対して武力行使をしない	I	P	—
イスラエル	エジプトに対して武力行使をしない	I	P	—

事件と対象の主体	主体に期待した行動	態様と方式	結果 6カ月	結果 3年
38 フォークランド戦争 九八一				
アルゼンチン	調停の予備交渉と武力行使停止	(I)	N	—
イギリス	米国との同盟維持	A	P	—
39 レバノン 一九八二,				
イスラエル	レバノンにおける武力行使停止	(L)	N	—
レバノン反乱者	無関係	—	—	—
レバノン	政権維持	(L)	P	—
パレスチナ	レバノンにおける武力行使停止	(L)	P	—
ソ連	レバノンにおける武力行使をしない	(L)	P	—
シリア	レバノンにおける武力行使停止	(L)	P	—
40 ソマリア 一九八二				
キューバ	ソマリアに対する武力行使をしない	(D)	P	—
エチオピア	ソマリアに対する武力行使停止	D	P	—
ソマリア	政権維持	A	P	—
ソ連	ソマリアに対する武力行使を支援しない	(D)	P	—
41 ホンジュラス 一九八二				
ホンジュラス	ニカラグアに対する米国の行動を支持する	I	P	—
ニカラグア	ホンジュラスに対して武力行使しない	D	P	—
42 ベイルート 一九八二その一				
キリスト反乱者	ベイルートにおける武力行使停止	C	N	—
フランス	平和維持軍のための部隊を提供	I	P	—
イスラエル	パレスチナ人に対して武力行使	I	P	—

事件と対象の主体	主体に期待した行動	態様と方式	結果 6カ月	結果 3年
	をしない			
イタリー	平和維持軍のための部隊を提供	I	P	—
レバノン	政権維持	A	P	—
回教徒反乱者	ベイルートにおける武力行使をしない	C	P	—
パレスチナ	武力行使の停止とベイルートからの撤退	I	P	—
43 ベイルート その二				
キリスト教反乱者	ベイルートにおける武力行使停止	C	P	—
フランス	平和維持軍のための部隊を提供	I	P	—
イスラエル	ベイルートにおける武力行使をしない	I	P	—
イタリー	平和維持軍のための部隊を提供	I	P	—
レバノン	政権維持	A	P	—
回教徒反乱者	ベイルートにおける武力行使をしない	C	P	—
44 オーマン 一九八二				
オーマン	米国の緊急展開軍の配備を支持する	A	P	—
ソ連	ペルシャ湾地域に対する武力行使をしない	(D)	P	—

注

（1）*The Los Angeles Times*, April 28, 1985

（2）Blechman, Barry M, and Stephen S. Kaplan, *Force Without War: U. S. Armed Forces as a Political Instrument*, Brooking Institution, 1977 pp.547 - 53 この著作に関してはかなり詳細に紹介したものとして、彌永万三郎氏の『広島平和科学』（第二号、一九七八 - 七九年）および西岡朗氏の『新防衛論集』（第七巻第四号、一九八〇年三月）における論文紹介があり、参考にした。

（3）Zelikow, Philip D. Force Without War, 1975 - 82, *The Journal of Strategic Studies*, Vol. 7, No.1, March, 1984 pp.40 - 44

（4）Ibid., p.31

（5）Blechman and Kaplan, *op. tit*., p.12

（6）*Weekly Compilation of Presidential Documents*, Vol.16, No.4, January 28, 1980, p.197

（7）Zelikow, *op. cit*., p.30

（8）Blechman and Kaplan, *op. cit*. pp.12 - 14

（9）Zelikow, *op. cit*., p.33

（10）*Ibid*., p.34

（11）*Ibid*.

（12）*Ibid*., p.35

（13）*Ibid*.

（14）*Ibid*.

（15）*Ibid*.

(16) *Ibid*., p.36

(17) *Ibid*., p.35

(18) *Ibid*., p.37

(19) *Ibid*., p.38

(20) Blechman and Kaplan., *op. cit*., p.71

(21) *Ibid*., pp.72 - 3

例えば、一九八一年のシリアとイスラエルとの紛争ではアメリカはレバノン沖に空母二隻を展開し、ソ連の介入を抑制した。ここでは外交的にも、軍事的にもアメリカの明示行動はなかった。穏密な手段をとる場合アメリカは軍事行動をとることが可能であり、またとるかもしれないという警告を与えることにもなる。

(22) Zelikow, *op. cit*., p.45

(23) *Ibid*.

(24) *Ibid*., p.46

(25) *Ibid*.

(26) *Ibid*., p.48

(27) *Ibid*.

第十一章　ブッシュ政権の国家戦略と軍事力行使

第一節　ブッシュ政権の国家戦略

一　ブッシュ政権の地域防衛戦略

「選択的抑止」発表から二年足らず後の一九八九年一一月にベルリンの壁が崩壊、同年一二月にマルタ島で行われた米ソ首脳会談で歴史的な「東西冷戦の終結宣言」が発表され、冷戦構造の崩壊が決定的になった。

一九八九年一月から発足していたブッシュ政権は、これを受けてそれまでの「ソ連封じ込め戦略」に代わる新たな国家戦略と国防政策の構築作業を開始した。

ブッシュ（George H. Bush）政権の最終段階で発表された『地域防衛戦略』（Defense Strategy for the 1990s: The Regional Defense Strategy）は、「『ソ連封じ込め戦略』をやめて『地域防衛戦略』に転換するとともに、従来の西側同盟機構を『平和のゾーン』（Zone of Peace）と位置づけ、これを東欧や旧ソ連国家群などに拡大していく」ことを新たな国家戦略として打ち出している。(1)

以上の国家戦略、情勢認識を踏まえた「地域防衛戦略」は、国防戦略の目標として、①アメリカに対する攻撃の抑止と撃退、②紛争への集団的対処システムの強化・拡大、③アメリカの国益にとって重要な地域における敵対勢力の支配阻止、④地域紛争の防止と紛争の限定押さえ込み――の四つをあげている。

アメリカはヴェトナム戦争後も海外で軍事力行使をたびたび行っている。第二次大戦後の世界では、平和と戦争の境界線は、われわれの歴史のどの時代よりも不明確となり、公然たる紛争と、半ば隠された敵対行為との区別が判然としなくなっているため、アメリカとしても侵略の場所、時間、方法、方向などを確信をもって予知できなくなっている。孤立したテロ行為、ゲリラ活動から、全面軍事対決に至るあらゆる脅威に、いかなる時でも対処できる態勢を整えておかねばならないという。この考え方は「決定的戦力の戦略的原則」(the Strategic Principle of Decisive Force) といわれ、レーガン政権時代のワインバーガー国防長官やブッシュ政権のパウエル (Collin L. Powell) 統合参謀本部議長によって表明されている。ヴェトナム戦争や一九八三年のレバノン紛争における米海兵隊本部爆破事件の教訓から、ワインバーガー長官やパウエル議長は、「中途半端な措置や政治目的の混乱に基づく米国世論の分裂が紛争の長期化や敗北をもたらした」として、「明確な政治目的の確立と勝利達成への決定的戦力投入」を標榜した。このグループは米国伝統の「殲滅戦略」の現代版と見られるところから、別名ではオール・オア・ナッシング派と呼ばれている。

この「決定戦力の戦略原則」が明確に定式化されたのがブッシュ政権最後の「一九九二年度米国家軍事戦略」である。そこには次のように記されている。「一旦軍事行動開始の決断が下されたら、中途半端さや政治目的の混乱は、不必要な人的・物的損失・国家の分裂と敗北という形で多大な代償を支払うことになる。従って、勝利するために戦力を急速に構築する能力、つまり、敵を圧倒し最小の人的損失で紛争を迅速に終結するために決定的戦力 (decisive force) を投入するコンセプトがわが国家軍事戦略の不可欠の要素の一つとなっている」(2)。

二 ブッシュ政権の東アジア戦略構想

冷戦終結後、東アジアの国際関係には大きな変化の方向性が生まれつつあった。武力紛争から解放され、成長と繁栄が東アジアの代名詞とさえいえる状況のなかで、そうした状況を脅かす将来的な不安定要因に対して東アジア地域の各国が主体的に秩序形成への関与をめざすようになってきたのである。これまで、冷戦という状況下で、東アジアの安全保障に関して主導的役割を果たしてきたアメリカは、新たな情勢が出現したなかで、自らの果たすべき役割、追求すべき戦略の見直しを迫られることとなった。レーガン政権から引き継いだ財政、貿易の「双子の赤字」に象徴される国家経済の不振に直面したブッシュ政権は、冷戦終結による「平和の配当」を求め、国防予算の削減をめざすこととなった。唯一の超大国として冷戦後の世界秩序構築に向けリーダーシップを発揮しようとする一方で、国内経済の立て直しという課題と整合させる政策展開が注目されたのである。(3)

国防総省はブッシュ政権下の一九九〇年四月一九日、『二一世紀を展望したアジア太平洋地域の戦略的枠組み』(*A Strategic Framework for the Asia-Pacific Rim Looking toward the 21st Century*)と題する報告書を議会に提出した。「第一次東アジア戦略構想」と通称される同報告書は、一〇年間にアジアに前方配備している米軍を三段階に分けて削減する方向を打ちだし、第一段階の一九九〇年から九二年にかけ一万四〇〇〇人—一万五〇〇〇人を削減するとしている。在日米軍については、沖縄を中心に第一段階で五—六〇〇〇人を削減する目標を明示した。その一方で不安定化の要因となる自衛隊の戦力投入能力の向上を抑制するとの態度を表明している。(4)

前記の第一次東アジア戦略構想につづいて、一九九二年七月「第二次東アジア戦略構想」ともいうべき『アジア太平洋の戦略的枠組み報告』(*Asia-Pacific Strategic Framework Report*)が公表された。この報告書は、前記第一次報告書で初めて明らかにした段階的削減の方針を踏襲するとしながら、北朝鮮の核脅威や、フィリピン基地からの撤退の動きなどの新情勢を考慮して、第一次報告でうたった削減計画を修正し、具体化している。日本については、①第一段階での削減計画がすすんでいること、②第二段階では沖縄駐留米軍の約七〇〇〇ポストの定員を削減するという小規模なものにとどまること、さらに第二段階実施後の米戦力に抜本的変更はな

く、今世紀末の第三段階での在日米軍戦力は「基盤戦力」水準になるとの見通しを示している。(5)

第二節　ブッシュ政権の軍事力行使とパウエル・ドクトリン

一　ブッシュ政権下の戦略転換

一九八〇年代後半のデタント状況の中で、アフガニスタン問題、イラン・イラク戦争等の地域紛争の解決でアメリカは国連の役割を次第に見直し始めた。その後の湾岸戦争では、ブッシュ大統領は一九九〇年一〇月一日の国連総会で演説し、(6)米ソ協調関係の確立で、冷戦後の国連は地域紛争と法の支配の維持に新しい役割を担ったと強調、さらに今後の国際平和に国連が果たす役割についても、「国連はいまや世界の平和のための立法府としての役割を果たしつつある」と述べ、国連を一層重視する外交姿勢を明らかにした。その後、湾岸戦争で国連が紛争解決に大きな役割を果たしたことは、冷戦時の紛争抑止機能に代わる新たな紛争抑止の可能性を示唆するものとして注目された。

一方、一九九〇年に入ってアメリカでは、就任二年目を迎えたブッシュ大統領にとってポスト冷戦時代におけるアメリカの国防戦略の見直しが重要な課題となってきた。冷戦の終焉によってソ連の脅威が後退したことから、アメリカの深刻な財政赤字問題を解決するために、議会において「平和の配当」としての国防費の削減を求める圧力が急速に高まることになったからである。湾岸戦争が開始された同じ日にブッシュ大統領はコロラド州アスペンでの演説において、アメリカの新しい国防戦略の概要を明らかにした。

その内容は「冷戦後の世界が欧州に対する差し迫った脅威と世界戦争の危険とによって駆り立てられること

が少ない世界」であり、「(アメリカの) 戦力が地域紛争と平時のプレゼンスの必要によってますます決定される世界」になると指摘し、一九九五年までに現在の戦力を二五％削減することが可能であると述べた。

アメリカの永続的な利益を守るために、米軍を「主要な地域における前方プレゼンスを遂行し、危機に効果的に対応し、必要とされるときに、戦力を再構築できる国家的能力を保持する戦力」に再編成しなければならないというものである。(7)

脅威との関連で米軍の戦力を能力評価することを目的とする「一九九一年統合軍事力純評価」(8)は、ポスト冷戦時代における通常戦力レベルでのありうべき紛争のシナリオとして、次の五つを想定している。①「平時における関与」と呼ぶ第三世界諸国における対ゲリラ作戦と対麻薬作戦、②アメリカ本土から二〇〇〇海里から六〇〇〇海里離れた地域における小規模紛争、③朝鮮半島を想定した大規模地域紛争、④中東およびペルシャ湾を想定した大規模地域紛争、そして⑤世界的規模への拡大の危険性をもつ欧州の危機からエスカレートする戦争である。アメリカの国防戦略は、冷戦時代のソ連の脅威への対抗から「アメリカの利益を損なう可能性のある大規模な地域的脅威」への対処に重点を移すことになった。

二　湾岸戦争における軍事力行使

第一次イラク危機と国連決議

一九九〇年八月二日イラク軍がクウエートを侵攻、制圧し、八日に国家統合を宣言し、二八日にはクウエートをイラクの一九番目の州とした。ワシントンは、イラク侵攻の直前まで、サダム・フセイン(Sadam Hussein)大統領のクウエートへの脅しだけか、行動に出たにせよ侵入程度で終わると予想していた。しかし、彼はクウエート全土へ侵攻したばかりでなく、同国を合併したのである。こうした事情から、米国はその侵攻当日から対イラク連合の形成に必要とされる国際的支持をとりまとめ、イラクに対し即時の無条件撤退を要求したのである。一九九〇年一一月二九日、国連の安全保障理事会は、一九九一年一月一五日以降、クウエート領地におけるイラク軍を撤退させるため、「必要とされるすべての方法」を容認する決議を行った。すなわち国連安保理決議六七八である。[9]「イラクが九一年一月一五日までにクウエートから無条件撤退しない場合は、武力行使もあり得る」とした。国連が撤退期限を設定した上で、こうした武力行使容認決議を行ったのはこれが初めてである。

その後、アメリカを中心に西側各国はイラク軍のクウエートからの撤収とクウエートの原状回復を要求、ペルシャ湾方面に派兵して圧力をかけた。九一年一月一七日、欧米軍を主力とする多国籍軍はイラクに対して開戦、イラク軍をクウエートから撤収させただけでなく、イラクの軍事・産業施設を広範に破壊した後、二月二八日停戦に至った。アメリカは湾岸戦争を契機に、①中東和平の促進、②軍備管理の徹底、③湾岸安保の確立、④域内経済格差の是正、の四項目を目標に掲げたものの、中東和平交渉の開始を除き成果は挙がっていない。さらに、湾岸戦争の停戦のための条件を規定した安保理決議が、一九九一年四月三日に採択された。いわゆる湾岸戦争停戦決議（安保理決議六八七）[10]である。イラクはこれを結局受け入れ、正式に敵対行為の終了となった。

同決議で停戦の条件とした主な事項は次の通りである。一九六三年のイラク・クウエート間の覚書きで合意された線を国境とし、その両側に非武装地帯を設定、国連監視団を置くとし、イラクは、①生物・化学兵器、射程一五〇キロ以上の弾道ミサイルを国際監視下で破棄する。②核兵器などを国際原子力機関（ＩＡＥＡ）の管理下に置き、破棄、査察に同意するなどと定めている。イラクの受諾によって、九一年四月一一日、停戦が発効した。米国は、第一次イラク危機で、この二つの決議を根拠に、対イラク武力行使を容認する新たな安保理決議は必要ないとの立場をとっている。

三　ブッシュ政権下の米議会の対応

イラク軍によるクウェート侵攻に端を発し、全面的な軍事対立へと展開していったペルシャ湾岸地域での紛争は、発生から約七カ月後の一九九一年二月二七日、イラク政府が要求された一連の国連決議の受け入れを発表し、ブッシュ米大統領が軍事行動の一時終結を発表する形で事実上終結した。さまざまなかたちで世界中を巻き込んだこの湾岸紛争に直面して、米国は同盟諸国とともにヴェトナム戦争以来最大規模ともいえる軍事作戦を展開した。

一九九〇年八月七日ブッシュ大統領はサウジアラビアへの米軍派遣を全米向けのテレビ演説で発表した(11)。発表に先立ちフォーリー（Thomas S. Foley）下院議長（民主党）、ミッチェル（George J. Michell）上院院内総務（民主党）等議会指導者に電話で連絡した(12)。「砂漠の盾」作戦の始まりである。その後、ブッシュ大統領は九月一一日、上下両院合同会議で演説し、湾岸戦争の危機を乗り越えた先に「新しい世界秩序」の構築を目指すと語り、同演説に対する民主党の見解を代表して発言したゲッパート（Richard A. Gephart）下院院内総務は、「今回の危機に関し、我々は共和党員でも民主党員でもなく、米国人である」として大統領の政策に強い支持を表明した。

その後、大統領は議会と十分に協議することなく、従来の防御的態勢から攻撃行動をも取り得る態勢への移行を意味する軍事計画を承認し、発表したことから、行政府と議会との協調関係はくずれた。議論の焦点は主に、経済制裁に代表される非軍事的手段の有効性と、現実の武力行使に際しての議会の権限付与の必要性、という二点に集中して議論がなされた(13)。一九九一年一月、第一〇二議会の開会後、軍事力行使権限の審議に消極的であったホワイトハウスも、国連安保理で一月一五日を撤退期限とする軍事力行使決議（第六七八号）が採択されたことを受けて、この「国連決議を反映するような決議を議会が通過させるのであれば、非常に有益」フィッツウオーター（Max M. Fitzwater）大統領報道官は議会に前向きの姿勢を示しはじめた。具体的には一九九一年一月八日ブッシュ大統領は議会当てに書簡を送り、こうした決議は「サダムフセインが無条件で、遅滞なく撤退することを求めるもっとも明確なメッセージとなり、平和のための最後で最高のチャンスである」と、その採択を訴えかけた。

四　軍事力行使の決議の採択

上下両院は、一九九一年一月一二日クウエートからのイラク軍撤退を求めた国連決議を実現するためブッシュ大統領に軍事力行使の権限を与える決議案を賛成多数で可決した。[14] これにより、ブッシュ大統領は一六日以降、いつでも中東派遣米軍に軍事力行使を命令できる法的根拠を得たことになった。

米議会が大統領に軍事力行使の権限を認めたのは、ヴェトナム戦争中のトンキン湾事件（一九六四年）以来のことである。対イラク軍事力行使決議の審議は、二昼夜、通算五〇時間にも及び、全議員が党派にとらわれず、湾岸危機に対する自らの信念を開陳した。イラクのクウエート軍事力侵攻に反対し、場合によっては軍事力行使も辞さないという一点では全議員の意見は一致したが、「今、軍事力行使に移行することがベストなのか」という方法論をめぐる討論だったといえる。また、議論は宣戦布告権をもつ立法府と、三軍の長である大統領の権限をめぐる問題、さらに、同盟国、特に人的貢献を欠いた日本、ドイツに対する〝集中砲火〟ともいえる批判がなされた。不況の足音が高まる経済不安など米国が抱える、あらゆる悩みを写し出していたとも言える。[15]

上下両院が可決した湾岸危機での軍事力行使を承認する両院共同決議の要旨は次の通りである。共同決議の名称は「イラクに対する軍事力行使権限付与決議」とする。

(a)　大統領は(b)項の定めに従い、一一の対イラク国連安保理決議を履行するため（軍事力行使を容認した）安保理決議六七八に従って、合衆国軍を用いる権限を与えられる。

(b)　(a)項の承認する権限の行使に先立ち、大統領はイラクに国連安保理諸決議を受け入れさせるため米国があらゆる外交的、平和的手段を尽くしたとの最終判断を下院議長と上院議長代行に報告しなければならない。

(c)　この決議は戦争権限法のいかなる要件にも取って代わるものではない。少なくとも六〇日間に一度、大統領はイラクによる国連安保理諸決議の遵守努力の状況を議会に報告しなければならない。

今回の湾岸危機に際しては、議会の中には当初より戦争権限法の適用を示唆する向きも多く見られたが、議会指導部は同法自体の発動には消極的で、むしろ忍び寄る大規模な戦争勃発の不安を抱きつつ、軍事力行使授権決議の審議というかたちで軍事オプションの妥当性そのものに焦点を当てて検討していく方向をとったと考えられる（但し、ホワイトハウスは、こうした決議はなくても軍事力行使を行う権限は十分にある。すなわち、たとえ本件決議が否決されたとしても、大統領には憲法に基づく権限があるとの立場をとっている）(16)。

五　パウエル・ドクトリン

ブッシュ政権のパウエル統合参謀本部議長は、地域紛争を世界的な紛争へとエスカレートさせることなく解決することこそ今後の課題とし、そのために基本戦力を中心とする柔軟な軍事能力の整備に努めるというブッシュ大統領の方針を支持した。さらに注目されるのは、パウエル本部議長の次のような軍事力投入基準である。それは、すべての状況において、軍事力投入だけが最善の策というわけではなく、もし軍事力が明確な分析を行われずに不適切な形でやみくもに投入されれば、むしろ悪化することになる。紛争や危機の性格は千差万別であり、限定的な戦力で対応する場合もあれば、大規模な戦力で対応する場合もある。しかし、戦争には次の三つの制限がある。

その第一は、戦闘が行われている領土そのものであり、その例は朝鮮戦争、ヴェトナム戦争である。第二の制限は、朝鮮戦争で核兵器が使用されなかったように、戦闘手段もそのすべてを利用できるというわけではない。第三の制限は、戦争の目的そのもので、これは最も重要な政治的抑制要因である。(17)

しかし、軍事力の行使に関する確立された原則など存在しないし、また、そうした原則を設定するのは危険この上ないという。

注

（1）星野　前掲論文　六頁

（2）*National Military Strategy of the United States*, January 1992　邦訳「一九九二年アメリカ国家軍事戦略」『世界政治―論評と資料』一九九二年三月

（3）Colin L. Powell, U.S. Forces；Challenges Ahed, *Foreign Affairs*, Winter, 1992－93 p.37

（4）鈴木　前掲論文　三六頁から四一頁および「米政権のＰＫＯ新政策」『世界週報』一九九四年六月七日号

（5）『読売新聞』　一九九四年五月七日

（6）*Weekly Compilation of Presidential Documents*, Vol.26, No.40 October 8, 1990, p.1496

（7）*Ibid.*, Vol.26, No.31, p.1191

（8）*Joint Military Net Assessment*, 1991 邦訳「一九九一年合同軍事力純評価」上中下（『国防』一九九一年六、七、八月号）

（9）S/RES 678（1990）

（10）S/RES 687（1991）

（11）*Weekly Compilation of Presidential Documents*, Vol.26, No.32, p.126

（12）*Ibid.*, Vol.26, No.37, p.1358

（13）湾岸戦争時におけるアメリカ議会の動きについては、星野俊也「湾岸戦争と主要国議会の対応―アメリカ」『議会政治研究』第一八号、一九九一年六月号および浜谷英博「戦争権限法に関連した新先例と新たな修正私案」『防衛法研究』第一九号、（一九九五年一〇月）参照

（14）*Congressional Record*, Vol.137, No.8, January 12, 1991, S.403, H.487

（15）『毎日新聞』一九九一年一月一四日

（16）西脇　前掲論文　一五九頁

（17）小此木　前掲書　五八頁

第十二章　クリントン政権の国家戦略と軍事力行使

第一節　クリントン政権の国家戦略

クリントン大統領は、一九九七年一月二〇日第二期目の大統領の就任式での演説において、「来る世紀に我々を待ち受けている様々な挑戦に目を向け」、「新しい約束の地を目指そう」（land of new promise）と呼びかけた。冷戦後の世界で、アメリカは止むことのないテロや民族紛争などの地域紛争の困難に直面しつづけている。アメリカは「世界全体の民主主義国をリードする」と述べ、アメリカが国際社会においてリーダーシップをとることを表明した。[1]冷戦終焉後の新しい国際システムに移行するまでの過渡期にある不安定な安全保障の環境下で、アメリカは当面する財政赤字の解消と経済競争力の回復を優先させようとする状況下で国家戦略を遂行しようとしている。

一　クリントン政権の関与と拡大戦略

一九九三年一月に誕生したクリントン政権は、冷戦後の情勢の変化に応じて米軍の戦力を包括的に見直すとともに、各種の安全保障政策及び戦略等の構築に取り組んだ。一九九三年九月には、それまでのクリントン外交の考え方をまとめた基本ドクトリンとなる『拡大戦略』と、それを裏付ける米軍事戦略と兵力再編の基本方針を示す『ボトムアップ・レビュー』（The Bottom-Up Review）を公表した。[2]つづいて一九九四年七月『関与と拡大の国家安全保障戦略』（*A National Security Strategy of Engagement and Enlargement*）、九五年三月『国家軍事戦略』（柔軟、選択的関与の戦略）、九五年二月以降、各地域（東アジア、太平洋、中東、欧州、アフリカ）の安全保障戦略等を発表した。

この『拡大戦略』（Strategy of Enlargement）は、アンソニー・レーク（Anthony Lake）大統領補佐官（国家安全保障担当）が一九九三年九月二一日、ワシントンで講演し公表したもので、冷戦時代の「封じ込め戦略」に取って代わるポスト冷戦時代の外交政策の原則を提示しようとするものであった。[3]この戦略を構成する要素として、①主要な市場経済型民主国家の共同体を強化する、②新たな民主国家と市場経済体制を育成し強化する、③民主主義に敵対する国家による侵略に反撃し、その国家の自由化を支援する、④重大な人道上の問題が存在する地域に民主主義と市場経済体制が定着するよう支援する―の四つが指摘されている。さらに、一九九四年七月と一九九五年二月にホワイトハウスから外交原則の修正の基礎を盛り込んだ『関与と拡大の国家安全保障戦略』と題された報告が公表されている。一九九三年に打ち出された「拡大戦略」を発展させ、「関与と拡大」を政策のキーワードとするものである。クリントン政権はこれまで、市場経済の拡大と民主主義の促進、人権擁護を政策目標としてあげており、アメリカの利益とする民主主義市場経済の共同体を「拡大」するためにアメリカが「関与」するという構図でこの戦略を理解することができる。[4]一九九四年七月の『関与と拡大の国家安全保障戦略』における情勢認識は、①民族、宗教紛争、②大量破壊兵器の拡散、③地球環境の悪化、④人口増加、難民流出、⑤麻薬、テロリズム等の多様な危険と、地球規模の経済活動の進展、さらに民主国家の拡大と繁栄に直面しているというものである。この戦略の中心的要素は、①即応力のある軍隊による安全保障維持、②経済競争力強化および海外市場へのアクセス強化による米国経済の活性化、③民主国家の拡大による民主主義の促進、であるとしており、これらは米国の軍事、経済、外交戦略の基本目標ととらえている。

また、この国家安全保障戦略において米軍戦力の所要を決定する要素として、①大規模地域紛争への対処戦力、②テロリズム・麻薬との戦闘能力、ならびに非戦闘員の護送作戦、人道・災害救難作戦の遂行能力があげられている。これは、次に述べる「ボトムアップ・レビュー」の兵力構成をいわば追認したことを意味している。(5)

二　ボトム・アップ・レビュー

「アメリカ経済の再生」と「内政重視」をスローガンにして一九九二年、大統領選挙に当選したクリントン大統領は「経済重視」を政策の全面に打ち出した。一九九三年三月から開始されたアスピン（Les Aspin）国防長官の下での長期戦略見直し作業は、「アメリカ経済再生のための国防費の大幅削減」という大枠の中で進められた。その後同年一〇月に、『ボトム・アップ・レビュー報告』が提出された。この報告書の背景と主な内容は次のとおりである。

アメリカは、新しい時代の特徴をつかみ、新しい戦略を開発し、軍隊と国防計画の立て直しを図らなければならない。これまでのように、新しい年になって前年の戦力や計画、さらに予算の水増しをするというような方針を見直し、根底からアメリカの国防戦略や、国防計画、さらに国防予算の立て直しに着手する。具体的内容としては、まず第一に〝下から積み上げた〟戦力規模として、レーガン政権時の三分の二の規模の約一四〇万人の兵員で、イラクによるクウェート・サウジアラビア侵攻とほぼ同時に北朝鮮による韓国侵攻をモデルとした「二つの大規模地域紛争」（2 MRC：Major Regional Conflict）の発生に対抗する。第二に前方展開兵力については、在欧兵力を約一〇万人まで削減し、北東アジアにおいては、韓国に対するコミットメント、日本における海兵隊や空軍戦力および西太平洋地域における第七艦隊の展開を維持し、今後もほぼ同じ規模の一〇万人の戦力を維持する等である。

「ボトム・アップ・レビュー」の狙いは、冷戦後の新たな危険に見合うと同時に、国際状況好転の新しい転機ともなるように、アメリカの戦略、戦力構造、近代化計画、兵器産業、軍事基盤施設などを見直すことにある。(6)

三　第三次東アジア戦略構想

ブッシュ政権につづいてクリントン政権においても『米国の東アジア太平洋地域に関する米国の安全保障戦略』(*United States Security Strategy for the East Asia-Pacific Region*)と題する報告書が一九九五年二月二七日に公表された。一般に「第三次東アジア戦略構想」といわれるものである。これはジョセフ・ナイ(Joseph Nye)国防次官補(国際安全保障問題担当)の下で作成された。(7)

前記第一次、第二次東アジア戦略構想の報告書の特徴は、今世紀の残り期間を三段階に分けて、東アジアにおける米軍を逐次削減する計画を明示した点にあるが、第三次報告書は、この削減が終わったとの認識の下に、現行の一〇万人規模の米軍を東アジアで維持していく方針を明らかにしている。

第三次報告書の主な内容は、①東アジア太平洋の安定が米国の国益を満たす上で極めて重要という認識を強調し、②そのためにこの地域で米軍のプレゼンスを維持していくとの決意を表明し、日本については③「日米関係は米国の太平洋安全保障政策とグローバルな戦略目的の基礎」、「日米安保同盟は、米国のアジア安保政策のかなめ」などと最大級の表現で軍事戦略面における日本の役割を強調し、④「米国は、貿易摩擦によって日米安保同盟を損なってはならない」とし、政治・安保面も重視する。さらに同報告書は⑤中国の国防予算が急増し、近隣諸国が中国の軍事増強の意図に不安を抱いていることなどを指摘し、⑥アジアにおける米国の前方プレゼンスを継続する根拠として「アジア太平洋地域の安全保障」と「米国の全世界的な軍事体制にとって不可欠」の要素をあげ、この米軍によって、世界規模の危機に迅速、柔軟に対応するとしている。⑦地域覇権主義の台頭を阻止し、アジアの係争問題に対する米国の影響力を確保し、⑧日本と韓国における米軍プレゼンスの維持の重要性や東南アジア各国に米軍がアクセス権をもつことの重要性を強調している。その上で「結論」として「アジアに一〇万人規模の軍事力を維持することにし、現段階ではこれ以上米軍を削除する計画はない」と述べ、「米軍が二一世紀において太平洋国家であり続けることに、一点の疑問もない」と表明している。

前記の報告で注目される点として次のような三点がある。第一は、東アジア地域における米軍的プレゼンスは、地域の発展のため、なくてはならぬ〝酸素〟（Oxygen）の役割を果たしているという点である。今回の報告で有名になった冒頭の〝米軍・酸素論〟では、「安全保障は酸素に似ている。酸素がなくなりかけて、初めてその存在に気がつくようになるのである。米国の安全保障プレゼンスは、東アジアの発展のための〝酸素〟提供を支援する役割を果たしてきている。」という。第二は、同報告で、東アジア、太平洋地域における安全保障戦略は、以後中東、欧州、アフリカ、中南米等を対象として逐次策定された一連の米国の地域安全保障戦略の最初に位置づけられている点である。第三は、冷戦後におけるそれまでの米国の安全保障政策がいかに軍事力を削減するかという点に主眼が置かれていたのに対して、将来に向けてこの地域において米国がどのように行動するかという、いわば積極的な行動姿勢に転じたことにあるといえよう。

四　国家戦略と国防計画の見直し

前記「ボトム・アップ・レビュー」については、冷戦後の所要戦力としては依然として大きすぎるとの批判もあったが、国防省はその基本的な考え方は有効であるとしている。しかし、一九九四年にはソマリア、ハイチ、クウェート等へ米軍部隊の予定外の緊急展開を行った際、必要な資金を訓練等の経費から流用したため、軍全体の即応性が低下するとの懸念が指摘された。[8] そのような中、一九九四年三月、国防授権法の規定に基づいて国防省から独立した「軍の任務と役割に関する委員会」（Commission on Roles and Missions of the Armed Forces 以下CORM）が設置された。CORMは各軍種間の任務と役割の見直しを行うとともに、今後そのような検討を行う際の概念的な枠組みの構築を任務としている。その後CORMは、一九九五年五月に議会と国防省へ提出した『国防の指針』（Directions of Defense）という報告書の中で、統合作戦実施の円滑化、民間委託の拡大等による後方支援経費の削減と並んで、各大統領の任期の始めに「四年毎の戦略見直し」（Quadrennial Strategy Review）を行い、四年間、この戦略に基づいて国防計画および予算編成を行うことで、業務の一層の効率化を図るべきであると提案している。[9]

その経緯は、一九九六年の再選運動の中でクリントン大統領が、「二一世紀へ向けての国防政策の架け橋が必要だ」と表明し、米国議会から国防総省へ『四年毎の国防計画見直し報告』（Report of the Quadrennial Defense Review 以下QDR）作成を委託したことによるものである。この見直し作業は一九九六年一一月から始まり、一九九七年五月一五日に米議会に提出されている。[10]

QDRの検討項目は、米国の国防戦略、戦力構造、兵器の近代化計画、基盤設備（インフラストラクチャー）、国防予算、その他の国防の諸要素等に及ぶ。とりあえず一九九九年から二〇〇二年の国防プログラムとして構想している。

海外プレゼンスに関しては、特にアジア太平洋地域の米軍の規模が注目されており、一部の軍高官や国防委員会関係者は、「全てが見直し対象」との文脈で、在日米軍を含め広範囲の削減がなされるとの趣旨の発言をしている。一方、コーエン（William Cohen）国防長官は、ペリー（William Perry）前国防長官と軌を一にして、アジア太平洋地域への米国のコミットメントは引き続き重要であり、米軍のプレゼンスは現状を維持する旨、公表している。それによると、焦点となった二つの大規模地域紛争に対する「二正面対応能力」については、朝鮮半島や中東地域の情勢がなお不安定なことを理由に堅持するとともに、欧州とアジアの各兵力一〇万人体制も維持する方針を再確認した。さらに、中国に関しては、「アジアの軍事大国になる潜在的可能性がある」と指摘した上で、「中国軍の近代化促進は、アジア地域の多くの国々の懸念材料になった」と述べている。

その後、国家安全保障問題の専門家九人からなる国防専門委員会がQDR文書に評価を加え、一九九七年一二月に、二〇一〇年以降を見通した戦略と米軍戦力構成の代案をまとめることになった。一方、議会などから強まっている冷戦後の国防予算の削減要求に対しては、現役兵力六万人の削減や基地の閉鎖などを推進するとしている。

五　今後の東アジア戦略

ペリー国防長官の最後の報告となった一九九六年度の国防報告では、外交努力や軍事交流などによって紛争を未然に防止する「予防防衛」(preventive defense)を掲げ、積極的な関与方針で対中国政策をはじめ個別の地域、国家の情勢分析と対応に努力する政策が示された。これに対し、一九九七年度のコーエン国防長官による報告では、環境の変化に対応するだけでなく米国の国益に沿った形での環境整備を進め、時代の終わりへの対応から次の時代に備えることの戦略を前提に、包括的な米軍の海外配備の重要性を強調している。さらに平和時のプレゼンスは、世界の重要地域における米国と同盟国の利益擁護に、米国がコミットしていることを見える形で示し、第一に欧州、第二に東アジア、第三に中東をあげている。特に東アジアでは、一九九七年四月の日米安保共同宣言、東アジア太平洋への米軍の配備、さらに米国内の一部で高まっている中国脅威、朝鮮民主主義人民共和国（北朝鮮）の食料危機や崩壊説をめぐる緊張の深まりを意識した報告となっている。クリントン大統領は、一九九三年就任早々対外政策面では人権尊重と市場経済に基ずく民主主義の「拡大」を基本方針とすると述べた。冷戦時代のソ連共産主義の封じ込め方針からの大変更である。しかし前述のように、各地の地域紛争は後を絶たず、冷戦後も米国の世界の警察官の役割は不変のようである。

第二節　クリントン政権の軍事力行使とクリストファー・ドクトリン

一　ガリ報告とＰＫＯ

一九九二年一月ブトロス・ブトロス・ガリ（Boutros Boutros Ghali）国連事務総長は史上初の安全保障理事会首脳会議で国連機能強化の時代の流れに乗り、「国連は創立以来の理想を今こそ実現できる時代になった」との認識の下に、「平和への課題」（An Adgenda for Peace）と題する報告書を提出した。この報告書の中で、地域紛争の解決、さらに平和の創出のための構想すなわち国連平和維持活動（Peace-Keeping Operation 以下、ＰＫＯと略）部隊に軍事力の行使を認めた「平和執行活動」の構想を示し「平和執行部隊」を提唱した。さらに同報告書では紛争終結後の平和維持のための伝統的なＰＫＯだけでなく、紛争の発生を防ぐ予防外交や、平和創造のための国連の機能強化がうたわれた。しかし、前記報告書が提出されて三年後の一九九五年一月五日、国連のガリ事務総長は安全保障理事会に報告書を提出し、国連平和維持活動に軍事力行使の権限を持たせる平和執行部隊の派遣は、「現在の国連の能力を越えるものだ」と述べ、報告書「平和への課題」で提唱した軍事力によるＰＫＯ強化路線を修正し、執行部隊の派遣を当面、断念することを表明した。その一方で、紛争発生に即応するため、一定の要員をプールしておく「緊急展開部隊」の重要性を力説した。

前述の「平和執行部隊」の断念を表明したガリ事務総長の報告は、ＰＫＯの危機的な状況を国際社会に訴えたものである。ＰＫＯの「需要」は冷戦後、急増した。一九八八年一月にわずか五カ所、軍事要員九五〇〇人だったＰＫＯは、一九九四年一二月には一七カ所、七三〇〇〇人に膨れ上がった。なかでもアメリカはハイチ、ボスニア、キューバ、クウェート、マケドニア、ルワンダなどの紛争地域に合計四八〇〇〇人もの米兵を派遣している。イギリス、フランスなどの装備の優れた西欧の部隊が四〇〇〇〇人近い旧ユーゴスラビアの国連保護軍にクギ付けになり、兵員供給は北欧のほか、インド、パキスタンといった途上国に頼るのが現状である。特に注目されたのは、ソマリアでの執行部隊の中核となった米軍と現地武装勢力との戦闘が激化して、最終的にはＰＫＯが全面撤退したことである。さらに、ボスニアでは国連を支援するＮＡＴＯが空軍力を行使したが、国連部隊は攻撃をうけても戦闘激化の懸念で反撃できなかった。

ポスト冷戦時代の世界新秩序構築に、積極的に関与していこうとするガリ国連事務総長のＰＫＯ構想が破綻を見せたのは、皮肉にも冷戦終結で東西の枠組みが崩れたことにより、アメリカ、イギリス等各国が内向き志向になったこともその要因の一つであるようだ。

二　ＰＫＯ参加と大統領決定指令

クリントン大統領は就任演説で、アメリカはその軍事力を「国際社会の良心が挑戦を受けた場合」行使することになろうと述べた。しかし、その後の具体的な軍事力行使の決断では、一般に優柔不断であるとの批判が多いようである。クリントン政権にとって重要なことは、何がアメリカにとって死活的に重要な利益なのかを見極め、その擁護のためにはいかなる軍事力の行使が行われるのかという、アメリカの断固たる意志と能力を示すことであるといわれている。

さらに、クリントン大統領自身の軍事力行使の方針は、一九九四年五月五日のアメリカの新ＰＫＯ政策となった「大統領決定指令」[12]に見られる。大統領は就任当初はＰＫＯの拡大強化を支持したが、その後アメリカのＰＫＯ参加基準を厳しく定め、当初の方針を一八〇度転換し、ＰＫＯ拡大に慎重な姿勢をとることとなった。この方針は同日記者会見したレーク大統領補佐官（国家安全保障担当）により具体的に表明された。「アメリカには世界のあらゆる紛争を処理する能力はない」[13]と述べ、今後、アメリカが参加するＰＫＯの規準を厳しく設定することを明らかにした。

具体的な基準としては、ＰＫＯへのアメリカ参加に、①国連の関与がアメリカの国益にかなう、②国際社会の安全保障に対する重大な脅威が存在する、③米軍の役割、活動終了時期が明確、④米軍の指令系統は基本的には第三者にゆだねず、国連が定める指令系統が米軍にとり受け入れ可能、⑤紛争当事者の間で停戦合意が存在しており、さらに当事者がＰＫＯ展開に合意しているなどを定めている。同指令はまた、ＰＫＯの機能強化のため、ＰＫＯや国連の活動を監視する独立した内部調査官の即時任命を国連に求めている。

三　クリストファー・ドクトリン

クリントン政権下での海外軍事力行使の方針の具体的な表明は、一九九三年四月二七日、クリストファー（Warren M. Christopher）国務長官の上院歳出委国務小委の公聴会での証言に見られる[14]。そこではボスニア、ヘルツェゴビナへ軍事行動を起こす前提として、介入にどう終止符を打つかなど、次のような四条件を提示した。

同長官は、軍事介入の条件として、①アメリカ国民に明確に説明できる理由の提示、②成功の確率が高い、

③アメリカ国民の支持が得られる、④早急に撤退する方法があるとの基準を明言した。クリストファー長官は、この基準について「アメリカが、ボスニアばかりでなく世界のいかなる地域でも軍事力を行使する場合の基準である」と答えている。

四　クリントン政権下の議会の活動

アメリカ議会はこうした空気に敏感に反応し、クリントン大統領への牽制を強め、海外紛争での軍事力行使をする場合の基準などを議会が定める作業を進めた。

牽制の第一は、クリントン大統領の「総指揮官」としての権限を制限しようとする動きである。共和党のニクレス（Don Nickles）上院議員はクリントン政権が模索する国連平和維持軍への米軍参加を規制する法案を一九九四年会計年度の国防歳出法案の修正条項として提出し、続いてドール上院院内総務は一九九三年一〇月一九日、ボスニア、ハイチへの米軍派遣に議会承認を義務付ける法案を提出した。(15)こうした法案は、いずれも冷戦後の世界秩序を国連主体で保とうとするクリントン大統領の構想に反するもので、総指令官としての大統領の権限を規制することにもなり、大統領の戦争権限を制限しようとする点で、特に注目された。

牽制の第二は、米軍が外国軍の指令下に入るような軍事作戦への参加を禁止し、どうしてもこうした事態が避けられない場合には議会の承認を必要とする、と規定しているものである。

第三の牽制は前述のように共和党がアメリカのＰＫＯ予算の分担率を三〇％強から二五％に削減、米軍のＰＫＯ派遣を制限しようとしていることである。(16)

一方、これらの法案に対してクリントン大統領は一九九三年一〇月一九日のミッチェル上院院内総務に送った書簡の中で「憲法で定めた大統領の総指揮官としての権限を不当に制限する法案には反対する」と言明した。

米軍の派遣を巡って、戦争権限法に規定する政府と議会が事前協議する必要性は認めたものの、法律という形で大統領の手足を縛るのは納得できないと反論し、一連の法案を廃案に追い込むよう要請した。

ブッシュ大統領が一九九一年にイラク攻撃を行ったときには、事前に議会の承認を得ていた。これは、戦争のいかなる定義にも当てはまる軍事行動であると言ってよかった。しかし、ソマリアへの派兵については、戦争のためではなく人道的目的のための派遣であるとの理由で、大統領は、事前の議会の同意を求めなかった。

一方、クリントン大統領は、ハイチの軍政支配者を権力の座から下ろし、アリスティド (Jean B. Aristide) 大統領を復職させるために必要なあらゆる手段を行使することについて、国連安保理の承認を得ていたが、軍隊の派遣の前に議会に賛否を問うことはしなかった。

このような決定は両院で激しい論議を呼ぶことになった。大統領は議会の権限をないがしろにしたと非難する議員がいる一方で、すでにハイチにいる米軍部隊に何らかの制限を課すことは、軍の行動を縛ることになる、と主張する議員もいた。一方、このような議論の中で、ハワード・バーマン (Howard Berman) 下院議員（民主党）は、戦争権限法には何の意味もない、とまで述べ、議会はその廃案についても考えるべきときに来ているとの主張もあった。(17)

第三節　アメリカの軍事関与への批判

米軍の海外軍事介入をめぐる議会と大統領の論議は長年の歴史の中で継続されているが、ヴェトナム戦争後多方面からいろいろな批判があり、なかでもアメリカの海外軍事関与の基準が明確でないという点である。その代表の一例として元アメリカ国務長官のキッシンジャー氏と元国家安全保障会議事務局長のリチャード・N・ハース（Richard N. Hass）氏の見解を紹介しておこう。

まずキッシンジャー氏は、アメリカの安全保障に対する直接の脅威について、アメリカは一方的に行動する用意がなければならない。しかし、その場合でさえ、国際的支持を取り付けることは有益であり、このシナリオに最も近い例としては、湾岸戦争とその事後処理が挙げられるとしている。さらにキッシンジャー氏は、解決策として次のように提案している[18]。クリントン大統領が直面するジレンマは、国連に状況の掌握が可能な状態にして引き継ぐことなしに米軍が撤退した場合、あるいは他国軍に引き継ぎしようとしても、引き受け手が見つからないかも知れないことである。さらに国連に処理を任せようとするなら、①実質的な軍事能力、②それを使用する権限、③政治的紛争を解決するプログラム、④そうした解決策を実行しようとする国連の意志が必要である。これまで国連がこんな役割を演じたケースはなかった。しかし、われわれとしては、早めに関与の度合いを縮小し、将来もこの種の軍事的行動には慎重な態度で臨むようにする以外に道はないという。

キッシンジャー氏は、アメリカの海外軍事関与の基準として次の三つのタイプがあるとしている。第一は、アメリカの安全保障に直接関わるもの、第二は、道徳的価値観への挑戦も含め、アメリカの安全保障に間接的に影響するもの、第三は、意味ある安全保障的価値は持たないものの、道徳的価値観に関わるものである。

さらに、ハース氏は冷戦の終結後、局地紛争は減少するどころか、却って増加しており、唯一超大国として残った米国にとって、それらすべてに介入することは不可能であり、当然ながら限度があり選択の必要性があると述べ、さらに介入の基準について次のように述べている[19]。

見境なく介入すれば、米国は抜き差しならない緊急事態に対応する備えを欠く状態に陥る。介入が順調に進まなかった場合、真に介入すべき時に軍事力を行使できなくなる危険がある。予測できる将来における米国の軍事力行使にとって最も厄介な二つのシナリオは、朝鮮民主主義人民共和国（北朝鮮）の韓国侵攻、イラク又はイランによるクウェート、サウジアラビアなどへの侵攻が差し迫るか、実際に起きた場合の対応であろう。こうした紛争を戦うには、発生当初に大規模な兵力を決然と使用して敵の軍事能力を挫くのが最善であると決定的戦力の戦略原則を主張している。

さらに、具体的には人質の救出、テロリストや彼らを支援する国に対する報復、制裁や麻薬政策のため、十分な軍事的成功の見込と国際的支持の下に実施し、介入の目的を狭く限定し、十分な兵力を動員し、断固たる行動をとるべきであるという。さらに困難なのは、非通常軍事能力に対する予防攻撃と外国の内政問題への介入に関するもので、今後最も難しい外交政策上の選択であるとしている。とくに外国の内政問題への直接的軍事介入の決定には三つの要素、①人道的介入 ②国家建設 ③平和創設がそろうべきだという。これらの要素のうちどれか一つでも無視した決定は、本国での政治問題だけでなく介入先での深刻な軍事問題に見舞われる危険があるとしている。

注

（1） Inaugural Address, January 20, 1977, *Weekly Compilation of Presidential Documents*, Vol.33, No.4 January 27, 1977　邦訳『世界週報』一九九七年四月一日号　六四頁

（2）「冷戦時代の米戦力の見直し」上、下『世界週報』一九九三年一〇月五日、一二日号及び「米国の新しい時代戦力」『軍事研究』一九九四年二月号

（3）「米国の新外交ドクトリン演説」『世界週報』一九九三年一一月二日号

（4） 小此木　前掲書　六七頁

(5) 佐久間一「日米安全保障共同宣言への道」『新防衛論集』一九九七年三月号　九頁
(6) 防衛局調査課「米国の国防政策の見直し作業開始について」『*SECURITARIAN*』一九九七年四月号　五〇頁
(7) 「米国防省の第三次東アジア戦略構想①－④」『世界週報』一九九五年三月二一日－四月一一日号
(8) 前掲『*SECURITARIAN*』一九九七年四月号　五〇頁
(9) Department of Defense *Directions for Defenses Report of Commission on Role and Missions of the Armed Forces*, 1995
(10) 石川巌「二一世紀の米国防構想QDR」『軍事研究』一九九七年五月号　二八頁以下、加藤清隆「現状維持色が濃厚な米国防計画」『世界週報』一九九七年七月二二日号　六八頁以下
(11) 「米国の一九九七年国防報告—①－③」『世界週報』一九九七年七月一日－一五日号
(12) 「米国の東アジア戦略構想」『世界週報』一九九〇年六月一九日号
(13) 「米国の第二次東アジア戦略構想」『世界週報』一九九二年九月一日号
(14) *Hearings on Departments of Commerce, Justice, and State, the Judiciary and Related Agencies Appropriations for Fiscal Year 1994, Subcommittee of the Committee on Appropriations U.S. Senate*, 103 Congress 1st. Session p.352
(15) *Congressional Digest*, August-September 1994, p.203
(16) *Weekly Compilation of Presidential Documents*, Vol.26, No.31, 1990, p.1190
(17) *The Washington Post*, October 25, 1994
(18) 『読売新聞』一九九三年二月二二日
(19) Richard N.Hass, Military Force；A User's Guide, *Foreign Policy*, No.96, Fall 1994　邦訳「軍事力行使の手引き」『国際情勢資料』第三〇五八号　一九九四年一一月二二日

第十三章　九・一一米中枢同時多発テロ事件とブッシュ政権の対応

過去三〇年以上にわたって、テロリズムは国際舞台における大きな話題となっている。世界中のテレビに映し出されたテロ行為は、現代社会の異常な現象であり、最も憂慮すべき問題の一つである。その防止措置の探求は、多くのフォーラムにおいて重要な検討課題とされてきた。一九八五年五月の東京サミットでは、たんにテロリズムの否認にとどまらず、初めて特定の国を名指しで非難する声明が打ち出された。これは、国際テロリズムの跳梁が一個人や一国家にとって危険であるだけでなく、西側先進諸国全体にとって〝脅威〟となるほどにまで拡大・激化してきたことを物語るものであった。

二〇〇一年九月一一日午前八時四六分（米東部夏時間、日本時間同日午後九時四六分）乗員乗客九二人を乗せたボストン発のアメリカン航空一一便がニューヨーク・マンハッタン島南端に近い世界貿易センタービル北棟の上部に北側から突っ込んだ。その一七分後には、乗員乗客六五人を乗せたボストン発ユナイテッド航空一七五便が同ビル南棟に南側から突っ込んだ。いずれも一一〇階建て、四〇〇メートルを越す二棟のビルは約一時間半後に相次いで崩壊し、旅客機二機分のジェット燃料が燃え続け、周辺のビル約一〇棟も全半焼した。また同日午前九時三八分にはワシントン発のアメリカン航空七七便が米国防総省に激突、一八九人が絶望となり、さらに同日一〇時、ニュージャージー州ニューアーク出発後に乗っ取られたユナイテッド航空九三便がピッツバーグ近郊に墜落、乗員乗客四五人全員が死亡した(1)。

米捜査当局は、四機を乗っ取った一九人の実行犯をいずれもアラブ系と特定し、ブッシュ（George W. Bush）

大統領は一六日、国家安全保障会議を開き、ビンラディン氏（Osama BinLadin）を「最重要容疑者」と非難した。米本土内で一瞬のうちに、これほど多くの犠牲者を出したのは、建国以来初めてであろう。そして、この大規模な自爆テロ事件が起こるまで、民間旅客機を「大量殺傷のための兵器」として使うことを、今回の事件にかかわったテロリスト以外に、予想し得たものがあろうか。以下、本章では、二〇〇一年九月一一日の米中枢同時多発テロ事件を、九・一一事件と略す(2)。

冷戦終結後、唯一の超大国となり、繁栄を謳歌する米国の経済力と軍事力の象徴をねらい、三〇〇〇人を超える犠牲者を出す史上例をみない無差別テロ事件となった（邦銀駐在員などを中心に日本人犠牲者も二四人におよんでいる(3)）。

ブッシュ大統領は、議会演説で述べているように、九・一一事件を、アメリカに対する「新しい戦争」と位置づけた。連邦議会は、大統領に合衆国軍隊の使用権限と予算支出権限を承認した。

第一節　九・一一直後の大統領の対応

一　国家緊急事態の発動

ブッシュ大統領は二〇〇一年九月一一日のフロリダでの第一回の声明発表後、国家安全保障会議を緊急召集し、「連邦緊急事態対応計画」の発動を指示し、全世界の米外交団・軍に最高レベルの警戒態勢に入るよう命じた。大統領はさらに同日夜（日本時間一二日午前）ホワイトハウスで行った国民向けテレビ演説で、「我々および同盟国はテロに対する戦争を勝ち抜く」と語り、実行犯の逮捕・処罰に強い決意を表明した(4)。

ニューヨーク、ワシントン両市近海では、空母、水陸両用船、ミサイル搭載駆逐艦などからなる複数艦隊が展開、万一の事態に備えた。連邦緊急事態管理庁（ＦＥＭＡ）は両市に救難チームを派遣、犠牲・負傷者の大規模な捜索活動を行った。

また、大統領警護隊は、ブッシュ大統領の身辺警護の必要性から、戦略核兵器の基地であるネブラスカ州の戦略軍司令部に大統領を一時避難させた。(5)チェイニー（Dick Cheney）副大統領、ハスタード（Dennis Hasterd）下院議長ら要人も一時、特別警護下におかれたが、副大統領、ライス（Condoleeza Rice）大統領補佐官（国家安全保障担当）、ミネタ（Norman Mineta）運輸長官らはホワイトハウスの特別施設に設置された指令センターで待機し、事態の指揮権掌握にあたった。

中南米歴訪から帰国の途についたパウエル国務長官の所在は明らかにされなかった。

航空機の直撃を受けた国防総省では、ラムズフェルド長官らが死傷者の捜索救難を陣頭指揮。犠牲者の捜索活動が続けられた。ミサイル攻撃などの宇宙防衛にあたる北米航空宇宙防衛司令部（ＮＯＲＡＤ）も警戒態勢に入った。(6)

アメリカにおける国家緊急事態は「国際緊急事態経済権限法」（International Emergency Economic Powers Act of 1977）により次のように定義されている。「合衆国の安全保障、外交政策、経済にとって、合衆国の外部全体または一部を源とする異常かつ緊急な脅威」。この要件は、「緊急事態が、まれで短期間のものという性格があり、現在進行中の諸問題と同一視できないという認識」から導き出されているという。この国家緊急事態の適用範囲は拡大し、現在では、安全保障に関するものたとえばテロ、麻薬などのほか、政治的、外交的、財政的、通商的側面などにおける政策的配慮から、国家的重大事と認識されるあらゆる状況を指すようになった。(7)

① 戦争行為声明

九・一一から一夜明けた一二日、米国の捜査当局はイスラム原理主義組織による組織的、計画的なテロとの見方を強め、本格的な捜査に乗り出した。ブッシュ大統領は「これは戦争行為だ。正義と悪の戦いであり、正義は勝利する」とする声明を発表した。犯行グループとの全面的な対決を宣言した[8]。

② 予備役召集

ブッシュ大統領は一四日、九・一一事件への報復軍事行動に関連して、最大五万人の予備役召集を承認した。これはラムズフェルド国防長官の進言を受けたものである。予備役は、今後予定される軍事行動に参加するのではなく、テロ攻撃防止のために米軍が事件発生以来、ニューヨークとワシントンの間の空域で続けている戦闘機による防空警備などを支援する要員となる。このため、軍事行動が具体化すれば、予備役召集はさらに拡大する可能性が高くなる。五万人の予備役召集は湾岸戦争で予備役・州兵計二六万五〇〇〇人が召集されて以来の規模となる[9]。その後、二〇〇二年八月二六日、軍当局は、動員された予備役のうち一万四、〇〇〇人以上が最大二年延長されることが表明され、ヴェトナム戦争後最長となる。

二 総力戦宣言

ブッシュ大統領は、二〇〇一年九月二〇日の連邦議会で、テロとの戦闘開始をする宣言を表明し、国際社会に向けて「米国の側につくかテロリスト側につくか」と「踏み絵」を突きつけた。対テロ戦争への協力に関する米国の新たな外交と世界再編が始まったのである。

米国では、大統領が連邦議会に出席するのは、原則として、年一回の「一般教書」(State of the Union Message) 演説のときのみであり、両院合同会議における大統領演説は異例であり、大統領および議会が一致団結し、国家の危機に望む姿勢を示したものといえる。

演説は、誰がテロ攻撃を仕掛けたのか、なぜテロ攻撃を仕掛けたのか、いかにテロと戦っていくのかという疑問に答えていく構成がとられ、主な内容として次のような点がある。[10]

第一に、テロ攻撃の主体をアルカイダおよびウサマ・ビンラディンと名指しし、同人に庇護を与えているタリバン政権に対して、ウサマ・ビンラディンの無条件即時引き渡しを要求し、交渉の余地を与えない事実上の最後通牒を突きつけた。

第二に、テロ攻撃を自由および民主主義に対する挑戦と位置づけ、国際社会に対して、テロリストに味方するのか、テロと戦う米国に味方するのかとの「踏み絵」の選択を迫った。

第三に、今回のテロとの「戦争」が湾岸戦争やコソボ空爆とは根本的に異なり、長くかつあらゆるリソースを投入する戦いであり、犠牲者が出る可能性をも示唆し、国民に対して覚悟と忍耐を求めた。このような発言は、その後の演説でも述べられており、同月二九日の演説でも「これまでとは違う戦争になる。果敢なテロリストの活動を粉砕するために戦う」と国民に訴えている。[11]

第四に、一部にイスラム教徒一般に対する反感が国民の間にみられることに触れ、国民に冷静な対応を求めることで、テロとの戦いがイスラム教徒との宗教戦争の構図に陥る危険を回避した。

また、ブッシュ大統領は、演説のなかで、テロの脅威かち米国民を保護するための施策の調整・統括にあたるための閣僚ポストとして、後述本土安全保障局長官を新設し、大統領の親しい友人でペンシルバニア州知事のリッジ（Tony Ridge）氏を充てることを表明した。

三　一国主義外交から国際協調外交へ

九・一一事件直後の翌日、国連では緊急国連安保理事会が開かれ、「米国におけるテロ攻撃に対する非難決議」（安保理決議一三六八）を採決し、国際社会が対応することを表明した。アメリカは世界の多くの国々の支持を得て、九・一一対応体制をとることとなった。九・一一以来、ブッシュ大統領は五一カ国の元首と面談し、軍事作戦への協力を得ている。それは、NATO諸国をはじめ、OAS（米州機構）、ANZUS（オーストラリア、ニュージーランド、米国）さらに、中央アジア諸国、インド、パキスタン、ロシア、中国、日本と全世界におよんでいる。

さらに、一三六カ国からの軍事的支援一四二カ国のテロに関係する個人、組織の資産凍結、八九カ国の米軍航空機の上空通過さらに七六カ国への着陸の許可などの国際的協力を得ている。[12]

ブッシュ大統領は、選挙戦中より民主党候補ゴア（Albert Gore）氏の国際主義、理想主義に対立して孤立主義といわれていた。政権スタート後も、CTBTの批准拒否、京都議定書からの離脱、ABM制限条約からの離脱など一国主義、孤立主義と世界の多くの国から批判を受けることが多かった。その背景には、冷戦後、唯一の軍事大国であることがアメリカの単独行動主義を一層際立たせることになったといわれるが、それだけではないであろう。先鋭化ずるアメリカ国内のイデオロギー対立と、前任のクリントン大統領の協調主義、拡大主義という政治スタイルを否定しようとする政権内の思惑が拍車をかけているといえよう。アメリカの上下両院は、大統領の属する共和党の単独行動主義と、国際約束を重んじる民主党の国際主義が対立する構図になっている。このような構図の背景として、次の二点が指摘できる。一つは、アメリカ国内における地域とイデオロギーの問題である。ブッシュ大統領の基盤であるアメリカの市部や農村を中心に伝統思考で道徳主義的な考えと、北東部や大都市を中心に平等思考で相対主義的な二つに別れていることによるものである。[13]もう一つは、

「ブッシュ政権の政策の方向性を決めるうえで大きな影響力を持つスタッフの問題である。ブッシュ外交の底流には、対外関係を重視するパウエル国務長官主導の協調路線と、共和党右派への目配りを欠かさないチェイニー副大統領の強行路線の綱引きがある。さらに、もう一人のキーパーソンで、外交問題専門家ライス大統領補佐官はミサイル防衛の一環として、一方的軍縮を唱えてきた単独行動主義者であり、大統領の外交政策に強い影響を与えている。ブッシュ政権の外交が孤立主義、単独行動主義、一国主義、一極主義と批判が止まないのは、アメリカの立場を押し通すだけで対案がないからといわれる。国際協調への軽視が度を過ぎれば指導力の低下や孤立化を招くことになろう。

しかし、同時多発テロ事件以降、ブッシュ大統領は対外姿勢の大転換を行い、テロと戦うため国際的連帯を最優先とし、「諸国はテロと戦うかどうかの旗幟を鮮明にせよ」と追った。そして幾つかの重要な点で自ら政策転換を図り、その結果、国際政治に大きな影響を与えることとなった。同時テロと対テロ作戦が国際協調精神を回帰させ、反テロ連合を組織し、アフガニスタン復興を呼び掛ける姿勢は世界の共感を集めた。同事件後マスコミ界には、アメリカの「孤立主義の時代は終わった(14)」とする評価もある。

九・一一から六カ月後にあたる二〇〇二年三月一一日、ブッシュ大統領は、ホワイトハウスの追悼式における演説で対アフガニスタン軍事作戦の成功を強調する一方、「新たな戦いが待っている」と述べ、さらにテロ根絶へ各国の協力を求めた。

第二節　九・一一直後の連邦議会の対応

一　九・一一テロ糾弾決議

九・一一テロ事件に対する連邦議会の対応は非常に迅速であった。テロ発生当日の夕刻には、上下両院の二〇〇名を超える議員が議事堂の正面に集合し、ハスタート下院議長およびダッシェル（Thomas Daschel）上院民主党院内総務ら両院の議会指導部より声明が発表された。この声明のなかで、ダッシェルは、「我々は、国民を代表してここに我々の決意が恐怖によって弱められることがないことを宣言する」と述べた。その翌日の一二日には、テロに屈しない議会の強い意思を表明するために両院は本会議を開会した。「二〇〇一年九月一一日にアメリカに対して実行されたテロ行為に関して上院および下院の意思を表明する決議案」(16)（S. J. Res. 22/H. J. Res. 61）が上院において賛成一〇〇、反対〇(15)、下院では、賛成四〇八、反対〇と満場一致で承認された。

決議の主な内容は次の通りである。

①　テロリストおよびその支援者に対する非難
②　テロの犠牲者とその家族等に対する哀悼の意の表明
③　国民への団結の呼びかけ
④　ボランティア等の英雄的行為に対する賞賛
⑤　国際法に基づく反撃の権利の宣言
⑥　諸外国のテロに対する戦いに対する支持への感謝と継続の要請
⑦　テロ撲滅のための資源拡充

⑧　テロ撲滅のための大統領と議会の綿密な協議に基づく決定の支持
⑨　二〇〇一年九月一一日を国民統合の服喪の日と定める

二　合衆国軍隊の使用授権決議

前記テロ非難決議に続いて、九・一一テロに対する合衆国軍隊の使用授権決議（S. J. Res. 23）が審議された。九月一四日に上院に提出され、原案通り賛成九八、反対〇で可決された[17]。下院でも同日可決され、九月一八日大統領の署名を経て成立した。下院では同内容の下院版軍事力行使容認決議（H. J. Res. 64）が上院版決議より先に可決されたが、後に上院版決議に置きかえられた。下院版決議の採決に際しては、民主党の女性議員、バーバラ・リー（Berbara Lea）（カリフォルニア州）がただ一人反対して話題を集めた。議会の抑制と均衡のシステムを維持する見地からも全員が同じ投票をするべきではないとして、唯一反対票を投じた。今回のテロ事件に関連して、また将来のテロを防止するために必要なあらゆる軍事力行使を戦争権限法の範囲内で、大統領に認めるものである。

同決議の内容は、次の通りである。正式のタイトルは、「合衆国に対して加えられた最近の攻撃の責任を負う者に対して、合衆国軍隊を使用することを認可するための合同決議」である。

前文で、同決議がなされた理由として、以下の五項目があげられている。

①　二〇〇一年九月一一日、合衆国およびその市民に対して許し難い暴力行為がなされた
②　このような行為は、合衆国が自衛権および国内外の合衆国市民を保護する権利を行使することを、必要かつ適切ならしめている
③　これらのゆゆしき暴力行為によってもたらされた、合衆国の国家の安全および外交政策への脅威となっ

ている

④　このような行為は、合衆国の国家の安全および外交政策への異常かつ非常なる脅威をもたらし続けている

⑤　大統領が、憲法の下に、合衆国に対する国際テロ行為を抑止し予防する行動をとる権限を持っている

同決議の本文内容として次の二点が規定されている。

第一に、総論として「二〇〇一年九月一一日に起こったテロ攻撃を計画し、認可し、実行しまたは援助したと大統領が決定する国家、組織または個人に対して、または、そのような組織または個人を隠匿したと大統領が決定する国家、組織または個人に対して、そのような国家、組織または個人による大統領に対するさらなる国際テロ行為を予防するために、大統領は必要かつ適切な武力を使用することを認可される」。

第二に戦争権限決議の要件として、

①特定法定認可…戦争権限法の第八条(a)(1)節に従って、議会は、この節が戦争権限法の第五条a(1)節の意味する範囲内における特定法定認可となることを目的としていることを、宣言する。

②他の要件の適用…この決議のどの条項も、戦争権限法のほかの要件にとってかわることはない。

上記決議案のポイントとして次の点を指摘することができる。

第一、大統領に対して、九月一一日に起こったテロ攻撃に関し、指示、計画、関与、支援を行ったと大統領が認めた、国家、組織あるいは個人に対して必要かつ適切なあらゆる軍事力の行使を認める。

第二、本決議は、戦争権限法にいう特定の法の定めにあたる。ただし、本決議は、戦争権限法のほかの如何なる求めも排除するものではない。

本決議は、授権が一般的かつ無条件の形でなされていること、軍事力行使の対象として、国家に加え、個人、団体が明記されている点で特色のある決議といえる。

同決議については、大統領に広範囲な権限を認めることは、憲法が認めた議会の戦争を宣言する権利を侵害するものであるとして、より制限的な内容の決議を求める声が特に下院において根強く存在したが、対象が九・一一事件のテロ攻撃に限定されていること、また、時間をかけて完璧な内容を求めるより速やかに決議を成立することが重視された結果、決議は迅速に可決された。

これは、一九九一年の湾岸戦争時に、国連安保決議に依拠し、他の外交手段および平和的解決手段による解決が望めない場合に限って武力行使をみとめるとともに、六〇日ごとの議会への報告を求める制限的な内容の武力行使決議が五ヵ月の期間をかけて審議された後、上院で賛成五二、反対四七、下院で賛成二五〇、反対一八三という僅差で可決されたことと比較しても、いかに今回の同時多発テロに関し、迅速に議会が大統領を強く支持したかを示したものといえる。

その後、九・一一の六カ月後にあたる二〇〇二年三月八日、上院は、ブッシュ大統領が進める対テロ戦争を全面的に支持する決議を全会一致で可決している（拘束力はないが政治的アピールの意味が大きい）[18]。

三　九・一四緊急歳出法の可決

九・一一事件に対応するための総額四〇〇億ドルの緊急歳出法案（HR.2888）が、事件からわずか三日後の九月一四日に上下両院を通過し、同一八日にはブッシュ大統領の署名により成立するに至った[19]。

同法による歳出額四〇〇億ドルの使途は、①攻撃の緩和および対処に関する連邦政府および州・地方政府の準備態勢の整備、②国内外のテロ行為への対抗、捜査、訴追の支援、③交通機関におけるセキュリティの強化、④攻撃によって被害を受けた公共施設・交通機関の復旧、⑤国防力の強化等となっている。

また、総額四〇〇億ドルのうち、大統領が議会による制限なしに支出できるのは一〇〇億ドルで、さらなる一〇〇億ドルは支出に先立つ一五日前までに行政管理予算局長官が上下両院の歳出委員会に支出計画を提出することが必要とされた。残りの二〇〇億ドルについては、支出にあたって改めて歳出法を成立させることが必要とされている。

ブッシュ政権は当初、緊急事態を理由に挙げて、議会の制約を受けずに全額が支出可能な二〇〇億ドルの案を議会側に提示した。しかしながら、議会側にはいかに緊急事態下といえども自らの権限を容易に手放すことに対する抵抗が強く、政権と議会との交渉が重ねられた結果、総額を四〇〇億ドルとし、そのうちの三〇〇億ドルの支出にあたっては議会が改めて関与することで両者が合意に至った。

合意案は九月一四日、下院に提出され、同日中に下院が賛成四二二、反対〇で、上院も賛成九六、反対〇と、上下両院のいずれにおいても一人の反対者を出すことなく可決され、ブッシュ大統領の下へ送付されたのであった。

第三節　アメリカのテロ報復と米国本土の安全保障強化

九・一一事件以降、アメリカでは多方面からテロ対策が講じられてきた。それは、前述のように前例のないほどの外交手段による国際的協力をはじめ、国内的には、テロ対策の基本となるテロ対策法（Patriot Act of 2001）やテロ関係の資産の凍結などあらゆる角度から行われている。

九・一一事件発生が前記ブッシュ大統領の演説に述べられているように、米国本土それも政治、経済、軍事の中枢であるニューヨーク市、ワシントン市が直接攻撃されたことは米国の歴史に与えた影響は測り知れないものがある。

米国への直接攻撃の先例として六〇年前の「日本の真珠湾奇襲攻撃」がよく引き合いに出されるが、それは米国本土から遠く離れた太平洋上の「準州・ハワイ」で起こった出来事であった。米国本土、それも政治・経済・軍事の中心である東部（東海岸）への直接攻撃の例を辿ろうとすれば、それより遙かに古く米英戦争（一八一二―一四）まで遡らなければならない。第二次大戦後の米ソ冷戦時代にも、ソ連の戦略核ミサイルによるキューバ危機における米国本土攻撃の脅威はあったが、結局、現実のものとはならなかった。

九・一一対策として、大統領と連邦議会は、前述のように憲法や戦争権限法に遵守して、海外における軍事力行使の体制の整備を行い、さらに、米国内における安全保障機構の整備として、国土安全保障局および国土安全保障省の新設、さらに在来軍事機構の整備にまで広範囲におよんでいる。

一　アフガン報復攻撃

九・一一事件後、連邦議会と大統領はアフガン報復活動のため合衆国軍隊の使用に関する体制がとられ、いつ実行されるかが課題となっていた。

ブッシュ大統領は、九月二四日夜上下両院に書簡を送り、九・一一事件報復のため合衆国軍隊の配備決定と展開計画を通知し、二五日午前、議会代表と会談し、理解と協力を求めた[20]。

一方、前述のように九・一一事件後、ブッシュ政権はテロ対策として国際協調主義をとってきており、最も注目されるのはＮＡＴＯとの協力である。九・一一事件の翌日九月一二日、ＮＡＴＯはブリュッセルの本部で緊急理事会を開催し、米国からの要請があれば、ＮＡＴＯ条約第五条に定める集団的自衛権を行使することを決定している[21]。その後、一〇月二日、ＮＡＴＯ条約第五条は設立以来初めて発動された。

かくて、ブッシュ大統領は二〇〇一年一〇月七日午後、米軍がアフガニスタン国内のタリバン政権の軍事施設とアルカイダのテロリスト訓練キャンプに対して攻撃を開始したことを発表した。英軍も攻撃に加わっている。つづけて、米英軍は翌八日、首都カブールやカンダハルに対し、爆撃機や巡航ミサイルを使った空爆を再開した。一方、食料など人道支援的物資も投下、ラムズフェルド国防長官は、作戦名を「不朽の自由作戦」(Operation Enduring Freedom)と名付けることを発表した。

ブッシュ大統領は、七日のアフガニスタンへの攻撃に踏み切ると同時に、報復テロ阻止のため全米が厳戒態勢下を敷いた。

カタールの衛星テレビ、アルジャージーラがビンラディン氏のビデオ画像を放映、同氏は対米聖戦の継続を宣言し、タリバン政権は徹底抗戦とビンラディン氏の引き渡しの拒否を決定した。(22) その後、同月九日、ブッシュ大統領は、戦争権限法、合衆国軍隊使用決議に基づいて、アフガン攻撃に関する報告書を議会に提出した。(23)

二　国土安全保障局の新設

九・一一事件後のブッシュ大統領のテロ対策の演説で注目されたものの一つとして国土安全保障局の新設がある。ブッシュ大統領は、二〇〇一年一〇月八日、大統領令(24)によりホワイトハウス事務局に国土安全保障局(Office of Homeland Security)を新設し、局長にはトム・リッジ前ペンシルベニア州知事を充てることを発表し、その後、一〇月八日就任した。

議会は、大統領令ではなく法律により新しい局を設置することと、同局に独自の予算権限を付与し、局長も上院承認人事を求めた。

テロ対策は連邦政府の四六におよぶ機関にまたがっている。リッジ長官の職責は、これらの機関の総合調整、監督、将来のテロ攻撃に対する包括的な国家戦略の策定と実施、テロ被害からの復興促進などとされている。

今後の具体的な課題として、①海外スパイ活動強化のための諜報機関に十分な資金と技術を提供、②生物化学兵器スパイを見つけ出し封じ込めるシステムの開発、③発電所、電話、鉄道、高速道路、港、食料・水供給の安全強化――などが検討された。

大統領は同時に「国土安全保障会議」を創設した。大統領、副大統領、財務長官、国防長官、司法長官、厚生長官、運輸長官、連邦緊急事態管理庁（ＦＥＭＡ）長官、連邦捜査局（ＦＢＩ）長官、中央情報局（ＣＩＡ）長官等、が主要メンバーで、大統領はその時々の必要に応じて統合参謀本部議長等をメンバーに加えることになっている。その後、九月二九日、ホワイトハウス内で第一回の国土安全保障会議が開催され、最優先課題として、外国人テロリストや支援者の米国入国防止や、その追跡タスクフォースの設置等について審議された。

国土安全保障局が関係省庁と連携して総合的な対テロ戦略を進める国土防衛の切り札として発足したが、人員や予算の権限が十分に与えられていないことから、現実にテロを予知し、迅速な対応を実施できるのかに疑問の声が相次いだ(26)。

さらに、その後、内外の厳しい状況のなかで、次のようなテロ対応力に批判の声がある。それは、同局が、①関係省庁や州政府への指導権限を持たない、②職員は三〇人程度、③独自予算がない――など。ＦＢＩやＣＩＡなどと連携、調整する役割を持つとされながら、情報を一括収集し、テロ対策を関係機関に徹底させる権限、スタッフ、資金ともにないのが実情のようである。このため、リッジ氏が一二月三日に行った新たなテロ発生の警告に、情報の確度を疑問視する声も出た。

三　国土安全保障省の創設

九・一一事件後ブッシュ大統領が提案した国土安全保障局構想を実現するには、長期的な対テロ戦争準備体制が必要でありそのためには、壮大な行政改革が不可欠となる。ブッシュ大統領は二〇〇二年六月六日国土安全保障省構想を発表し、その後七月一六日、九・一一型大規模テロ攻撃の防止や対策を盛り込んだ包括的な「本土防衛のための安全保障戦略」を公表、連邦議会へ送付した。米本土がテロの脅威にさらされているとの前提に立ち、大量破壊兵器を使ったテロ攻撃防止とテロ対策、テロ計画に関する情報統制の強化、米軍の国内展開などを柱として打ち出し、「反テロ戦争」での挙国一致を訴えた。(27)

新戦略は、①テロ関連情報の収集と警戒情報の発令、②国内のテロ防止活動強化、③幹線道路、産業基盤、コンピューター網やデータベースなどインフラの保護、④緊急事態への備えと対策強化——など六つの重点目標分野を設定している。

具体的な脅威として、核・放射性・生物・化学兵器による攻撃から通常型のテロ攻撃までを想定し、対策として国境や空港での危険物質の監視態勢強化、船舶貨物に対する検査強化、生物テロに備えた新ワクチンや解毒剤の開発促進などを掲げた。

この構想は、現在、テロ対策に関連している八省庁の約二〇部局を統合し、職員一七万人にのぼり、予算規模も三七四億ドルにのぼるという。(28)

要人警護担当のシークレットサービス（財務省）、移民帰化局（司法省）、沿岸警備隊（運輸省）、災害復旧担当のＦＥＭＡなどが新省の傘下に入った。ＦＢＩやＣＩＡとも密接に連携していくという。(29)共和党は九・一一事件一周年後の成立をめざした。

半世紀前、冷戦時代の幕開けに、トルーマン政権下で国家安全保障法がつくられ、国家安全保障会議（ＮＳＣ）

とCIAで、国防総省が創設されて新時代への安保体制が固まった。ブッシュ大統領は、それに次ぐ歴史的な政府再編と強調した。

同構想は、二〇〇二年七月二六日下院では賛成二九五、反対一三二で、情報開示義務の一部免除などの「特権」を同省に認める条項を盛り込んだ。テロ対策を強化するため、同省に強い権限を与えたいと主張する大統領側に歩み寄った内容といえる(30)。

一方、上院の法案も七月二五日上院政府問題委員会で可決され、その後本会議でも可決された。その後二〇〇三年一月二四日国土安全保障省は正式に誕生し、三月一日には当初の計画どおり、沿岸警備隊を含む一八の連邦機関が同省に編入された。アメリカでこのような大きな組織機構再編は、第二次大戦後のトルーマン大統領以来といわれるほど大がかりなものといえよう。同省にはFBIとCIAの情報を集約する権限が与えられる方向だが、「犬猿の仲」とされる両組織の調整は容易なものではないだろう。

四　米本土司令部の統合と先制攻撃

九・一一事件後、在来の大規模部隊との戦闘を想定した「正規戦」からテロなどの低強度紛争における「非正規戦」や弾道ミサイルへの対応に重点を置く米軍全般の組織改編を行い、本土攻撃への即応態勢をとろうとするものである。

米本土の防衛はこれまで、弾道ミサイルなどに対応する統合軍司令部、防空を担当する北米航空宇宙防衛司令部などに分散していた。今回の組織改編では、核司令部を残す形で担当任務を整理し、北方司令部が各司令部を統括する(31)。

新設するのは「北米司令部」で、本土へのテロ攻撃などに対応するための作戦づくりから、実践の指揮までを全面的に担う。

北米から海外への戦力派遣などに当たる統合軍司令部が、これまで担当してきた核兵器や生物・化学兵器への防衛を引き継ぐほか、沿岸部の安全管理やカナダ、メキシコ両国軍との調整役にもあたる。

米ソ冷戦時代には、ソ連との軍事力の均衡維持が最大の課題であり、テロによる本土攻撃はほとんど想定されていなかった。今回の組織改革で弾導ミサイルの発射や偵察衛星の打ち上げなど、さらにコンピューターを利用した攻撃などへの対応を考慮されることになった。機動的組織への改編をねらいとしたものといえよう。[32]

ブッシュ大統領は、前述のようにテロ対策について国際的、国内的に幾つかのあり方を表明している。最後に、二〇〇二年六月一日ウエストポイントの陸軍士官学校の卒業式における演説を紹介しておく。[33]

大統領は、テロに対する我々の戦いは始めたばかりだと述べたうえで、テロ戦争では新思考が必要であることを主張している。守るべき国家や国民を持たず、独裁者から、ひそかに大量破壊兵器を入手できるようなテロ組織に対しては、冷戦期の防衛ドクトリンであった「抑止」や「封じ込め」政策は適用できない。さらに、ブッシュ大統領は、対テロ戦争の進め方については、「我々は敵に戦いを仕掛け、敵の計画を防ぎ、最悪の脅威があらわになる前に取り組まなければならない」と述べ、相手の攻撃に備えるだけでは不十分と指摘している。最後に、「我々が踏み込んだ新たな世界では安全への唯一の道は行動だけであり、この国は行動する」。そして、「我々の自由と生命を守るために必要なときのため先制攻撃に備えるべきだ」と訴えている。[34]

五　テロへの今後の対応

テロは、いつ、どのようにしのび寄るか分からない。そのためにアメリカをはじめ世界の多くの国が全力をあげて多角的な対策を講じてきた。テロの手段が様々であるため、その対策も複数多岐にわたる。本章では九・

一一事件におけるアメリカの対応を合衆国軍隊使用と安全保障体制面で考察したが、五〇カ国以上にテロ組織を持つアルカイダを軍事力だけをもって壊滅させることはできなかった。

平素から多様な情報収集によって見えない敵の侵犯や攻撃に備え、察知した危険から除去していく以外にテロの予防はないであろう。そのためには、情報の共有、警察活動、資金追跡など国内はもとより国際的に緊密な協力が必要であろう。このような具体的なテロ対策が必要なことは当然ながら多くの識者が指摘しているように、テロ問題を解決するにはテロ発生の根元的な問題の解決が不可欠であろう。九・一一事件に関して、イスラエルとパレスチナ問題の解決、イスラム諸国の反米世論というテロを生む土壌に対する対応不足、貧困問題への対応等多くの政治的、文化的な非軍事的問題の対応が必要不可欠であることを忘れてはならない。

注

（1）「世界が揺れた衝撃のテロ」『世界年鑑』共同通信社　二〇〇二年　二二―二三頁

（2）二〇〇一年九月一一日の米国中枢同時多発テロ事件に関してアメリカ方言学会は二〇〇一年の言葉に「九・一一」を選んだほか、ブッシュ大統領も演説で「九・一一」（ナイン・イレブン）を使用している（『東京新聞』二〇〇二年四月二日）。

（3）前掲『世界年鑑』二二頁

（4）*C.Q. Weekly Report*, September 15, 2001, p.2160

（5）『読売新聞』二〇〇一年九月一二日

（6）前掲新聞

（7）清水隆雄「主要国の緊急事態法制」『調査と情報』第三九一号　二〇〇〇年六月　一〇―一一頁

（8）*Weekly Compilation Presidential Documents*（以下 *W.C.P.D* と略）、Vol.37, No.37, p.1302

尚、『合衆国法典』第一八編犯罪及び刑事手続き第Ⅰ部犯罪　第一一三B章テロリズム第二三三一条の定義で「戦争行為(act of war)」とは、次のいずれかのことの過程で生じる行為をいう。

（A）宣戦布告された戦争

（B）宣戦布告された戦争か否かを問わず、二以上の国の間での武力紛争

（C）原因の如何を問わない、軍隊間の武力紛争

（9）*W.C.P.D.*, Vol.30, No.37, p.1311

（10）*Congressional Record* Vol.147, No.123, September 20, 2001, S.9553

（11）*W.C.P.D.*, Vol.37, No.40, p.1397

（12）*The Global War on Terrorism - The First 100 Days*, The Coalition Information Center, 2002

（13）*National Journal*, June 9, 2001, p.1

（14）*Business Week*, January, 2002, p.53

（15）*Congressional Record*, Vol.147, No.118, September 11, 2001, S.9304

（16）*Ibid.*, H.5590

（17）*Congressional Record*, Vol.147, No.120, September 14, 2001, S.9421

（17）*Congressional Record*, Vol.148, No.25, March 8, 2002, S.1708

（19）*C.Q. Wewkly Report*. September 15, 2001, p.2128

（20）*W.C.P.D.*, Vol.37, No.39, p.1372

（21）『朝日新聞』二〇〇一年九月一三日

（22）『国際問題』第五〇一号　二〇〇一年一二月　一一一頁

（23）Grimment, Richard F., The War Powers Resolution : After Twenty Eight Years, *CRS Report for Congress*. November 15, 2001, p.45., W.C.P.D., Vol.37, No.41, p.1447
（24）*W.C.P.D.*, Vol.37, No.41, p.1434 - 1439
（25）『産経新聞』二〇〇一年一〇月三〇日
（26）『読売新聞』二〇〇一年一二月九日
（27）『読売新聞』二〇〇二年七月七日
（28）『日経新聞』二〇〇二年七月二七日
（29）『読売新聞』二〇〇二年七月一八日
（30）『日経新聞』二〇〇二年七月二七日
（31）『日経新聞』二〇〇二年四月一七日
（32）『毎日新聞』二〇〇一年一〇月九日
（33）Speech at West Point, http://www.whitehouse.gov/news/release/2002/06/20020601-3.html
（34）*The Washington Post*, June 3, 2002

追記

二〇〇一年九月一一日の同時多発テロ以降ブッシュ大統領は、前述のように国際的および国内的に多角的なテロ対策を講じた。さらに連邦議会は、同事件から一年近くの間に、テロ糾弾決議や合衆国軍隊の使用授権決議をはじめ多くのテロ関連対策法を制定している。その主なものとして、航空運輸の安全及びシステム安定化法、移民及び国籍法の改正に関する法律、九月一一日を愛国者の日とするための法律等二〇近くの法律を制定している。その中で最も注目されたものとして「米国愛国者法」(USA Patriot Act of 2001; Public Law 107－56)がある。同法は九・一一事件後、アシュクロフト司法長官が議会に望む法改正の概要を示したのに対し、議会は冷静に、迅速な対応をした結果成立したものである。同法の主な内容は、(1)テロに対する国内の安全性の向上、反テロリズム基金の創設、(2)捜査権限の強化、(3)マネーロンダリングの阻止、(4)国境の保全、(5)被害者、公共保安職員及びその家族の支援、(6)テロリズムに対する刑法の強化、(7)課報活動の改善など広範囲に及ぶものである。同法の制定経緯は、中川かおり「米国愛国者法の概要」『外国の立法』第二一四号(二〇〇二年一一月)に詳細な紹介があるので参照されたい。

第四部　アメリカの対外政策決定過程

第十四章　国防政策の決定機構と決定過程

第一節　政策決定の多様性

「結局、研究者は究極的決定の本質を知ることはできない――実際、それは多くの場合、決定者自身にとっても同じことである。……決定作成過程には不明瞭で錯雑としたことが常にある――それは決定に最も直接的にかかわり合っている者にとってすら不可解なものである」とは、ジョン・F・ケネディ大統領の言葉である。(1) たしかにある決定が下される場合、さまざまの要因が複雑に交錯し、その本質を探ることは決して容易でない。しかしそのために決定作成過程を研究の対象から除外するという理由にはならない。民主主義国家においてひとつの決定が下されるには、ある組織と手続を経てなされるのであって、その組織と手続を調査分析することは可能である。ただ決定の本質に迫るには、決定者のパーソナリティや周辺の複雑多岐な要因も深く検討されなければならない。

第二次大戦後急速に発展し、複雑化している国際政治の中で、各国の安全保障政策が国際環境と国内環境との関係で複雑にからみ合いながら決定されていることはいうまでもない。アメリカは戦後、世界の警察官として世界の多数の国々の外交及び安全保障政策に大きな影響を与えてきた。しかし、国際政治の多極化にともない、国際政治におけるアメリカの影響力は減少の方向をたどってきている。各国の外交及び安全保障政策は、従来の東西勢力圏、境界、力の均衡といった範囲を越えて決定され、その範囲はかなり広範なものとなってきている。これは従来、国家間で伝統的に行われてきた複雑な外交におけるかけひきとは大いに異なり、国際政治における基本的なパターンが第二次大戦後の冷戦時代から大いに変わってきたことを示している。

このような政治情況のなかでアメリカは、戦後多くの国際紛争の危機に直面してきた。アメリカが危機に際しどのように政策決定を行なってきたかという危機管理の問題は、多くの研究者が多角的に分析を試みた課題である。フランケル (Joseph Frankel) 教授の指摘するごとく外交政策の決定で重視されるのは、結論ではなく結論にいたる過程であろう。しかし、そのような政策決定過程を正確に分析し、解明することは容易なことではない。

危機に際し、その対処をいくつかの例にみると、それは危機の状況把握にはじまり、状況の評価、予測、対処政策立案、決定、さらに実施計画の作成、決定、最後に対処策の実行、収拾となる。このような諸段階を考慮し、まず最初にアメリカの政策決定機関、とくに、行政および立法の各機関の機構と機能について検討し、次章で二つの事件におけるアメリカの軍事政策の決定過程を考察してみたい。

第二節　行政府による国防政策の決定

国防政策の最終決定は、国民の代表である大統領と連邦議会によって行われる。政策が決定されるには、まず立案され、作成され、決定されるのである。立案から決定にいたるまでは、連続した一つの過程であるが、問題によっては政治的に紛糾することがある。この政策立案および作成は、一般に国防省などの行政機関において行われる。したがって、大統領は行政府の長として国防政策の最高決定機関となる。安全保障政策を総合的に検討する機関として国家安全保障会議があり、大統領の政策決定に重要な補佐機能の役割を果たしている(2)(後掲の図―1および2参照)。

一　国防基本法の制定

一九四七年に現在の国防省が、国家軍事省（National Military Establishment）の名称のもとに発足するまで、アメリカの国防問題は、一七八九年に戦務省（Department of War）として発足した陸軍省と海軍省の二省により分掌、処理されてきた。当時は陸軍が固有の航空兵力を擁し、独立の空軍は存在しなかった、陸、海軍長官は、閣僚として大統領の下にあり、指揮統帥機構は独立し、別個に運用されていた。しかし、第二次大戦中、実戦遂行上、陸海空三軍の統合の必要が痛感され、このような事態に対処するために、ローズベルト大統領は統合参謀機関（Joint Chief of Staff 現在の統合参謀本部の前身）を設置した。この措置は行政裁量によるもので、立法によるものではなかった。

第二次大戦後の一九四七年、連邦議会は、アメリカ最初の国防基本法たる国家安全保障法を制定した。同法により、まず第一に全国防衛力が一元化され、統合運用のため国家軍事省が設置された。国防長官の基に従来からの陸軍省、海軍省のほか、新たに空軍省が設置された。さらに、一九四九年、国家軍事省は国防省に改組され、統合を一段と進めた。同法によって、大統領直属の国家安全保障会議、さらに大戦中設立された統合参謀本部が常設の機関として国防省の中に設置された。その後も、国際情勢や軍事技術の発展に伴い、国防機構の改革が行われている。一九四九年には統合参謀本部議長職、一九八六年には同副議長職が新設された。

図ー1　アメリカ連邦政治機構の概要

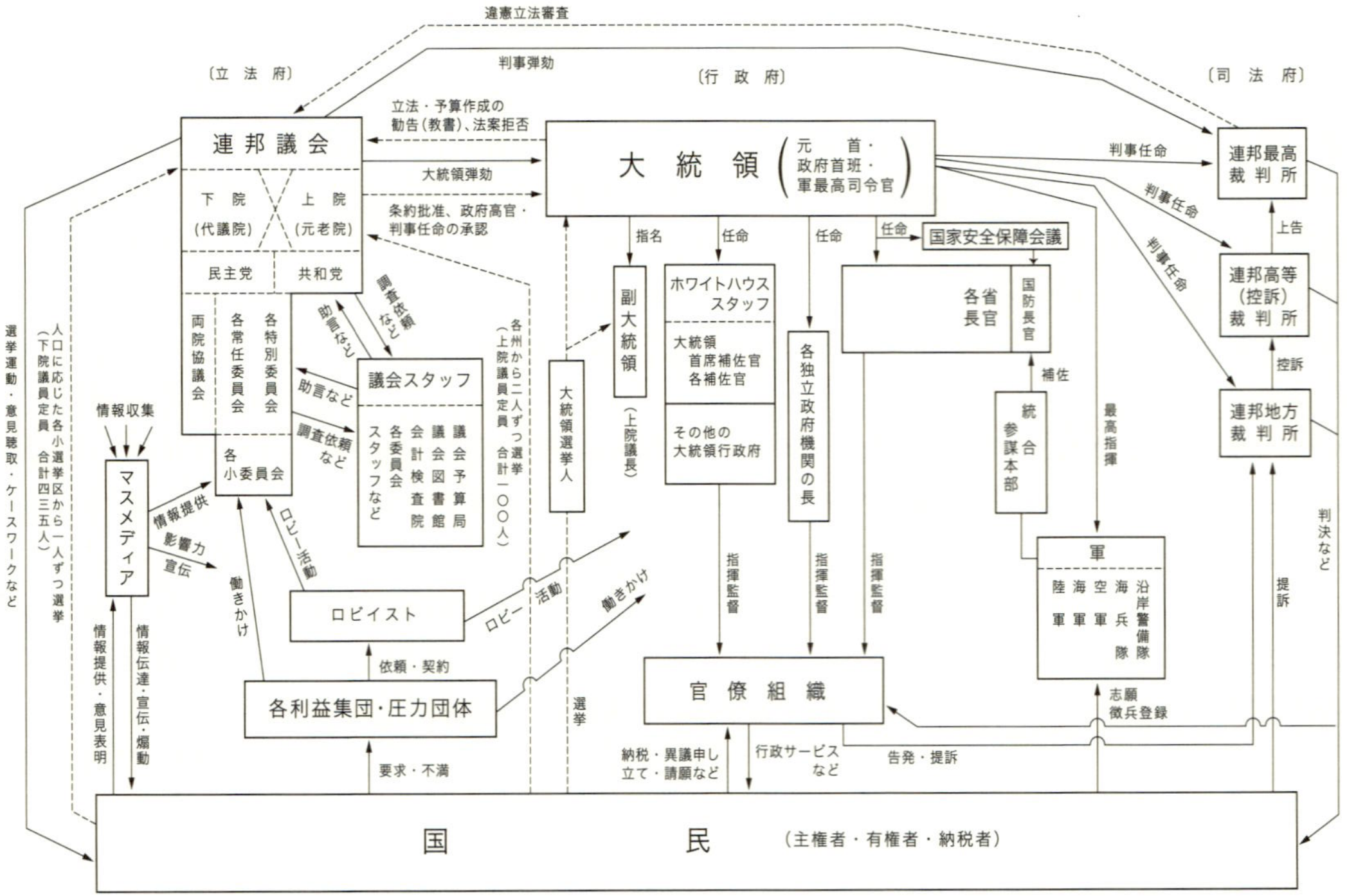

＜資料＞ヘドリックス・スミス著『パワー・ゲーム』蓮見博明　監訳
時事通信社　1990年の掲載資料を一部修正

二　国家安全保障会議の任務および運用

1、国家安全保障会議の設置

国家安全保障会議（以下NSCと略）は、一九四七年国家安全保障法により、国防省とともに、大統領の安全保障問題に関する最高諮問機関として設置された。NSCは、アイゼンハワー大統領のもとで緊急やむをえざる場合を除いて、国家の安全保障に関するすべての問題を審議する場とまでいわれたアメリカ政府の最高政策決定機関である。

NSCの任務は、「国家安全保障に関する事項につき、軍事の諸政策を統合し、もって軍事諸機関およびその他の政府諸機関をして、国家の安全保障に関する事項につき、効果的に調整せしめることについて大統領に助言すること」（国家安全保障法第一〇一条ⓐ）である。国家安全保障政策の統合調整作用に関して、大統領に助言することがNSCの使命である。したがって、NSCは議決機関ではなく、政策の決定は大統領が行う。NSCの三〇数年の歴史を通じて、ブルッキングス研究所のロバート・ジョンソン（Robert H. Jhonson）研究員は、NSCが次のような八つの任務を果たしてきたと指摘している[3]。

① 政策の調整

この任務は、国家の安全保障に関するあらゆる局面からの国策の統合をはかるためのものである。

② 大統領に対する政策の助言

③ 政策の立案

この役割にはいくつかの種類があり、たとえば国際システスの将来の形成や関係諸国の力関係などを見越した基本的な政策作成、地域の特殊性を考慮した政策作り、そして偶発事件に関する準備のための方策立案などがある。

④　政策の正当化
国家安全保障会議の承認があれば、決定の正当性を証明することになる。
⑤　危機にむける対処方法決定の場
朝鮮戦争（一九五〇年）、レバノン危機（一九五八年）、ソ連のチェコ侵攻（一九六八年）およびマヤゲス事件（一九七五年）などは、国家安全保障会議が深くかかわった事件である。
⑥　予算の決定に対する影響力
国家安全保障会議は、ニクソン政権の頃まではかなりの程度、予算の決定に影響を与えたが、一九七三年以降余り影響力を行使していないといわれている。
⑦　啓蒙と情報提供
国家安全保障会議は、外交政策の討議にかかわっている人びとを啓蒙し、かつ大統領のその時々の関心事を公職者などに知らせる役目を果たしている。
⑧　安全保障に関する討論の場の創造
政府の内外を問わず、広く国家安全保障に関心を寄せている人びとにデータを与えたり、世論の喚起をはかったりする。

2、国家安全保障会議の構成および附属機関

NSCの正式な構成員は、法律上、議長である大統領のほか、副大統領、国務長官、国防長官である。中央情報局（CIA）長官、統合参謀本部議長が、情報、軍事関係の法定顧問として出席し、さらに財務長官、米国連代表、そのほかにも大統領の指示で関係者が列席する。特に、安全保障問題特別補佐官は常時出席することとなっているようである。

NSCの下に情報担当の機関としてCIAが設置されている。その主な任務は、a、国家安全保障関係の情報および情報活動の調整についてNSCへの助言および勧告、b、情報の調整、評価および配布、c、NSCが中央組織において実施すべしとした附加的活動、d、NSCが命ずるその他の任務である。

国家安全保障会議は、以上のような役割を遂行してきたが、その具体的な遂行の方法は、大統領のパーソナリティによって非常に左右される傾向にある。(4) そこで以下において各大統領と国家安全保障会議との関係を概観することとしたい。(5)

①　トルーマン時代（一九四七―五三）

国家安全保障会議は、トルーマンが大統領に就任してから二年後に創設されたが、トルーマン大統領は、はじめのあいだ、同会議を自らの権限を拘束するものとして考えていた。したがって会議へは余り出席したがらず、第一回目の会議（一九四七年九月二六日）は自ら主宰したものの、その後朝鮮戦争勃発時（一九五〇年六月二五日）までの五六回の会合のうち、わずか一一回の会合に出席したにすぎないと伝えられている。もっとも朝鮮戦争がはじまってからは、さすがに出席回数もふえ、五〇年六月二八日から五三年一月の任期満了までの一一一回の会合のうち、九回を除き、すべて出席している。そしてこの戦争中、国家安全保障会議を通じて三〇〇以上もの措置がとられた。ただし同大統領は、国家安全保障会議としての勧告を求めるというより、個々のメンバーの助言を求める傾向が強かったため、大統領の全任期中を通じて、同会議は、組織体としては余り有効に機能しなかったようである。なお四九年には国家安全保障会議法が改正され、同会議の構成員として新しく副大統領が入り、陸・海・空軍の各長官はメンバーからはずされた。

②　アイゼンハワー時代（一九五三―六一）

アイゼンハワー大統領は、前任者と異なり、国家安全保障会議はかれが必要とするものを提供する有用な機関と考え、これを活用するよう努めた。同大統領は、国家安全保障会議について次のような評価をなしている。「国家安全保障会議は、各行政官庁の代表者としてよりは、かれら自身の権利において大統領に助言する個人の集まりたる協同体である。その任務は、各行政機関の立場の単なる妥協としての解決に到達するのでなく、それぞれの経験を背景に国家安全保障の問題に対し最も政治家的な解決をはかることにおかれるべきである。」このような考えのもとに、かれは国家安全保障会議のスタッフを信頼して、同会議に国家安全保障の諸問題に関する政策立案、実施等にあたらせた。アイゼンハワー時代の初期における国家安全保障会議の重要な政策として、一九五四年一月のダレス国務長官の「大量報復戦略」演説を組み込んだものがあり、この政策には限定戦争において核兵器使用もあり得ることが盛り込まれていた。またアイゼンハワー大統領は、その在任中、一四五回の会合を開き(同大統領は病気のため欠席したほか、そのほとんどに出席)、同会議を通じ、八二九の措置がとられた。このような多くの措置を決定したことは、同会議をして「マスプロ機関」の異名をとらせたほどである。一方、国家安全保障会議は、次第に固定的となり、新鮮さと創造性に欠けるという欠陥も露呈されるようになった。

③　ケネディ時代(一九六一―六三)

ケネディ大統領は、上院政府活動委員会の国策機構小委員会の勧告もあって、国家安全保障政策の組織と位置づけの改革を行なった。すなわち組織の面では、法定メンバー(大統領、副大統領、国務長官、国防長官および緊急計画局長)と顧問としてのCIA長官および統合参謀本部議長はそのまま残したが、他の行政官は、大統領の指示により参加させることにした。またその位置づけとして、アイゼンハワー時代にあっては各省の上位にあったが、ケネディ大統領はこれを他の機関と同格にした。そして同大統領は、国家安全保障会議よりも、ラスク(Dean Rusk)国務長官、マクナマラ(Robert McNamara)国防長官ならびに国家安全保障会議のメンバー外であるロバート・ケネディ（Robert Kennedy）司法長官およびマクジョージ・バンディ（McGoerge Bundy）大統領補佐官らの個人的意見に耳を傾けることが多かった。かくして国家安全保障会議は、安全保障政策決定の場としてよりも、共鳴板（sounding board）としての役割を演ずるにすぎなくなった。一九六二年のキューバ危機の際には、ケネディ大統領は、国家安全保障会議とは別に、国家安全保障会議執行委員会（Ex Comm＝エクス・コム）を設け、この委員会を危機政策の決定機関とした。ケネディ大統領の在位期間はわずか二年一〇カ月であったが、その期間、国家安全保障会議は、総じて政策の正当化の役割を果たし、いくつかの手段のひとつとして機能したにすぎないといえるようだ。

④　ジョンソン時代（一九六三―六九）

前任者の悲劇的な死によって大統領職に就いたジョンソンは、国家安全保障会議の運営についてはケネディ大統領の手法を継承した。すなわち国家安全保障会議それ自体を利用するというよりも（国家安全保障会議の会合はめったに開かれなかった）、前大統領のときから引き続いてその職にあったラスク国務長官およびマクナマラ国防長官と「火曜日のランチ」を共にして、安全保障政策の調整をはかった。ただ後期には政府各省の全体を網羅するような形で調和のとれた決定作成ができるように国家安全保障会議の機構改革につとめた。しかしながら国家安全保障会議の外部で安全保障政策の決定を行なうという態度には変更がなかった。

⑤　ニクソン時代（一九六九―七四）

ニクソン大統領は、アイゼンハワー時代に副大統領として、同大統領の病気期間中、すでに国家安全保障会議を主宰した経験をもっていた。しかし国家安全保障会議の運用については、必らずしもアイゼンハワーと同様の姿勢をとらず、最初の二年三カ月のあいだ、会議を主宰したのは六三回のみである。

ニクソンは、大統領候補として選挙戦を展開していたときから、国家安全保障会議を重要視する発言を繰り返していた。いわく「国家安全保障会議をして安全保障政策の立案に関し再び枢要な役割を演じさせるようにする」、「海外におけるアメリカの重大な後退の多くは、アイゼンハワー大統領の後任者たちがこの重要な会議を利用できなかったかあるいは利用したがらなかったためである」と。こうしてニクソンが大統領に当選した後、ハーバード大学教授キッシンジャーを安全保障担当特別補佐官（国家安全保障会議事務局長）に指名したとき、同氏の安全保障政策決定過程における役割の重大さを内外に強調したのである。

キッシンジャーは、ジョンソン時代とアイゼンハワー時代との国家安全保障会議について、次のような特徴のあったことを指摘している(6)。すなわちジョンソン時代における国家安全保障会議は、手続的に柔軟性はあるが、ときとして混乱を生じ、またアイゼンハワー時代の機構では、公式化されたが、融通性に乏しく、大統領は官僚の総意をつきつけられるだけで、本当の意味の選択をし得る余地がなかった。そこでキッシンジャーは、これらの長所をつなぎ合せることが最良の策であると考えた。つまり国家安全保障会議を定期的に効率よく開催すると同時に、大統領とその最高顧問があらゆる現実に即した代案、そのプラスとマイナスおよび個々の関係省庁のそれぞれの見解や勧告を検討できるようにする方式をとることが肝要であって、また国家安全保障会議を支える機構として、分科委員会がおかれるべきことをニクソン大統領に進言したのである。このような案、とくに各省高官連絡会議の廃止を謳った案は、国防省の強い抵抗にあったが、ニクソン大統領の決断により、原案が採用された。

国家安全保障会議の分科委員会として、次のものが設置された。

(a) 上級審査グループ（Senior Review Group）
各省間の協議機関によって検討議題を実務的に審査する。

(b) 防衛計画審査委員会（Defense Program Review Committee）

国防予算に関する諸問題を国家的優先性の見地から分析、調整する。

(c)　ワシントン特別行動グループ（Washington Special Actions Group）

基本的には危機管理チームとして位置づけられ、国際的危機のときに調整機関として機能する。ヴェトナム戦争、印パ紛争などのときには、ニクソン大統領自身がこのグループの会議を主宰したこともある。

(d)　情報委員会（The Intelligence Committee）

秘密情報や情報計画に関して大統領に助言するための機関である。

(e)　国際エネルギー審査グループ（International Energy Review Group）

一九七三年のエネルギー危機に際し、国際的なエネルギー供給危機に関して審査する機関として、七四年一月に創設。

(f)　検証審査会（Verification Panel）

SALT交渉の軍事技術的側面、核拡散に関連する軍備管理政策たどにつき、大統領に提言するために設置。

(g)　次官級委員会（Under-Secretaries Committee）

各省間にまたがる外交政策の効果的実施の調整にあたる。他の委員会はすべて国家安全保障担当特別補佐官が議長役をつとめるが、この委員会だけは国務次官が議長となる。

国家安全保障会議は、以上のような装いのもとに活動したが、ウォータゲート事件以降、分科委員会は十分に機能しなくなり、実際の政策決定過程は、しだいにニクソン大統領が最も信頼をおいたキッシンジャー（この当時は国務長官になっていた）とシュレジンジャー（Jams Schlesinger）国防長官の手に移っていった。

⑥　フォード時代（一九七四―七七）

一九七四年八月、ニクソン辞任のあとを受けて大統領に就任したフォードは、国家安全保障会議に新たな活力を入れ、同会議およびその下部委員会の開催を頻繁にした。他方、防衛計画審査委員会および国際エネルギー審査グループは、紙の上だけの存在となった。またCIAのスパイ活動が表面化したことにともない、情報活動に関する政策決定は国家安全保障会議があたるものとされ、そのための機関として新たに海外情報委員会(Committee on Foreign Intelligence)が設けられた。

⑦　カーター時代(一九七七—八一)

カーター大統領は、国家安全保障会議に対し、その権威づけと柔軟性を与えることに心がけ、専門のスタッフをフォード政権下の約五〇人から約三〇人に減らし、また下部委員会を政策審査委員会(Policy Review Committee)と特別調整委員会(Special Coordinating Committee)のわずか二つに縮小した。このうち前者の政策審査委員会は、大統領またはその代理を議長として比較的長期の諸問題を扱う。これに対し後者の特別調整委員会は、ブレジンスキー(Zbigniew Brezinski)国家安全保障担当特別補佐官を議長として国際危機の分析、軍備管理など比較的短期の諸問題を討議する。

以上のような国家安全保障会議の組織については、統制機構として作用する官庁間のグループが存在しないので、同会議の決定が十分に執行されない恐れがあること、長期間と短期間の諸問題の区別が不明瞭であることなどに難点があることが指摘されている[7]。

⑧　レーガン時代(一九八一—八九)

レーガンは、「アメリカの復権」を旗印にして、前大統領カーターを大差で破り、大統領に就任した。その閣僚の人選をみると、国務長官にアレクサンダー・ヘイグ(Alexander M. Haig)前大西洋条約機構軍司令官を、国家安全保障問題担当の特別補佐官にリチャード・アレン(Richard Allen)(ニクソン政権下の国家安全保障会議の上級スタッフ)をそれぞれ起用し、キッシンジャーに特別の役割を期待していることから、国務省主導型になるものとみられている。レーガン大統領の就任式当日には、ヘイグ国務長官が早々と新大統領にメモを渡し、国務省はアメリカ外交に全面的責任をもつほか、経済など対外政策に関するすべての省庁連絡会議を主宰すると提案したと伝えられている。(8)

⑨　クリントン時代（一九九三―二〇〇〇）

クリントン大統領は、大統領個人や政権そのものへの不安が残ったとはいえ、経済重視への期待は高かった。それはクリントンが大統領選挙戦から経済重視の方針を打ち出していたからといえよう。国家安全保障会議（レーク大統領補佐官担当）に匹敵する機関として、ホワイトハウスに国際経済問題を担当する機関として経済安全保障会議（Economic Security Council ESC）の新設を考えていた。これは国家経済会議（National Economic Council NEC）として実現され、大統領補佐官としてロバート・ルービン（Robert E. Rubin）が任命された。クリントン政権は、経済関係重視の方針は人事面においても表明された。これは、東西冷戦下における国家の安全保障の戦略目標がソ連の脅威であったことが終焉し、国内重視の国際経済が重視されたことによるものである。特に日本の経済問題に対処することにあったからである。クリントン政権が安全保障面で最も重視したのはアジアであり、この点に関してはすでに十二章でふれたところである。

以上、アメリカにおける国家安全保障会議を概観してきたが、その運用は、前述したように、大統領のパーソナリティと密接な関係のあることが理解できる。ただいずれの場合でも、国家安全保障会議としては、情報の分析といくつかのオプションを提供し、最終的には大統領の決断を仰ぐというパターンは共通している。キッシンジャーがいみじくも述べているように、大統領が真の選択をするには、強力で、献身的かつ公正なスタッフがなにより必要であり、究極的には組織上の問題というより、大統領自身のリーダーシップの問題に帰着するといえよう。(9)

三　国防機構

アメリカ合衆国大統領は、前述のように憲法上、陸海空および州兵の最高司令官であり、この大統領の下に国防省を頂点とする国防関係の執行機関がある。一方、連邦議会は、宣戦、講和、条約締結、陸海空軍の編成、維持、重要人事などについての決定権をもっている。広義には議会も国防に関する政策の決定に関与している。しかし、以下では国防の執行機関についてのみ言及することにする（図―3参照）。

1、国防省

(a)　国防省の目的および機能

国防省は、アメリカの安全保障に関する各省、各機関との統制された政策の下で、アメリカの安全を確保するための広汎な計画の一環として設置され、次の諸目的のため軍隊を維持し、運用する。①すべての外敵、内敵から合衆国憲法を守り、②時宜を得た効果的な軍事行動により合衆国の安全、資産および利益を維持するうえで不可欠な地域を確保し、③国家政策および合衆国の利益を維持増進し、④合衆国の治安を守る。

(b)　国防省の組織

国防省は、一九四七年の国家安全保障法により創設された国家軍事省の後身である。一九四九年の改正法により国防長官を長とする行政府の一省としての国防省と改称された。このときから、陸、海、空の三軍事省は格下げされ国防長官の直接の指揮監督を受けることとなった。また、三軍長官の大統領または予算局長に対する直接の申請権が削除された。その後、いくたびか改正がなされているが、特に重要な改正に、アイゼンハワー大統領の提案による国防省機構改革があり、その後の国防省の基盤となっている。その主な組織機構は図―2および3に示されているように、国防長官の下に国防長官府、陸海空の三軍事省と統合参謀本部機構から構成されている。

(c)　国防長官

国防長官は、大統領によって、上院の助言と承認を得て文民の中から任命される。ただし、過去一〇年以内に常備軍の将校として現役にあった者は、国防長官に任命することはできない（一九四九年国家安全保障法第二〇二条）。ただし、例外として一九五〇年九月十八日マーシャル陸軍元帥がトルーマン大統領により国防長官に任命された。国防長官は、大統領の主たる補佐役で、国防省を監督することが任務であり、最高指揮官たる大統領のもとで陸海空の三軍に対して指揮監督権を行使する。さらに、国防長官は国家安全保障会議の一員であり、年一回次会計年度国防年次報告を大統領および連邦議会に提出することになっている。

(d)　国防長官府

国防長官府は、国防長官、国防副長官、担当別国防次官、同次官補、さらに長官の特別補佐官等から構成されている。

国防副長官は、長官の指示に従い、国防省の諸業務を監督し、調整する。長官の不在時に代行する。副長

図ー2　国防政策の決定機構

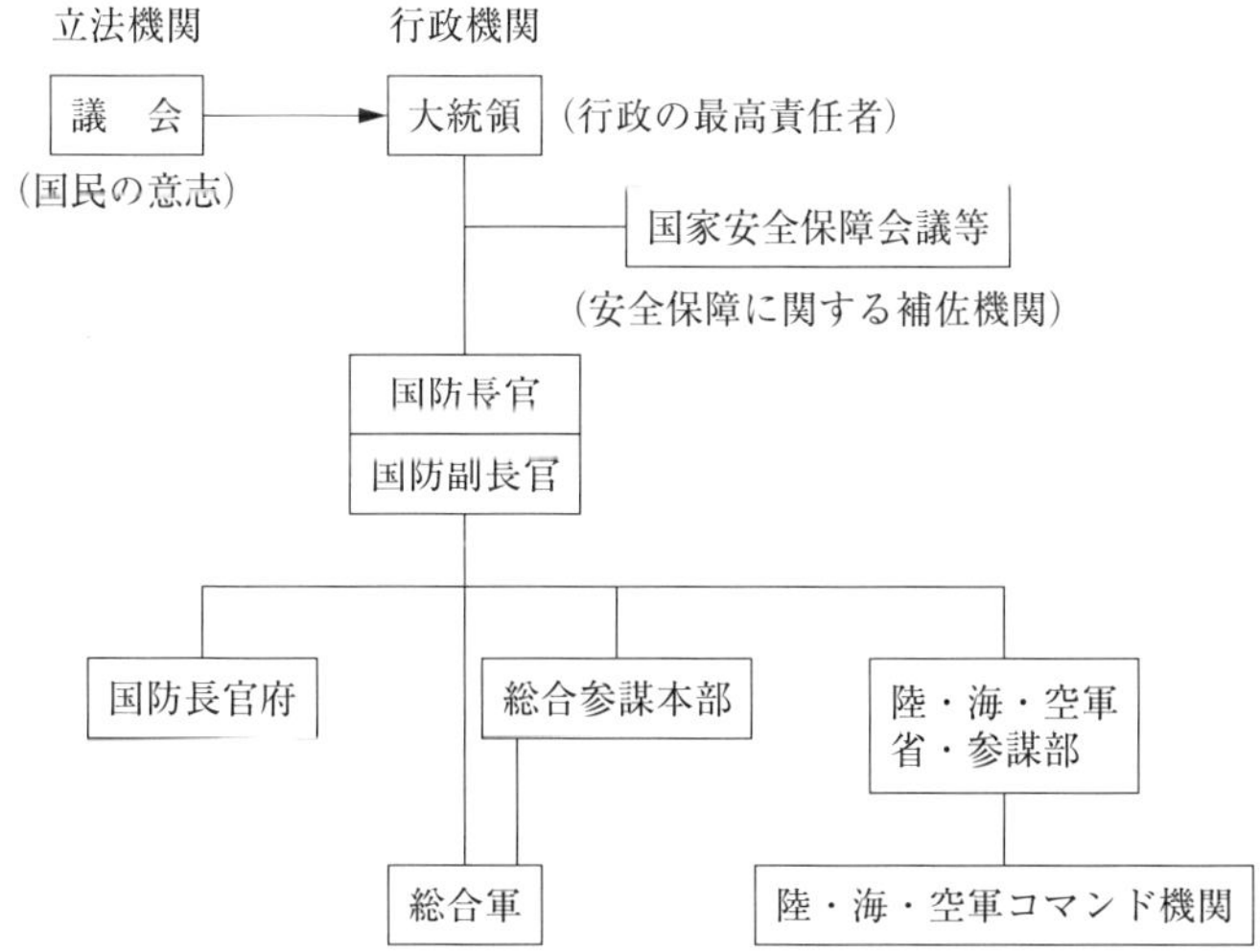

図ー3　アメリカ国防総省組織図

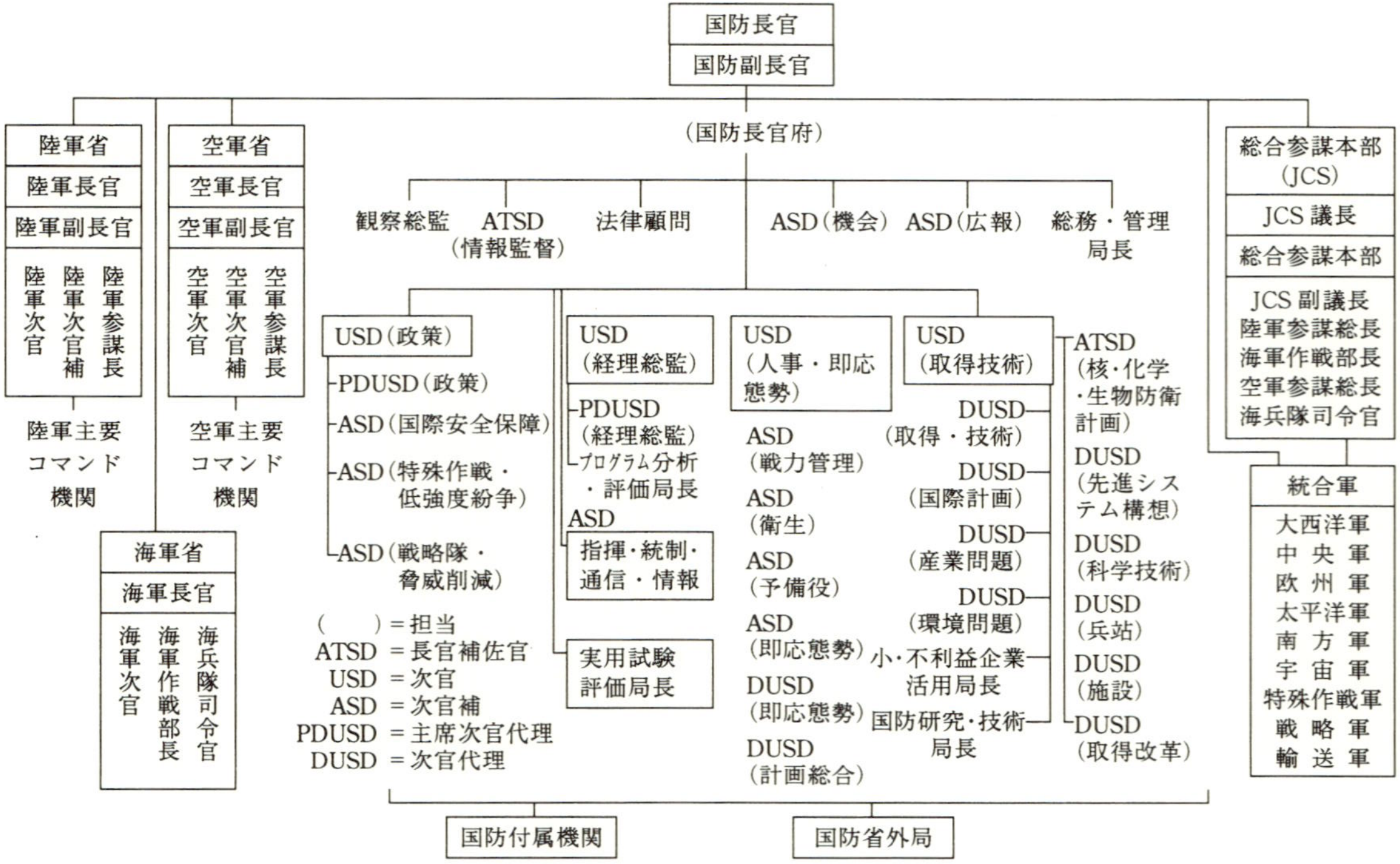

＜資料＞ *"Report of the Secretary of Defense to the President and the Congress"*, February, 2000

官は文民の中から上院の助言と承認を得て大統領が任命する。

特別補佐官は、国防省内のすべての機関とホワイト・ハウスのスタッフとの連絡調整に関する業務を担当する。さらに、同特別補佐官は、長官および副長官の指示に従い国防省内のすべての問題について補佐する。

次官は、政策担当および調達担当があり、上院の助言と承認により大統領が文民の中から任命する。

次官補は、国防長官と三軍長官の間の責任および権限の直接の系列に入ることなく、国防長官のために計画の継続的検討、計画実施の改善等の業務を遂行し、業務運営上の効率と効果をチェックするものである。次官補の業務分担は、国防省全般にわたる人的資源および人事、財政および予算、補給および兵站、保健および衛生等の分野である。

2、陸、海、空の三軍事省

三軍事省の長官は、その組織、編成、装備、訓練等を担当し、各軍に対する指揮監督権を有する。三軍事省の組織的自律性は、国防組織の改編に伴い次第に弱められ、予算、情報収集、評価等が軍事省の機能から除外され、国防次官補その他の諸機関に移管された。さらに戦闘任務は統合軍、特定軍の任務とされた。

3、統合参謀本部（Joint Chief of Staff：JCS）

統合参謀本部は、大統領、国家安全保障会議及び国防長官への最高軍事顧問であり、国防長官の直接の軍事幕僚である。指揮系統は、大統領、国防長官、統合参謀本部、各統合軍または特定軍に至っている。大統領、国防長官の指示に従い次の職務を遂行する。①戦略計画並びに統合動員兵たん計画の作成、②統合軍、特定軍の設置及び各軍事省の支援責任についての勧告、③統合軍、特定軍の企画、立案の検討、④三軍の主要人事、資財、兵たん上の要求の検討、⑤指揮、統制、通信（C^3）の組織化、⑥三軍の統合作戦、教育の原則の確立、⑦予算編成上の軍事要求、戦略指針の作成、⑧国連への軍事代表の派遣。

統合参謀本部は、統合参謀本部議長（以下、本部議長）、同副議長、陸軍参謀長、海軍作戦部長、空軍参謀長、海兵隊司令官より構成される。同本部は、幕僚機関としての統合参謀部と本部附属機関からなっている。これらいずれの機関も本部議長の直接の指揮監督を受ける。本部議長は、一九八六年一〇月の国防機構再編成法（Goldwater-Nichols Department of Defence Reorganization Act of 1986）により、国家安全保障会議及び国防長官の主たる軍事助言者としての職務を負うこととなった（それまでは、統合参謀本部が会議共同体として責任を負っていた）。更に、本部議長の職責拡大に伴う補佐及び本部議長の不在時の職務代行者として統合参謀本部副議長には、議長と異なる軍種の大将を当てることにした。(10)

四　軍事行動における指揮命令

1、ＪＣＳの機能

統合参謀本部は、国防長官の軍事幕僚として戦略・情報・作戦・後方計画等軍の運用に関する軍令事項を専管し、三軍の部隊すなわち統一軍を指揮する。

一九五三年まで、統合軍の設立はＪＣＳに委ねられ、事実上その指揮を大統領と国防長官の権限、指令に基づいて行っていた。だが一九五四年になると、作戦指令は国防長官から三軍の長官に伝えられるようになり、ＪＣＳについては、その際議長が国防長官と協議すること、戦闘行動とその決定に関して報告を受けることが義務付けられた。さらに一九五八年の再編の結果、三軍も作戦指揮系統から外された。統一軍と特定軍の設立、戦力構造の決定は大統領の承認を得て、国防長官が行うものと定められた。各軍は運用上の指揮を、それぞれの司令官を通じて受けた。ＪＣＳは両軍の設立に当り、わずかに「助言と補佐」が認められたにすぎない。

2、統合軍（Unified Commands）への指揮

アメリカの軍隊を直接に指揮している粗織は、前述のように統合参謀本部であり、その直接指揮下に図―2および3にしめされるように、九個の統合軍がある。この編成の目的は、一九五八年、アイゼンハワー大統領の国防機構の改革に関する議会へのメッセージにみられる。それは陸海空軍個々による戦争はもはや行われず、今後の戦争は三軍を一つに集中して行われる。平時の組織は、この種の戦争を前提に準備されなければならない。戦略的、戦術的計画は完全に統合され、戦闘部隊は真の統合軍に編成され、科学が到達しうる最も効果的な兵器体系により装備され、陸海空軍の区別を超越して、単一の指揮官により指揮され、一体となって戦うよう準備されたものでなければならない。従来、陸海空の三軍または二軍から成るものを統合軍、空軍のみから成るものを特定軍と称されてきたが、最近は統合軍のみになっているようである。なお、統合軍において、三軍別に参謀長を置かずに一人の統合司令官が統合参謀本部の指揮を仰いで行動することになる。

ここで注目されるのは、国防長官の統合軍あるいは特定軍に対する指揮系統が流線化し、従来、各軍長官を通していた繁雑さが改められたことである。また、統合、特定軍の各司令官は、国防長官に対し、自己に課せられた軍事任務の遂行に関し責任を有する。同司令官に対する命令は大統領あるいは国防長官、または国防長官の命により統合参謀本部により発せられる。各司令官は指揮下部隊の運用に関し完全な統制指揮権を有し、大統領の認可を得て国防長官が課した任務を遂行する。

3、一九八六年国防省改編法による指揮機能強化

一九八六年の国防省改編法により、指揮系統における議長の役割および統合・特定軍司令官の権限を強化している。すなわち、旧法令にはなかった「統合・特定軍の活動を監督する責任を議長に与える権限を、国防長官が持つ。」との新条項を追加し、統合・特定軍に対する議長の権限を強化している。

作戦指揮について、前記一九八六年の国防機構再編成法では、大統領は統合参謀本部議長に指揮の補佐を命

じ、指揮通信を議長を経て行わせることができることとした。さらに国防長官は、本部議長をして統合軍および特定軍の諸活動を監督させ、統合軍および特定軍の指揮官は、その指揮下の部隊を統制するとともに、指揮下の将校の人事補職等についても、必要な措置を講ずることができるとしている。

また、統合・特定軍司令官の隷下部隊に対する指揮権および人事権を強めて、各軍種系統からの介入を排除するとともに、管内に存在する国防省の下部機関に対する統制権を強化し、その支援を十分得られるようにしている。以下、改正の主要な項目を列記する。

○作戦指揮系統は、大統領が別に支持しない限り、大統領から国防長官へ、そして統合・特定軍司令官へとつながる。

○大統領は、大統領もしくは国防長官と統合・特定軍司令官の間のコミュニケーションがＪＣＳ議長を通るように指示する権限を持つ。

○大統領は、大統領と国防長官がその指揮機能を果たすに当り、彼らを補佐する職務をＪＣＳ議長に命ずる権限を持つ。

○国防長官は、統合・特定軍の活動を監督する責任をＪＣＳ議長に与える権限を持つ。

○ＪＣＳ議長は、統合・特定軍司令官の、特にその作戦所要についてのスポークスマンを勤める。

○統合・特定軍司令官は、与えられた権限、指示、統制の枠内で隷下諸部隊に対する指揮機能を持つ。

○国防長官は、司令官が任務を果たすのに必要と考える行政管理や支援面での権限を統合・特定軍に与える権限を持つ。

○統合・特定軍内の指揮官は統合・特定軍司令官の権限枠内の全ての事項について、統合・特定軍司令官の権限、指示、統制下にある。

○統合・特定軍の下部機関と国防省の機関は、統合・特定軍司令官に与えられた権限の枠内の事項に関して、統合・特定軍司令官の定める手続に従って相互に連絡し合う。

○統合・特定軍司令官は、国防省の機関との（統合・特定軍司令官の権限枠外の事項に関し）連絡の全てについて、統合・特定軍の下部機関がアドバイスするよう指示する権限を持つ。

すでにふれたように、アメリカの軍の統制に対する大統領の権限の拡大は、権力の集中化を意味し、国防機構の指揮統制の概要は以下のようになるといえよう。大統領が軍の総指揮官であり、その指揮監督の下に国防省の長官が三軍を統括する。国防の最高方針を策定する機関として国家安全保障会議があり、大統領、副大統領、国防長官、国防次官、および国防動員本部長官で構成される。なお法律により、国防長官、国防次官、国防次官補、三軍長官、三軍次官補は文官であることが要求されている。次に国防省は、文官が支配する内局と軍人の構成する統合参謀本部の二つの系列に大別される。内局は軍政事項について長官を補佐し、下部機関たる陸海空軍の三軍事省を指揮し、統合参謀本部は、長官の軍事幕僚として軍令事項を専管し、統合軍司令部を指揮する。(11)

以上のような国防機構が軍の統制を果たすことになるのだが、この機構においても、武官は軍の運用に関する決定を行う主要な地位にあり、他方、内局において長以外であれば武官がその地位を占めることが可能となっている。したがって、機構上は文民による制度上の仕組みが整備されてはいるが、その反面軍人がかなり高度の軍事政策を決定しうる地位に置かれていることも見逃せない点であろう。(12)

第三節　立法府による国防政策の決定

一　連邦議会の立法権および予算権

連邦議会の国防に関する憲法上の具体的な権限は、すでにふれてきたが、ここでは国防に関する基本的な法律および予算についての政策決定にふれておく。

合衆国憲法第一条第一節では「すべて立法権は、合衆国連邦議会に属する」と規定している。立法権のおよぶ対象については、前述のように同条第八節で一八項目が定められている。一般に法律は、政策立法(legislation)と歳出立法（appropriation）とに分けられる。近年では対外援助をはじめとする歳出立法はもとより、たとえば戦争権限法（一九七三年）、国家緊急事態法（一九七四年）など財政支出を伴わない政策立法の制定によっても議会が国防問題に意思表明をすることが増えている。ただし、法案を提出するのは形式上は議員であるが、実際には大統領が一般教書、予算教書の中でプログラムの立法化を要請し、これを受けて有力議員（たとえば常任委員会の委員長）が法案提出の主導権を取る。したがって、議会の役割の中心は、提出された法案の拒否や修正に置かれることが多い点に留意すべきである。

さらに、歳出権については「国庫からの支出は法律で定める歳出予算に従う以外、一切行われてはならない」（同条第九節第七項）と規定している。

国防に関する歳出予算額は政策立法である授権法案（authorization bill）と歳出法案（appropriation bill）の二つが可決されて、最終決定となる。つまり政府が提出した政策法案は、国防に関する常任委員会で審議され、上下両院の各本会議に上程され、可決成立する。成立した授権法案は、政府の政策に対して金を支出する法的権限を付与するもので、最高支出限度額を定めている。続いて直ちに独立の歳出法案が、両院の歳出委員会

（appropriation committee）で発議される。歳出法案は下院に先議権がある。同委員会は授権立法で定められた最高限度額内で、政策実施にどのくらいの予算が必要かを集中審議する。多くの場合、そこでは授権立法で決められた限度額の修正、特に削減が行われる。

二　委員会の運営

アメリカの立法過程の中で極めて大きな役割を呈しているのが委員会および小委員会であり、そこで開催される公聴会である。公聴会には法案審議の参考にするもの、行政監督（国勢調査）の一環としてのもの、さらに将来の国家的課題の分析と対応策を行うためのものなどがある。

公聴会に関する法的根拠としては、一九四六年立法機構改革法（Legislative Reorganization Act of 1946）第一三四条ａ項に次のような規定がある。上下両院の各常任委員会（小委員会を含む）は、議院の開期中および閉会中を問わず、任意の時刻、場所で会議を開会し、活動をする権限を有し、……証人に出頭を求めて、必要とする証言をさせることができる。また、各委員会はいかなる事件についても、その所管事項に関して調査することができると、規定している。

委員会および小委員会が立法に必要な情報を得るために開催するのが公聴会である。国防省をはじめ、行政府官僚、利益団体代表、学識経験者、市民などが証人として出席し、関係議員自らも証人となる。わが国の参考人、公述人のような場合も、アメリカの公聴会では証人（witness）として扱われる。ただアメリカの証人には、証言前に宣誓をする場合とそうでない場合があり、後者の場合は、わが国の参考人と同じようである。公聴会は国家の安全保障上問題がある場合を除いて、原則として公開でおこなわれる。

小委員会での公聴会が法案審議の第一歩となる。しかし小委員会に回された法案はすべてについて公聴会が開かれるとは限らない。公聴会が開かれるかどうか、いつ開かれるかは、法案の行方を大きく左右する。公聴会が開かれなかったり、開かれても審議日程の残り少ない時期に回されると、その法案は廃案になるのが普通である。事実、提出された法案のほとんどは、公聴会が開かれないまま廃案となっている。

法案について公聴会を開くかどうか、開く場合いつにするかは、原則的には委員の多数決によるとされているが、実際には委員長の判断に委ねられている。かつてウィルソン大統領は、アメリカ合衆国の統治形体を「国会の常任委員長による統治」と表現しており、今日も変わっていない。小委員会での最終的なつめが終わると、法案は本委員会に報告され、そこで再び法案の審議がなされる。本委員会で改めて公聴会が開かれ法案の字句を最終的につめる。さらに委員会で両院の本会議に法案を報告する。

合衆国憲法第一条では、両議院を通過した法案は大統領に送付されて、承認され、これに署名が必要である。そうでない場合、会期中は大統領が法案の送付を受けてから一〇日以内に（日曜日を除く）、これに異議を添えてこれを発議し、議院に還付できる。この正規の拒否は、両議院の三分の二の多数を持って可決したとき成立する。ただし、議会が休会のため法案を返すことができない場合は、いわゆる「にぎりつぶしによる拒否権」により廃案となる。「ポケット・ビート」（pocket veto）ともいわれる。一七八九年から一九七四年までの間に大統領が、議会の両議院を通過した法案に対し、正規の拒否をしたのは一三四八回で、握りつぶしによる拒否は、九九六回であったという。拒否の件数の三分の二は、大統領自らが発案した法律であった[13]。大統領の正規の拒否を乗り越えて成立した法律は八四件を数えた。とくに第二次大戦以後、歴代大統領は、表—9に示されているように、議会が承認した予算の執行を拒むことによって歳出予算に含まれているある条項に対して非常に多くの事実上拒否権を行使してきた。

三　議会の政策形成と補佐機能

米国では立法提案、法案作成、審議、採決等の立法過程は勿論、他の政策形成についても議会が主体的役割を果たしている。実際、多くの政治課題は議会から提起され、選挙民、圧力団体、人統領、行政機関、州政府、地方自治体等からのあらゆる政治的、政策的要求は、国内、国際問題にかかわりなく議会に集中する。また法案審議で政府の要求が尊重される保証はなく、立法の行方は文字どおり立法府＝議会の意思に委ねられている。議会の中心である委員会での公聴会は、政策形成を効果的に行うために、議会の持つ高い調査能力を基盤に、さまざまな課題を公開の場を通じて、全国民に直接訴えかけながら政治問題に仕立て上げていく重要な政治舞台となっている。

第二次大戦後、行政府の役割が内政、外交の、両面にわたって増大しかつ複雑化したため、議会は行政府から提供される情報に依存せざるをえなくなり、行政府監視機能の低下を招いた。そのなかでアメリカ連邦議会は、行政府に対抗するには独自の情報収集・調査能力の強化が必要であるとの認識に立って、スタッフの増員や立法補佐機関の新設につとめてきた。議会スタッフは、大きくわけて、委員会スタッフ（committee staff）、議員スタッフ（personal staff）、および議会所属機関スタッフ（supporting agency staff）の三つに分類される。この三つのグループは、それぞれ所属する機関・組織および歴史の違いからその果たす役割も異なっている。

議員スタッフは一定の肩書きを持ち、専門職として働く上級レベルと、純粋に事務職として働くスタッフの二つに分けることが出来る（しかし、その肩書は議員によっても異なり、一般にはそれが仕事の内容を表しているとは限らない）。ここでは政策立案や議員の政治活動を補佐する専門職に限定してその職務をまとめている。専門職スタッフにも数々の肩書きを持つ人々がいるが、中でも重要で有力なスタッフは、政務スタッフ(administrative assistant)と立法スタッフ(legislative assistant)である。さらに、第三の議会所属機関(supporting agency）には、次のような四機関が存在し、そこで調査・研究を担当する専門職もスタッフと呼ばれている（図―1参照）。各機関の概要は次の通りである。[14]

1、会計検査院（General Accounting Office：ＧＡＯ）連邦政府の財政監視を目的として設立され、時代の流れと共にその機能は政策分析と勧告を含むまでに拡大している、四機関の中で、唯一、勧告を行うことが正式に認められている。

2、連邦議会図書館の議会調査局（Congressional Research Service：ＣＲＳ）議会の多数の要請に対して、迅速な解答を提供する役割を持つため、深い分析をする時間的余裕は少ない。ＣＲＳは基本的には中立であるが、諸問題を自ら選択して議論を喚起することができる。

3、議会予算局（Congressional Budget Office：ＣＢＯ）四つの機関で最も新しく、行政府の行政管理予算局（Office of Management and Budget）の増大する影響力を牽制するために設立された。

4、技術評価局（Office of Technology Assessment：ＯＴＡ一九九五年廃止）社会に適用されるかもしれない、あるいは現実に使われている技術がもたらす影響を予測・計画する作業を側面から支援することを目的に、最初は委員会として設置されたが後に独立機関となる（最近わが国の衆議院議員が日本の国会の附属機関として設置を提案している）。これら書記官のスタッフは、議会に流れ込む膨大な情報を整理する役割を主として果たしているが、ＧＡＯのみが勧告機能を持つことに注目する必要がある。一方、ＣＲＳはＧＡＯ、その他の勧告を分析・解明する公平な機関として機能する。要するに、これら所属機関のスタッフの実態は、行政府から独立した情報ソースを求める議会の願望を反映したものといえる。アメリカの議会政治が前述のように委員会ガヴァメントといわれてきたが、委員会が小委員会により実際運営され、その小委員会がスタッフによって実質的な政策決定が左右される状態となり、米国の政治が「スタッフ・ガヴァメント」といわれるようになっ

表ー16　1987年—98年の上下両院軍事委員会における公聴会での階級別証人数

年	案件数		大将	中将	少将	准将	大佐	中佐	少佐	大尉	準士官	下士官	計	非軍人	総計	
1987	上院	16	32	27	10	1	9	−	−	−	−	−	79	127	206	611
	下院	34	27	23	23	13	8	−	−	−	−	−	94	311	405	
1988	上院	19	17	14	7	2	5	1	−	−	−	−	46	141	187	655
	下院	53	14	31	48	21	13	2	1	−	−	7	137	331	468	
1989	上院	24	22	29	25	9	2	−	−	4	−	−	91	115	206	882
	下院	76	8	50	56	7	19	2	1	−	−	2	145	531	676	
1990	上院	20	42	19	27	3	5	−	−	−	−	−	96	204	300	865
	下院	50	25	59	59	20	18	1	1	4	−	6	193	372	565	
1991	上院	24	52	39	41	11	−	1	1	2	1	7	155	254	409	859
	下院	35	28	47	45	13	2	3	4	2	1	−	145	305	450	
1992	上院	19	33	9	15	5	−	8	1	6	−	5	82	173	255	891
	下院	49	30	26	41	23	16	−	3	1	1	1	142	494	636	
1993	上院	13	5	20	12	1	−	−	−	−	−	−	38	48	86	446
	下院	37	28	32	22	8	10	1	−	−	−	−	101	259	360	
1994	上院	22	44	29	33	8	3	−	−	−	−	3	120	184	304	627
	下院	28	16	22	27	12	16	1	−	−	1	5	100	223	323	
1995	上院	24	19	30	34	8	7	3	1	1	−	7	107	153	260	499
	下院	22	9	22	31	12	3	−	−	4	−	3	84	155	239	
1996	上院	18	33	21	14	4	1	2	−	−	−	3	78	118	196	373
	下院	14	5	19	23	5	−	−	−	−	−	4	56	121	177	
1997	上院	14	38	21	15	4	2	−	−	1	−	−	81	154	235	779
	下院	41	80	60	47	13	5	3	−	−	−	4	212	332	544	
1998	上院	16	58	42	25	3	9	1	−	−	−	5	138	139	277	565
	下院	24	28	27	27	14	8	−	−	−	−	13	117	171	288	

（単位：人）

出所：*CIS Annual*（Congressional Information Service）1987〜1998

(1)　統計数字はCIS　Annualに記載されている上下両院軍事委員会（小委員会も含む）のHearingsによる。したがって会期ごとではない

(2)　非軍人は現役の軍人以外のすべての証人である

(3)　準士官は1等准尉から4等准尉まで

(4)　下士官は上級曹長から伍長まで

ている。[15]

四　国防に関する委員会と公聴会の証人

国防政策に関係する委員会としては、上下両院の軍事委員会のほか、上院外交委員会、国防関係委員会、下院安全保障委員会さらに予算に関係する上下両院の歳出委員会等があるが、ここでは上下両院の軍事委員会の実態についてのみふれることとする。

国防機関と議会との関係は立法に関する業務の連絡において結びつけられ、国防機関から法案を提出し、あるいは立法上の勧告を行うこととされている。このため国防省ならびに軍事三省ともに議会に対する立法連絡の担当部局を置き、軍人も直接証人その他の資格においてその業務に参画している。さらに注目すべきは、行政組織上の経路をたどる方法ばかりでなく、軍は各個人に対しても個人的に各議員に接触を保つべきむねを積極的に指導していることである。

一方、上下両院の軍事委員会（Armed Services Committee）は、多くの外交および軍事政策が関係する国家安全保障の領域において、信頼があり政治的にも権力をもっている。同委員会の権能は、すべての国家安全保障に関する行政支局に対する管轄権である。毎年、すべての兵器と軍事力システムの研究・開発・調達のための国防総省の支出を承認し、実戦ならびに予備の軍事力のための人力のレベルと俸給を決定する。いかなる国防支出も同委員会によって認定されるまでは決定されない。また、同委員会は、公聴会を開催して、国防長官、統合参謀本部議長、陸海空軍の参謀長など数多くの大統領による軍事関係の任命を認める役割をもっている。同委員会には、他の委員会と同様、複数の小委員会を設けて、政府のあらゆる国家安全保障に関する軍事上の計画や活動の調査、監視を行っている。

常任の委員会は、両院の定める規則によって設置される。実質的な審議は各委員会の小委員会において行われる。小委員会は会期ごとに設置され、国際情勢の変化に応じて委員会名も変更されて設置される。

上下両院の軍事委員会における所管する主題は次の通りである。[16]

上院軍事委員会所管事項

a、兵器体系もしくは軍事作戦に関連する航空活動および宇宙活動

b、共同防衛

c、国防省、陸軍省、海軍省、および空軍省一般

d、運河地帯の管理、保健および行政を含むパナマ運河の維持および運営

e、軍事研究および開発

f、原子力の国家安全面

g、アラスカ以外の海軍石油備蓄

h、軍人の俸給、昇進、退役ならびに他の手当および特権

i、選抜徴兵制

j、共同防衛に必要な戦略的重要資材

下院軍事委員会所管事項

a、共同防衛一般

b、陸軍省、海軍省、および空軍省を含む国防省一般

c、弾薬庫、要塞、兵器廠、陸海空軍用地および施設

d、海軍の石油および油頁岩（オイルシェル）予備の保存開発および利用

e、軍人の俸給、昇進、退役その他の手当および特権

f、軍隊を支える科学研究および開発

g、選抜徴兵

h、陸海空軍の規模と構成

i、軍人の家庭

j、共同防衛に必要な戦略的重要資材

k、核エネルギーの軍事利用

上下両院の軍事委員会における小委員会は次の通りである。

上院軍事委員会小委員会

a、空輸小委員会
b、緊急脅威および能力小委員会
c、軍人事小委員会
d、作戦即応態勢小委員会
e、海軍力小委員会
f、戦略小委員会

下院軍事委員会小委員会

a、軍事施設および設備小委員会
b、軍人事小委員会
c、軍事調達小委員会
d、作戦即応態勢小委員会
e、軍事研究および開発
f、その他福祉関係監視の特別小委員会

以上の両院軍事委員会及び小委員会における公聴会での制服組の証人の、冷戦前後から一〇年間の出席状況を、米議会情報サービス（ＣＩＳ）の資料により、表―16にまとめた。

委員会に証人として出席した制服組は各軍の大将を初めとする将官クラスが圧倒的に多く、次に佐官級クラスが多い。非軍人との比較においても軍人の出席が非常に多いことがわかる。さらに注目されるのは、下士官クラスまでが証人として出席していることである。

注

（1）Graham T. Allison, *Essence of Decision*, Little, 1971（宮里政玄訳『決定の本質―キューバ・ミサイル危機の分析』中央公論社　一九七七年）の冒頭の銘文として引用されたもの。またケネディ大統領の同趣旨の言葉の引用は Theodore Sorensen, *Decision-Making in the White House*（河上民雄訳『ホワイトハウスの政策決定過程』自由社　一九六四年）および Morton

H. Halperin, *Bureaucratic Politics and Foreign Policy*, Brookings Institution, 1974（山岡清二訳『アメリカ外交と官僚』サイマル出版会　一九七八年）参照。さらに、ハルペリンは、一連の事例研究を試みたあとで、次のように結んでいる。「以上述べたところから読者が政策決定が斉々と行なわれているという印象をもつとしたならば、それは誤解である。実際には多くの混乱があり、偶然に関係者の思いも寄らぬことが起こることが多いのである。大統領の決定を身近で観察していた人々は、口をそろえて、ホワイト・ハウスに於ける政策決定を分析することが困難である」ことを指摘している。

（2）*United States Government Manual 1980 - 81*, U. S. Government Printing office, 1980, pp.103 - 104

（3）Robert H. Johnson, The National Security Council : The Relevance of Its Past to Its Future, *Orbis*, Vol.13, No.3, Fall, 1969.

（4）John Endicott, The National Security Council-Formulating National Security Policy for Presidential Review, in *American Defense Policy*, ed. by Endicott & Stafford, 4th ed.1977

（5）以下の叙述は、Paul Hammond, *Organizing for Defense*

（6）ヘンリー・A・キッシンジャー　桃井真監訳『キッシンジャー秘録①』小学館　一九七九年　六四頁

（7）Lawrence J. Korb, *National Security Organization and Process in the Carter Administration*, *Defense Policy and the Presidency : Carter's First Years*, ed. by Sam C. Sarkesian, 1979, p.121

（8）『朝日新聞』一九八一年二月一二日

（9）キッシンジャー　前掲書　六〇－六七頁参照

（10）同法の内容は、国防編集部「米国防省改編法」『国防』一九八七年五月号　九三－一〇二頁において一部紹介されているので参照

（11）田中直吉「五次防問題と文民統制」『軍事研究』一九七二年四月号　四五－四七頁

（12）Samuel P. Huntington, *The Soldier and the State－The Theory and Politics of Civil-Military Relations*, Belknap Press

Harvard, 1957 pp.83 - 103

(13) アレン・M・ポッター『アメリカの政治』（松田武訳）東京創元社　一九八八年　二四三頁

(14) 向坂正男他編『米国の政策決定における議会スタッフの役割』工業開発研究所［NRS八二―三］一九八四年　三七―三八頁

(15) 向坂　前掲書　四七頁

(16) *1999 - 2000 Official Congressional Directory 106 th Congress*, pp.395 - 397　U.S. Government printing Office「アメリカ合衆国連邦議会上院規則」『議会政治研究』一六号　一九九〇年　一〇二頁、「アメリカ合衆国連邦議会下院規則」『議会政治研究』二二号　一九九〇年　一〇四頁

第十五章　政策決定の事例
レーガン政権における対外政策決定過程

一九八四年末、ワインバーガー国防長官はアメリカの軍事力行使に関する六原則、すなわち、軍事力の行使は最後の手段であり、明確な目標と国民（議会）の支持なくしては軍事力行使をしないという、いわゆる〝ワインバーガー・ドクトリン〟(1)を発表した。このドクトリンの表明は、アメリカの安全保障に関する対外政策の基本方針にかかわる、重大な問題として内外に大きな影響を与えた。このような原則が表明されたのは、長い年月をかけた歴史的な反省によるものであり、その背景には、アメリカの第二次大戦後の対外政策における軍事力の役割に対する基本的な考え方の微妙な変化がある。その最大の要因となっているのは、アメリカの歴史上最大の悲劇となったヴェトナム戦争であり、さらにレバノン派兵問題などもある。アメリカのレバノン派兵は、〝第二のヴェトナム化〟として、アメリカ連邦議会はもとより、ホワイトハウスを中心とする行政府内においても、その政策決定をめぐって大いに議論がなされた。

本章では、前述のように最近のアメリカの対外政策に重大な影響を与えたと思われるレバノン派兵問題を一つのケーススタディとして、アメリカの対外政策決定過程の一端を検討したいと思う。まずレバノン派兵の背景とその決定にいたる経緯をとり上げ、そののち政策決定機構、とくにその中心である国家安全保障会議の運用の実態について考察したい。

第一節　レバノン派兵問題

一　レバノン派兵の背景

一九七八年三月一一日、パレスチナ・ゲリラがイスラエル中央部に上陸、バスを乗っ取り、テルアビブ近郊でイスラエル警察軍と交戦、市民一〇〇人以上を死傷させる事件が発生した。その報復としてイスラエル軍は陸海空三軍を動員してレバノン南部侵攻を開始、三月一二日までにティールを除くリタニ河以南二〇〇平方キロをほぼ制圧した。いわゆる「リタニ川作戦」といわれるものである。

これに対しレバノン政府は緊急安保理開催を国連に要請、三月一九日同安保理はイスラエル軍の即時撤退、レバノン駐留国連暫定軍（ＵＮＩＦＩＬ）の派遣―を骨子とする決議四二五号を採択した。

さらに、その後もイスラエル・レバノン国境を中心とするイスラエル・ＰＬＯ間の緊張状態が継続し、紛争と停戦が絶えることなくくり返されるなかで、事態の進展に懸念を深めたアメリカは、一九八二年六月一一日ハビブ（Habib C. Philip）特使を現地に派遣、調停工作に乗り出した。ハビブ調停はまずイスラエルとシリア間の停戦合意を進め、エルサレムでベギン（Menachem Begin）イスラエル首相と会談し、国境の北四〇キロに緩衝地帯を設けることを柱にした停戦協定の基本提案を行った。

その後、ハビブ特使の調停交渉がつづけられ、一九八二年七月九日ハビブ特使は、レバノンのワザン（Shahe Wazan）首相との会談でＰＬＯに対し、ＰＬＯのレバノン撤退問題で、①パレスチナ・ゲリラは海路で国外へ退去する、②退去後にアメリカ、フランス軍一六〇〇人がベイルートに展開し、③イスラエル軍がベイルート地域から撤退する、と新提案を行なった。同調停案は、八月一九日イスラエル閣議でも承認され、約二カ月半続いた戦火がやっと停止した。このハビブ調停の成功で、ＰＬＯは八月一二日から約七〇〇〇人のゲリラ勢力のレバノン退去を開始し、レバノン駐留多国籍軍が仏軍部隊を皮切りに段階的に西ベイルートに導入された(8)。しかし、アメリカではこのような最終決定がなされる前にレバノンへの派兵をめぐって、政府部内をはじめ、議会、軍部内において大いに論議されている。

二　レバノン駐留多国籍軍の要請

アメリカの軍隊がレバノンに派遣されたのは、一九五七年のアイゼンハワー・ドクトリンが表明された翌年の一九五八年当時、シャムーン（Camille Chamoun）レバノン大統領が内戦危機回避のため、アイゼンハワー大統領に要請して海兵隊一〇〇〇〇人が派遣されて以来のことであった。今回、アメリカはレバノン駐留多国籍軍としてレバノンへ軍隊を二度にわたって派遣した。

第一回目の派遣の法的根拠としては、一九八二年八月二〇日のレバノン政府から合衆国政府への軍隊派遣要請の書簡(9)（公式の二国間協定）がある。同協定によれば、レバノン駐留多国籍軍の任務は、まず第一に、ベイルートにいるパレスチナ人のレバノン領土からの撤退を遂行することに関し、さらにレバノン政府のベイルート地域における主権と権威の回復というレバノン政府のスケジュールに関し、レバノン軍がスケジュールに沿って責務を遂行することに適切な援助を与えること、とされている。かくて、八月二〇日から九月初めにかけて、米仏伊レバノン駐留多国籍軍二〇〇〇名余がベイルート地域に展開し、その後、ベイルートからのＰＬＯ部隊の撤退終了（九月一日）にともない、レバノン国外に引き揚げた(10)。

その後、九月一四日のレバノン次期大統領暗殺と、これに続くパレスチナ難民虐殺事件による情勢悪化のため、前記三カ国はレバノン政府の再度の要請（九月二五日）に応じ、アメリカ合衆国も軍隊をレバノンに派遣した。

この第二回目のレバノン多国籍軍の任務は、前回同様「レバノン政府とベイルート地域のレバノン軍を援助するため、合意された場所で、衝突防止軍（interposition force）として複数国のプレゼンスを確保すること」[11]とされている。また、アメリカのレバノン駐留多国籍軍の滞在期間に関しては、次のように規定している。[12]

(イ) アメリカ軍の駐留は到着後三〇日以内とする

(ロ) レバノン大統領が撤退を要請した場合、ただちに撤退する

(ハ) アメリカ政府が撤退を命令した場合、ただちに撤退する

さらに、レバノン駐留多国籍軍の任務遂行の具体的態様としては、監視所の設置とパトロールとがあり、身分証明書点検、身柄拘束、家宅捜索等の権限は有しない。また、多国籍軍は自衛権の行使の場合を除き、戦闘には従事しない、としている。

三　レバノン駐留多国籍軍派遣の決定

レーガン大統領は、第一回目及び第二回目のレバノン駐留多国籍軍を派遣後間もなく、議会に対し戦争権限法にしたがって正式に通告した。その中で、今回の合衆国軍隊の派遣は、大統領の外交関係の遂行と合衆国軍隊の最高指揮官という憲法上の権限にもとづいて行った、と述べている。さらに大統領は、「合衆国軍隊の任務は戦闘に従事することではない。しかし、自衛権を行使するために戦闘装備をしている」[13]と述べ、前回のように短期日を予定できないと表明した。

その後、レバノンの紛争の激化はやむことがなく、その間たびたび行われた爆破事件でアメリカ人の被害は次第に増大していった。そのようななかで、一九八二年八月末の五人の海兵隊員の死亡は議会内での論議をよびおこすことになった。

このように緊迫した状態の中で、レーガン大統領は、八月三〇日上下両院議長にあてたレバノン情勢に関する書簡を提出した(14)。その中で、八月二八日から三〇日までの三日間、梅兵隊を巻き込んだ戦闘が起き、二九日には海兵隊の陣地が追撃砲、ロケット砲による攻撃を受けて、二人が死亡、一四人が負傷したこと、その際ベイルート沖に停泊している揚陸支援艦イオージマ周辺にも砲弾による攻撃を受けたことなどを明らかにし、合衆国軍隊は引き続き自衛権を行使する態勢にあると説明し、同時に、「レバノンに合衆国軍隊が駐留を続けることは、レバノンの領土保全、主権、政治的独立のために必須である」と駐留継続の方針を示した。さらに、アメリカの国際監視軍がいつまでレバノンに駐留するかについては予測できないとし、情勢を引き続き見極めるとの方針を明らかにした。さらに、その後の進展の中で、レーガン大統領は、レバノン駐留の海兵隊保護のため〝攻撃的自衛権〟(aggressive self defence)という戦術も認めるという強行策を表明した(15)。これは従来からのアメリカのレバノン政策の大きな戦術の転換といえるものであろう。

一方、緊迫したレバノン情勢の中で、議会側は以前同様、民主、共和党とも、大筋では当面の軍隊駐留の継続を認めるものの、さらに戦闘が拡大される場合に備えて、あらかじめ大統領に足かせをはめておきたいという考えがしだいに強く現われてきた。そこで第一に問題となったのは、レバノン情勢が、ホワイトハウスが言うように「戦闘行為ではない」とはもはや言えなくなっているため、前記戦争権限法に従って合衆国軍駐留に期限をつけるべきだという点であった。さらに問題となったのは、その期限をどのようにするかということであり、いくつかの見解があらわれた。その主なものとして、マサイアス議員は、合衆国海兵隊のレバノン駐留は六カ月だけ認め、それ以上の延長は議会の承認を必要と主張し、さらにオニール(Thomas P. O'Neill Jr.)下院議長(民主党)は、一年間の駐留を継続することを認めるという見解を表明した。

さらに注目されるものとして、合衆国軍隊の撤退論を主張する共和党のゴールドウォーター上院議員の見解もあった。しかし、そのような見解は完全な少数派であった。

行政府側は、以上のような議会側の動きに対して、なんとかレバノン駐留を引き延ばそうと議会首脳とたびたび協議を行った。[16]そこでも議会内での論争と同じ問題が論議され、難行した。すなわち合衆国海兵隊のレバノン駐留が戦争権限法に該当する軍隊投入であるかどうかという点であった。ホワイトハウスは同法の発動を望まず、議会側は期間の長いことを望まなかった。しかし、その後九月二〇日議会とホワイトハウスは暫定合意に達し、合衆国軍隊のレバノン駐留は前記戦争権限法に該当する行為であり、同法を発動する。しかし、同法第五条b項、(合衆国軍隊の使用を特別に認める法律を制定したとき)を適用して、駐留期限を一八〇日間に延長するということになった。[17]この合意をもとにして「レバノン駐留多国籍軍に関する共同決議」が、上下両院に提出され、下院では九月二八日、二七〇(民主党一三〇、共和党一四〇)対一六一(民主党一三四、共和党二七)で可決され、上院でも翌二九日、五四(民主党二、共和党五二)対四六(民主党四三、共和党三)というわずかの差で可決された。上下両院で可決された決議案には内容に若干異なるところがあり、両院協議会で修正された。その後レーガン大統領は、「海兵隊のレバノン駐留は、戦争権限法の適用要件を満たすとの議会の主張に同意しないという留保付きで同決議案に署名した。[18]

前述のアメリカレバノン駐留多国籍軍は国連の枠外でなされたものである。[19]国連平和維持軍の設置が困難な状況下で、その代替的、つなぎ的役割りを果たすというあまり例のない決定でなされたものといえよう。

第二節　対外政策決定機構

対外政策決定の関与者

アメリカ憲法のもとでは、外交政策を誰が作成するのかという問題は、明確に規定されているが、内容については明白ではない。それは第一に、大統領である。さらに、議会は大統領の選択に対して調節を加え、制限したりする。しかし、最終的な権限の中心は大統領であり、政策の実行は行政府に託されている。そこで問題となるのは、大統領がどのようにして行政府内で国家安全保障政策のプライオリティを形成し、さらにこれらの政策をどのように実行するかは、かなり解決困難な問題であるといわれている。

第二次大戦中のローズベルト大統領からレーガン大統領に至るまで、アメリカでは九人の大統領が誕生しているが、いかなる政権でも、政策決定機構の実際の構造や機能は、大部分がその時の大統領の管理体制によって異なっている。これらの政策決定スタイル[20]は、大統領自身がどのような政治運営の基本理念を持っているか、あるいは政治的指導力の問題についてどう考えているか、さらには大統領補佐官、国務長官、他の閣僚の役割や権限範囲をどのように規定するかによって決まってくる。

また、大統領が対外政策の最終決定をする以前に、大統領に最も影響を及ぼし得る立場にある一連の主要助言者達がある。これらの助言者達は、①専門家、②閣僚、③ホワイト・ハウス・スタッフ、④行政府外の人物（議員、長老、政治家、学者、大統領の個人的友人など）に分類することができる[21]。いまその最も一般的な顔ぶれを挙げるならば、国務長官、国防長官、両省の次官及び次官補、CIA長官、統合参謀本部議長、国家安全保障担当の大統領補佐官ということになろう。これらの主要助言者の下に各省の次官補以下の中堅官僚、軍部首脳がいる。

図―5　政策決定関与者ハウスモデル

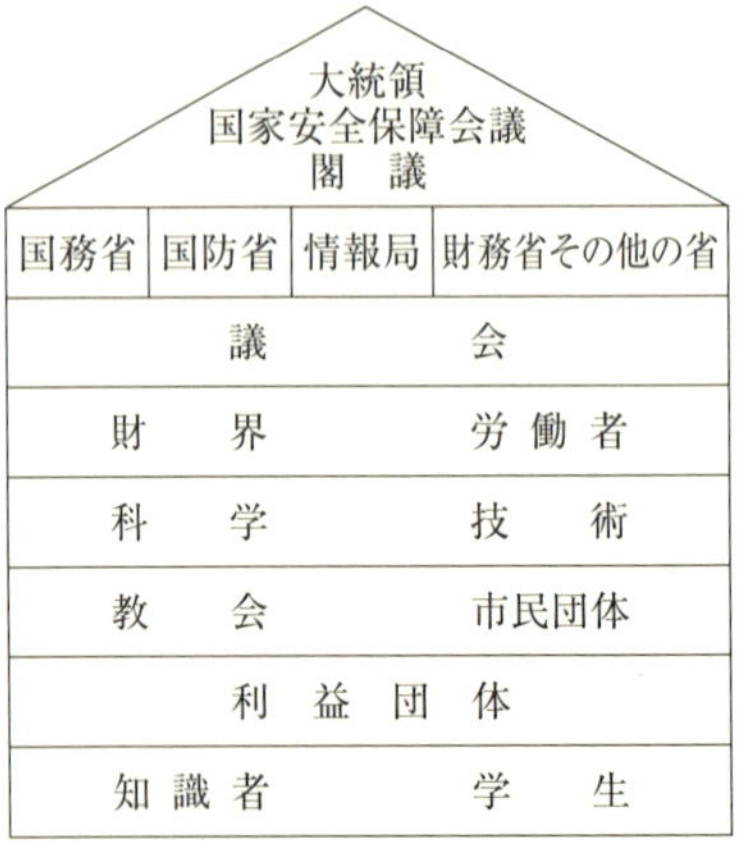

〈資料〉Bloomfield, Lincoln P,
The Foreign Policy Process,
p.10

図―4　政策決定関与者同心円モデル

〈資料〉
Spanier, John
How American Foreign Policy Made,
p.55

アメリカの対外政策決定に関与する政治的行為者の種類と影響力の位相は、それを最も巨視的にみるとき、研究者によって異なるが、スパニアー（John Spanier）による大統領を中心とした一組の同心円としてのモデル[22]（図―4）、あるいはブルームフィールド（Lincoln P. Bloomfield）の一軒のハウスモデル[23]（図―5）に示される例がある。アメリカの対外政策を直接担当しているのは、二四〇〇〇人の職員をかかえた国務省である[24]。このうち在外公館など海外勤務のスタッフは六〇〇〇人を数える。さらにペンタゴン（国防総省）、中央情報局（ＣＩＡ）など、ワシントンには分厚い官僚機構の壁が張りめぐらされている。緊急事態下では関係部局を横断的に統合したタスクフォース（特別作業班）が編成されることもあるが、通常はアフリカ、中近東など全世界に散らばる在外公館やスパイ衛星、ＣＩＡの諜報網を通じて集積された膨大な情報が整理・分析され、国務省、ペンタゴン、ホワイトハウス担当部局を通過し、大統領の基本方針に沿った方向で決断が下される。この政策決定プロセスのなかで最も重要な機能を果たしているのが国家安全保障会議である。

さらに、アメリカの対外政策に関係する予算問題をはじめとして条約問題などで多岐にわたる連邦議会の権限が憲法上認められている。中でもヴェトナム戦争以後、対外政策面で最大の焦点となっているのは、一九七三年の戦争権限法に関するものであり、合衆国軍隊の海外への投入をめぐる問題として、エルサルバドルをはじめ、グレナダ、レバノンなどで絶えず問題となっている。

また、アメリカの対外政策に大きな影響を与えるものに、財界、労働者から、各種団体などがあり、さらに世論、マスコミなどがある。アメリカでは、比較的伝統的、固定的なヨーロッパ社会の場合と異なり、複雑な社会の諸グループの流動する民意に絶えず注意を払わねばならないのである。ヴェトナム戦争の末期における反戦運動はその代表的な例といえよう。レーガン政権下でもグレナダおよびレバノン問題での国民の動向は、その政策決定にも明白に示されている。レバノンに関する世論調査では、海兵隊によるレバノン政府軍を支援し、一八カ月駐留を支持するのは三〇%にしかすぎず、(25)さらに一九八四年二月の調査でも五八%がレバノンより撤退すべきとしている。(26)これは、アメリカ国民がレバノン派兵を支持していないことを示すものであり、この動向は敏感に議会の動向に影響しているものとなっている。

第三節　レーガン政権におけるレバノン派兵の決定過程

一　レーガン政権下における政策決定

レーガン大統領は、国家安全保障担当補佐官を降格させ、また秩序ある政策形成システムを再設することで

図—6　国家安全保障会議組織図（1985年4月）

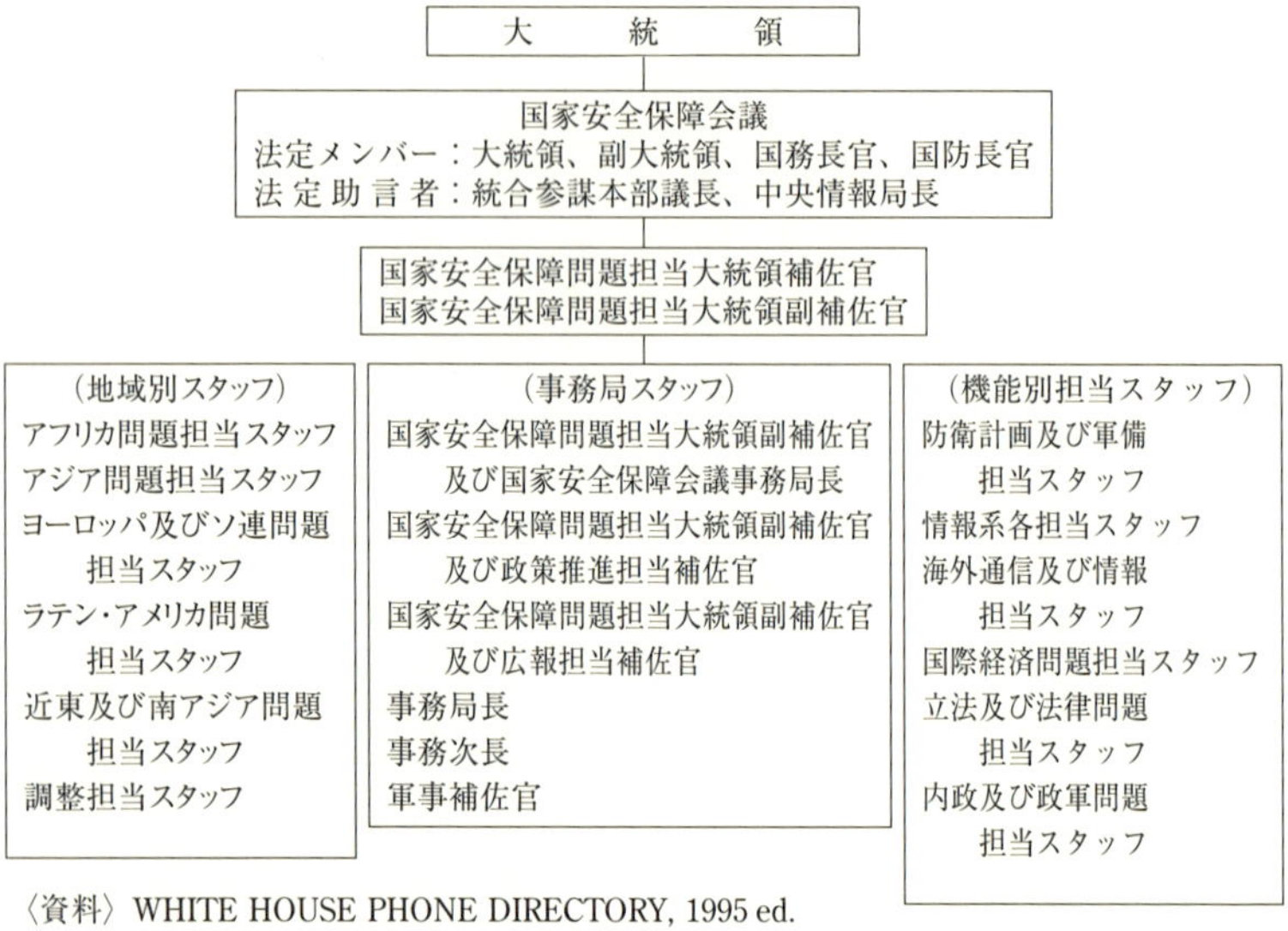

〈資料〉WHITE HOUSE PHONE DIRECTORY, 1995 ed.
National Journal, April, 1995.より作成

問題解決を図ると述べた[27]。レーガン大統領の就任式の日にヘイグ国務長官が用意したといわれる「国家安全保障の決定に関する資料第二号（National Security Decision Document 2）によれば、大統領の下における国務長官の権限拡大というレーガンのキャンペーン中の約束を実施するものであった。

ヘイグが主張しているのは、主として国務省主宰の（かつては図—6に示されるような国家安全保障会議のスタッフが運営）一連の各省委員会である。これまでは、次官補および官僚レベルで解決できない案件は閣議のレベルにあげられるのが慣例だった。この会議は、国家安全保障担当の補佐官か国務長官ないし国防長官が主宰した。当時は各省間会議のすぐ上が大統領の主宰する最高レベルの国家安全保障会議であった。

内政の経済委員会やエネルギー委員会に相当するような閣僚委員会がないのである。しかし、国家安全保障会議というフォーラム自体が大統領やその側近にはフォーマルすぎるとして、一九八一年八月に

レーガン大統領は国家安全保障計画グループ（National Security Planning Group）を設置した。このグループは、大統領が政治的見解を同じくする人達との自由討議を行なう場であり、ブッシュ副大統領、ヘイグ国務長官、ワインバーガー国防長官、ケーシー（William Casey）ＣＩＡ長官、ミース（Edwin Meese）大統領顧問、ベーカー（James A. Baker）大統領首席補佐官、ディーバー（Michael K. Deaver）大統領次席補佐官、アレン国家安全保障会議担当補佐官、によって構成され、レーガン大統領が主宰する。このグループの運営を通じ、官僚とホワイトハウスの間、および官僚制度自体に内在するギャップや対立が浮きぼりにされている。官僚制度は会合の記録や決定の公的記録を備えながら、運営されるようになっているが、レーガン政権下では数人の限られた政府高官によって運営されており、書類はほとんど無視している。

このような政策決定システムができても各省の見解を調整し、大統領に正しい状況把握をさせるという、かつてキッシンジャーやブレジンスキーという国家安全保障担当補佐官が果たしてきた役割は、その後、あまり見られない。[28] 場合によっては、システムがルーズすぎるため、トップの高官同士が何週間も公けに言い争うことがある。さらには、作業が余りにも組織化されていないために、大統領が自らのリーダーシップを危うくすることもある。

このようなシステムの中で、外交・国防政策の運用をめぐる行政府上層部の焦そうは広く行きわたっており、とくに注目されたのはヘイグ国務長官であり、同長官は大統領のスタイルについになじめなかった。陸軍の指揮系統で育った同長官は、ホワイトハウスのスタッフと意見の対立する問題について決定を下すよう絶えず大統領に迫ったといわれている。[29] さらに同長官は、一般的に各種発言の不協和音は、もっと統制すべきであり、それをするのは大統領である、[30] と述べている。

レーガン大統領は、国家安全保障担当大統領補佐官と国家安全保障会議の役割を地味なものにしようとして、同補佐官の地位を低下し、国家安全保障会議事務局の規模も小さくした。また、アレン国家安全保障担当大統領補佐官も「調整機能」に徹するとしている。したがって今や第二義的な役割しか果たしていないといわれ、ミースによれば、新たな国家安全保障計画グループにおけるアレンの役割は単なる記録をとるだけの「ノート・テーカー」（note-taker）とまでいわれているのである。

アレン補佐官辞任の後、クラーク（William P. Clark）が国家安全保障担当大統領補佐官に就任した直後、自分にできることは他の人たち、とりわけ国務、国防両長官や中央情報局長官およびその他の外交政策官僚制度に携わっている人たちの、正直で名もない取り次ぎ役になることだけだと考えていたといわれている。[31] しかしその後、クラークは国防予算や大統領の毎日の日程を巡ってベーカー首席補佐官やディーバー次席補佐官と争うのにあきあきして辞表を提出した。しかし、レーガン大統領は辞表を受理するのを拒否した。そして友人たちに言わせると、クラークは政府にとどまることに決めてから、もっと自説を主張するようになった。

ところが、その後就任したマクファーレン（Robert C. McFarlane）補佐官は、就任後発言権を強化し、とくに第二期レーガン政権に入ってからは外交、国防政策作成にあたって強大な存在となり、ときにはシュルツ国務長官やワインバーガー国防長官と渡り合い、時には両長官を押さえつけることもあった。[32]

〈国家安全保障会議事務局の定員は、一九六五年に三八名であったが、その後一九七〇年には七五名、さらに一九七五年八九名に増大し、一九七九年七四名、一九八〇年六九名、一九八一年六七名になり、さらに一九八二年には六〇名に削減している。[33] 実際には定員より少ない場合やキッシンジャー時代のように大幅に増大しているときもある。〉

二　レバノン派兵問題と国家安全保障会議

レーガン政権下における中東問題とくにレバノン派兵政策の決定に関して、キッシンジャー元国家安全保障担当補佐官の下で専門スタッフであり、元ホワイトハウス外交問題副報道官であった、レス・ジャンカ（Les Janka）氏の詳細な分析論文がある。(34) このような分析についてはあまり公表されていないと思われるので、この論文の内容を多少くわしく紹介したい。

レーガン政権の国家安全保障政策の形成の方式は、前記ニクソン政権時に見られるように、いくつかの作業グループおよび検討委員会からなる一つの広範囲な機関が行政部門の政策を立案し、国家安全保障会議で議論をするために反対意見を組み入れ、最終的には大統領によって決定がなされるようになっている。このシステムにおける活動の中心は、次官補クラスの各省のメンバーを長とするいくつかの地域別および機能別の〝関係各省グループ〟（Interdepartment Groups）である。(35) この関係各省グループは、当面する政策問題に関して利用できるデーターを収集し、分析し、あらゆる分野からの反応を検討する。この作業は、一般に副長官、次官レベルを長とする〝関係各省高等グループ〟（Senior Interdepartmental Groups）によって審査される。現在、この関係各省高等グループには四つの機能をもつグループがあり、それは外交政策、防衛政策、情報政策、そして国際経済政策の各グループである。また、第五番目の専門的な関係各省高等グループとして軍備管理政策および戦略交渉を検討するグループがある。これらの関係各省グループおよび関係各省高等グループは、同じように定期的に会合をもつわけではない。また、両方が同じように運営されているわけでもない。これらの常設の各省間の委員会のほかに、副大統領を長とする国家安全保障会議特別事態グループ（Nation Security Council Special Situation Group）があり、これは原則として、危機管理の事態に対処するために存在するものである。この危機対処のグループにも下部機関に相当するものがある。それは危機事前計画グループというものであり、一般に国家安全保障会議の副補佐官を長としている。このグループは、当面する警戒体制を最初に審議する機関である。

関係各省高等グループでの検討が終了すると（ほとんどの問題がここで解決される）、安全保障政策の選択および勧告案は、大統領を長とする国家安全保障会議の本会議で論議し決議するために付託される。この国家安全保障会議には、法定メンバー（前掲図－6国家安全保障会議組織図参照）のほかに、国家安全保障問題担当補佐官、その下部機関のスタッフ、さらにその他、ベーカー大統領首席補佐官、ミース大統領顧問、ディバー大統領次席補佐官など、ホワイトハウスの最高首脳が参加する。さらに、従来あまりみられない現象として、カークパトリック（Jeann Kirkpatrick）国連大使もときどき出席する。このような国家安全保障会議のシステムのもとで、政策企画のプロセスが始まり、大統領の国家安全保障検討指令[36]となる。この指令は、問題に関係する関係各省高等グループあるいは、関係各省グループが対応策を検討し、さらに国家安全保障会議のスタッフが起草する。

レーガン政権下における国家安全保障会議の体制の中では、一般に、関係各省高等グループが一回会合をもつとき、一〇回の関係各省グループの会合がもたれ、さらに、国家安全保障会議の本会議が一回開催されるには五回の関係各省高等グループの会合がなされるのである。国家安全保障会議のスタッフは、下部機関の会議の内容を監査し、そのプロセスを変更することなく保存し、また国家安全保障会議の本会議および大統領の審査のため、客観的最終的な選択ができるよう準備するようになっている。大統領は、このトップクラスの助言者から見解を聞いたうえで、政策を実行するための決定および指示を国家安全保障決定指令として承認する。レーガン政権は、すでに約一五〇件について、このような指令に署名している。レーガン政権下における国家安全保障会議の顕著な特徴は、前述のように国家安全保障会議の会合がかなりひんぱんに、しかも定期的に行われていることである。他の歴代大統領が時折りか、あるいは臨時にしか国家安全保障会議を開かなかったのに対し、レーガン大統領下のホワイトハウスは、毎週国家安全保障会議を開催するように努めているといわれている。また、危機の間、あるいは問題がとくにややこしい場合には、特定のグループ、例えば国家安全保障政策グループが召集されるのである。このような小さいグループは、原則として大統領を長とし、国家安全保障会議の正式メンバーだけで構成される。このような非常時には、通例の国家安全保障会議の会合よりかなり頻繁に行われている。

レーガン政権における中東問題の政策決定は、厳密な意味では前述のようなシステムに従って行われているわけではない。それどころか、とくに注目されるのは国家安全保障会議にはおよそ四〇人から四五人程度の非常に多数のメンバーの参加する会合で中東問題を処理している。その中心となっているのは、前記一九八三年一〇月以来、前中東特使であったマクファーレンである。マクファーレン補佐官は就任に際して、前述のアレン元補佐官と同様に政策形成の実行者ではなく調整者であるつもりでいる、と述べている。さらに、中東問題処理に際して官僚に依存するのではなく、彼の配下の国家安全保障会議スタッフを利用している。中東問題に関して、レーガン政権がこのような政策決定システムをとることによって、国務省や国防省の中間レベルの官僚の中には、国家安全保障会議は公平な政策決定実行機関ではなく、中東問題の関係各省高等グループ、関係各省グループの機関がますます増強し、新しいアイディアを受け入れる可能性がないという感情がうまれているようである(37)。

レーガン政権における中東問題以外の問題、例えば武器売却政策や安全保障援助の予算問題などは、国務省の政治・軍事局が近東局と論議しながら専門的に担当している関係各省グループで政策作成し、それ以上のレベルである国家安全保障会議の影響はほとんどないようである。しかし、中東問題の政策作成は、一般に国家安全保障会議システムのトップレベルではなく、それより少し低いレベルで行われるという特色がある。従ってレーガン政権では、主要な政策形成者（およびそのスタッフ）は、政策作成に介入あるいは参加する機会が充分ある。このような状況でマクファーレン支配下の中東班は、国家安全保障会議に所属する他の地域担当班よりも、最終的な政策およびその実行に対して強い影響力を持っている。国家安全保障会議の中東和平政策の中心的戦略家はケンプ（Geoffrey Kemp）であるが、官僚機構のなかではあまり活発な行動をするのを差し控えているといわれていた。ケンプの補佐をしているのがタイシャー（Howard Teicher）であり、以前、国防省の分析官であり、また国務省でマクファーレンの下にいた。彼はラムズフェルド特使を補佐する重要な役目を果たしている。政策推進局長のフォルティア（Donald Fortier）およびその補佐をしている海軍中佐のドゥア（Phillip Dur）はレバノンおよびペルシャ湾に関する政治と軍事の問題の大半を管理している。

中東問題をめぐるレーガン政権下での政策作成過程では、いろいろな問題が生じた。前記レス・ジャンカ氏によれば、レーガン政権下の対外政策決定過程における欠点として次のような点を指摘している。

その最大の欠点は、国務省や国防省の中堅官僚の地域専門家を十分に参加させたり、利用することができない点である。とくに政策の実行に関しては、国務省の近東局が大きな役割が果たせるようになっている。しかし、このような機会を十分に利用されていなかったのである。

第二の欠点は、入手した情報の内容が貧弱であるということである。これは技術的方法に過剰に依存して、人的手段による情報の収集を否定したためとされている。

第三の欠点として、大統領は国家安全保障体制のわくをこえて〝万能札〟の役割をになう者の影響を受け入れるという点がある。この点でよくいわれるのが、国連大使のカークパトリックであり、同大使は国家安全保障会議に参加することを制度的に認められているわけではなく、定期的に参加することもできない。にもかかわらず、中東問題に関して大統領にたびたび直接話をしたのである。

レーガン大統領の政策決定スタイルは、ミース、ディーバー、ベーカー、ワインバーガーさらにマクファーレンなどといった大統領派が、ホワイトハウスの政策決定を牛耳っている状況からみて、円卓会議方式のスタイルのようである。この点に関してニューヨーク・タイムズのゲルブ（Leslie H. Gelb）氏は、レーガン大統領は大きな問題の決定では、必ず討論でしかも合意を得て行なうようにしている、と指摘している。[38] しかも、前述のように円卓会議方式でこの会議の構成委員が、非常に多いことがレーガン政権の一つの特徴である。そのために政策がいろいろな見解を寄せ集めるだけのモザイク方式というよりは、いろいろな見解を組合わせて一つの新しい政策を作るモンタージュ方式で行われているという。しかし、そのような決定に対しては、妥協の産物と指摘する見解もあるのである。

第四節　レバノン派兵をめぐる議会と行政府の対立

一　レバノン駐留多国籍軍見直しの論議

レバノン駐留多国籍軍に関する法律が制定され、一カ月もしないうちにアメリカは重大な危機に直面した。すなわち、一九八三年一〇月二三日のアメリカ海兵隊司令部爆破事件により、合衆国軍は二二〇名（その後の死者を含めると二四一名）の犠牲を出した。この二四一名の死者は一日の犠牲者としては、ヴェトナム戦争以来最大であり、アメリカにとっての衝撃は非常に大きかった。

このような継続的な緊張状態の中で、当時アメリカ国内ではまたも合衆国軍のレバノン駐留に大きな疑問がいろいろな方面から投げかけられた。

その第一は、一九八三年一二月二八日に公表された、前記一〇日のベイルートでのアメリカ海兵隊司令部爆破事件に関する国防総省の調査委員会の報告書である。同報告書は、特攻テロを許した警備の手ぬかりを指摘するとともに、「レバノンでのアメリカの政策目標を達成する他の手段があるなら、合衆国軍の派遣の緊急な見直しが必要だ」とし、海兵隊のレバノン駐留についての疑問を提示している。[39] 同報告書は駐留の論議の是非を政府内部から問うものであるが、議会その他にも大きな影響を与えた。

第二は、前記報告書をめぐって行われた議会内での駐留見直しの動きである。なかでも注目されるのは、レバノン駐留を一八カ月とした立役者である、オニール下院議長（民主党）の動きである。同議長は「海兵隊のレバノン駐留継続は六カ月程度にとどめるほうがはるかに賢明」と主張したのである。同議長は、一九八四年一月三日、民主党一六名からなる「レバノン問題監視委員会」を開催し、レバノン駐留の一八カ月を短縮することを検討した。その後、二月一日下院民主党議員総会では早期撤退を求め、その進行状況を三〇日以内に議会に報告するよう義務づけた決議案を採択し、下院本会議に上程した。ただし、同決議案は一院のみで効力を有するものであり、大統領の署名を強制しない、政治的効果をねらったものである。[40]

第三は、行政府側の動きである。一九八四年になって大統領の一般教書につづいて恒例の国防報告、軍事情勢報告が議会に提出された。まず、一般教書では、多国籍平和維持軍としてレバノンに駐留しているアメリカ海兵隊が中東の平和に寄与していると強調し、「他国の支援を得たテロリズムに屈するわけにはいかない」と撤退を行わないことを表明している。[41] また、国防報告、軍事情勢報告でもレバノンでの安全保障上の公約を維持するとしている。

その後、レバノンのワザン内閣総辞職、内戦の激化などでレバノンの情勢がこれまでにない不安定なものとなって、レーガン大統領は、二月七日ベイルートに駐留する海兵隊一四〇〇人に対して、レバノン沖の第六艦隊船上に段階的に「再配置」(redeployment) するよう命令した。[42] これはアメリカのレバノン政策における重大な岐路にさしかかったことを意味するものといえよう。このような撤収は、ワインバーガー国防長官ら軍首脳の進言によって行われたとされている。したがって、駐留継続を主張してきたシュルツ国務長官やマクファーレン国家安全保障問題担当補佐官らの外交首脳との間に対立があったようである。

レーガン政権における対外政策のなかで最大のつまづきは、レバノン問題といわれるようになった。一九八四年三月三〇日、レーガン大統領は、レバノンにおける国際監視軍へのアメリカの参加は、「目的を達成するためには、もはや必要あるいは適切な手段ではなくなった」と述べ、[43] 合衆国軍の完全撤退を決めた。その後、シュルツ長官は、四月一日のNBCテレビ番組で、アメリカの政府がレバノンからの合衆国軍撤退を決定したことに関して「信頼感の欠如があり、そのためにわれわれは中東で大きな打撃を受けた」と語り、さらに「われわれは戦術を変えなければならない」と、レバノン問題に対するアメリカの新たな取り組み方の必要性を示唆した。[44]

このように、レーガン政権は対レバノン政策の失敗を認めると同時に、そのような失敗の原因の一端は議会にある点をたびたび指摘した。

まず第一に、前記のレーガン大統領の演説にみられる。その中で大統領は、議員の中にはまだ自分たちが「ヴェトナム戦争の混乱の時代」にいると錯覚している人が多い。そして彼らは「口先だけの批判者」でしかなく、現実の問題を解決するための積極的・実際的な対策を求める協力者としての責任を負っていないとし、また、カーター前政権の外交政策に触れ、二度とあの敗北主義に戻ってはならない、と明言した。さらに、レーガン大統領は、議会批判を次のように続けている。「軍事力は、直接的であろうと間接的であろうと、依然としてアメリカ外交政策の有力な一部分であることは間違いない」、「それなのに議会は外交における軍事的要素の必要に対しても、またその要素を扱う場合の自らの責任に対しても、完全に理解を持っているとは思われない」、「もしわれわれに持続できる外交政策がなければならないとしたら、議会は総論だけでなく、政策の現実的な各論部分をも支持すべきであろう[45]」と述べている。

さらにこれに先立ってシュルツ国務長官は三月一日には、上院の歳出委員会外国活動小委員会で、レバノンに対する米外交の失敗の責任の一端は議会にあるとして、ベイルート駐留のアメリカ海兵隊が、戦争権限法の拘束性が強く、「アメリカの利益を守る行動がとれない」と激しい口調で議会の活動を批判している[46]。その後の四月三日には、シュルツ国務長官は、外交政策における政府と議会の協力緊密化を要請している[47]。

二　レバノン派兵の政策決定における問題点

アメリカにおける対外政策決定過程をレバノン多国籍軍の派遣問題を一つのケース・スタディとしてふれてきた。アメリカにおける軍隊派遣の問題は、アメリカの建国当初より論議されており、今日もなお問題となっている。その大きな理由の一つに、軍事に関する権能を、民主主義の基本原則である、チェック・アンド・バランスの精神にしたがって、憲法上、行政府と立法府に与えられたことによるものであり、今後ともこの問題の論議は絶えないであろう。

ここで、レバノン派兵政策決定をめぐる問題に関して、以下の二つの点についてその問題点を指摘しておこう。

その第一は、レバノン派兵政策をめぐるレーガン政権内における問題がある。前述のようにレーガン政権におけるレバノン派兵をめぐる政策決定は、国家安全保障会議において正式メンバーだけによるのではなく、従来みられない多数の政策決定関与者が参加して行われた。また、レバノン派兵問題をめぐって最終的な決定段階においてもシュルツ国務長官とワインバーガー国防長官の間には軍事力行使をめぐって対立した。シュルツ国務長官は第二次大戦後一貫してとられてきた力を背景とする外交政策を推進しようとしている。一方、ワインバーガー国防長官は、前述のワインバーガー・ドクトリンに見られるように、国民の堅固な支持抜きの軍事力派遣に疑問を投げかけており、これは統合参謀本部をはじめとする高級制服組の見解をも反映していたようである。(48)

この点に関して、マクファーレン国家安全保障問題担当補佐官は、アメリカのレバノン派兵政策は失敗であったことについてふれ、国務、国防両長官の間には相入れぬ敵意があり、機敏な外交が不可能となった。そのため軍事力と外交を結びつけるという手段がとれなかったことを述べている。(49)

第二は、海外での軍事力行使をめぐる行政府と立法府の問題である。その中心は、大統領を軍の最高指揮官として定め、さらに議会に戦争宣言権を与えたことである。アメリカでは一般に、戦争権限といわれるものである。二〇〇年以上の歴史の中で、前者、すなわち大統領の戦争権限は時代とともに拡大され、帝王的大統領とまでいわれるようになった。しかし、ヴェトナム戦争で議会はその発言を強化し、長い間肥大化しつづけてきた行政府の権限をチェックする動きがあらわれた。大統領の対外的権限を抑制する議会の一連の動きであり、そのピークは前記一九七三年戦争権限法の制定であり、その精神はレバノン派兵で実行された。

軍事力投入を中心とする対外政策の決定をめぐる大統領と議会の権限論争は、カーター政権およびフォード政権下においても、いくたびか論議されてきた。しかし、一九八二年から一九八四年の間におけるレバノン派兵をめぐる問題は、行政府と議会の間に従来にない対立があったといえよう。しかし、前述の激しい対立後には、レーガン大統領のジョージタウン大学における演説を代表的な例として見られるように今後のアメリカの対外政策に関して、超党派の支持の重要性が力説されている。そこでは従来あまり見られない超党派の政策決定合意作りが議会指導者と大統領に課せられた責務であるとまで主張しているのである[50]。

そしてさらに、アメリカ外交のあり方は、とくに軍事的責任者の拡大にあたって、政策決定者にとって最も重要なことは、議会や世論の動向を配慮しなければならないことである。この精神は前述のワインバーガー・ドクトリンに表明されている点でもある。

レバノン派兵問題に関して、その政策決定過程の若干をみるかぎり、大統領を中心とする行政府と議会の役割は、従来見られないほど後者の果たした役割は大きなものとなっているといえよう。この点では、前述の政策決定関与者の位相において、同心円モデルではより中心に近く(図—4参照)、また、一軒のハウスモデルでは、より上位に近い(図—5参照)状況にきたものといえよう。このように、アメリカの対外政策における議会の役割が強化されるようになったのは、決してレバノン派兵問題に限られるわけではない。この背景には、議会復権とまでいわれる、前述のヴェトナム戦争の反省から生まれた、一連の議会機能強化の議会改革があったことが指摘されよう。

注

(1) ワインバーガー国防長官は一九八四年一一月二八日ワシントンのナショナル・プレスクラブで講演し、アメリカ合衆国軍隊を海外での紛争地域に投入する条件について、かなり包括的な見解を表明した。一般にワインバーガー・ドクトリンといわれている。その内容は、軍事力投入の条件として、第一にアメリカ及び同盟国にとって死活的利益にかかわる状況、第二に、勝利への明確な決意が存在、第三に政治的目的と軍事的目的が明確に分離、第四に勝利のために必要な軍事力の投入、第五にアメリカ国民や議会の支持が得られること、第六に軍事力の投入が最後の手段であること。

同長官は、これまでの軍事力行使について、明確な目的もなく外交の手段に使われることが慣習化してきたとヴェトナム戦争、レバノン派兵問題を反省し、今後、ニカラグアなど中米地域への軍事介入のけん制をすることもねらいとしているようである。（Weinberger, Caspar W. The Uses of Military Power, *Defense*, January, 1985, pp 2-11）

（2）*The New York Times*, March 12, 1978

（3）*Ibid*., March 22, 1978

（4）*U. N. doc. S/RES*/425（1978）　同決議は、一二対〇で可決された。中国は投票に参加せず、ソ連は棄権した。その内容は、①レバノンの領土保全・主権・政治的独立の尊重、②イスラエル軍の即時停戦と撤退、③レバノン南部の治安回復のため国連暫定軍の派遣などである。

（5）*The New York Times*, June 14, 1982

（6）*Ibid*., July 10, 1982

（7）*Ibid*., August 20, 1982

（8）*Ibid*., August 22, 1982

（9）*Department of State Bulletin*, Vol.82, No.2066, September 1982, p.4

（10）*The New York Times*, September 2, 1982

（11）*U. S. Congressional. Record*, Vol.129, No.125, daily ed. September 26, 1983, S.1293

（12）*Department of State Bulletin*, Vol.82, No.2066, September 1982, p.4

（13）*Weekly Compilation of Presidential Documents*, Vol.18, No.39, October 4, 1982, p.1232

（14）*Department of State Bulletin*, Vol.82, No.2000, September 1982, p.7

（15）*The New York Times*, September 14, 1983

(16) *Congressional Quarterly Weekly Report*, Vol.91, No.38, September 24, 1983, p.1964

(17) *The Washington Post*, September 21, 1983

(18) *Weekly Compilation of Presidential Document*, Vol.19, No.41, October 12, 1983, p.1422
同法の全訳は「レバノン駐留多国籍軍に関する法律」(筆者訳『外国の立法』二三巻四号 一九八四年四月)参照

(19) 香西茂「レバノン紛争と国連平和維持活動—国連暫定軍と多国籍軍」『法学論叢』一一六巻一—六号併号 一四〇頁

(20) アメリカの大統領の政策決定スタイルの研究には、いろいろなものがあるがここではアレクサンダー・ジョージ(Alexander L. George)のマネジメント・スタイルを紹介しておく。これは、三つの要素の組み合わせから導き出している。その第一は、認識のスタイルであり、政策作成のための情報の入手方法、情報の利用方法、助言者の選好、政策決定における情報の利用のしかたなどが含まれる。第二に、決定作成の能力に関する自信の有無。第三に、助言者の意見対立に対する寛容度。これらの要素に従って、大統領のマネジメント・スタイルを、秩序型、競争型、小集団協議型の三つに分類している。

秩序型の特徴は、秩序重視、手続きの明示、階層的コミュニケイション、定型的なスタッフシステムであり、この型の大統領は、政治的駆け引きを好まない。例としては、トルーマン、アイゼンハワー、ニクソンの各大統領がいる。競争型は、政治能力に対する自信がきわめて強く、周辺の意見の対立を気にせず、むしろ競争する助言者からの情報が大統領に集まるようにし、最終決定は自らが行った。この型には、フランクリン・ローズヴェルトだけであるといわれている。小集団協議型は、大統領が中心になって有能な助言者を組織し、小集団チームを形成した。情報をインフォーマルに各方面から集め、討議によって問題解決をはかった。ケネディーが代表で、ジョージ・ブッシュ、クリントンなどである。

これに関しては、Alexander L. George, "The President and Defense Policy Making", John F. Reinchart & Steven R. Strum, eds., *American Defense Policy*, The Johns Hopkins University Press, 1982 および有賀貞他編『概説アメリカ外交史』有斐閣

二〇〇一年　二一六－二二〇頁を参照。

(21) アメリカの対外政策決定過程に関する文献は多数あり、本書では野林健「アメリカ大統領と対外政策決定過程」（『同志社アメリカ研究』別冊1、一九七五年）を参照し、そのほかに、セオドア・ソレンセン著『ホワイトハウスの政策決定の過程』（河上民雄訳　自由社　一九六四年）、宮里政玄『アメリカの対外政策決定過程』　三一書房　一九八一年、グレアム・T・アリソン著『決定の本質』（宮里政玄訳　中央公論社　一九七七年）、高松基之「レーガン大統領の政策決定スタイル」泉昌一他編『アメリカ政治経済の争点』　一九八八年などがある。

(22) Spanier, John and Uslaner Eric M. *How American Foreign Policy Is Made*, *Praeger Publishers*, 1974, p.55

(23) Bloomfield, Lincoln, *The Foreign Policy Process*, Prentice-Hall, Inc, 1982, p.10

(24) U. S. Bureau of the Census, *Statistical Abstract of the U. S.* 1984, p.336

(25) *The Washington Post*, September 29, 1983

(26) *Ibid*., February 17, 1984

(27) *The New York Times*, October 19. 1981

(28) *Ibid*.

(29) Church, George J. How Reagan Decides, *Time*, December 13. 1982, r.19

(30) *The New York Times*, October 19, 1981

(31) *The New York Times Magazine*, August 14, 1983, p.23

(32) *Ibid*., May 26, 1985, p.20

(33) U. S. Bureau of the Census, *Statistical Abstract of the U. S*., 1984, p.336

(34) Janka, Les, The National Security Council and the Making of American Middle East Policy, *Armed Forces Journal*

International, March, 1984, pp.84 - 86

(35) *Ibid*., p.84

(36) *Ibid*., p.85

(37) *Ibid*., p.86

(38) *The New York Times*, March 28, 1984

(39) *The New York Times,* December 29, 1983

(40) *Ibid*., February 2, 1984

(41) *Congressional Quartery Weekly Report*, Vol.42, No.3. January 28, 1984

(42) The *Washington Post*, February 8, 1984

(43) *Congressional Quarterly Weekly Report*, Vol.42, No.14, April 7, 1984, p.801

(44) *The Washington Post*, April 2, 1984

(45) *The New York Times*, April 7, 1984

(46) *The Washington Post*, March 7, 1984

(47) *The New York Times*, April 4, 1984

(48) *The Christian Science Monitor*, June 14, 1983

(49) *The New York Times* Magazine, May 26, 1985, p.20

(50) *Ibid*., April 7, 1984

第五部　国際社会における軍拡の構造と軍縮への課題

第十六章　冷戦下における軍拡の国際的影響と軍縮問題

第一節　軍事力拡大競争の国際的影響

一　軍拡競争への資源投入

軍拡競争の結果および国際的影響に関する分析には、いろいろあるが次のようにまとめることができる。すなわち、軍拡競争は、資源の浪費であり、経済を人道的な目的からそらせるものであり、国民の発展努力に対する大きな障害となり、民主的過程に対する脅威となる。さらに、最も重要な特徴は、国家や地域の安全、また国際的安全を掘り崩す点にある。それは核戦争をも含めて、戦争、紛争の危険をはらんでいることである。世界の紛争や戦争に関してはQ・ライトの古典的研究書（*A Study of War*）をはじめ多数あるが、『SIPRI年鑑』（一九八一年版）によると、第二次大戦後一九八〇年までに、一三三回の内戦および局地戦争が発生しており、八〇カ国以上（その大半は第三世界の国々）を巻き込んでいる。

さらに、このような紛争や戦争を伴う軍事力拡大競争のために、世界は莫大な人的、物的、財政的資源を投入しているのである。これらの資源面における重要な問題は、天然資源の投入をはじめ多数あるが、ここでは財政的資源である軍事費と人的資源の二点について国連報告[1]を中心に簡単に指摘しておく。

第一は、軍事費であるが世界の軍事支出は実質的に年率約二％の割合で増えている。世界の軍事支出の総額は今や、一九八一年のドル価値で六〇〇〇―六五〇〇億ドルになり[2]、一九〇〇年以来三〇倍に増加した。北大西洋条約機構（NATO）およびワルシャワ条約機構（WTO）は一九七〇年代を通じ、軍事支出面で圧倒的な地位を占めてきたが、次の一〇年間を通じても変わりはなかった。一方、第三世界の軍事支出は過去一〇年間にほぼ倍増し、これは限られた資源が浪費され、世界の不安定さが増したことを物語るものである。第二は、軍拡活動の人的資源の投入である。全世界で何千万という人びとが、陸海空の軍人、文官、科学者、技術者、一般労働者などの形で軍事活動に従事している。一九八一年度で世界は軍備に六〇〇〇―六五〇〇億ドルの資金を投下しており、この資金によって直接間接の影響を受ける人は一億人をこえると推定されている。さらに、五〇〇〇万人の人びとが直接間接に軍事物資・サービスの需要を満たすのに使用されている。その第一は、世界の正規軍であり合計約二五〇〇万人に上っている。この数字は過去二〇年間着実に増加している。先進国では差し引きで安定しているのに対し、多くの開発途上国で増加を示している。第二は、準軍事要員（各種補助兵力）であり、その機能と任務が民間の警察と正規軍の中間に当たるグループである。訓練、組織、装備の面で正規軍とほとんど同じ機能と能力を持つ準軍事要員の数は、国際戦略研究所の推定では全世界で約一〇〇〇万人に上るという。第三は国防省に雇われている民間人である。およそ世界の軍隊の規模とコストの伸びから推定して、約四〇〇万人の民間人が現在、全世界の国防省に雇われている計算になるといわれる。第四は軍事研究・開発に従事している科学者と技術者で、これは軍事面、経済・社会面の双方で極めて重要である。全世界で推定五〇万人の科学者と技術者が軍事目的の研究・開発に従事しているといわれる。

軍事目的のために消費されている天然資源や財政的資源、それに何に増しても人的資源である技能、創意が民間目的に振り向けられるなら、それが一般市民の生活水準におよぼす影響がいかに大きなものとなるかは計り知れないであろう。科学的および知的努力の軍事転用の結果は歴史が示すとおり悲劇的なものとなるのである。

二　軍拡競争の影響

軍拡競争のために投入されている人的、物的資源は、前述のように莫大なものである。これが政治、経済、社会およびその他に与える影響は非常に大きい。これらの問題に関して国連はいくたびか報告書を出している。その中で今後とも重要視すべきと思われる若干の点について指摘しておこう。

まず第一に、狭義の軍事的側面である。ノエルベーカー（Philip Noel-Baker）は、「軍備競争は戦争のたった一つの原因ではなかったが、それは一つの強力なそして恒常的に作用する原因であった。」[3]と論じているように、軍拡競争による最大の影響は、前述のように延々とつづく一連の紛争や戦争が発生することである。紛争や戦争が厳密にみて軍拡競争のみによっておこされるかは問題であろうが、軍拡競争によってあおられることは多くの人々が指摘するところである。現代国際社会において特に問題となるのは、核軍備競争であり、人類の生存にかかわる核戦争への危険となる。核兵器は、その破壊力の巨大さのために国際政治における軍事力の意義を大きく変えた。その理論的背景をなしているのは、核抑止論である。しかし、抑止の他の一面である報復という考え方が存在していることも注意しなければならない。それは、「限定核戦争論」として、一九五〇年代キッシンジャー教授らによって研究され、[4]その後、核戦略の変遷とともに、いくたびか核兵器の限定的使用による限定核戦争について言及されている。カーター大統領の「相殺戦略」、さらにレーガン大統領の欧州戦域核配備に伴う限定核戦争への言及は、反核運動という広大な波となって欧州諸国に影響を与えたのである。しかし、ひとたび核兵器が使用されて、そのエスカレーションの危険を限定することができるかという疑念はいかなる者も除去できないであろう。

第二に、経済的影響（また内包的には、社会的影響）である。すなわち、軍拡競争と軍事費が諸国間の貿易、援助、科学技術協力、その他の種類の交流に与える影響がそれである。軍拡競争は、莫大な資源を生産と成長の部面から転用することにより、また多くの国々を襲ったインフレーションや経済恐慌の一因となることによって、国際交流の全面的発展を直接間接に阻害する。さらに貿易と援助の流れは、政治的、戦略的な理由によって歪められ、その結果、世界的規模で資源の誤った配分が生じる。こうして軍拡競争は、先進諸国と発展途上諸国の開きや、この両国家群の内部の不均衡を維持、拡大し、諸国家間の協力や、社会的、経済的進歩を阻み、新国際経済秩序を促進する上で妨げとなる可能性が大きい。

第三に、軍拡競争が国際政治情勢に及ぼす圧力がある。各方面が高度の軍備を整えている環境のなかでは、紛争は、たとえ小さなものでも激化する傾向がある。そこで各国の政策で国家の安全上の考慮がきわだった地位を占めるようになる。これは勢力圏の創設を促す環境であって、そこでは局地的紛争が地域的または世界的対抗と結びつく傾向がある。また社会的、政治的発展が既存の体制を危うくしそうな場合には、この発展に対する抵抗が起こりがちである。各国の相対的な経済的、政治的、軍事的な重要性がかつてなく急速に変化しているときにあたって、このような硬直した態度から生じる摩擦は、それ自体、紛争の源泉となり得る。

第四に、環境への影響がある。戦争が最もはっきりした恐しい形で直接に影響を及ぼすのは、人びとに対してである。だが過去の戦争はまた、環境に与えた変化を通じて農業を変え、砂ばくの外縁を変化させ、生態系の均衡を乱し、直接間接の影響をおよぼしている。現在開発・実験中の新しい兵器が広く使用されるようになれば、さらにひどい環境破壊が起こる可能性がある。

以上のように軍拡競争による影響を検討すればその範囲は広く、あらゆる分野にまたがる。したがって、そのような軍拡競争の趨勢を軍縮の方向へ転換することが、今日の人類に課せられた急務といえよう。

第二節　軍縮交渉の歩み

一　戦後の軍縮問題

軍事力拡大競争が絶えず継続し、それによる政治、経済、社会への影響がいかに広く、大きなものであるかを前節でみた。これらの軍拡活動の危険に対処しようとする試みがなされなかったわけではない。なかでも最大の課題は、人類の生存そのものを左右する、核戦争の脅威の除去にあるといえよう。この脅威に対処する唯一の方法は、もちろん真の核軍縮の措置や核兵器の開発を制限し、いっさいの核兵器の禁止と廃棄を確保する措置をとることである。それ以下の措置では、この危険を効果的に減少させることはできないし、またそれ以下の措置では、この危険の増大を食いとめられないであろう。

第二次大戦後、国連の最大の課題は軍縮であった。それは、一九四六年一月の国連総会決議第一号で、総会の下に当面の最大の課題であった原子力の国際管理を取り扱う「原子力委員会」の設置を決定し、さらに、同年一二月一四日の「軍備の全般的規制および縮小を律する原則」の採択に基づいて、「通常軍備委員会」が設置されたことが物語っている。しかし、国連憲章では軍縮に関する規定を設けているが、国際連盟規約ほど明確ではない。国連憲章第二条第一項では「総会は、国際の平和及び安全の維持についての協力に関する一般原則を軍縮及び軍備規制を律する原則も含めて審議し」と規定し、また憲章二六条では、世界の人的および経済的資源を軍備のために転用することを少なくすることを定め、安全保障理事会が、軍備規制方式の計画を作成することを規定している。さらに軍事参謀委員会が「兵力の使用および指揮、軍備規制及び可能な軍縮に関するすべての問題について理事会に助言及び援助を与える」（第四七条）としている。一方、国際連盟規約の軍縮に関する規定の第八条では、「国際連盟加盟国は、平和維持のためには、国家軍備を、国家の安全、及び共同の行動による国際的義務の遂行に支障のない最低限度まで、縮小する必要のあることを認める」と規定している。

以上の規定からもわかるように、連合憲章は「軍備の規制」という表現であり、連盟規約の「軍備の縮小」という表現はしていない。すなわち国連憲章の考え方によれば、軍備の縮小ないし撤廃を実現することは、国連の主要な目標とは定められていない。それよりもむしろ、戦争の回避が国連の一つの重要な目標であり、それは、各国の軍事力の使用を規制することによって達成しようと考えたのである。

ここで「軍備規制」(regulation of armaments)とは『国際法辞典』[5]によれば、「一般に、軍備の大幅な縮小や撤廃には至らない、軍備の国際的規制」などをいうが、この考え方に立つ本格的な軍備規制は、交渉されはしたが、実現してはいない。

一方、「軍縮」という日本語は、軍備縮小の略であるが、本来この言葉は英語の"disarmament"で「武器を取上げること」、「武装を解除すること」、「軍備を撤去すること」などを意味している。より詳細に述べるなら、①国際取決めによる国家軍備の縮小、制限、②すべての国家軍備の全廃、③敗戦国に課される刑罰的な軍備の縮小、あるいは廃棄などを意味する。[6]最も多く使われるのは、①の意味であり、その例としては、第二次大戦以前のワシントン軍縮会議やロンドン軍縮会議での条約などがある。②に関しては、古くからカントらの思想家の主張にもみられるが、具体的には一九五九年のソ連の提案、一九六二年アメリカの提案にみられる軍備撤廃であるがほとんど進展していない。③は古くから行われているもので、第一次および第二次大戦などでもとられている措置である。

ところが、核時代に入ってからのいわゆる軍縮交渉に登場している諸措置、あるいは締結された条約および条約案をみると、国際緊張緩和の措置から軍備全廃に至るまで非常に多様で、しかもそれぞれの措置がきわめて複雑になっている。その上、そのなかの多くについて、査察などの国際管理措置を伴わせることも交渉されている。したがって、最近のいわゆる「軍縮問題」は、前田寿教授の指摘するごとく、軍備の縮小、軍備の全廃、その副次的措置など、いろいろなカテゴリーに属する複雑多岐な諸課題を含んでいる。そこでアメリカなどは、「軍備撤廃とアームズ・コントロール」、ソ連などは「軍備撤廃と部分的措置」といった言葉をもってそれらの諸課題を表現している(7)。

二　アームズ・コントロールとその諸問題

前述の連盟規約や国連憲章にも見当らない概念で、戦後超大国の核戦略と密接な関連をもって生まれ、核戦争への危機を除去することを目的として行われてきたものに、「アームズ・コントロール」(Arms control) という概念がある。このアームズ・コントロールという言葉は、軍備 (arms) の統制、規制、抑制、拘束、管制、管理など人によって多少のニュアンスが異なって使用されており、きわめて広汎な概念で、内容はもとより訳語の点でもかなりの混乱を生じている。

そもそもアームズ・コントロールとは、相手の軍備を制限するとか管理するということよりは、まずシェリング (Thomas C. Scheling) らが主張するように自己規制 (self control) を前提とすることを認識しなければならない(8)。この考え方を生み出した当事国においても、その意味、内容にさまざまの見解がみられる。アームズ・コントロールの代表的見解として、前記シェリングらは、「戦争の可能性や、万一発生した場合、戦争の範囲やそのはげしさを減少させ、かつ戦争に備えることの政治的・経済的コストを減少させるため、潜在敵国間に行われる軍事的協力のあらゆる型式をいう」とし、その本質的特徴は「潜在敵国間にあってすら、共通の利益を認めまた相換性と協力の可能性を認めることにある(9)」とする。

第二次大戦後の兵器の急速な進歩、特に核兵器の発達によって、いずれの国にとっても無制限な戦争は利益がなく、壊滅的な被害をもたらすとの認識から、現在では戦争を回避あるいは抑止し、または局限化するためのアームズ・コントロールが、各国安全保障政策の核心となっている。その具体的な方法として一例をあげると、次のような四方式のまとめ方が参考となる。(10)

Ⅰ　削減方式――核弾頭破棄、兵力引離し、国防費・人力削減

Ⅱ　積極方式――非脆弱化、兵力増強、有事核共同利用

Ⅲ　消極方式――核実験禁止、核第一撃禁止、ABM限定的展開、SALT協定、核拡散防止、核不使用宣言、非核地帯化

Ⅳ　予防方式――通信連結（ホット・ライン）、核実験探知網、各種査察

以上の分類方式に見られるごとく、アームズ・コントロールの方法は複雑多岐にわたる。これらの方法は具体的には、第一に国際的な条約（多国間および二国間条約）や協定に基づく措置であり、第二に、各国別の自主的な措置をふくむ。

第一の国際条約による主要なものとして、まず、多国間条約には、部分的核実験禁止条約（一九六三年）、宇宙条約（一九六七年）、ラテンアメリカにおける核兵器禁止条約（一九六七年）、核兵器不拡散条約（一九六八年）、環境変更禁止条約（一九七七年）、特定通常兵器の使用の禁止又は制限に関する条約（一九八〇年）がある。

さらに二国間条約の大部分は、アメリカおよびソ連間のもので、連絡手段の改善に関するものでありアメリカ・ソ連のホット・ライン協定（一九六三年）、アメリカ・ソ連の核兵器事故防止協定（一九七一年）、アメリカ・ソ連のSALTⅠ、ABM協定（一九七二年）、アメリカ・ソ連の核戦争防止協定（一九七三年）、アメリ

カ・ソ連のＡＢＭ制限条約の議定書（一九七四年）、アメリカ・ソ連の攻撃用戦略兵器制限条約（第二次ＳＡＬＴ一九七九年）などがある。

軍縮に関連する問題としては、核実験の全面禁止条約、化学兵器禁止条約、通常兵器の削減、軍事費の削減、兵器用核分裂性物質の生産停止、放射性兵器禁止条約、信頼醸成措置、軍縮と開発、米ソ戦略兵器削減交渉、米ソ間中距離核戦力制限交渉など多数ある。

戦後の主要な軍縮関係の条約を一瞥して明白な特徴は、軍縮交渉が核戦争の回避という大きな目標の下に行われたことである。その範囲は全世界（地球）だけでなく、広く宇宙にまでその規模を持つようになっている。また、軍縮条約の交渉当事国はほとんどが米ソ本位に進められてきた。以上の軍縮関係の条約の中でも部分的核実験禁止条約と核兵器不拡散条約は、両国が最も重視した取決めであり、また第二次大戦後に結ばれたアームズ・コントロール取決めのなかで、最も重要な条約といえよう。

特に前者は、大気圏内、大気圏外および水中における核兵器の爆発実験ならびにその他の核爆発を禁止したもので、地下におけるそのような爆発の禁止は将来の問題として残し、この条約の禁止対象から除外したわけである。この条約は、地下を除く他の環境での核爆発を禁止しているため、放射性降下物を増やさないという効果をあげることができる。人類の健康にとっての放射性降下物の危険性ということが、一九五五年ごろから核実験禁止問題を提起し、推進していく一つの大きな要因となっていたのである。

また核兵器不拡散条約については、軍縮条約の中でも重要な意義を持つものである。これらのいずれの条約も、米ソ体制の確立や核兵器国の増加防止を狙いとするものである点からみると、非核兵器国の反発は無視し得ないものがある。

戦後の軍縮関係の条約に米ソ間での交渉が行われ、締結されているものもある。これが大戦後の軍縮の最も大きな特徴となっている。それらの中で最も重要なものに、SALT（レーガン政権になってSALT－Ⅱに代わって戦略兵器削減交渉（START）が一九八二年開始された）があり、さらに一九八一年から行われている東西ヨーロッパの中距離核戦力（INF）制限交渉であり、一般に欧州戦域核戦力削減交渉といわれるものである（このINFは主として射程距離一〇〇〇―六〇〇〇キロ前後の地上、水中発射核ミサイル、爆撃機を指し、具体的にはアメリカのパーシングⅡ、巡航ミサイル、ソ連のSS20、などである）。この交渉でアメリカは、ソ連のSS20などすべてを廃棄し、米国の新配備計画を撤回するという、いわゆる〃ゼロ・オプション〃を提案し、ソ連は米ソが質量ともに現状で凍結し、九〇年までに三分の一以下に削減するなどの提案をした。STARTもINF交渉においても、米ソ間に大きな主張の差があり、問題解決には容易ならざるものがあった。

戦後の主要な軍縮関係の条約のなかには、米ソをはじめとする大国からのイニシアティブによらずして成立した条約もないわけではない。その代表的な例として、ラテンアメリカ非核地域条約（中南米二五カ国が署名）がある。一般にトラテロルコ（Tolatelolco）条約といわれるものである。同条約はラテンアメリカにおいて、核兵器の実験、製造、生産、取得、受領、使用、貯蔵、設備、配備など広範囲にわたって核兵器の禁止事項を規定している。本条約は核拡散防止体制の一環をなすものであり、地域的な非核化への一例といえよう。核時代に入ってから、非核地帯に関する提案がいくたびかなされている。しかし、本条約を除いてほかに非核地帯に関する条約はない。この点では、ラテンアメリカ非核地域条約のように非核兵器国の主導によって、しかも核兵器国の行動をも拘束することを目的としている点では、特異な条約であり、見逃し得ないものである。

第二次大戦後の軍縮交渉は世界的（地球的）規模の措置を対象とするものが多く、したがって、取決めが核大国本位に行われたことはすでにふれたが、その責任の一端は、軍縮・アームズ・コントロールの問題に対する中小国の関心の薄さ、認識不足などにあることも否定できない。しかし、そのような核軍縮の停滞の流れの中で非同盟諸国を中心とする非核保有国の要求で、一九七八年五月末から約一カ月間、第一回国連軍縮特別総会が開催されたことは、世界の軍縮の歴史上注目すべきことであったといえよう。

第三節　軍縮への道程

一　軍縮の課題

戦後、軍縮に関するいくつかの国際条約や協定が締結され、これらの条約および協定は、ある程度まで新しい相互理解の空気を生み出すのに役立った。しかし、それらの条約には軍拡競争を緩和するという課題、ないし軍備の現実の基礎に大きな影響をおよぼすという課題を満たす力はなかった。それを明白に示しているのは、前記軍縮総会におけるラザル・モイソフ（Lazar Mojsov）議長（ユーゴ代表）の演説である。同議長は、「国連総会が総会決議第一号で原子力兵器その他いっさいの主要兵器の廃棄を決議して以来、総会は三九六八の決議を採決した。うち二二八の決議が軍縮に関連するものだが、こんにちまでのところ軍縮努力の分野での決定的な突破口は開かれていない」と現代の軍縮における最も基本的な問題を指摘している。軍縮の歴史は今日に至るまで失敗の歴史といわれることが多く、現実には各国の利害が複雑にからみ合い、軍縮の会議は宣伝の場となることも少なくない。このような過去の反省から国連史上初の軍縮特別総会が開かれたのである。

この会議で参加国は軍縮に関する独自の考えを表明し、今日の軍縮問題における複雑な課題が提起され、さらに多くの提案がなされた。その後難航のすえ最終文書（序文、宣言、行動計画、機構の四文書）が承認されるに至った。[11] 特に重要視すべき行動計画では、軍縮交渉の優先順位を核兵器、その他の大量破壊兵器、軍隊の削減と定めた上で、さらに次の諸点に今後の軍縮の課題として勧告をしている。それは、①全面核実験禁止条約を早急に締結すべきである、②米ソ両国は戦略兵器制限交渉（SALT―Ⅱ）を早急に締結すべきである、③核軍縮と完全廃絶のため交渉を精力的に進めるべきである、④究極的にはすべての地域を非核地帯とすることを目ざし、非核地帯の設定を推奨する、などをうたいあげた。

しかし、それから四年が過ぎてどの一つを見ても満足な解決へのきざしはないといえよう。すなわち、①の核実験は米英ソは地下実験、仏中は相変わらず続行している。②のSALT―Ⅱは締結されたが米国で批准されなかった。③はほとんど進展がなく、④に関してわずかにラテンアメリカ非核地帯条約（トラテロルコ条約）に次いで北欧、中東に非核地帯化構想の芽ばえがみられるのみである。さらに最終文書では、軍縮に対する回顧および目標が多数掲げられたが次の三点は特に重視されるべき点であろう。まず第一に永続的平和と安全保障は、軍事同盟による兵器の蓄積でつくりだすことはできないし、また不安定な抑止力の均衡や戦略的優位のドクトリンによって、維持することもできないこと。第二に、（軍縮に関する）部分的措置はほとんど役立たなかったこと。第三に、（軍縮のなかでも）核軍縮と核戦争の防止に関する効果的な諸措置が最優先すること。

このように世界中の国が一同に会して米ソをはじめすべての国が、過去の軍拡と軍縮への反省をしたのである。なかでも注意を要するのは、第二の部分的措置への反省である。この部分的措置は、すでに前節でふれたように、一般にソ連がアームズ・コントロールという言葉をきらって軍縮交渉で使っており、国連では軍縮の副次的措置と呼ばれているものである。その内容は前田教授によれば、軍備の撤廃や大幅の縮小、あるいは包括的な軍縮措置に至らない、戦争抑止、平和強化などの諸々の措置を指すことになり、一九五五―五六年を境として、全般的な軍備縮小からいわゆる部分的措置などへと移行していった。[12] その一例として、一九五五年アメリカの米ソ相互空中査察案（アイク案）があり、これは包括的軍縮についての交渉の棚上げを反映する最初のものであるといえよう。その後国連の内部で全面的軍縮に絶対優先権を与えるべきか、それとも部分的措置をより広範な目標への階梯とみなし得るかという問題に関して、意見の対立があった。しかし、国連は、一九六一年にマックロイ＝ゾーリン協定に基づく「全面完全軍縮」に関する決議を行っている。その内容は、均衡のとれた段階的軍縮を八項目にわたって確認し、最後の項目で部分的軍縮措置について、それが全体的計画をそこなわずに、かつ両立するような形で促進することとしている。しかし、それ以後の歴史はすでにみたとおり、核軍拡競争が加速され、さらに軍縮交渉も国連の舞台をはなれ、米ソのヘゲモニーのもとでの部分的措置の枠組み、真の軍縮というよりアームズ・コントロールが展開されてきたのである。その大部分はバーナード・T・フェルド（Bernard T. Feld）教授の表現によれば、「こまぎれの軍備管理アプローチ」[13]といわれるものであった。

部分的措置がただ進行中の軍拡競争を調整するための措置として意図されたものであるなら、それらはこの競争を他の方向に移すだけのものとなる危険が存在するのである。軍拡競争を停止させ、つづいてこれを逆転させる上で、部分的措置もある役割を演じることはできるが、現実にそうなるには、それらの措置は中心的な軍事的重要性を持つ兵器の分野での大幅軍縮を目ざす一連の措置という形をとった、より広範な全体的計画の一部として構想されなければならないことが、今後の重要な課題となるのである。

その後、一九八二年六月から第二回軍縮総会が開催され包括的軍縮プログラム（CPD）など重要な議題があったが、米ソなどの対立、第三世界と西側諸国との確執などによって成果なく終った。

二　軍縮への動因

現代国際社会において超大国が核兵器をもって相対峙し、しかも国家の安全の窮極的な根源は軍事力であるという考えが支配しているかぎり、そして大国間の交渉であるか、あるいは交渉の動向を大国が支配している限り、その流れを変える可能性は皆無とはいえないまでも、非常に困難といわなければならないであろう。前記フェルトのいう「こまぎれ軍備管理アプローチ」は、それ自体が軍備競争の動因になってきた。核軍備のコントロール措置があるにもかかわらず、核軍拡が進行しているのではなく、ひとつの核軍備のコントロール措置が新しい軍拡の原因をつくりだしてきたともいえるのである(14)。

このような軍拡の動向にある現代の国際社会を、軍縮の方向へ変更する方法はあるのであろうか。ハーバード大学坂本義和教授は、その一つの手がかりとして、軍拡競争を「内在する対抗動向」に求めている。同教授は現在の軍備競争には、国家間緊張が存続する傾向、超大国優位を保持する傾向、軍拡への既得権益を保持する傾向の三つの動因が三重映しになっており、そうした傾向そのものがそれに対抗する傾向を内在させていると指摘している(15)。

すなわち、第一に国際対立のもとで「安全」を追及して行う軍拡が兵器の精度の増大などにより、著しく不安定・不安全な状況を生み出しつつある。したがって、米ソの安全そのものを確保するために、米ソは軍拡から方向転換を図らざるを得ない。これが内在的な対抗動向の一つであるとする。第二に、超大国がその優位を固定化しようという点で一致し、共同歩調をとれば、そのこと自体が両陣営内の結束をゆるめ、第三世界を含めて国際権力の世界的な多極化と分散化という対抗動向を助長せざるを得ないとする。第三に、国内での官僚システムの肥大化は、政治的疎外感を社会に瀰《び》漫させ、体制を支える権威や信念体系の空洞化という対抗動向を生じているという。

このような対抗動向を軍縮へ進む道程への起動力とすることを指摘し、具体的に次のように主張している。

相対的優位に立つ軍事的大国がまず軍縮のイニシアティヴをとり、軍備削減の結果として非大国への軍事的統制力を弱め、その半面で非大国が政治的影響力を相対的に強め、その国々が大国に軍縮の圧力をかけ、それによって大国の軍縮がさらに促進される、といった循環の過程がそれである。換言すれば、それは軍縮が政治的分権を進め、政治的分権化がまた軍縮を促進するという循環のモデルである。この軍縮過程の基本型が持続して反復されるならば、世界の完全軍縮へと前進することが可能となるという。しかし、同教授は、今日の軍拡の当事者自身が「アームズ・コントロールであり、このアプローチの特徴は、現存システムの基本構造を変えることなしに、その矛盾や撹乱要因を極小化しようとする点にあるが、その点にまたこのアプローチの限界がある。」と指摘していることを見逃してはならない。

すでにみてきたように、戦後の軍縮交渉が、アームズ・コントロールという戦争への危険を除去するシステムの研究から生まれたものであり、このアームズ・コントロールは核抑止概念を基礎とする戦略を前提とし、それと結合して存在している。したがって、不安定な状況となった場合に、核大国内部で軍縮への対抗動向が客観的に存在し得るとしても、その背後にある戦略的抑止を否定し、その放棄をせまる論理がなければアームズ・コントロールから軍縮への転換はおそらく不可能であろうとの批判もある(16)。

戦後の古くて新しい主題である軍縮問題のフォーラムは、すでにみてきたように、国連の場（総会、第一委員会、アド・ホック委員会、国連軍縮委員会、軍縮委員会など）を中心にし、さらに米ソ両大国間をはじめとする二国あるいは多数国間の間で行われてきた。しかし、その主役は、主権国家、政府であった。しかし、世界の軍縮は決して核兵器体系の開発、生産、保有、既得権益を持つ国家、政府中心の国連や米ソだけで達成できるものではないことを歴史は示している。そのような国際状況のなかで軍縮問題に関して注目すべき動向がいくつかある。

その第一は、一九七八年の第一回、国連軍縮特別総会が、非同盟諸国の要請により開催されたことである。これは、一国家、一民族をこえた課題として、全地球的・全人類的な観点からとりあげるという意味で、新しい世界秩序を志向する問題意識を持って開かれたものといえよう。前記軍縮特別総会には三一の「非政府国際組織」（NGO）が参加した（NGOはすでに一九七七年一〇月二四―二五日ジュネーヴに参集し、国連軍縮特別総会に向けての活動を検討し、それを受けてさらに一九七八年二月二九日から四日間同じくジュネーヴで会議を行った。このときには、国際団体七八、国内団体一八五に所属する四六カ国からの代表五一人が参加）。これらの団体が政府間会議と並行して非政府レベル、世界的な市民レベルのフォーラムを設定し、それが政府間会議に働きかけるという仕組みが現われてきたのである。これは従来軍縮問題における活動機関が、国連という場である政府を代表する政府間機構であったことからみると、大きな変革を示すものといえよう（さらに一九八二年の第二回国連軍縮総会では、七九のNGO組織が参加した）。

第二に、一九八一年六月二二日コペンハーゲンから出発した、八一年「ユーロシマ」という核廃絶をスローガンとする平和行進は北欧ばかりでなく、欧州全域にふくれあがった。その後のレーガン大統領およびヘイグ国務長官などの〝欧州限定核戦争〟の発言と相まってヨーロッパの反核運動をさらに燃えあがらせた。このような運動のなかで、米国は、欧州戦域核の〝ゼロ・オプション〟（欧州戦域核戦力削減交渉でソ連が陸上配備中距離ミサイルを廃棄すれば、米国はパーシングⅡ、巡航両ミサイルの欧州配備を中止すること）を用意することとなった。これは国民運動という国際世論の高まりが、軍縮交渉に大きな影響を与えたことの一端を物語るものといえよう。ここに見られる変化は、現在世界秩序の根底で起こりつつある大きな変革の一つの現れであり、長期的には、世界政治のあり方に重要な変化をもたらすものとも考えられるものである。

第三に各国政府とは関係ない政治家たちの軍縮を目ざす知的活動がある。これらの活動には、南北問題と軍縮問題を統一させ、南北サミット開催を勧告した一九八〇年のブラント委員会[17]は軍事支出と兵器の輸出に国際的課税という新原則を勧告している。さらに第二回国連軍縮総会に先立ち、世界の共通の安全保障が軍縮によってしか確保されないとして、いくつかの提言をしているパルメ委員会などがある。

さらに、核兵器の出現により、平和が全人類の悲願となり、戦争反対の声が一段と高揚した。このような情勢を背景に平和運動が世界的なスケールをもって登場してきた。世界平和評議会、パグウォッシュ会議などは、その代表的なものとして見逃せないであろう。

これらの平和、軍縮を目標とする一連の知的作業や国民の動きが、世界の軍縮への動因となり、今後の現実の政治を動かす一要因となるであろう。

絶えず流動化する核時代における国際情勢の中で、人間が直面している重大な問題の一つに、人間の社会と文明を根絶してしまうような破壊をまねく兵器の存在がある。なかでも最大の要因が核兵器であることはすでにくりかえしふれてきた。このような人類の生存を左右する軍拡競争への歯止めをいかに行っていくかが今後の課題である。軍縮への重要な進展には、前述のようにいくつかの要因がある。なかでも現実的な問題として、米ソ超大国に課された二つの基本的前提条件なしには達成し得ないであろう。

すなわち、その第一は、米ソ間の戦略兵器制限交渉（ＳＡＬＴ）ではなく、真の軍縮である戦略兵器削減交渉（Strategic Arms Reduction Talks＝ＳＴＡＲＴ《スタート》）を開始すべきであるというユージン・ロストウ（Eugene V. Rostow）米軍備管理、軍縮庁長官のことば（一九八一年六月二二日上院外交委員会での発言）のとおり、今後、一歩でも真の軍縮への交渉を進展させることが必要となる。

第二は、Ａ・ミュルダール（Alva Myrdal）女史が指摘するように、戦争で超大国が核兵器を最初に使用しないという誓約が必要であり、さらに超大国が核兵器を用いていかなる非核保有国をも攻撃しないという誓約が必要である。[18] このような誓約が保証されるならば、軍縮の手詰りを一歩でも打開し得るものであろう。キューバ危機のような事態が、今後米ソ間で起こらないという保証はなく、核時代における唯一の安全保障は、核兵器による戦争をしないこと、すなわち不戦以外にないであろう。

第二次大戦後の核時代における軍拡に入って、すでに半世紀がすぎた。軍縮は米ソ核大国だけの問題ではない。軍縮の成否はすべての国の一致した努力によってのみ達成されるものであろう。したがって、今後、全世界の国が国民が、平和と共存のために、アームズ・コントロールではなく、真の軍縮への探求の道を一日も早く歩む政治的意思の決定が重要な課題となる。そのような考えの根底になければならないのは、人類の生存は軍拡によるのではなく、軍縮によってしか確保されないことへの認識が最も重要となる。このことは前記パルメ委員会の報告書[19]にも明確に示されている。すなわち、

「全ての国家には、自国の安全を守る権利がある。……しかし、国家が互いに抑制し合わず、核時代の現実を的確に認識しないならば、安全性の追求は、競争を激化させ、政治的関係の緊張を増大させ、結局は、関係各国の安全を減少させることになってしまう。核兵器は、戦争の規模だけでなく、戦争の概念そのものを変えてしまった。核時代にあっては、戦争は政策の手段とはなり得ず、未曾有の破壊を引き起こすだけである。諸国家はもはや、他国を犠牲にして安全性を追求することはできない。すなわち相互協力によってしか安全は得られない。

核時代の安全保障とは、共通の安全保障を意味するのである。……兵器の規制と軍備縮小は、一方的利益ではなく共通の利益の追求である。共通の安全保障という政策が、現在の軍事的抑止力という政略にとって代わらねばならない。世界平和は相互破壊の脅威によってではなく、共通の生存を守る責任に基づかなければならない。」

世界と人間の未来と安全は、真の軍縮にかかっている。そのためには、パルメ報告の共通の安全保障構想に見られるごとく、すべての潜在的な敵に対し、何らかの優位性を持たなければならないという、二千年来の力に対する伝統的な思考様式を否定し、市民レベルでの新たな運動の出発がなされなければならないであろう。

注

（1）国連事務局編「軍縮と開発の関係についての研究」邦訳『世界週報』六三巻一、二号　一九八二年一月
（2）ストックホルム国際平和研究所編『軍備競争と軍備管理』ＳＩＰＲＩ年鑑　一九八二年　一八頁
（3）ノエル・ベーカ『軍備競争』前芝確三他訳　岩波書店　一九六三年　六三頁
（4）Ｈ・Ａ・キッシンジャー『核兵器と外交政策』桃井真他訳　日本外政学会　一九五八年
（5）国際法学会編『国際法辞典』鹿島出版会　一九八〇年　一五四頁
（6）前掲『国際法辞典』一五二頁
（7）前田寿『軍縮交渉史』東京大学出版会　一九六八年
（8）T. C. Scheling *Strategy and Arms Control*, The Twentieth Century Fund, 1961, p.5
（9）Schering, *op.cit.*, p.2
（10）高坂正尭他編『多極化時代の戦略』（上）日本国際問題研究所　一九七三年　四六五頁
（11）国連事務局編『国連軍縮年鑑』外務省　一九七六－七九年
（12）前田　前掲書　三四七・三五九頁
（13）湯川秀樹他編『核軍縮への新しい構想』岩波書店　一九七七年
（14）杉江栄「軍縮の現代的課題」『科学と思想』一九七八年一月号　九五頁

(15) 湯川　前掲書　二六四頁
(16) 杉江　前掲論文　九五頁
(17) ブラント委員会　同委員会報告『南と北』日本経済新聞社　一九八〇年
(18) A・ミュルダール『正気への道』ⅠⅡ　豊田利幸他訳　岩波書店　一九七八年
(19) パルメ委員会『共通の安全保障』森治樹監訳　日本放送出版協会　一九八二年

第十七章　冷戦終焉後の核軍縮

第一節　ＮＰＴ再検討会議

二〇〇〇年四月二五日より核拡散防止条約（ＮＰＴ）再検討会議がニューヨークの国連本部で開催され、五月二一日最終文書が採択された。そのなかで「包括的核実験禁止条約（ＣＴＢＴ）の早期発効に向け署名と批准を急ぎ、発効まで核実験は凍結する」とし、さらに「核保有国による核廃絶の明確な約束」という文言が盛り込まれた。

ミュルダール元スウェーデン軍縮相は「軍縮交渉の歴史は、巨石を押し上げては落とされる悲嘆に満ちたシシュフォスのゲームであった」と指摘している。シシュフォスは神の怒りに触れて地獄に落ち、いま一息で必ず転げ落ちる大石を山頂に押し上げる永遠の苦行を課せられたギリシャ伝説の主人公である。その苦悩は、ＮＰＴの歩みにもたとえられる。(1)

ＮＰＴ再検討会議の最終文書で核保有国がこれまで「究極の目標」としていた核廃絶を「明確な約束」としたことは、従来にない前進と評価されよう。一方、「ＣＴＢＴの早期発効に向け批准を急ぐ」という点は、冷戦終結後十有余年を経たにもかかわらず核軍縮は遅々として進んでいなかったことを物語っている。とくに世界中から注目されたのは、一九九九年一〇月一三日、世界最大の核保有国米国の上院でＣＴＢＴが否決されたことであろう。米国の動向は、世界の核軍縮の行方に直結するものである。ＣＴＢＴは、すでにヨーロッパの核保有国イギリス、フランス、さらに二〇〇〇年になってロシアにおいても批准されており、これらの国から米国の態度が無責任であると批判された。

米ソを中心とする東西対立が国際社会の多くの側面を規律していた冷戦期においては、米ソ間の核軍備競争に象徴される軍拡の流れが主流であった。核兵器の総数も最大時には、米国が三万二五〇〇、ソ連が四万五〇〇〇であり、戦略核兵器については米国が一万三〇〇〇、ソ連が一万一〇〇〇も保有していた。また冷戦の終了までに、米国は約一〇〇〇回、ソ連は七〇〇回の核実験を実施してきた。

冷戦終結にともない米国とソ連（ロシア）は戦略核兵器の削減、中距離核戦力の廃棄および戦術核兵器の撤去などにより、核兵器の大幅な削減を実施しており、核実験についても一九九六年九月にCTBTが国連総会において採択された。冷戦終結という歴史的な事実に直面して、国際社会は大きく変化しつつある。冷戦期には軍備管理として限られた範囲で行われていたものが、冷戦後は軍縮として実際に削減し廃棄する方向に変化している。しかし、東西の対立が消滅することにより世界的なレベルでは国際社会は平和になったと言えるが、大国の影響力の低下と民族的・宗教的対立の激化により、地域的なレベルではかえって紛争は増加している。

したがって、今後の軍縮問題は、核超大国の核兵器の削減は一層進めるという方向と同時に、地域的なレベルでの兵器の拡散という問題に取り組む必要がある(2)。

核兵器不拡散問題がはじめて国連の場で論じられたのは一九五〇年代だが、具体的に討議されるようになったのは一九六〇年代半ばのことである。この頃から原子力発電が世界的展開を示しはじめ、米ソは核のヨコの拡散に歯止めをかける必要に迫られた。その後、核保有国と非核保有国との対立、妥協を経て、一九六八年六月一二日国連総会はNPT推奨決議を採択、同年七月一日に米英ソ三国の首都で調印式を行い、一九七〇年三月五日に発効した。日本は一九七〇年二月に署名、一九七六年六月に批准した。NPTは一八八カ国（二〇〇四年二月）という軍備管理・軍縮条約のなかで最大数の加盟国をもつ条約である。

同条約では、一九六七年一月一日前に核爆発実験を行った国を核兵器国と定義しており、米、ソ、英、仏、中の五カ国がいわば公認の核保有国となっている。それ以外の国は非核保有国として核兵器の保有や開発を禁止されている。さらに条約の基本構成は次の三つのカテゴリーからなる。

第一に、核兵器国と非核兵器国のＮＰＴに関する双方の義務を規定（第一条、第二条）、さらにこの義務の履行を検証するための保障措置制度を規定（第三条）、いわば核兵器の水平的拡散（ヨコ）を禁止したもの。

第二に、条約交渉の過程で非核兵器国から主張された核兵器国の垂直的拡散（タテ）、すなわち核兵器国の核軍縮への努力（第六条）。

第三に、原子力の平和利用の促進（第四条、第五条）の規定である。

ＮＰＴが差別的であるとしてインド、パキスタン、イスラエル、キューバの四カ国は加盟しておらず、このうちインドとパキスタンは一九九八年五月に核実験を行って核保有を宣言している。

ＮＰＴの規定の遵守を確保し、運用状況を点検するために発効後五年ごとに条約の再検討会議を開催するとの規定（第八条）があり、さらに、効力発生後二五年でＮＰＴを無期限延長するか期限付延長するかを検討されることになっている（第一〇条）、この点に関し、一九九五年の第五回ＮＰＴ再検討会議ではいくつかの重要な条件と引き換えに無期限延長が決定された。

条件の一つは、「核不拡散と核軍縮のための原則と目標」を採択したことである。この原則と目標には多岐にわたる問題を挙げているが、重要な課題として次のような点がある。第一に、ＣＴＢＴを一九九六年内に締結すること、第二に、核兵器用核分裂性物質の生産禁止条約（ＦＭＣＴまたはカットオフ条約）の交渉の早期開始と締結、第三に、核兵器国が核廃絶を究極的目標として核削減のための「体系的かつ漸進的な努力を断固として追及」すべきであるとしている。

もう一つの条件は、「条約の再検討過程の強化」である。具体的には、二〇〇〇年会議に向けて九七年から九九年まで毎年一〇日間三回の準備委員会が開催された。しかし準備委員会は、核兵器国と非核兵器国の強い対立から実質的な前進はほとんどなかったようである(3)。

二〇〇〇年四月から開始された第六回NPT再検討会議では、すでに述べたようにいくつかの前進があった。しかし、非政府組織(NGO)や専門家の評価は〝赤ちゃんのようなわずかな歩み〟(『毎日新聞』二〇〇〇年五月二三日)と厳しいが、少なくとも後退はなかった。このNPT再検討会議の主な合意事項は、前回と比較すると表—17に示される通りである。

この最終文書には、次のような新たな合意が含まれている(表—17参照)。

第一に、核保有国が「究極的目標」という曖昧な表現で棚上げしてきた核廃絶義務について「明確な約束」を改めて世界に誓約させられた。その具体的道筋として、米ロには第二次戦略兵器削減条約(STARTⅡ)の完全履行と第三次条約(STARTⅢ)の早期妥結、弾道迎撃ミサイル(ABM)制限条約の維持強化を

表—17　NPT再検討会議の主な合意事項

	1995年	2000年
多国間条約		
核実験全面禁止条約(CTBT)	1996年末までに交渉完了	早期発効 発効まで核実験禁止
兵器用核分裂物質生産禁止(カットオフ)条約	即時交渉開始	5年以内の妥結の計画作成
米ロなど軍縮努力	核保有国は効果的な措置について誠実に交渉	START Ⅱの早期発効と履行 START Ⅲの交渉と早期妥結 ABM制限条約の維持・強化
廃絶努力	核廃絶は究極の目的	核廃絶達成を明確に約束

求めた。

第二に、これまで大きな争点ではなかった非戦略核兵器（戦術核）について、保有国に削減・廃棄を求めた。

第三に、削減した核を再び増やさない「不可逆性」の原則や、各国の核保有実態の透明性を高め、信頼構築と核軍縮に役立てると定めた。

第四に、ＣＴＢＴ早期発効に続いて核保有国が問われるのは、核兵器の原料の生産禁止をめざす兵器用核分裂物質生産禁止条約交渉を五年以内の妥結のために作業計画作りを定めた。

この会議で核廃絶の理念を強く主張したのは非核兵器国であり、従来の再検討会議では牽引役であった米ロの地位は相対的に低下している。

第二節　ＣＴＢＴの成立

一九九三年八月一〇日ジュネーブ軍縮会議は、ＣＴＢＴの締結へ向けての実質交渉を一九九四年から開始する決議を採択した。これは同軍縮会議において長年にわたり検討されて来たものであり、その重要性はかなり以前から国際社会において認められており、部分的核実験禁止条約においても言及されている。しかし同条約の締結交渉を実質的に進展させる条件が整うまでには時間がかかったのである。

ＣＴＢＴが具体的に交渉が可能になった理由には次のような点がある。

第一に急速に進展した他の軍縮交渉と同様に冷戦の終結であろう。第二に技術面の進歩により、既存の核兵器の維持や小規模な改良ならば未臨界核実験のような核爆発を伴わない方法が可能となったこと、さらに第三

に、核兵器国の安全保障にとって核兵器の拡散が最大の危機と認識されるようになったことなどがある。(4)

ＣＴＢＴは、一九九六年九月一〇日米国主導で国連総会を通り、同月二四日にクリントン大統領がほこらかにそれに署名した。しかし、同条約の交渉がまとまるまでには前述のように長い年月がかかった。交渉開始が合意されたのは一九九三年のことであり、具体的な交渉が始まったのは翌年の九四年からであった。さらに条約案が国連総会において採択されたのは二年後の九六年であった。会議では幾つかの問題があり、とくに具体的な期限を設けての核廃絶へ言及するか否かという問題、さらに発効用件を巡る問題で合意が成立しないまま交渉は事実上打ち切られた。但し、条約案に反対しているのはインド一国のみであり、実質的には交渉は合意に達していた。

かくてＣＴＢＴの早期成立を強く主張してきたオーストラリアを中心に国連総会に提案され、圧倒的多数の支持を得て採択された。この採択がなされるまでには次のような背景がある。

先に述べた一九九五年四月一七日からのＮＰＴ再検討・延長会議では、ＮＰＴ締約国一七八カ国のうち一七五カ国が参加し、第三世界の五〇カ国を含む九〇カ国以上が無期限延長の支持の立場にいた。その結果、九五年五月一一日には投票なしで無期限延長が決定された。その会議ではさらに次の二つの決定が投票なしで採択された。それは「条約の再検討プロセスの強化」と「核不拡散と核軍縮の原則と目標」である。前者は、従来五年ごとに開かれていた再検討会議を制度的に強化し、再検討会議の三年前から準備会議を開いて実質的な討議を行えるようにするという趣旨のものである。後者は、核不拡散と各軍縮のためにとるべき措置を列挙したもので、その主な点に次の三点がある。

第一は、条約の普遍性を達成するため、ＮＰＴ未加盟国、とくに保障措置を受けない核施設を有している未加盟国に条約への加盟を強く求めていること。

第二は、ＣＴＢＴの交渉を一九九六年中に完成させることとカットオフ条約を早期に締結すること。第三に、新たな非核地帯条約を早期に締結し、核兵器国がかかる条約の趣旨を尊重すること。この会議で挙げられていることは何れも非核兵器国の多くがそれまで主張していたものである。しかし具体的に期限を銘記して実現を迫ったのはＣＴＢＴの一九九六年中の完成のみであった。

核兵器国側が九六年中にＣＴＢＴを完成させるという約束に応じたのは、一つにはそれなくしては多くの非核兵器国ＮＰＴの無期限延長への支持を得ることが難しくしたがって核兵器不拡散体制の強化を図ることが出来ないという判断があったからである。[5] この点に関してクリントン大統領は一九九三年七月の声明において、包括的核実験禁止は、核拡散を防止する世界的な努力を強化することに繋がり、米国が実験を継続する利益よりも他国に実験をさせない不拡散の利益の方が大きいと述べている。

さらにＣＴＢＴの成立の背景には、一九六三年の部分的核実験禁止条約締結以来、米国は延べ八一七回の地下核実験を行った後九二年一〇月にモラトリアムを宣言したこと、さらにソ連（ロシア）は延べ五〇八回の地下核爆発実験を行った後九一年一月にモラトリアムを宣言して、それぞれ実験を自発的に停止していたことがある（英国も米国と同時にモラトリアムをおこなった）。他方、ＣＴＢＴの九六年中完成が約束されたことから、フランスは九五年から九六年一月まで六回、また中国は九五年から九六年七月まで四回それぞれ実験を行った後にモラトリアムを宣言した。[6]

ＣＴＢＴの内容の注目すべき三点を以下に指摘しておきたい。

第一に、条約で禁止の対象になるのは「核兵器の実験的爆発または他のあらゆる核爆発」であり、いわゆる「未臨界実験」（核分裂性物質を高性能爆薬により爆縮し、核分裂連鎖反応が持続しない未臨界状態で反応が止まるようにして行う核兵器実験）や、コンピューターを利用した模擬実験は禁止の対象とはならない。

第二に、条約の目的達成及び規定実施のために「CTBT機関」を設置するほか、国際監視システム、協議と説明、現地査察などから成る詳細な検証レジームが制度化された。

第三に、軍縮会議の交渉に参加し、かつ高度の原子力能力を持つと思われる四四カ国（五つの核兵器国のほかインド、パキスタン、イスラエルなどいわゆる「核の敷居」をまたぎつつあるとみなされるすべての国を含む）を付属書に掲げ、その四四カ国のすべてが批准することを条約の発効用件としている。

第四に、条約の再検討と改正に関し、平利目的核爆発実験の再開というCTBTの根幹に関わる事項も再検討の対象になることを明記しているにも関わらず、締約国の中から一カ国でも反対があれば、条約の改正は出来ない旨を規定している。すべての締約国に改正に対する拒否権を認めており、改正を厳しくしている。

米上院は一九九九年一〇月一三日、国際社会が冷戦後、長い年月をかけ新たに誕生した唯一の多国間軍縮条約CTBTとNPTの両輪による核軍縮・核不拡散路線を賛成四八票、反対五一票で拒否することになった。今回の拒否は、国際的に重要な条約を締結した大統領への反対であり、第一次大戦後の一九一九年ベルサイユ条約でのウッドロー・ウィルソン大統領に対する拒否以来、最も露骨な意思表示であるとの見方もある。(7)ウィルソン大統領は国際連盟の設立を柱として一四カ条を提起し、ベルサイユ会議で中心的な役割を果たした。上院の拒否で、国際連盟は米国抜きで発足することになった、このときも米国では大統領選を控えて、共和党が大きく保守主義にシフトした。

なお、上院が明確に承認を拒否した条約案件は、前述のベルサイユ条約を含めCTBTまでわずか二一件のみである。多くは外交委員会において握り潰し状態にあったり、委員会の報告があったとしても政党指導部の判断で本会議に上程されなかったり、あるいは大統領が上院の承認を得られないと判断して撤回したものが少なくないのである。国立国会図書館専門調査員の松橋和夫氏の調査によれば、第一〇七議会（二〇〇一年―二〇〇二年）においては、二年間で二一件の条約が提出され、そのうち二〇件が承認され、拒否はなかった。さらに同議会において審議された条約中には一〇年から二〇年も前から継続審議となっているものもある。(8)

上院が批准拒否をした翌日、クリントン大統領は記者会見で、「最悪の党派政治だ。これで核実験禁止に反対する大統領が誕生したら、未来は真っ暗だ」と怒りを表明し、さらに、共和党の一部に見られる「新たな孤立主義」を批判した。(9)

米国は、唯一の大国として世界を主導する「国際主義」に立つのか、それとも「新孤立主義」に閉じこもるのかという議論が久しぶりに行われた。中でも注目されるのは、バーガー（Samuel R. Berger）大統領補佐官（国家安全保障担当）が、一九九九年一〇月二一日外交問題評議会で語ったことである。同補佐官は政府と議会共和党の対立に関連して、「孤立主義的な右派の主張は、単に党派的な動きではない。米国の役割についての確固とした信念に基づいている」と指摘し、米国と世界のかかわり方をめぐる外交論として問題提起した。「新孤立主義」台頭の背景について、「米国の行動の自由が奪われるのではないかという危機感にとらわれている」と指摘している。その特徴として、第一にCTBTに代表される多国間条約には、米国の主権と、優位に対する脅威を理由に加わらないこと、第二に国連平和維持軍（PKO）などの責任負担を嫌うこと、第三に地域紛争解決への関与を拒むこと、第四に敵のはっきりしていた冷戦時代への郷愁から中国を新たな脅威とみなすこと、第五に国防予算は大盤振る舞いするが、危機や紛争の抑止には予算を投じないこと、の五点をあげている。

バーガー補佐官は「新孤立主義者は、周囲にバリケードを築いて、米国を要塞化し、他国がどう反応しようとお構いなしだ」と痛烈に批判している。さらに「パワー」と「権威」は区別すべきと強調し、「力や制裁で相手をねじ伏せるパワーは最後の手段だ。米国のパワーが脅かされる恐れはないが、新孤立主義に流されると、

価値観や信頼感をもとに他国をリードする権威を失う」と警告している。(10)

第三節　今後の課題

米国議会では一般に重要な国際条約、特に軍備管理・軍縮の条約には、数週間から数カ月の時間をかけて公聴会や議論を行ってきた。ＣＴＢＴは、調印後二年以上棚上げされ、一週間足らずの審議しか行われなかった。軍備管理の専門家チャールズ・ファーガソン（Charles Ferguson）氏によれば今回の審議では、政治家は思考をストップさせ、党指導部の方針通りに行動した。一―三カ月ほどのきちんとした議論が行われていれば批准されていたであろうと述べ、さらに皮肉なのは、この条約が核兵器における米国の優位を維持し、他の国の核兵器開発に足枷をはめるものであり、米国の国益にかなっていると述べている。(11)

この点に関し政府は、第一に米国は核実験抜きでも最新技術により現在保有する核兵器の信頼性維持は可能、第二に他国の条約履行状況は相当程度検証可能、第三に新たな核保有国の出現を抑制できる、との主張を展開した。

共和党の主な議員の反対の理由には、条約は非常に危険であり、核兵器の安全性と信頼性の検証が必要であり、他国の行動にかかわらず、核兵器の安全性確保のために地下核実験を継続しなければならないとして核兵器維持のため核実験を行うべきことなどをあげている。さらに、他国が隠れて行う核実験を防ぐことができないという点も指摘している。そもそも全ての実験を監視することは無理な話であり、地震学者によれば、「一キロトン以上の規模の核爆発なら探知可能だが、それ以下は探知出来ないかも知れない」という。しかしその程度の実験では高性能の核開発は不可能であると、前記ファーガソン氏は述べている。

　クリントン大統領は、ＣＴＢＴ批准問題で批准の可決が困難と見て、一九九九年一〇月一一日批准採決を延期するよう求める書簡を、ロット（Trent Lott）院内総務宛てに送った、同書簡でＣＴＢＴは国益にかなうとしつつもかなりの数の議員が同意していない旨指摘し、採決で批准が否決されるのを防ぐため採決の延期を要請した。これに対しロット院内総務は、これより先批准採決を延期する条件として、大統領に、単なる延期要請でなく二〇〇一年一月までの大統領の任期中は二度と採決を求めないことを要請した。採決延期の責任を大統領に押しつけたうえ、ＣＴＢＴ批准への反対を二〇〇一年の大統領・議会選の攻撃材料とされないようにするのが目的とみられている。

　一般に米国では大統領の任期切れが近づくと、議会への影響力が急低下し〝レイムダック〟（手足の不自由なアヒル）となるといわれている。議会対策で早くから手を打ちながら自ら先頭にたって努力をしてきたが、採決の延期すら実現出来なかった大統領は、自身がレイムダック状態に陥りつつあることを内外に露呈してしまったといえよう。

　米国上院のＣＴＢＴ批准拒否は核不拡散を目指す地球規模の努力に水を差す行動である。クリントン政権および議会の共和、民主両党は改めて妥協の道を探り、批准に向けた努力を継続する必要があろう。それが米国の国際的な責任である。ＣＴＢＴの批准拒否の背景にあるのは、前述のように内政の問題であり共和党の反クリントン感情といえよう。

　クリントン大統領は批准否決の後、シャリカシュビリ（John Shalikasivili）前統合参謀本部議長を特別調整官に任命し、議会工作に当たらせるなどダメージ回復に努め、さらに大統領自身ヨーロッパをはじめ二〇〇〇年三月には、事実上核保有国となったインドを訪問し、同国にＣＴＢＴへの加盟の要請をした。

一方、ロシアは二〇〇〇年四月二一日ＣＴＢＴを批准した。その背景にはいろいろ考えられるが米国に対する牽制がもっとも大きなねらいとされている。ロシアの批准を含め二〇〇四年三月までに一〇八カ国が批准している。ＣＴＢＴが発効するためにはすでに述べたようにジュネーブ軍縮会議参加国のうち研究用、発電用原子炉を保有する四四カ国の批准が必要であるが、核保有国の米国をはじめ、九カ国が批准していない。これ以上核拡散を防ぐためにも米国はＣＴＢＴの批准に踏み切るべきである。

注

（1）『毎日新聞』　二〇〇〇年四月二一日
（2）黒沢満『軍縮問題入門』東信堂　一九九九年
（3）川崎哲「ＮＰＴ再検討会議で問われるべきこと」『世界』　二〇〇〇年五月号
（4）黒沢　前掲書
（5）木村修三「核兵器不拡散体制と核軍縮の将来」『人間科学総合研究所報』　第八号　二〇〇〇年三月
（6）木村　前掲論文
（7）*The New York Time*, Oct. 15, 1999
（8）松橋和夫「アメリカ連邦議会上院における立法手続き」『レファレンス』　第五四巻第五号　二〇〇四年五月　四七頁
（9）「孤立主義に傾くアメリカ」*NEWS WEEK*, Oct. 27, 1999
（10）『朝日新聞』　一九九九年一〇月一三日
（11）「日本よ、軍縮の先頭に立て」*NEWS WEEK*, Oct. 27, 1999

第十八章　冷戦終焉と軍民転換

全世界で今やインターネットが日常化している。高度情報通信は、今や国民生活の基本的な社会基盤として欠くことのできないものとなっている。このインターネットはもとをたどれば米国防総省によって米ソ冷戦時代に軍事用の通信網として研究開発され、冷戦後に軍民転換により情報通信技術のノウハウを生かし、関連企業が個々の企業の枠を越え、国家、国際レベルまで発展したものである。一九九五年末、政府も高度情報通信社会推進本部を設置し、通信関連社会資本の高度化の促進がなされた。さらに公的分野の情報化の方針を表明し、一九九五年は「情報通信基盤整備元年」と位置付けている。

このような高度情報通信技術は文化、産業の歴史の中でも重要な意義をもつ大きな変革をなすものといえよう。まず第一に、情報伝達という文化の歴史の中で文字の発見、さらに印刷術の発明につぐ第三の大きな変革といえる。さらに産業の歴史の中でも第一次産業革命および第二次産業革命につぐ第三の革命であり情報産業革命とまでいわれている。

第二次大戦の終結はその後約五〇年国際政治・経済を規定する東西冷戦の幕開けでもあった。人類に多大な被害をもたらした第二次大戦の教訓から、国際的な平和と安全の維持を第一目的とする国際連合が創設された。しかし大戦末期から相互に警戒心を強めていた米ソ両国は次第に対決姿勢を顕著にしていった。米ソ間の究極的な対立因子は基本的価値観の相違、あるいは共産主義と自由主義というイデオロギーの相違にあるが、ソ連が東欧諸国に共産党政権を樹立させるなかで米国は一九四七年三月の『トルーマン・ドクトリン」にみるように、反ソ・反共姿勢を明確にした。こうして米国と西欧諸国、ソ連と東欧諸国という東西二極化が進行することになった。

第一節　軍拡が生んだ先端技術

戦後の国際政治は、戦争に対する深い反省から、平和維持に対する固い決意と強い希望のもとに国際連合を中心にして出発した。しかし、現実の世界政治は東西両体制の、パワー・ポリティクスを媒介にした軍事的対立をその主軸にして形成された。そのために、核抑止論を戦略の中心とする米ソ二極の超大国は、核兵器を頂点として、通常兵器に至る全兵器体系の開発を進めてきた。その開発および保有の軍事力拡大競争は、今日、米ソのみならず第三世界に至るまで進行し続けている。それは戦後の数多い紛争、戦争など軍事介入をひき起こす一要因となり、特に中東、アフリカ、アジアなど主として第三世界で発生し、「パワー・ポリティクス」の思想が、今日の国際政治のなかに深く浸透し、伝播していることを物語っている。

世界の軍事力拡大化への国際環境は、第二次大戦後いろいろな要因および形態で進行してきた。こうした戦後世界の軍事化のなかで重要な問題として、第一に指摘すべきことは、北の世界で行われた核軍備競争である。さらに、超大国のパワーが相対化されるなかで、米ソ両国は軍事技術の向上につとめ、戦略兵器の量的制限にもかかわらず、質的向上をめぐって軍備競争を展開している。

さらに、軍事力拡大に関して第二に問題となるのは、軍備競争の対象となっている範囲である。莫大な規模と急速な拡張によって示される核兵器を頂点として、生物・化学兵器など高性能な爆薬、化学薬剤さらに焼夷弾などからその他の通常兵器に至るまで、兵器体系の範囲及びその内容は非常に複雑多岐にわたっている。このような兵器体系をもとにした軍事力の拡大は、地上および海洋を含んだ地球ばかりでなく、宇宙空間にまでその領域を拡大し、その行動基地を持っている。

なかでも宇宙空間は最も高度なテクノロジーを必要とし、航行、監視および目標識別など核戦略や戦術の目的のため欠くことのできないシステムとなってきている。特に人工衛星は、核軍備競争においてその重要性を増しており、現代の核戦略のなかでは最も不可欠といわれる通信(Communication)、指揮(Command)、管制(Control)および情報(Information)いわゆるC^3Iの確保が重視され、人工衛星への依存が一段と高まっているのである。以上のように、軍事力拡大あるいはその直接の媒体をなしている軍備（兵器の研究、開発、実験、生産、配備、使用およびそれに関係する組織など）競争が全世界的な現象になった。

軍備拡大の要因には国内的な面からの考察も必要である。なぜなら現代社会の軍備拡大活動が軍事機構のみによって立案し、実行されるものではないからである。現代の軍拡の要因となる最も大きな二つの要素がある。その第一は、一国の軍拡政策が政治指導層によって決定されることは当然であろうが、現代社会においてさらに重要な意味を持つのが、軍部と産業界の提携、すなわち「軍産複合体」の問題であり、第二は兵器競争を限りなくエスカレートさせる「軍事テクノロジー」の問題である。軍拡の中心をなすのは、核兵器をはじめとする超近代兵器であり、さらに通常兵器に至る各種兵器の開発、実験、生産など広範囲なものである。これらの兵器体系には、長期のリードタイム(計画達成までの期間)が必要とされ、それに伴う莫大な予算配分をめぐって、安定した軍需市場と巨大な利潤を伴う利益集団を形成する。

第二節　冷戦終結と国際社会

軍産複合体の問題が広く国民の間で論議されるようになったのは、一九六一年一月一七日にアイゼンハワー大統領が行った告別演説からと一般にいわれている。この有名な演説のなかで同大統領は「巨大な軍事組織と大軍需産業の結合体、つまり軍産複合体という現象はいままでわが国にはなかった新しい現象である。この結合体は連邦政府のあらゆる部門で、あらゆる州議会で、またあらゆる都市で政治的、経済的、いな精神的にも影響力を発揮している」と軍産複合体の危険な側面を指摘した。第二の軍事テクノロジーの点で問題となるのは、軍備競争が兵器の質をめぐっての競争となり、特に核軍備競争は軍事テクノロジーの競争となる。この点に関して、坂本義和東大教授は、軍事的テクノロジーの自己運動とも見える開発の連鎖が、現代社会における軍拡の重要な要因であると指摘している。軍事的技術の進展が必然的に今日の軍備競争を生み出すのではなく、技術を開発利用するのは人間であり、社会であり、また、それらを決定するのは政治的選択の問題であることを見逃してはならない。

東西対立は、一九六〇年代に入ると次第に変化をみせ始めた。それまでにも東西間の緊張は、一九五三年三月のスターリン（Joseph C. Stalin）の死後に推進されたソ連側の平和共存外交、一九五七年八月のソ連による大陸間弾道ミサイル（ＩＣＢＭ）の完成等によって、次第に緩和の方向を辿っていた。しかし、そうした方向を明示したのが、一九六二年一〇月のいわゆるキューバ・ミサイル危機を契機とする、米ソ間の関係安定化への一連の動きであった。

キューバ・ミサイル危機は、戦後の米ソ間の対立のなかで最も深刻なものであったが、他方で、米ソ両国に相互自滅に他ならない核戦争の回避こそが至上の共通利益であるとの認識を持たせ、直接的対決を防止するための一種の協力関係に向かわせたのである。一九六三年六月締結の「米ソ直通通信（ホット・ライン）協定」はその代表的なものであり、その後、米ソ両国の直接的対決を回避しようとする要請は一層強まり、共存デタント（「緊張緩和」）へと、両国関係を示す名辞も変化していった。米ソ間のデタントは、それまでの米ソを各々頂点とするハイアラーキカルな二極構造を弛緩させる効果を持ち、国際社会の内部に「多極化」と呼ばれる新たな状況の出現をもたらしたのである。

Ｈ・キッシンジャーはかつて、一九六〇年代後半以後の国際社会を論じて「軍事的には二極、政治的には多極」と評した。多極化とは、あるパワー（国力）の側面を持つ国が、もし欲すれば、国際社会のなかで中心的役割を演ずることが可能になり、米ソ両超大国といえどもそれらの国の参加なくしては世界政治経済の運営を円滑に図れない、というものである。その場合のパワーとは、伝統的には軍事力を指してきた。しかし、核兵器に象徴されるように、戦後の世界において軍事力が必ずしも国益追求のための合理的手段であり得なくなると、パワー＝軍事力との等式は成立し難くなり、次第にパワーは軍事力の他にも多様な側面を持つものとしてとらえられるようになった。

だからこそ、経済大国や資源大国といった概念が生まれ、国際社会の相互依存関係の深化と相俟って、軍事的には小国であっても、経済大国あるいは資源大国ならば軍事大国に死活的な影響すら及ぼし得るような状況が登場したのである。多極化は決して安定かつ固定的なものでなく、さらに東西関係の枠組みでは処理し得ない問題が主要な争点として登場してきた。ここに今日の国際社会において東西問題から南北問題へと争点の移行がなされてきたのである。

米ソ間にデタントが進行する一方で、両国は質の向上をめぐる核軍拡競争を行う。さらにソ連では東側ブロック内のイデオロギー的引締めを強化し、米国に対するグローバル・バランスの有利な修正を図るための対外行動がとられてきたのである。ソ連軍による一九七九年一二月のアフガニスタン侵攻は「デタントの死滅」とか「新しい冷戦の到来」と指摘された。

さらに、一九八〇年代の初め、米国の安全保障政策、とくに核戦略政策にとって最も重要な影響を持ったものは、レーガン政権が一九八三年以来研究開発を進めてきた戦略防衛構想（ＳＤＩ）であった。レーガン大統領は八三年三月二三日、ＳＤＩ演説を行い、八四年一月、国防総省にその研究と開発を進めるＳＤＩ局を正式に発足させた（八九年一月、ブッシュ政権が誕生した後、ＳＤＩ局は解組）。以後戦略防衛構想は米国の内外で大きな反響を呼び起こした。一九七〇年代から八〇年代におけるデタントから、再度「新冷戦」時代に逆戻り現象が起きてはきたが、基本的には時代の流れは崩れることはなかった。その例として一九八七年一二月の中距離核戦力（ＩＮＦ）全廃条約調印、一九九〇年五月の戦略兵器削減交渉（ＳＴＡＲＴ）合意、等がある。

一九八九年一二月三日、地中海のマルタ島で戦後の冷戦の終焉を告げるブッシュ大統領とゴルバチョフ議長との米ソ首脳会談が行われた。東欧諸国に劇的な変化が起こり、翌九〇年には東西ドイツの統一、さらに九一年七月にはワルシャワ条約機構が解体、同年一二月にはソ連邦そのものが崩壊した。この時点で第二次大戦後の国際政治の基調となってきたヨーロッパを中心とする東西冷戦構造が名実ともに崩壊した。

冷戦の終焉の、要因や原因については多くの論者が言及しており、鴨武彦東大教授は、同氏の著書『国際安全保障の構造』の中で次の四点を指摘している。第一は、七〇年代のデタントとは異なって、米ソの政治指導者たちによって米ソ相互の認識を基本的に変えようとしていることである。第二に、ソ連自身の変化であり、ゴルバチョフ政権は内発的な変革を試み、対外行動様式に変化をもたらした。第三に、冷戦終焉に向けての変化を多数の国や市民が敏感に受けとめるようになった。第四は、米ソの軍拡競争は国際安全保障の体制を確立できないこと、さらに、米ソをはじめヨーロッパの多数の国々が、米ソ両ブロックの軍事的対決の構造を崩していく必要があるという共通の認識をもつようになった（鴨教授は前掲書の中で、冷戦の終焉化の、要因ないし原因にはまだその過程、直中にあって終りをみていないと指摘し、米ソの核戦略上の行き詰り、軍事体制の行き詰りの現実認識があると述べている）。

ソ連の崩壊を契機として、旧ソ連邦の内部と解放後の東欧諸国の各地で、冷戦構造のなかで抑圧されていた民族主義のエネルギーが自立と新しい秩序を求めて噴き出した。世界が現在経験している構造の変容の要因は、すでに過去二〇年以上にわたって徐々に進行し、現在にいたって、今後も継続されるであろう。

冷戦後の世界における不安定の要因は冷戦時代よりも複雑多岐にわたっている。そのいくつかの背景を考えてみる。

第一に、冷戦の終焉により東西間のイデオロギー上の対立はなくなったが、ナショナリズムの対立やそれと相容れない部族や宗教などが複雑に絡みあった紛争が増加している。それは親ソか反ソかという冷戦時代の単純な分け方ができない。

第二に、国家の統治機構が崩壊し、無政府状態に陥っている内戦の場合には、各グループと停戦協定を締結しても、それを遵守する指導性にも問題があり、戦闘員と非戦闘員の判別も困難となっている。

第三に、冷戦時代には、大量の核兵器を保有している米ソ間の直接の軍事衝突を避けるという暗黙の協調関係があったが、冷戦の終結でそのような協調関係が望めなくなった。

第四に、冷戦後の世界において国連とともに地域紛争解決の中心的役割りを期待されている超大国・米国自身が世界最大の債務国で財政赤字と貿易赤字をかかえ、安全保障政策上根本的な改革、見直しが迫まられている。

ソ連邦の崩壊で明確な脅威が存在しなくなり、それを「封じ込める」必要性もなくなった。国防総省では米陸・海・空・海兵四軍の統合作戦能力の向上や諸外国の軍隊との連合、共同作戦能力の向上についても検討をはじめることとなった。それを具体的に示しているのは一九九五年の国防報告である。同報告は、「孤立主義はいかなる形であっても米国の安全保障を減退させる」とし、米国がアジアをはじめ世界各地の安全保障、地域紛争に今後も関与する方針を強調するとともに、日本などとの同盟関係の強化を打ち出している。具体的には、欧州とアジア・太平洋両地域で各一〇万人の米軍兵力を維持する方針を示している。しかし、同時に同盟国に対して負担増を求めており、米国一国で世界の安全保障に責任を持った冷戦終結前の「世界の警察官」時代からは大きく変ぼうしたものとなっている。クリントン政権下の国家安全保障戦略の中心は「関与と拡大」戦略という新時代の新戦略（A New Strategy for a New Era）である。その主要な構成要素は次の三点である。

第一は、安全保障の向上であり、米国は強大な防衛能力を維持するとともに集団安全保障体制を推進する。

第二は、国内の繁栄の促進であり、米国はより開放的で公正な国際貿易体制を生み出すために他の諸国と協力し、世界の経済成長を刺激することにより、自国の経済力を高める政策を追求する。

第三は、民主主義の奨励であり、米国は世界中の自由市場を持つ民主主義諸国の共同体を保護し、強化し、拡大するために努力する。

以上のように米国の国家安全保障戦略は冷戦時代の軍事力中心の戦略から冷戦終焉後の経済力を重視する戦略が示唆されたものとなっている。このような動きは、米国ランド研究所のフランシス・フクヤマ（Francis Fukuyama）上級研究員が『歴史の終わり』で指摘しているように、世界中で民主主義や資本主義社会が広がり各国が基本的に似たような組織を持つに至ったことを示すものといえよう。

冷戦終結に伴う軍縮の国内経済・産業に与える影響を予測した調査報告が米議会付属の調査機関、技術評価局（OTA）により一九九二年二月二一日に発表されている。それによると、米国の軍需関連産業は二〇〇一年までに年間二五万人のペースで減り続け、現在雇用の六〇〇万人のうち二五〇万人が職を失う。特に軍需産業が集中する地域の経済は深刻な影響を受け、民需への転換は困難になるとしている。冷戦時代に肥大した米軍需産業の削減に関しては、政府、議会内で「原則賛成」の議論が圧倒的だが、軍需産業依存度の高いマサチューセッツ、カリフォルニアなどの州の議員からは慎重論が出されるなど「各論」では議論が百出している。

米国の国防費は、一九九〇年をピークにして冷戦の進行に伴い減少が続いている。一九九〇年には二九三〇億ドルであったが、冷戦の終焉後の一九九五年には約二五六〇億ドルとなり、総予算に占める割合も五・七%から三・七%に減少している。さらに一九九七年は二四三〇億ドルへと国防費は削減されている。内容的に見ると人件費の削減は困難であり、削減の主要因は武器の購入費と研究開発費となり、両者の一九九〇年と一九九七年とを比較すると、前者では八一四億ドルから三九〇億ドル、後者は三六五億ドルから三四七億ドルに削減している。しかし国防総省が一九四五年から九五年度までの五〇年間に支出した研究費は累計で名目六八一五億ドルであるといわれる。この莫大な予算が投入された蓄積をいかに活用するかが長年の冷戦の遺産の評価の分かれ目になることとなる。いかに産業の再生と競争力の強化に活用できるかということである。

米国経済の生産性について岡本行夫氏は、一九九二年から急上昇しており、特に製造業の体質強化は、目を見張るものがあると指摘している。それは、第一に八〇年代に米国企業が継続してきた機械設備投資の効果が出てきていること。第二にダウンサイジングを含めた企業のリストラの効果の故である。さらに一九九七年に入って雇用統計などの面から景気の減速感が出てきているが、中期的に見れば米国の競争力は強いまま推移するだろう。生産関数まで変えつつある技術革新が二〇〇〇年を超えて米国経済をけん引していくだろうといわれた。(1)

冷戦終焉後、米国における高度情報技術が米国内外の経済をけん引した背景には、まず第一に前述の国家安全保障戦略における新戦略という重要方針がある。

第二に、具体的には長い間の冷戦下で研究開発してきた情報通信技術を産業政策として、政府主導で推進しつつ、それで全米さらに全世界に情報流通体制をつくりアメリカを情報通信大国、今日のマルチメディアの世界につくるという戦略がある。

クリントン政権の高度情報通信政策はゴア副大統領が政策参謀であり、同氏は政権が発足する前に表明している。一九九二年、上院議員時代に病院や企業間の高速情報ハイウェイを整備する情報インフラ・テクノロジー法案(Information Infrastructure Technology Act＝IIT)を提出している。さらにクリントン政権の情報スーパーハイウェイ(National Information Infrastracture＝NII)構想が世界をかけめぐっており、高性能コンピュータ・ネットワークのインターネットを開発し、教育や医療、電子出版、映画娯楽などのサービスを提供する高速通信網を建設するというものである。具体的には、アメリカのすべての教室、すべての診療所、すべての図書館、すべての病院を二〇〇〇年までに一つの全国的インフォーメーション・スーパーハイウェイに結びつけるというものである。

第三節　ハイテクと共生の世紀へ

米国防総省の軍民両用技術開発という従来からの方針の転換をも見逃すことができない。

戦後の長い冷戦下での軍拡競争の中で米国は軍事研究・開発および生産は「軍産複合体」という傘の下に引き込まれ、民生目的への応用が制限されていた。しかし、冷戦終焉後にはじまる軍縮の時代になって、経済の軍事化からの脱出による経済再活性化と国際競争力の強化の方針が出された。軍産複合体の再編と軍事技術の民生転換は、すでにブッシュ政権から重要な課題となっていた。この政策課題はクリントン政権に引き継がれた。その内容は、一九九二年九月にクリントン候補が大統領選挙中に発表した資料（Technology The Engine of Economic Growth）に見ることができる。アメリカは軍事技術に依存して生きて行くことばできない。今日、高度技術の推進力は、軍事技術ではなく民生技術である。民生技術の強化によってのみ国家は安全保障と経済競争の両部門における問題を解決することができるとしている。

さらに、クリントン大統領は政権スタート直後に国防再投資転換プログラムを決定している。一九九三年から一九九七年度に約二〇〇億ドルの政府支出で転換を支援しようという計画である。この転換支援の計画は三つの点をカバーしている。その第一は国防産業の従事者の教育・再訓練ということであり、第二は軍需技術の民需転換、あるいは軍民両用の技術開発という点であり、第三は国防依存地域（軍事基地あるいは軍需工場がある地域）の転換のための手当である。転換の基本は軍需産業としてのリストラクチュアリングである。クリントン・ゴア政権の軍民両用技術開発の方針の具体化は、国防総省の軍事技術開発の中枢である国防高等技術計画局（ＤＡＲＰＡ）から〝国防（Ｄ）〟を除いて高等技術計画局〈ＡＲＰＡ〉に改称したことに明示されている。

かつて情報産業の集積地としてカリフォルニアのシリコンバレーがその名を全世界に知られていた。しかし最近では首都ワシントン近郊のネットプレックスが高度情報化時代における一大拠点として世界の注目をあびている。このネットプレックスという名は、小林知代ワシントン・コア代表の「ネットワーク」と「コンプレックス（複合体）」との造語であるといわれ、ネットワーク関連業者の集積を意味するという。現在米国ではサービス産業が七五％を占めているといわれ、二一世紀に入って高学歴の人材が高付加価値の情報通信サービス部門の産業に従事する割合も増大している。[2]

米国においてこのような高度情報通信産業が普遍的たりえた理由はどこにあるのだろうか。ＮＴＴアメリカ社長の林紘一郎氏は、米国が世界最大の経済規模を有すると同時に、次のような国内事情から、自ずと最も自由で開放的かつ透明な制度を持たざるを得ないとしている。[3]

第一、移民国家で国内にさまざまな人種を抱えたミニ世界である。

第二、経済活動、言語、宗教など驚くほど多様な社会で、何が公正か、何が平等かに敏感である。

第三、英語が米国の共通語であることを超えて世界の共通語になりつつある。

第四、東海岸と西海岸の間だけでも三時間の時差があり、州の力が強く多様性に富んでいるなど、グローバルにものを考える素地がある。

しかし、これらの諸点は冷戦構造下でも存在したものではあるが、最近の米国のリーダーシップが発揮されたことによって具体的に証明されたと見るべきであろう。

二一世紀は、世界中のネットワークを代表とするグローバル化、ボーダレス化へと世界は大きな変革の時代に突入している。ベルリンの壁の崩壊を象徴とした第二次大戦後の長い冷戦の終焉によってもたらされた高度情報化時代を迎えて、複雑・多岐な国際環境の中で従来の枠を超え、共通に取組むこととなろう。新しい国際秩序をつくり、人間とテクノロジーが共生する時代を迎えることになるのであろう。

注

（1）『日本経済新聞』一九九六年二月八日

（2）『日本経済新聞』一九九五年一二月二八日

（3）林紘一郎「ＩＴＳ資本主義による米国の優位」『アステイオン』一九九五年春号。

尚、本章中の引用資料のほか、奥村皓一「冷戦終結とアメリカ国防産業⑴⑵」『経済系』一七七・一七九号を参考にした。

終章にかえて——今後の外交・軍事政策形成における連邦議会と大統領

一九八九年米ソ冷戦終焉で、東西の緊張が崩れた。冷戦後の世界において、安全保障面では特に国連の役割に大きな期待がもたれた。しかし、現実は領土問題、民族、宗教はじめいろいろな原因として紛争やテロが絶えない。国連発足以来、紛争に即応できる常設国連軍設置を求める意見もあったが、指揮権など多くの問題があり、直接武力を行使する場合はレバノン、湾岸戦争のように国連の決定を受けて、アメリカ主導の多国籍軍を編成している。さらに冷戦後の緊張が続く国際情勢の下で、ソマリア、ボスニア、ルワンダさらにハイチなどでの紛争が続発し、アメリカその他の国連加盟国は継続的に軍事行動をとっている。冷戦終焉直後の不安定な時期こそ、〝最後の手段〟としてのアメリカ軍の行動力や影響力が、アメリカ合衆国自身の安全保障と国際的な安全保障の双方に重要な意味を持つことになる。安全保障政策というのは、究極のところハーバード大学入江昭教授のいう「国際関係の軍事面への対応にほかならない(1)」という側面があるからである。しかし、この最後の手段としての紛争地域における軍事介入は、冷戦後国連をはじめとして世界の国々や、アメリカにおいてもその最終判断をするうえで、その基準をどのように設定するかが問題となっている。国際情勢の不確実性が高まる時代において、依存すべき基準はますます重要な課題となっている。しかし、アメリカでは海外で軍事力が行使されるたびに国内では大きな議論の的となっている。特に連邦議会と大統領の綱引きは大きな話題となり、振り子のように動いており、世界中のマスコミが注目している。これはアメリカ建国以来二〇〇年以上にわたる政軍関係の問題であり、戦争権限の問題といわれるものである。

第二次大戦後の世界では、平和と戦争の境界線は、われわれの歴史のどの時代よりも不明確であり、公然たる紛争と、半ば隠された敵対行為との区別が判然としなくなっているため、アメリカとしても侵略の場所、時間、方法、方向など確信を持って予知できなくなっている。孤立したテロ行為、ゲリラ活動から全面軍事対決に至るあらゆる脅威にいかなる時でも対処できる態勢を備えておかなければならない。

アメリカにおける外交・軍事政策形成をめぐる大統領と連邦議会における戦争権限は、すでに論じてきたように長い歴史の上ではほとんどが大統領側にあった。しかし、四つの議会復権の革命があり、ヴェトナム戦争後、宣戦なき戦争を阻止するため連邦議会が活動した第四期において戦争権限や外交権を含む〃振り子〃は、長い間のホワイトハウスから、ペンシルバニア通りの他の一端であるキャピトルヒル（連邦議会）へ移動した。(2)さらに、一九七三年戦争権限法の成立後の外交面における議会の一連の活動は、ヴェトナム・アレルギーとまで言われるようになった。第二次大戦後、大きな戦争としては朝鮮戦争や、ヴェトナム戦争があった。これらの戦争に比較して、前記戦争権限法成立後の具体的な紛争事件は短期間なものであるが、これらの紛争をも阻止しようとしたことから制定されたものである。しかしその後同法に関する改正の動きもあり一部修正が行われているが、同法の精神は今日も存続している。その中心的課題は大統領が合衆国軍隊を海外で行使する際に連邦議会と共同判断をする点にある。この問題は戦争権限だけの問題でなく、アメリカの外交政策および安全保障政策をどのように形成していくかという問題に関係するものである。アメリカの外交問題評議会のアルトン・フライ（Alton Frye）氏によれば、最近の対外政策の内容は非常に複雑化している中で、行政府と議会の協力関係を促進することが重要であり、議会が対外政策の形成過程のできるだけ初期段階に参加することが必要である。(3)

議会が戦争権限法で規定する大統領との「協議」という共同判断には、議会側にも、大統領に対応できるような能力が必要となる。そのためには関係する情報の取得、分析、評価をするだけの体制が必要である。戦争権限法制定後の連邦議会における調査機能の充実化が行われた。それは議会における対外政策形成能力強化の一つの対応といえよう。今後のアメリカ議会にとって外交・軍事政策形成の中で重要なことは、長い間上院外交委員会の委員長であったフルブライト氏が指摘するように、議会がその権限を活発に行使するかどうかというよりは、それを賢明に責任を持って行使するかということであろう。(4) そこには時代の要請と政策の必用に応じて、議会と大統領のバランスを考えることが必要なのであろう。

注

(1) 入江昭『新・日本の外交』中央公論社　一九九一年　一九四頁

(2) 拙稿論文「アメリカ議会における外交問題——議会の調査機能を中心にして」『国立国会図書館月報』二二三号　一九七九年一〇月　七頁

(3) アルトン・フライ「外交政策をめぐる大統領と議会のあり方」(宮脇岑生訳)『トレンド』第四二号　一九七八年四月二四頁。同論文でフライ氏は、外交政策監察官を提案し、その活動は国家安全保障会議の研究内容や情報機関の情報予測資料などを分析し、関係各省の報告書類を検討する。また、両院の与野党の幹部が協議をする必要のある問題についてその概要を知らせ、問題点を指摘する。さらに、行政府との協議をする可能性のある問題について検討し、その内容を分析評価することなどがある。

(4) William J. Fulbright "The Legislator as Educator," *Foreign Affairs*, Spring 1979, p.726

あとがき

かねて、アメリカの外交、政軍関係さらに戦争権限に関する論文をまとめることを勧められてきたが、国立国会図書館に勤務中には、その責めを果たすことができなかった。退職後若干の論文を手がけるたびに図書としてまとめることを勧められた。大学一年生になった気分で、本書の完成を心がけたのが二〇〇一年の九・一一テロ事件後である。それからすでに三年近く過ぎて、幸いにも流通経済大学より出版の機会を得て、ここにようやく刊行に至ることができた。五部一八章と一応独立した論文の形を取っているが、内容的には一部の章を除き多くの章が過去に書いた論文を一部加筆修正したものである。したがって、内容的に、記述に古い点、不統一な点、一部重複の部分があり煩雑さ故に読者にご迷惑をおかけするところがあり、お許し願いたい。以下に各章の初出論文について記しておきたい。

序章の第一節は、アメリカの建国期における防衛思想、政軍関係、防衛制度の基本的な思想について述べ、書き下し、第二節は『国会画報』第四四巻三号（二〇〇二年三月）。

第一部第一章と第二章は『レファレンス』第二八七号（一九七四年一二月）。

第二部第三章第一節は一九七九年京都大学における国際政治学会「国際政治経済・政策決定分科会」での報告を加筆修正した『防衛法研究』第六号（一九八二年六月）、第二節は『国会画報』第四三巻七号（二〇〇一年七月）、第三節は泉昌一他編『冷戦後アジア環太平洋の国際関係』三嶺書房（一九九九年）、第四節、第五節は前掲『レファレンス』第二八七号。

第四章第一節は前掲『防衛法研究』第六号、第二節は前掲『冷戦後アジア環太平洋の国際関係』。

第五章は『レファレンス』第三〇七号（一九七六年八月）。

第六章第一節は前掲『レファレンス』第二八七号、第二節、第三節、第四節は『防衛法研究』第二号（一九七八年五月）。

第七章第一節、第二節は『レファレンス』第三五九号（一九八〇年一二月）、第三節は書き下し。

第八章第一節は書き下し、第二節は『現代の安全保障』第三十四号（一九八四年一二月）、第三節は玉置和郎参議院議員の筆者に対する予算委員会における質疑、第九一回国会参議院予算委員会会議録第一一号（一九八〇年三月一九日）。

第九章第一節は前掲『冷戦後アジア環太平洋の国際関係』、第二節は『レファレンス』第三八五号（一九八三年二月）、第三節、第四節は『防衛法研究』第九号（一九八五年一〇月）。

第三部第十章は前掲『防衛法研究』第九号。

第十一章第一節は前掲『冷戦後アジア環太平洋の国際関係』、第二節は『防衛法研究』第二二号（一九九八年一〇月）。

第十二章第一節は一九九九年六月一八日、アメリカ学会日米関係研究部会での発表論文。第二節、第三節は前掲『防衛法研究』第二二号。

第十三章は、二〇〇二年四月二七日、防衛法学会第一一七回研究会での報告を加筆修正して『防衛法研究』第二六号（二〇〇二年一〇月）。

第四部第十四章第一節は書き下し、第二節は『流通経済大学法学部創設記念論文集』二〇〇〇年、第三節は慶応大学におけるアメリカ政治研究会における「アメリカにおけるシビリアン・コントロールの一考察」の報告。

第十五章一九八四年九月二九日、国際政治学会米国外交部会の報告を加筆修正して『外交時報』第一二二七号（一九八五年八月）。

第五部第十六章は青木一能他編『国際政治論』学洋書房（一九八三年）。

第十七章は『国会画報』第四二巻第八号（二〇〇〇年八月）。

第十八章は『国会画報』第三八巻第七号（一九九六年七月）。


本書の上梓は、私が国立国会図書館において兼業研究という機会を与えられたことにより得られたものである。

一九六五年四月国立国会図書館入館後、参考書誌部で法律政治関係の学術論文索引という作業に携わることになった。その後同館内の調査及び立法考査局に移動し、最初に法務課という部署で防衛、安全保障問題の調査を命ぜられ、さらに外務課で外交、安全保障、国際関係問題の調査を命ぜられた。入館五年の一九七〇年代になると国内問題では日米安保条約の改訂問題、海外ではヴェトナム戦争終結時に当たり、わが国の国会における戦後最も多く安全保障議論がなされた時期であった。非武装中立論から核武装論まで広範囲な論議が長時間行われた。世界はヴェトナム戦争の反戦への動きの中で、アメリカ連邦議会では大統領の戦争といわれるヴェトナム戦争阻止活動が多方面から行われ、最終的には戦争権限法制定となった。この問題は、わが国の国会では安全保障の問題との関係でたびたび議論され、また学会ではアメリカの憲法における戦争権限の問題として、さらに政治と軍事の問題すなわち政軍関係の問題やシビリアン・コントロールの問題として多方面から論じられるところとなり、同法に関する調査依頼が国会および関係機関から度重なった。その後研究会等において同法に関する説明、報告をする度に運用の実態が課題である旨の指摘があった。この指摘を受けて、できるだけ大統領と連邦議会の動きを客観的に把握することに努めてきた。

アメリカ研究者としてはまったくの素人であり、内容的には、外交の交渉や国際会議などの基礎的史実の時系列的な羅列に終わったかもしれないとも思っている。しかし、長年の私の課題であるアメリカの連邦議会と大統領の戦争権限を、アメリカの外交と政軍関係の研究という形でまとめ、提示することができたことに感謝したい。

もし、個人的な回顧を許していただくならば、私がアメリカの外交、軍事さらに大統領と連邦議会の政軍関係とくに戦争権限に関心を抱くようになった背景には、次のようなことがある。第一に、一九六五年立教大学法学部卒業直前に父が急逝し将来の進路に迷っているときに、国立国会図書館の採用試験の受験をアドバイスしていただいた二人の先生に出会ったことである。一人は東京大学の外交史の横山信先生であり、もう一人は国立国会図書館を退職し立教大学に奉職された日本政治史の神島二郎先生である。両先生とも国立国会図書館がわが国最大の資料を保存し、国会の補佐機能を持つ調査機関であり、事務兼業の研究ができる機関であることのご教示をいただいた。

第二に私がアメリカ外交や政軍関係に知的関心を抱くようになり、本書の出版に至るまでには、社会人になってからの、多くの優れた先輩の御指導をいただいたことによるものである。特に、入館後、國學院大學の法学部大学院で毎週土曜日の午後、外交史の講義の特別聴講生として受講を許され、その後も外交史の基礎をご教授いただいた小林龍夫先生、さらに、国立国会図書館時代に私に論文を書くことを最も強く指導していただいた、元図書館研究所所長、後の東海大学教授の石山洋氏、アメリカの法令、議会資料の利用について初歩から指導してくださった藤田初太郎元副館長、国際法的な立場からいろいろなアドバイスをいただいた、元調査局外務課調査員、後に筑波大学教授、現二松學舍大学教授の尾崎重義氏、アメリカの政治外交の基本について指導していただいた、元専門調査員、後に桜美林大学教授の泉昌一氏、最後に国際関係論の入門から指導を受け、私の最初の論文である「アメリカの連邦議会と大統領の戦争権限」を長時間かけて校閲していただいた、元専門調査員、後に流通経済大学教授の二宮三郎氏の諸先生のご指導に多くを負っている。

また、本書出版に際して、資料面で国立国会図書館の調査及び立法考査局外交防衛課清水隆雄課長ほか職員の皆様、アメリカン・センターのレファレンス室長の京藤松子さんほかスタッフの皆様には大変お世話になったことに深く感謝し御礼申しあげる。さらに流通経済大学出版会事業部加治紀男部長には、内容はじめ詳細に至るご配慮をいただき多くの助けをいただいたことを記して感謝したい。

おわりに、長い国立国会図書館の勤務の間、毎夜遅くなっての帰宅で家庭生活を犠牲にし、また本書刊行に当たって直接、間接に手助けをしてくれた労苦に対し、感謝の念を込めて本書を妻子に捧げたい。

二〇〇四年　壮月

宮　脇　岑　生

著 者 略 歴

宮 脇 岑 生（みやわき　みねお）

1938年　北海道美幌町に生まれる
1965年　立教大学法学部卒業
同　年　国立国会図書館入館
1986年　国立国会図書館調査及び立法考査局外務課長
1991年　専門資料部長
1995年　総務部長
1997年　副館長
現　在　流通経済大学法学部教授
　　　　中国遼寧大学外国語学院客員教授
著　書『現代国家における軍産関係』（共著）　日本国際問題研究所　1974年
『アメリカ合衆国大統領の戦争権限』　教育社　1980年
アイヴィン・ヒル著『経済的自由と倫理』（共訳）　創元社　1982年
『国際政治論』（共著）　学陽書房　1983年
『アメリカの政治経済の争点』（共著）　有斐閣　1988年
『ポスト冷戦期の環太平洋の安全保障』（共著）　三嶺書房　1999年
『村山政権とデモクラシーの危機』（共著）　東信堂　2001年
「アメリカの政軍関係の一考察」『流通経済大学法学部開校記念論文集』2002年ほか多数

現代《げんだい》アメリカの外交《がいこう》と政軍関係《せいぐんかんけい》
大統領と連邦議会の戦争権限の理論と現実

発行日　2004年9月1日　初 版 発 行
　　　　2006年6月1日　第2刷発行
著　者　宮 脇 岑 生
発行者　佐 伯 弘 治
発行所　流通経済大学出版会
〒301-8555　茨城県龍ケ崎市120
電話　0297-64-0001　FAX　0297-64-0011

Printed in Japan／アベル社
ISBN4-947553-33-2 C3031 ¥4000E

事項索引

【さ行】

【た行】

【な行】

【は行】

【ま行】

【や行】

【ら行】

【わ行】

人名索引

【サ行】

【マ行】

【ヤ行】

【ラ行】

【ワ行】

主要参考文献（年代順）

アメリカ外交と政軍関係に関する文献目録は他にもありますので、以下は、アメリカの連邦議会と大統領の戦争権限および議会と外交、軍事関係に関する文献に限定した。文献は、和洋の図書、雑誌に限定し、アメリカ議会図書館議会調査局（CRS）をはじめ立法府、行政府、司法府の基本的ドキュメントは割愛した。文献の配列は、年代順にし、図書は、著者、書名、発行所、発行年とし、図書内に於ける一論文については、当該図書の前に著者、論文名を入れた。雑誌論文は、著者、論文名、雑誌名、巻号または通号、発効年月の順に記載した。

【和書】

松下正寿　『米国戦争権論』有斐閣 1940 年

藤田嗣雄　『軍隊と自由』河出書房 1953 年

スミス・ルイス　『軍事力と民主主義』（佐上武弘訳）法政大学出版局 1954 年（*American Democracy and Military Power*, The University of Chicago Press, Chicago, 1951）

憲法研究所編『戦争と各国憲法』法律文化社　1964 年

斎藤　眞　「建国期アメリカの防衛思想」小原敬士編『アメリカ軍産複合体の研究』日本国際問題研究所 1971 年

斎藤　眞　「アメリカ独立戦争と政軍関係」佐藤栄一編『政治と軍事』日本国際問題研究所 1978 年

ハンチントン・サミエル『軍人と国家』上下（市川良一訳）原書房 1978 年（*The Soldier and the State*, Harvard University Press, Cambridge, 1957）

福島新吾　「大統領の軍隊指揮権」芦部信喜他編『アメリカ憲法の現代的展開　2　統治構造』東京大学出版会 1978 年

宮脇岑生　『アメリカ合衆国大統領の戦争権限』教育者 1980 年

玉置和郎　『日本の安全保障と戦争権限法』オーエス出版 1985 年

山田康夫　「アメリカ合衆国憲法における戦争権限」奥原唯弘教授還暦記念論文集刊行委員会編『憲法の諸問題』成文堂 1989 年

浜谷英博　『米国戦争権論法の研究』成文堂 1990 年

会田弘継　『戦争を始めるのは誰か』講談社 1994 年

宮脇岑生　「アメリカの国家戦略と東アジア安全保障戦略」泉昌一他編『冷戦後アジア環太平洋の国際関係』三嶺書房 1999 年
宮脇岑生　「アメリカの政軍関係の一考察――戦争権限およびシビリアン・コントロールを中心にして」『流通経済大学法学部開校記念論文集』流通経済大学出版会 2002 年
山本千晴　「アメリカの戦争権限――大統領と議会の分配構造の検討」水島朝穂『世界の「有事法制」を診る』法律文化社 2003 年

【和雑誌】

宮沢俊義　「外交に対する民主的統制―外交の民主化の法律的考察」『外交時報』53（2）1930 年 2 月
清澤　洌　「開戦権と米国議会」『国際知識』12（9）1932 年 9 月
菊池清明　「北大西洋条約とアメリカの戦争権」『アメリカ研究』4－7　1949 年 7 月
斎藤　眞　「アメリカに於ける外交と議会」『季刊外交』2（7）1957 年 7 月
佐藤　功　「対外政策に対する国会の関与」1－3『法学セミナー』124－126　1966 年 7－9 月
向井久了　「議会・大統領と軍隊使用の権限」『上智法学論集』14（1）1970 年 1 月
奥原唯弘　「合衆国憲法における戦争権条項に関する一考察」『比較法政』1　1972 年 12 月
奥原唯弘　「戦争権の主体」『近代法学』14（1）1972 年 5 月
向井久了　「憲法と軍事力」『帝京法学』5（1,2）1972 年 11 月、1973 年 3 月
小関哲哉　「ニクソン大統領、反撃に転ず」『世界週報』54（49）1973 年 12 月 4 日
宮脇岑生　「戦争権限法」（資料と解説）『外国の立法』13（3）1974 年
宮脇岑生　「アメリカの連邦議会と大統領の戦争権限」『レファレンス』24（12）1974 年 12 月
宮脇岑生　「アメリカ大統領と戦争権限」『国際問題』185　1975 年 8 月
向井久了　「合衆国大統領の行政権の一内容としての軍事権」『帝京法学』8（1）1976 年

奥原唯弘　「合衆国における外交権論争に関する一考察」『近大法学』18（2）1976年
宮脇岑生　「アメリカの対外政策における議会復権の動向」『レファレンス』26（8）1976年8月
奥原唯弘　「戦争権限法の成立とその意義」『近大法学』25（1）1977年10月
宮脇岑生　「アメリカの戦争権限法と若干の諸問題」上、下『国防』26（11、12）1977年11、12月
フライ・アルトン　「外交政策をめぐる大統領と議会のあり方」（宮脇岑生訳）『トレンド』8（5）1978年10月
木戸　蓊　「共産圏における国家主権と戦争権限」『国際問題』227　1979年2月
神長　勲　「アメリカ大統領の軍隊指揮権と議会国民」『法律時報』51（6）1979年6月
宮脇岑生　「アメリカの危機における大統領と議会」『防衛法研究』4　1980年9月
宮脇岑生　「アメリカ戦争権限法の課題と改正の動向」『レファレンス』30（12）1980年12月
フランク・トーマス・M他「アメリカ社会と外交政策」（佐藤紀久夫訳）『トレンド』11（3）1981年6月
宮脇岑生　「アメリカの危機における政策決定」『防衛法研究』5　1981年9月
関根二三夫「アメリカ合衆国における議会拒否権と戦争権限法」『日本大学大学院法学研究年報』12　1982年9月
浜谷英博「戦争権限決議の実際的効果をめぐる批判的検討」上、下『法と秩序』13（1,2）1983年1月3月
宮脇岑生　「アメリカの対エルサルバドル政策」『レファレンス』33（2）1983年2月
宮脇岑生　「米国戦争権限法とその適用をめぐる諸問題」『現代の安全保障』34　1984年2月
宮脇岑生　「レバノン駐留多国籍軍に関する法律」『外国の立法』23（4）1984年7月
宮脇岑生　「アメリカのレバノン派兵をめぐる諸問題」『防衛法研究』8　1984年9

月
宮脇岑生 「日米安保条約と米国戦争権限法」『公明』281　1985年5月
木村卓司 「戦争権限――ベトナム終戦期における議会審議を考究して」『国防』34（10）1985年10月
宮脇岑生 「アメリカにおける政治目的の軍事力行使とワインバーガードクトリン」『防衛法研究』9　1985年10月
宮脇岑生 「米国統合参謀本部機構の改革をめぐる諸問題」『防衛法研究』10　1986年10月
木村卓司 「米国議会と戦争権限」『新防衛論集』14（4）1987年3月
西　修 「「戦争権限法」のその後」『新防衛論集』14（4）1987年3月
宮脇岑生 「軍備管理・軍縮条約の履行をめぐる諸問題」『外交時報』1236　1987年3月
浜谷英博 「国際テロリズムと戦争権限法の行方」『法と秩序』17（2）1987年3月
池田　実 「アメリカ合衆国における大統領の戦争権限」『早稲田政治公法研究』26　1988年10月
ヘンキン・ルイス 「外交問題と憲法」上・下（金井光太郎訳）『トレンド』18（8）1988年6月
蟻川恒正 In the Name of War－－Judicial Review and the War powers since 1918／Chrstpher N. May , 1989,（書評）『国家學会雑誌』103（3・4）1990年3月
熊本信夫 「アメリカ合衆国における軍事法の形成」『北海学園大学法学研究』25（3）1990年3月
星野俊也 「湾岸戦争と主要国議会の対応」『議会政治研究』18　1991年6月
有賀　貞 「米国戦争権限法と軍事行動」『一橋論叢』106（1）1991年7月
グレノン・マイケル・J 「湾岸戦争をめぐる米国の憲法論議」『中央公論』106（7）1991年7月
モンク・カール・C 「合衆国憲法における戦争権限」西谷元訳『広島法学』16（2）1992年8月
鈴木祐二 「米国大統領の戦争権限と地域紛争介入」『海外事情研究報告』27　1993年3月

浜谷英博 「戦争権限法に関連した新先例と新たな修正私案」『防衛法研究』19 1995年10月
ケネス・エドワード「米国戦争権限法の再検討」『海外事情』44（7・8）1996年8月
富井幸雄 「国際連合安全保障理事会に武力行使の受験決議の履行とアメリカ戦争権限法システム」『大東文化大学紀要．社会科学』36 1998年
宮脇岑生 「アメリカの海外における軍事力行使を巡る諸問題」『防衛法研究』22 1998年10月
間宮庄平 「アメリカ合衆国憲法にける戦争権限の憲法的認識」『産大法学』3（1・2）1999年10月
渡部恒雄 「戦争権限法とユーゴ空爆」『世界週報』80（37）1999年10月
山倉明弘 「日系人戦時抑留の論理——戦争権限とリベラリズムの世界」『アメリカス研究』5 2000年
間宮庄平 「アメリカ大統領の戦争権限の統括を巡る制度的認識」『産大法学』33（3・4）2000年2月
三宅裕一郎「Prize Casesによるアメリカ合衆国大統領の戦争権限の拡大」『専修法研論集』26 2000年3月
川西晶大訳「アメリカ合衆国の戦争権限法（資料）」『レファレンス』50（5）2000年5月
湯山智之 「米国における戦争権限と司法審査」『香川法学』20（3・4）2001年3月
宮脇岑生 「9・11米中枢同時多発テロ事件におけるアメリカの対応」『防衛法研究』26 2002年10月
恵谷亮太 「戦争権限法5条（c）の合憲性再考——Chadha判決以降の情勢と合わせて」『駒沢大学大学院法学研究』27・28 2002年度
山本千晴 「合衆国憲法における戦争権限」『早稲田大学大学院法研論集』108 2003年
ルビン・ジェイムス・P「米外交の破綻と道徳的権限の崩壊」（Foreign Affairs提携特集）『論座』102 2003年11月

[洋図書]

Dahl, Robert. *Congress and Foreign Policy*, New York, Harcourt, Brace, 1950

Pusey, Merlo J. *The Way We Go to War*, Houghton Mifflin, 1969

Westin, Alan F. *The Anatomy of a Constitutional Law Case : Youngstown Sheet and Tube Co. v. Sawyer, the Steel Seizure Decision*, Macmillan, 1958

Robinson, James Arthur. *Congress and Foreign Policymaking : A Study in Legislative Influence and Initiative*. Rev. ed. Homewood, Ill., Dorsey Press, 1967

Wormuth, Francis D. *The Vietnam War : The President versus the Constitution,* Center for the Study of Democratic Institutions, 1968

Gallagher, Hugh G. *Advise and Obstruct ; The Role of the United States Senate in Foreign Policy Decisions*, New York, Delacorte Press, 1969

Abt, John J. *Who has the Right to Make War? : The Constitutional Crisis*, [1st ed.].—International Publishers, 1970

Berdahl, Clarence A. *War Powers of the Executive in the United States*, Johnson Reprint Corp., 1970

Hill, Norman L. *The New Democracy in Foreign Policy Making*, Lincoln University of Nebraska Press, 1970

Velvet, Lawrence R. *Undeclared War and Civil Disobedience : The American System in Crisis Foreword* by Richard A. Falk, Dunellen, 1970

Austin, Anthony. *The President's War : The Story of the Tonkin Gulf Resolution and How the Nation was Trapped in Vietnam*, B. Lippincott, 1971

Dverin, Eugene P. *The Senate's War Powers : Debate on Cambodia from the Congressional Record*, Markham Pub. Co. 1971

Stennis, John C. and J. William Fulbright, *The Role of Congress in Foreign Policy*, Washington, American Enterprise Institute for Public Policy Research, 1971

Wilcox, Francis 0. *Congress, the Executive and Foreign Policy*, New York, Published for the Council on Foreign Relations by Harper & Row, 1971

Fisher, Louis. *President and Congress : Power and Policy*, Free Press, 1972

Whiting, William. *War Powers Under the Constitution of the United States*, Da Capo Press, 1972

Destler, I. M. *Presidents, Bureaucrats, and Foreign Policy : The Politics of Organizational Reform*, Princeton, N.J., Princeton University Press, 1974

Eagleton, Thomas F. *War and Presidential Power : A Chronicle of Congressional Surrender*, Liveright, 1974

Henkin, Louis. *Foreign Affairs and the Constitution,* Mineola, N.Y., Foundation Press, 1972

Javits, Jacob K. *Who Makes War : The President versus Congress*, Morrow, 1973

Schlesinger, Arthur Meier, Jr. *The Imperial Presidency*. Boston, Houghton Mifflin, 1973

The War Powers Bill : Reprinted, with Text of House Joint Resolution 542, American Enterprise Institute for Public Policy Research, 1973

Lehman, John F. *The Executive, Congress, and Foreign Policy: Studies of the Nixon Administration*, New York, Praeger, 1974.

Spanier, John W. and Eric M. Uslaner, *How American Foreign Policy is Made*, New York, Praeger, 1974

Frye, Alton. *A Responsible Congress: The Politics of National Security*, New York, Published for the Council on Foreign Relations by McGraw Hill, 1975

Mansfield, Harvey C. *Congress Against the President,* Sr. Academy of Political Science, 1975

Hamilton, James. *The Power to Probe: A Study of Congressional Investigations*, Random House, 1976

Lake, Anthony Edited, *The Vietnam Legacy: The War, American Society,* American Foreign Policy, New York University Press, 1976

Sofaer, Abraham D. *War, Foreign Affairs, and Constitutional Power*, Cambridge, Mass., Ballinger, 1976

Marcus, Maeva. *Truman and the Steel Seizure Case : The Limits of Presidential Power*, Columbia University Press, 1977

Blechman, Barry M. and Stephen S. Kaplan, *Force without War: U.S. Armed Forces as a Political Instrument*, The Brookings Institution, 1978

Corwin, Edward S. *The Constitution and What it Means Today*, 14th ed., Princeton University Press, 1978

Holt, Pat M. *The War Powers Resolution: The Role of Congress in U.S. Armed Intervention*, Washington, American Enterprise Institute for Public Policy Research, 1978

Abshire, David M. *Foreign Policy Makers : President vs. Congress*, Beverly Hills, Calif., Sage Publications, 1979

Franck, Thomas M. and Edward Weisband, *Foreign Policy by Congress*, New York, Oxford University Press, 1979

Cronin, Thomas E. *The State of the Presidency*, Little, Brown and Company, 1980

Neustadt, Richard E. *Presidential Power : The Politics of Leadership from FDR to Carter*, John Wiley & Sons Inc., 1980

Sundquist, James L. The Crisis of Competence in Government, Joseph A. Pechman, ed., *Setting National Priorities : Agenda for the 1980s*, The Brookings Institution, 1980.

Reveley W. Taylor Ill., *War Powers of the President and Congress : Who holds the Arrows and Olive Branch ?* University Press of Virginia, 1981

Spanier, John and Joseph Nogee eds., *Congress, The Presidency and American Foreign Policy,* Pergamon Press, 1981

Sundquist, James L. *The Decline and Resurgence of Congress*, Washington, DC : Brookings Institution Press, 1981

Fetter, Theodore Jonathan. *Waging War Under the Separation of Powers : Executive-Congressional Relations during World War II*, University Microfilms International, 1982

Keynes, Edward, *Undeclared War : Twilight Zone of Constitutional Power*, Pennsylvania State University Press, 1982

Van Wynen, Thomas Ann and A. J. Thomas, Jr. *The War－Making Powers of the President Constitutional and International Law Aspects*, SMU Press, 1982

Turner, Robert F. *Repealing the War Powers Resolution*, Brassey's, 1982

Daly, John Charles. *War Powers and the Constitution Held on December 6, 1983, and Sponsored by the American Enterprise Institute for Public Policy Research* : pbk..— AEI, 1984

Bartholomew, Henry. *War, Foreign Affairs, and Constitutional Power, 1829－1901,* Ballinger Pub. Co., 1984

Clark, Robert and Andrew M. Egeland Jr. *The War Powers Resolution : Balance of War Powers in the Eighties*, Government Printing Office, 1986

Wormuth, Francis D. and Edwin B. Firmage, *To Chain the Dog of War : The War*

Power of Congress in History and Law, Southern Methodist University Press, 1986.

Sullivan, John H. The Impact of the War Powers Resolution, Michael Barnhart, ed., *Congress and United States Foreign Policy: Controlling the Use of Force in the Nuclear Age*, State University of New York Press, 1987

Hollins, B. Averill L. Powers, and Mark Sommer. *The Conquest of War : Alternative Strategies for Global Security*, Westview Press, 1989

May, Christopher N. *In the Name of War : Judicial Review and the War Powers Since 1918*, Harvard University Press, 1989

Wormuth, Francis D. and Edwin B. Firmage. *To Chain the Dog of War : The War power of Congress in History and Law*, University of Illinois Press, 1989

Smith, Jean E. *The Constitution and American Foreign Policy*, St. Paul, MN, West Publishing, 1989

Rasler, Karen A. William R. Thompson, *War and State Making : The Shaping of the Global Powers*, Unwin Hyman, 1989

Blechman, Barry M. *The Politics of National Security : Congress and U.S. Defense Policy*, Oxford University Press, 1990

Glennon, Michale J. *Constitutional Diplomacy*, Princeton University Press, 1990

Henkin, L. *Constitutionalism, Democracy, and Foreign Affairs*, Columbia University Press, 1991

Hall, David Locke, *The Reagan Wars : A Constitutional Perspective on War Powers and the Presidency,* Westview Press, 1991

Turner, Robert F. *Repealing the War Powers Resolution : Restoring the Rule of Law in U.S. Foreign Policy,* Brassey's Inc., 1991

Burgess, Susan R. *Contest for Constitutional Authority : The Abortion and War Powers Debates,* University Press of Kansas, 1992

Lehman, John. *Making War : The 200－Year－Old Battle between the President and Congress over How America Goes to War,* Scribner's, 1992

Cowhey, Peter and David Auerswald. *Ballotbox Diplomacy : The War Powers Act and the Use of Forcd*, Graduate School of International Relations and Pacific Studies, University of California, San Diego, 1993

Ely, John Hart. *War and Responsibility : Constitutional Lessons of Vietnam and its Aftermath,* Princeton University Press, 1993

Rourke, John T. *Presidential Wars and American Democracy,* Paragon House, 1993

Spitzer, Robert J. *President and Congress : Executive Hegemony at the Crossroads of American Government*, New York, McGraw－Hill, Inc., 1993

Wohlforth, William Curti. *The Elusive Balance : Power and Perceptions during the Cold War,* Cornell University Press. 1993

Hinckley, Barbara, *Less Than Meets the Eye : Foreign Policy Making and the Myth of the Assertive Congress*, Chicago, The University of Chicago Press, 1994

Marcus, Maeva. *Truman and the Steel Seizure Case : The Limits of Presidential Power,* Duke Univetsity Press, 1994

Collier, Ellen C. Statutory Constraints : The War Powers Rcsolution. In Gary M. Stern and Morton H. Halperin, eds., *The U.S. Constitution and the Power to Go to War 55－82* 1994

Fisher, Louis. *Presidcntiai War Power*. Lawrence, University Press of Kansas, 1995.

Fisher, Louis. Truman in Korea. In *The Constitution and the Conduct of American Foreign Policy*, Edited by David Gray Adler and Larry N. George. Lawrence, KS : University Press of Kansas, 1996

Westerfield, Donald L. *War Powers : The President, the Congress, and the Question of War,* Praeger, 1996.

Adler, David Gray & Larry N. George (eds.), *The Constitution and the Conduct of American Foreign Policy,* University Press of Kansas, 1996

Alfange, Dean Jr. The quasi－war and presidential warmaking. In *The Constitution and the Conduct of American Foreign Policy*, Edited by David Gray Adler and Larry N. George. Lawrence, KS : University Press of Kansas, 1996

Van Evera, Stephen. *Causes of War : Power and the Roots of Conflict,*. Ithaca, Cornell University Press, 1999

Crabb, Cecil V. Glenn J. Antizzo and Leila E. Sarieddine. *Congress and the Foreign Policy Process : Modes of Legislative Behavior*, Baton Rouge : Louisiana State University Press, 2000

Fisher, Louis. *Cpngressional Abdication on War and Spending*, College Station, TX : Texas A&M University Press, 2000

Hendrickson, Ryan C. *The Clinton Wars : The Constitution, Congress, and War Powers*, Vanderbilt University Press, 2002

Powell, H. Jefferson *The President's Authority over Foreign Affairs: an Essay in Constitutional Iinterpretation*, Carolina Academic Press, 2002

LeLoup, Lance T. and Steven A. Shull, *The President and Congress*: Longman Publishers/Peason Education, Inc., 2003

[洋雑誌]

Baldwin, Simeon E. The Share of the President of the United States in a Declaration of War, 12 *American Journal of International Law* 1, 1918.

Fenwick, C. G. War Without a Declaration, 31 *American Journal of International Law* 694, 1937

Eagleton, Clyde. The Form and Function of the Declaration of War, 32 *American Journal of International Law* 19, 1938

Fairman, Charles. The President as Commander－in－Chief, 11 *Journal of Politics* 145, 1949.

Heller, Francis H. The President as the Commander in Chief, 42 *Millitary Review* 5, 1962.

Hollander, Bennet N. The President and Congress—Operational Control of the Armed Forces, *27 Military Law Review* 49, 1965.

Velvel, Lawrence R. The War in Viet Nam: Unconstitutional, Justiciable, and Jurisdictionally Attackable, 16 *University of Kansas Law Review* 449, 1968.

Malawer, Stuart. The Vietnam War Under the Constitution: Legal Issues Involved In the United States Military Involvement in Vietnam, 31 *University of Pittsburgh Law Review* 205, 1969.

Bickel, Alexander. Congress, the President, and the Power to Wage War, 48 *Chi. Kent L. Rev*. 131, 1971

Deutsch, Eberhard P. The President as Commander in Chief, 57 *American Bar Association Journal* 27, 1971

Ratner, Leonard G. The Coordinated Warmaking Power: Legislative, Executive, and Judicial Tools, 44 *Southern California Law Review* 461, 1971.

Berger, Raoul. War Making by the President, 121 *University of Pennsylvania Law Review* 29, 1972

Rostow, Eugene V. Great Cases Make Bad Law: The War Powers Act, 50 *Texas*

Law Review 833, 1972

Eagleton, Thomas F. Congress and the War Powers, 37 *Missouri Law Review*, No.1, Winter, 1972.

Emerson, J. Terry. The War Powers Resolution Tested : The President's Independent Defense Power. 51 *Notre Dame Lawyer*, No.2, 1975

Glennon, Michael J. Strengthening the War Powers Resolution : The Case for Purse Strings Restriction, 60 *Minnesota Law Review*, No.1, 1975

Spong, William B. Jr. The War Powers Resolution Revisited : Historic Accomplishment or Surrender ? 16 *William and Mary Law Review* 823, 1975

Watson, H. Lee. Congress Step Out : A Look at Congressional Control of the Executive, 63 *California Law Review*, July, 1975

Allison, Graham T. Making War : The President and Congress, 40 *Law and Contemporary Problems* 86, 1976

Hoxie, R. Gordon. The Office of Commander in Chief : An Historical and Projective View, 6 *Presidential Studies Quarterly* 10, 1976

Kelley, Michael F. The Constitutional Implications of the Mayaguez Incident, 3 *Hastings Constitutional Law Quarterly* 301, 1976

Laurance, Edward J. The Changing Role of Congress in Defense Policv Making, *Journal of Conflict Resolutions*, June, 1976

Zutz, Robert. The Recapture of the S.S. Mayaguez : Failure of the Consultation Clause of the War Powers Resolution, 8 *New York University Journal of International Law and Politics* 457, 1976

Franck, Thomas M. After the Fall : The New Procedural Framework for Congressional Control Over the War Power, 71 *American Journal of International Law* 605, 1977

Friedman, David S. Waging War Against Checks and Balances : The Claim of an Unlimited Presidential Wat Power, 57 *St. John's Law Review* 213, 1983

Carter, Stephen L. The Constitutionality of the War Powers Resolution, 70 *Virginia Law Review*, No.1, February, 1984

Edgar, Charles Ernest. United States Use of Armed Force Under the United Nations... Who's In Charge ? 10 *Journal of Law & Politics* 299, 1984

Glennon, Michael J. The War Powers Resolution Ten Years Later : More Politics

Than Law, 78 *American Journal of International Law* 571, 1984

Madison, Christopher, Despite His Complaints, Reagan Going Along with Spirit of War Powers Law, *National Journal*, 989, May 19, 1984

Rushkoff, Bennett C. A Defense of the War Powers Resolution, 93 *Yale Law Journal* 1330, 1984

Vance, Cyrus R. Striking the Balance : Congress and the President Under the War Powers Resolution, 133 *University of Pennsylvania Law Review* 79, 1984

Zablocki, Clement J. War Powers Resolution : Its Past Record and Future Promise, 17 *Loyola of Los Angeles Law Review* 579, 1984

Note. Applying Chadha : The Fate of the War Powers Resolution, 24 *Santa Clara Law Review* 697, 1984

Lamb, Chris. Belief Systems and Decision Making in the Mayaguez Crisis, 99 *Political Science Quarterly* 681, 1984−85

Buchanan, G. Sidney. In Defense of the War Powers Resolution : Chadha Does Not Apply, 22 *Houston Law Review* 1155, 1985

Javits, Jacob K. War Powers Reconsidered, *Foreign Affairs*, Vol.64, No.1 Fall, 1985

Rubner, Michael. The Reagan Administration, the 1973 War Power Resolution, and the Invasion of Grenada, *Political Science Quarterly*, Vol.102, No.1 Winter, 1985/1986

Haerr, Roger Cooling. The Gulf of Sidra, 24 *San Diego Law Review* 751, 1987

Rostow, E. V., Once More Unto the Breach' : The War Powers Resolution Revisited, 21 *Valparaiso University Law Review* 1, 1986

Rubner, Michael. Antiterrorism and the Withering of the 1973 War Powers Resolution, 102 *Political Science Quarterly* 193, 1987

Steele, Douglas L. Covert Action and the War Powers Resolution : Preserving the Constitutional Balance, 39 *Syracuse Law Review* 1139, 1988

Torricelli, Robert G. The War Powers Resolution After the Libya Crisis, 7 *Pace L. Rev*. 661, 1987

Adler, David Gray. The Constitution and Presidential Warmaking : The Enduring Debate, 103 *Political Science Quarterly* 1, 1988

Biden, Joseph R., Jr. and John B. Ritch Ⅲ. The War Power at a Constitutional Impasse : A 'Joint Decision' Solution, 77 *Georgetown Law Journal* 367, 1988

Ely, John Hart. Suppose Congress Wanted a War Powers Act That Worked, 88 *Columbia Law Review* 1379, 1988

Halperin, Morton H. Lawful Wars, 72 *Foreign Policy* 173, 1988

Robbins, Patrick D. The War Powers Resolution After Fifteen Years: A Reassessment, 38 *American University Law Review* 141, 1988

Van Cleve, George W. The Constitutionality or the Solicitation or Control of Third-Country Funds for Foreign Policy Purposes by United States Officials Without Congressional Approval, 11 *Houston Journal of International Law* 69, 1988

The Constitution and Presidential Warmaking: The Enduring Debate, 103 *Political Science Quarterly*, No.1, Spring, 1988

The President's Powers as Commander-in-Chief versus Congress' War Power and Appropriations Power, 43 *University of Miami Law Review* 17, 1988

Fisher, Louis. How Tightly Can Congress Draw the Purse Strings? 83 *American Journal of International Law* 758, 1989

Ely, John Hart. The American War in Indochina, Part 1 : The Constitutionality of the War They Told Us Anout, 42 *Stan. L. Rev* 877, 1990 ; The American War in Indochina, Part 2 : The Unconstitutionality of the War They Didn't Tell Us About, 42 *Stan. L. Rev*. 1093, 1990

Emerson, J. Terry. Making War Without a Declaration, 17 *Journal of Legislation* 23, 1990

Prober, Joshua Lee. Congress, the War Powers Resolution, and the Secret Political Life of 'a Dead Letter,' 7 *Journal of Law & Politics* 177, 1990

Berger, Matthew D. Implementing a United Nations Security Council Resolution: The President's Power to Use Force Without the Authorization of Congress, 15 *Hastings International and Comparative Law Review* 83, 1991

Nathan, James A. Revising the War Powers Act, 17 *Armed Forces & Society* 513, 1991

Sidak, J. Gregory, To Declare War, 41 *Duke Law Journal* 27, 1991

Spitzer, Robert. Separation of Powers and the War Power, 16 *Oklahoma City University Law Review* No.2, Summer, 1991

Swan, George Steven. Presidential Undeclared Warmaking and Functionalist Theory: Dellums v. Bush and Operations Desert Shield and Desert Storm, 22 *California Western International Law Journal* 75, 1991

Burgin, Eileen. Congress, the War Powers Resolution & the Invasion of Panama, 25

Polity 217, 1992

Lindsay, James M. Congress and Foreign Policy : Why the Hill Matters, 107 *Political Science Quarterly* 607 608, 1992

Nathan, J. A. Salvaging the War Powers Resolution, 23 *Presidential Studies Quarterly* 235, 1993

Kelly, Major Michael P. Fixing the War Powers, 141 *Military Law Review* 83, 1993

Nathan, James A, Salvaging the War Powers Resolution, *Presidential Studies Quarterly*, Vol.23, Fall, 1993

Stromseth, Jane E. Rethinking War Powers : Congress, the President, and the United Nations, 81 *Georgetown Law Journal,* 1993

Raven-Hansen. Peter and William C. Banks. Pulling the Purse Strings of the Commander in Chief, 80 *Virginia Law Review* 833, 1994

Glennon, Michael J. Too Far Apart : Repeal the War Powers Resolution, 50 *University of Miami Law Review* 17, 1995

Fisher, Louis. Sidestepping Congress : Presidenrs acting under the UN and NATO. Case, *Western Reserve Law Review* 47, 1237, 1996

Levy ; Leonard W. Foreign Policy and War Powers : The Presidency and the Framers. *The American Scholar*, Spring, 1997

Treanor, William Michael, Fame, the Founding, and the Power to Declare War. 82 *Cornell Law Review* 695, 1997

Hendrickson, Ryan C. War Powers, Bosnia, and the 104th Congress, *Political Science Quarterly* Volume 113 Number 2, 1998

Friedman, George. and Meredith Friedman, The Future of War : Power, Technology and American World Dominance in the 21st Century, *Peace Research Abstracts Vol.36*, No.4 1999

Adler, David Gray, The Law : The Clinton Theory of the War Power, *Presidential Studies Quarterly* Vol.30, No.1, 2000

Fisher, Louis. The Law : Litigating the War Power with Campbell v. Clinton, *Presidential Studies Quarterly* Vol.30, No.3, 2000

Yoo, John C. UN Wars, US War Power, *Chicago Journal of International Law* ; Fall, 2000

Ator, Sara. Congressional Abdication on War & Spending, *Congress & the Presidency*

Vol.28, No.2 Autumn, 2001

Boylan, Timothy. The law : Constitutional Understanding of the War Power, *Presidential Studies, Quarterly* ; Vol.31, No.3 Sep, 2001

Fisher, Louis. Litigating the War Power With Campbell v. Clinton, *Sage Public Administration Abstracts* Vol.27, No.4, 2001

Morton, Jeffrey S. Harvey Starr. Uncertainty, Change, and War : Power Fluctuations and War in the Modern Elite Power System, *Journal of Peace Research* Vol.38, No.1, 2001

Abramowitz, David. The President, the Congress, and use of Force : Legal and Political Considerations in Authorizing use of Force against International Terrorism, *Harvard International Law Journal* Vol.43, 2002

Adler, David G. The law : The Clinton Theory of the War Power, *Peace Research Abstracts* Vol.39, No.4, 2002

Boylan, Timothy, Constitutional Understandings of the War Pnwer, *Sage Public Administration Abstracts* Vol.28, No.4, 2002

Fisher, Louis. A dose of Law and Realism for Presidential Studies. *Presidential Studies Quarterly* Vol.32, 2002

Morton, Jeffrey S., and Harvey Starr. Uncertainty, Change, and War : Power Fluctuations and War in the Modern Elite power System. *Sage Public Administration Abstracts* Vol.28, No.4, 2002

Katyal, Neal K. and Laurence H. Tribe, Waging War, Deciding Guilt : Trying the Military Tribunals, *Yale Law Journal*. Vol. 111, 2002

Riehl, Jonathan. Broad Resolution Allows Bush, *CQ Weekly Report,* No.2679, October 12, 2002

Scott, James M. and Ralph G. Carter. Acting on the Hill : Congressional Assertiveness in U.S. Foreign Policy, *Congress & the Presidency* Volume 29, Number 2, Autumn, 2002

Van Evera, Stephen. Causes of War : Power and the Roots of International Conflict. *Peace Research Abstracts* Vol.39, No.1, 2002

Adler David Gray. Presidential Greatness as an Attribute of Warmaking, *Presidential Studies Quarterly* Vol.33, No.3 September, 2003

Kassop, Nancy. The War Power and Its Limits, *Presidential Studies Quarterly* Vol.33, No.3, 2003

年表　アメリカ合衆国の主要事項と軍人数（1789－2004年）

年次	軍人数（単位千人）	主要事項
1620		メイフラワー誓約の後，プリマスに植民
1763		七年戦争
1774		第一回大陸会議開催
1775		独立戦争勃発
1776		独立宣言公布
1777		大陸会議，連合規約採択
1783		パリ平和条約調印 合衆国の独立を承認
1787		合衆国憲法憲法制定会議開催
1788		合衆国憲法発布
1789	0.1	第1回連邦議会開催，〈フランス革命〉 ワシントン初代大統領に就任
1794	6	イギリスとジェイ条約
1795	5	スペインとピンクニー条約
1797	不明	アダムズ大統領就任(2代,F)
1798	不明	フランス海軍と交戦状態
1799	不明	
1800	不明	サン・イルデフォンソ条約 ジェファソン大統領(3代,R)
1801	7	トリポリ戦争
1802	5	ウェスト・ポイントに陸軍士官学校創立
1803	5	ルイジアナ購入
1804	5	ジェファソン大統領再選 〈ナポレオン帝位につく〉
1805	6	
1806	4	〈神型ローマ帝国解体〉
1807	5	出港禁止法
1808	8	
1809	12	出港禁止法撤廃 マディソン大統領就任(4代,R)
1810	12	西フロリダ併合
1811	12	
1812	13	対英宣戦布告 〈ナポレオンのモスクワ遠征〉 1812 年戦争（～15 年）
1813	25	
1814	47	〈ウィーン会議〉 ヘント条約締結
1815	41	
1816	17	
1817	15	モンロー大統領就任(5代,R)
1818	14	1818 年の米英会談
1819	13	スペインからフロリダを獲得
1820	15	ミズーリ妥協成立
1821	11	
1822	10	
1823	11	モンロー主義発表
1824	11	アダムズ大統領に当選(6代,R)
1825	11	
1826	12	
1827	12	ギリシア独立支援の英・仏
1828	11	ジャクソン大統領に当選（7代，民）
1829	12	

年次	軍人数 (単位千人)	主要事項
1830	12	〈ベルギーオランダより独立〉 インディアン強制移住法成立
1831	11	
1832	12	
1833	13	
1834	13	〈プロイセンのドイツ関税同盟成立〉
1835	14	テキサス独立戦争始まる
1836	17	テキサス独立戦争でアラモの戦い
1837	22	ヴァン＝ビューレン大統領就任（8代，民）
1838	18	
1839	19	
1840	22	〈アヘン戦争〉
1841	21	ハリソン大統領就任(9代, W) タイラー大統領就任(10代, W)
1842	23	ウェブスター・アシュバートン条約締結
1843	21	
1844	21	ポーク大統領に当選(11代, 民) 清国と望廈条約調印
1845	21	テキサス併合合同決議案成立 オサリヴァン‘明白な運命’
1846	39	メキシコ戦争始まる
1847	58	
1848	60	ダアダルーペ・イダルゴ条約 〈仏に二月革命〉
1849	23	ティラー大統領就任(12代, W)

年次	軍人数 (単位千人)	主要事項
1850	21	クレイトン・ブルワ条約 フィルモア大統領就任(13代, W)
1851	21	
1852	21	ペリー，日本に向け出発
1853	21	カズデン購入 ビアス大統領就任(14 代, 民)
1854	21	神奈川条約 共和党結成
1855	26	
1856	26	奴隷制賛成派と反対派の激突 アメリカ総領事ハリス，下田に着任
1857	27	ビュキャナン大統領就任（15代，民）
1858	29	日米通商条約に調印
1859	29	
1860	28	リンカン大統領に当選(16 代, 共)
1861	217	南北戦争勃発 トレント号事件
1862	673	
1863	960	奴隷解放宣言
1864	1,032	
1865	1,063	南北戦争終わる ジョンソン大統領就任(17 代, 民) 憲法修正第 13 条で奴隷制廃止
1866	77	
1867	75	ロシアからアラスカを購入

年表　アメリカ合衆国の主要事項と軍人数（1789－2004年）

年次	軍人数（単位千人）	主要事項
1868	66	憲法修正第 14 条発行 黒人に市民権付与
1869	52	グラント大統領就任(18代, 共)
1870	50	〈普仏戦争〉
1871	42	
1872	42	
1873	43	〈独墺露三帝同盟〉
1874	44	
1875	38	
1876	41	
1877	34	ヘイズ大統領就任(19 代, 共)
1878	36	〈ベルリン会議〉
1879	38	
1880	38	
1881	38	ガーフィールド大統領就任(20 代, 共)
1882	38	アーサー大統領就任(21代, 共)
1883	37	〈仏, フエ条約でヴェトナム保護国化〉
1884	39	クリーヴランド大統領に当選(22 代, 民)
1885	39	〈清仏戦争〉
1886	39	
1887	39	〈仏領インドシナ連邦成立〉
1888	39	
1889	39	ハリソン大統領就任(23代, 共) 第一回汎米会議開催
1890	39	ウーンデッド・ニーで, スー族の非戦闘員を多数虐殺
1891	38	〈露仏同盟〉

年次	軍人数（単位千人）	主要事項
1892	39	
1893	39	クリーヴランド大統領就任(24 代, 民)
1894	42	ハワイ共和国を承認, 〈日清戦争〉
1895	42	
1896	42	マッキンレイ大統領に当選(25 代, 共)
1897	44	
1898	236	米西戦争／パリ条約締結フィリピン獲得 ハワイ併合
1899	100	国務長官ヘイ「門戸開放宣言」
1900	126	1899～1901 年義和団事件
1901	112	プラット修正条項可決 セオドア・ローズヴェルト大統領に昇任（26 代, 共）
1902	111	中国人移民排斥法成立, 日英同盟
1903	106	パナマ運河条約調印
1904	110	ローズヴェルト大統領のモンロー主義系論 1904～05 年日露戦争
1905	108	ドミニカ共和国に干渉, ポーツマス条約調印 ロシア革命
1906	112	アルヘシラス会議に参加
1907	108	日米紳士協定成立
1908	129	タフト大統領に当選(27代, 共)
1909	142	ニカラグアに軍事干渉
1910	139	英独仏とともに対中国借款団形成

年次	軍人数（単位千人）	主要事項
1911	145	タフト大統領メキシコのマディロ政権を承認
1912	153	タイタニック号の沈没
1913	155	ウィルソン大統領(28 代, 民) 中華民国承認
1914	1,66	第 1 次世界大戦勃発 アメリカ軍メキシコのベラクルスを占領 中立宣言
1915	174	ルシタニア号撃沈で米人 124 人死亡 ハイチ保護国化
1916	179	米海兵隊，サント・ドミンゴに上陸 国家防衛法制定
1917	644	対独宣戦布告，石井＝ランシング協定
1918	2,897	ウィルソン，「14 か条」演説
1919	1,173	ヴェルサイユ講和会議
1920	343	ヴェルサイユ条約批准を否決 国際連盟成立 ハーディング大統領に当選 (29 代，共)
1921	387	ワシントン会議／ワシントン海軍軍縮会議 4 か国条約締結
1922	270	ワシントン会議で，九か国条約調印
1923	247	ハーディング大統領急死 クーリッジ昇任（30 代，共）
1924	261	割当移民法成立（排日条項付）
1925	252	〈ロカルノ条約調印〉
1926	247	ニカラグアに海兵隊派遣
1927	249	海軍軍縮会議をジュネーブで開催
1928	251	ケロッグ・ブリアン条約，パリ（不戦条約）調印
1929	255	フーヴァー大統領就任(31 代，共)
1930	256	ロンドン海軍軍縮会議
1931	253	〈満州事変〉
1932	245	スティムソン・ドクトリン フランクリン・ローズヴェルト大統領に当選（32 代，民）
1933	344	ソ連邦を承認
1934	247	プラット修正条項廃止
1935	252	中立法成立
1936	291	第 2 次中立法成立
1937	312	第 3 次中立法成立
1938	323	下院に非米活動調査委員会設置 〈ミュンヘン協定〉
1939	334	第 1 回米州外相会議パナマ宣言 〈独ソ不可侵条約〉
1940	458	ローズヴェルト大統領 3 選
1941	1,801	大西洋憲章／日本軍，真珠湾を攻撃 対日宣戦布告，対独伊宣戦布告
1942	3,859	行政命令で，日系人，強制収容所に収容
1943	9,045	カサブランカ会談，カイロ会談，テヘラン会談
1944	11,452	ローズヴェルト大統領 4 選

年表　アメリカ合衆国の主要事項と軍人数（1789－2004年）

年次	軍人数（単位千人）	主要事項
1945	12,123	ヤルタ会談，ポツダム会談，国際連合成立 トルーマン大統領に昇任(33代，民)
1946	3,030	国連原子力委員会 チャーチル首相「鉄のカーテン」演説 国家安全保障法成立
1947	1,583	トルーマン・ドクトリン
1948	1,446	対外援助法，米州機構成立 ヴァンデンバーグ決議採択 選抜徴兵法成立，ベルリン封鎖
1949	1,615	北大西洋条約調印，〈中華人民共和国成立〉，〈ソ連，原爆保有を発表〉
1950	1,460	朝鮮戦争に米軍出動 国家緊急事態宣言
1951	3,249	米比相互防衛条約，ANZUS調印 日米安全保障条約調印
1952	3,636	水爆実験，プエルトリコ自治領化 アイゼンハワー大統領に当選(34代，共)
1953	3,555	朝鮮休戦協定調印，〈スターリン死去〉 米韓相互防衛条約調印
1954	3,302	ダレス，ニュールック政策を発表，日米相互防衛協定，米華相互防衛条約締結
1955	2,935	英米仏ソ4か国首脳会談
1956	2,806	〈スエズ運河国有化〉
1957	2,796	アイゼンハワー・ドクトリン，〈スプートニク法成功〉

年次	軍人数（単位千人）	主要事項
1958	2,601	海兵隊，レバノンに進駐
1959	2,504	キューバ革命，アラスカ州とハワイ州連邦加入 キャンプ・デーヴィット会談
1960	2,476	U－2機撃墜事件，日米新安保条約調印 ケネディ大統領に当選(35代，民)
1961	2,484	ピッグス湾上陸作戦に失敗 ベルリンの壁封鎖
1962	2,808	対キューバ全面禁輸，キューバ危機
1963	2,700	部分的核実験停止条約に調印 ジョンソン大統領に昇任（36代，民）
1964	2,687	トンキン湾事件，トンキン湾決議採択
1965	2,655	ヴェトナム戦争 北爆開始，ヴェトナム平和行進
1966	3,094	カンボジアに進攻
1967	3,377	ヴェトナムへの爆撃拡大
1968	3,548	テト攻撃 ヴェトナム和平公式会談パリで始まる
1969	3,460	ニクソン大統領に就任（37代，共）
1970	3,066	ニクソン・ドクトリンを発表 沖縄返還協定調印
1971	2,715	ペンタゴン・ペーパーズ
1972	2,323	ニクソン訪中 ウォーターゲート事件
1973	2,253	米・ヴェトナム休戦協定調印 戦争権限法成立

年次	軍人数（単位千人）	主要事項
1974	2,162	フォード大統領に昇任（38代，共）
1975	2,128	ヴェトナムより総引揚げ，マヤゲス号事件
1976	2,082	フォード・ドクトリン発表
1977	2,075	カーター大統領に就任（39代，民）
1978	2,062	キャンプ・デービッド合意
1979	2,027	テヘラン・米大使館人質事件
1980	2,051	カーター・ドクトリン発表
1981	2,083	レーガン大統領に就任（40代，共）
1982	2,109	エルサルバドル関与，START開始
1983	2,123	グレナダ進攻，SDI推進表明
1984	2,138	ワインバーガー・ドクトリン
1985	2,151	ゴルバチョフと米ソ首脳会談
1986	2,169	リビア爆撃
1987	2,174	INF全廃条約調印
1988	2,138	ブッシュ大統領に当選（41代，共）
1989	2,130	マルタで米ソ首脳会談，冷戦終わる パナマに侵攻

年次	軍人数（単位千人）	主要事項
1990	1,185	ブッシュ大統領「新世界秩序」演説 米軍をサウジアラビアに派遣
1991	1,263	ペルシア湾岸戦争，STARI調印
1992	1,214	戦略核兵器削減条約，ソマリア派兵 クリントン大統領に当選（42代，民）
1993	1,171	START　IIに調印
1994	1,131	北米自由貿易協定発効
1995	1,085	東アジア戦略報告
1996	1,056	〈国連CTBT採択〉
1997	1,045	ボスニア爆撃
1998	1,004	イラク爆撃
1999	1,003	ユーゴスラビア攻撃
2000	984	ブッシュ大統領選に当選（43代，共）
2001	13,851	9・11テロ事件
2002	1,398	ブッシュ大統領「悪の枢軸」演説
2003	1,390	米英軍イラク攻撃
2004	1,391	イラク主権移譲

括弧内のFはフェデラリスト党、Wはホイッグ党、Rはリパブリカン党、共は共和党、民は民主党を、それぞれ示す。

〈資料〉軍人数については下記の資料より作成

①独立から1939年まで、アメリカ合衆国商務省、斎藤眞他編　建国200年記念『アメリカ歴史統計』原書房

② 1940年から2000年まで、アメリカ合衆国商務省編（鳥居泰彦監訳）『現代アメリカデータ総覧』原書房

③ 2001年から2002年は、Department of Defense, Annual Report to the President and Congress, 2003, p.212

④ 2003年から2004年は、House Report, 108－354, 108 th Congress 1 st. session, p.681

資料　戦争権限法原文

Public Law 93-148
93rd Congress, H. J. Res. 542
November 7, 1973

Joint Resolution

Concerning the war powers of Congress and the President.

Resolved by the Senate and House of Representatives of the United States of America in Congress assembled,

SHORT TITLE

SECTION 1. This joint resolution may be cited as the "War Powers Resolution."

PURPOSE AND POLICY

SEC. 2. (a) It is the purpose of this joint resolution to fulfill the intent of the framers of the Constitution of the United States and insure that the collective judgment of both the Congress and the President will apply to the introduction of United States Armed Forces into hostilities, or into situations where imminent involvement in hostilities is clearly indicated by the circumstances, and to the continued use of such forces in hostilities or in such situations.

(b) Under article I, section 8, of the Constitution, it is specifically provided that the Congress shall have the power to make all laws necessary and proper for carrying into execution, not only its own powers but also all other powers vested by the Constitution in the Government of the United States, or in any department or officer thereof.

(c) The constitutional powers of the President as Commander-in-Chief to introduce United States Armed Forces into hostilities, or into situations where imminent involvement in hostilities is clearly indicated by the circumstances, are exercised only pursuant to (1) a declaration of war, (2) specific statutory authorization, or (3) a national emergency created by attack upon the United States, its territories or possessions, or its armed forces.

CONSULTATION

SEC. 3. The President in every possible instance shall consult with Congress before introducing United States Armed Forces into hostilities or into situations where imminent involvement in hostilities is clearly indicated by the circumstances, and after every such introduction shall consult regularly with the Congress until United States Armed Forces are no longer engaged in hostilities or have been removed from such situations.

REPORTING

SEC. 4. (a) In the absence of a declaration of war, in any case in which United States Armed Forces are introduced—

(1) into hostilities or into situations where imminent involvement in hostilities is clearly indicated by the circumstances;

(2) into the territory, airspace or waters of a foreign nation, while equipped for combat, except for deployments which relate solely to supply, replacement, repair, or training of such forces; or

(3) in numbers which substantially enlarge United States Armed Forces equipped for combat already located in a foreign nation; the President shall submit within 48 hours to the Speaker of the House of Representatives and to the President pro tempore of the Senate a report, in writing, setting forth—

(A) the circumstances necessitating the introduction of United States Armed Forces;

(B) the constitutional and legislative authority under which such introduction took place; and

(C) the estimated scope and duration of the hostilities or involvement.

(b) The President shall provide such other information as the Congress may request in the fulfillment of its constitutional responsibilities with respect to committing the Nation to war and to the use of United States Armed Forces abroad.

(c) Whenever United States Armed Forces are introduced into hostilities or into any situation described in subsection (a) of this section, the President shall, so long as such armed forces continue to be engaged in such hostilities or situation, report to the Congress periodically on the status of such hostilities or situation as well as on the scope and duration of such hostilities or situation, but in no event shall he report to the Congress less often than once every six months.

CONGRESSIONAL ACTION

SEC. 5. (a) Each report submitted pursuant to section 4(a) (1) of this title shall be transmitted to the Speaker of the House of Representatives and to the President pro tempore of the Senate on the same calendar day. Each report so transmitted shall be referred to the Committee on Foreign Affairs [now the Committee on International Relations] of the House of Representatives and to the Committee on Foreign Relations of the Senate for appropriate action. If, when the report is transmitted, the Congress has adjourned sine die or has adjourned for any period in excess of three calendar days, the Speaker of the House of Representatives and the President pro tempore of the Senate, if they deem it advisable (or if petitioned by at least 30 percent of the membership of their respective Houses) shall jointly request the President to convene Congress in order that it may consider the report and take appropriate action pursuant to this section.

(b) Within sixty calendar days after a report is submitted or is required to be submitted pursuant to section 4(a) (1) of this title, whichever is earlier, the President shall terminate any use of United States Armed Forces with respect to which such report was submitted (or required to be submitted), unless the Congress (1) has declared war or has enacted a specific authorization for such use of United States Armed Forces, (2) has extended by law such sixty-day period, or (3) is physically unable to meet as a result of an armed attack upon the United States. Such sixty-day period shall be extended for not more than an additional thirty days if the President determines and certifies to the Congress in writing that unavoidable military necessity respecting the safety of United States Armed Forces requires the continued use of such armed forces in the course of bringing about a prompt removal of such forces.

(c) Notwithstanding subsection (b) of this section, at any time that United States Armed Forces are engaged in hostilities outside the territory of the United States, its possessions and territories without a declaration of war or specific statutory authorization, such forces shall be removed by the President if the Congress so directs by concurrent resolution.

CONGRESSIONAL PRIORITY PROCEDURES FOR JOINT RESOLUTION OR BILL

SEC. 6. (a) Any joint resolution or bill introduced pursuant to section 5(b) of this title at least thirty calendar days before the expiration of

the sixty-day period specified in such section shall be referred to the Committee on Foreign Affairs of the House of Representatives or the Committee on Foreign Relations of the Senate, as the case may be, and such committee shall report one such joint resolution or bill, together with its recommendations, not later than twenty-four calendar days before the expiration of the sixty-day period specified in such section, unless such house shall otherwise determine by the yeas and nays.

(b) Any joint resolution or bill so reported shall become the pending business of the House in question (in the case of the Senate the time for debate shall be equally divided between the proponents and the opponents), and shall be voted on within three calendar days thereafter, unless such House shall otherwise determine by yeas and nays.

(c) Such a joint resolution or bill passed by one House shall be referred to the committee of the other House named in subsection (a) of this section and shall be reported out not later than fourteen calendar days before the expiration of the sixty−day period specified in section 5(b) of this title. The joint resolution or bill so reported shall become the pending business of the House in question and shall be voted on within three calendar days after it has been reported, unless such House shall otherwise determine by yeas and nays.

(d) In the case of any disagreement between the two Houses of Congress with respect to a joint resolution or bill passed by both Houses, conferees shall be promptly appointed and the committee of conference shall make and file a report with respect to such resolution or bill not later than four calendar days before the expiration of the sixty-day period specified in section 5(b) of this title. In the event the conferees are unable to agree within 48 hours, they shall report back to their respective Houses in disagreement. Notwithstanding any rule in either House concerning the printing of conference reports in the Record or concerning any delay in the consideration of such reports, such report shall be acted on by both Houses not later than the expiration of such sixty-day period.

CONGRESSIONAL PRIORITY PROCEDURES FOR CONCURRENT RESOLUTION

SEC. 7. (a) Any concurrent resolution introduced pursuant to section 5(c) of this title shall be referred to the Committee on Foreign Affairs of the House of Representatives or the Committee on Foreign Relations of the Senate, as the case may be, and one such concurrent resolution shall be reported out by such committee together with its recommendations within fifteen calendar days, unless such House shall

otherwise determine by the yeas and nays.

(b) Any concurrent resolution so reported shall become the pending business of the House in question (in the case of the Senate the time for debate shall be equally divided between the proponents and the opponents) and shall be voted on within three calendar days thereafter, unless such House shall otherwise determine by yeas and nays.

(c) Such a concurrent resolution passed by one House shall be referred to the committee of the other House named in subsection (a) of this section and shall be reported out by such committee together with its recommendations within fifteen calendar days and shall thereupon become the pending business of such House and shall be voted upon within three calendar days, unless such House shall otherwise determine by yeas and nays.

(d) In the case of any disagreement between the two Houses of Congress with respect to a concurrent resolution passed by both Houses, conferees shall be promptly appointed and the committee of conference shall make and file a report with respect to such concurrent resolution within six calendar days after the legislation is referred to the committee of conference. Notwithstanding any rule in either House concerning the printing of conference reports in the Record or concerning any delay in the consideration of such reports, such report shall be acted on by both Houses not later than six calendar days after the conference report is filed. In the event the conferees are unable to agree within 48 hours, they shall report back to their respective Houses in disagreement.

INTERPRETATION OF JOINT RESOLUTION

SEC. 8. (a) Authority to introduce United States Armed Forces into hostilities or into situations wherein involvement in hostilities is clearly indicated by the circumstances shall not be inferred

(1) from any provision of law (whether or not in effect before the date of the enactment of this joint resolution), including any provision contained in any appropriation Act, unless such provision specifically authorizes the introduction of United States Armed Forces into hostilities or into such situations and states that it is intended to constitute specific statutory authorization within the meaning of this joint resolution; or

(2) from any treaty heretofore or hereafter ratified unless such treaty is implemented by legislation specifically authorizing the introduction of United States Armed Forces into hostilities or into

such situations and stating that it is intended to constitute specific statutory authorization within the meaning of this joint resolution.

(b) Nothing in this joint resolution shall be construed to require any further specific statutory authorization to permit members of United States Armed Forces to participate jointly with members of the armed forces of one or more foreign countries in the headquarters operations of high-level military commands which were established prior to the date of enactment of this joint resolution and pursuant to the United Nations Charter or any treaty ratified by the United States prior to such date.

(c) For purposes of this joint resolution, the term "introduction of United States Armed Forces" includes the assignment of members of such armed forces to command, coordinate, participate in the movement of, or accompany the regular or irregular military forces of any foreign country or government when such military forces are engaged, or there exists an imminent threat that such forces will become engaged, in hostilities.

(d) Nothing in this joint resolution—

(1) is intended to alter the constitutional authority of the Congress or of the President, or the provisions of existing treaties; or

(2) shall be construed as granting any authority to the President with respect to the introduction of United States Armed Forces into hostilities or into situations wherein involvement in hostilities is clearly indicated by the circumstances which authority he would not have had in the absence of this joint resolution.

SEPARABILITY CLAUSE

SEC. 9. If any provision of this joint resolution or the application thereof to any person or circumstance is held invalid, the remainder of the joint resolution and the application of such provision to any other person or circumstance shall not be affected thereby.

SEC. 10. This joint resolution shall take effect on the date of its enactment.